U0172549

国家出版基金项目
NATIONAL PUBLICATION FOUNDATION

中国城市近现代工业遗产保护体系研究系列

Comprehensive Research on the Preservation
System of Modern Industrial Heritage Sites in China

工业遗产价值评估研究

Research on the Value Estimation of Industrial
Heritage Sites

第三卷

丛书主编

徐苏斌

编　著

【日】青木信夫

徐苏斌

中国城市出版社

图书在版编目（CIP）数据

工业遗产价值评估研究 = Research on the Value Estimation of Industrial Heritage Sites / （日）青木信夫，徐苏斌编著. —北京：中国城市出版社，2020.12

（中国城市近现代工业遗产保护体系研究系列 / 徐苏斌主编；第三卷）

ISBN 978-7-5074-3303-6

Ⅰ.①工… Ⅱ.①青… ②徐… Ⅲ.①工业建筑－文化遗产－研究－中国 Ⅳ.①TU27

中国版本图书馆CIP数据核字（2020）第184601号

丛书统筹：徐冉
责任编辑：刘静 徐冉 许顺法 何楠 易娜
版式设计：锋尚设计
责任校对：李美娜

中国城市近现代工业遗产保护体系研究系列
Comprehensive Research on the Preservation System of
Modern Industrial Heritage Sites in China
丛书主编 徐苏斌
第三卷 工业遗产价值评估研究
Research on the Value Estimation of Industrial Heritage Sites
编著 【日】青木信夫 徐苏斌
*
中国城市出版社出版、发行（北京海淀三里河路9号）
各地新华书店、建筑书店经销
北京锋尚制版有限公司制版
北京富诚彩色印刷有限公司印刷
*
开本：787毫米×1092毫米 1/16 印张：22¾ 字数：492千字
2021年4月第一版 2021年4月第一次印刷
定价：108.00元
ISBN 978-7-5074-3303-6
　（904293）

《第三卷 工业遗产价值评估研究》是关于工业遗产价值理论梳理和再建构的研究，包括工业遗产评估的总体框架构思、关于工业遗产价值框架的补充讨论、文化资本的文化学评估、《中国工业遗产价值评估导则》的研究、解读工业遗产核心价值——十个行业的科技价值，并从文化资本经济学评价的角度尝试用TCM进行支付意愿测算。从文化和经济双重视角考察工业遗产的价值评估，为进一步深入评估工业遗产的价值提供参考。

　　The third volume "Research on the Value Estimation of Industrial Heritage Sites" is a study of industrial heritage value theory and reconstruction of industrial heritage value. It includes a general framework for industrial heritage evaluation, a supplementary discussion about the value framework for industrial heritage, and the cultural evaluation of cultural capital (that is, research on "Guidelines for China's industrial heritage value evaluation", which facilitates the interpretation of the core value of industrial heritage sites). This research puts forward a number of cultural evaluation guidelines for future reference, specifically discussing the scientific and technological value of 10 industrial categories, and researches a case study of the economic evaluation of cultural capital using TCM to measure people's willingness to pay for their enjoyment of built heritage sites. This volume analyzes the value evaluation of industrial heritage from the perspective of culture and economy and provides a reference for further in-depth evaluation of the value of industrial heritage.

执笔者

（按姓氏拼音排序）

陈佳敏　郝　帅　青木信夫　王若然
徐苏斌　闫　觅　于　磊　　张　蕾

协助编辑：于　磊

序一

　　工业遗产是一种新型的文化遗产。在我国城市化发展以及产业转型的关键时期，工业遗产成为十分突出的问题，是关系到文化建设和中华优秀文化传承的大问题，也是关系到城市发展、经济发展、居民生活的大问题。近年来，工业遗产在国内受到的关注度逐渐提高，研究成果也逐渐增多。天津大学徐苏斌教授是我国哲学社会科学的领军人才之一，她带领的国家社科重大课题团队推进了国家社科重大课题"我国城市近现代工业遗产保护体系研究"，该团队经历数年艰苦的调查和研究工作，终于完成了课题五卷本的报告书。

　　该套丛书是根据课题报告书改写的，其重要特点是系统性。丛书五卷构建了中国工业遗产的系统的逻辑框架，从技术史、信息采集、价值评估、改造和再利用、文化产业等一系列工业遗产的关键问题着手进行研究。进行了中国工业近代技术历史的梳理，建设了基于地理信息定位的工业遗产数字化特征体系和工业遗产空间数据库；基于对国际和国内相关法规和研究，编写完成了《中国工业遗产价值评价导则（试行）》；调查了国内工业遗产保护规划、修复和再利用等现状，总结了经验教训。研究成果反映了跨学科的特点和国际视野。

　　该套丛书"立足中国现实"，忠实地记录了今天中国社会主义体制下工业遗产不同于其他国家的现状和保护机制，针对中国工业遗产的价值、保护和再利用以及文化产业等问题进行了有益的理论探讨。也体现了多学科交叉特色的基础性研究，为目前工业遗产保护再利用提供珍贵的参考，同时也可以作为政策制定的参考。

　　此套著作是国家社科重大课题的研究成果。课题的设置反映了国家对于中国社会主义国家工业遗产的研究和利用的重视，迫切需要发挥工业遗产的文化底蕴，并且要和国家经济发展结合起来。该研究中期获得滚动资助，报告书获得免鉴定结题，反映了研究工作成绩的卓著。因此，该套丛书的出版正是符合国家对于工业遗产研究成果的迫切需求的，在此推荐给读者。

东南大学建筑学院　教授

中国工程院　院士

2020年9月

序二

　　中国的建成遗产（built heritage）研究和保护，是践行中华民族优秀文化传承和发展事业的历史使命，也是受到中央和地方高度重视的既定国策。而工业遗产研究是其中的重要组成部分。由我国哲学、社会科学领军人物，天津大学徐苏斌教授主持的"我国城市近现代工业遗产保护体系研究"，属国家社科重大课题，成果概要已多次发表并广泛听取专家意见，并于2018年1月在我国唯一的建成遗产英文期刊《BUILT HERITAGE》上刊载。

　　此套系列丛书由《第一卷 国际化视野下中国的工业近代化研究》《第二卷 工业遗产信息采集与管理体系研究》《第三卷 工业遗产价值评估研究》《第四卷 工业遗产保护与适应性再利用规划设计研究》《第五卷 从工业遗产保护到文化产业转型研究》等五卷构成。特别是丛书还就突出反映工业遗产科技价值的十个行业逐一评估，精准定位，在征求专家意见的基础上，提出了《中国工业遗产价值评价导则（试行）》，实已走在中国工业遗产研究的前沿。

　　本套丛书着力总结中国实践，推动理论创新，尝试了历史学、地理学、经济学、规划学、建筑学、环境学、社会学等多学科交叉，涉及冶金、纺织、化工、造船、矿物等领域，是我国首次对工业遗产的历史与现况开展的系统调查和跨学科研究，成果完成度高，论证严谨，资料翔实，图文并茂。本人郑重推荐给读者。

同济大学建筑与城市规划学院 教授
中国科学院 院士

2020年9月

前言

1. 工业遗产保护的国际背景

工业遗产是人类历史上影响深远的工业革命的历史遗存。在当代后工业社会背景下，工业遗产保护成为世界性问题。对工业遗产的关注始于20世纪50年代率先兴起于英国的"工业考古学"，20世纪60年代后西方主要发达国家纷纷成立工业考古组织，研究和保护工业遗产。1978年国际工业遗产保护协会（TICCIH）成立，2003年TICCIH通过了保护工业遗产的纲领性文件《下塔吉尔宪章》(*Nizhny Tagil Charter for the Industrial Heritage*)。国际工业遗产保护协会是保护工业遗产的世界组织，也是国际古迹遗址理事会（ICOMOS）在工业遗产保护方面的专门顾问机构。该宪章由TICCIH起草，将提交ICOMOS认可，并由联合国教科文组织最终批准。该宪章对工业遗产的定义、价值、认定、记录及研究的重要性、立法、维修和保护、教育和培训等进行了说明。该文件是国际上最早的关于工业遗产的文件。

近年来，联合国教科文组织世界遗产委员会开始关注世界遗产种类的均衡性、代表性与可信性，并于1994年提出了《均衡的、具有代表性的与可信的世界遗产名录全球战略》(*Global Strategy for a Balance, Representative and Credible World Heritage List*)，其中工业遗产是特别强调的遗产类型之一。2003年，世界遗产委员会提出《亚太地区全球战略问题》，列举亚太地区尚未被重视的九类世界遗产中就包括工业遗产，并于2005年所做的分析研究报告《世界遗产名录：填补空白——未来行动计划》中也述及在世界遗产名录与预备名录中较少反映的遗产类型为："文化路线与文化景观、乡土建筑、20世纪遗产、工业与技术项目"。

2011年，ICOMOS与TICCIH提出《关于工业遗产遗址地、结构、地区和景观保护的共同原则》(*Principles for the Conservation of Industrial Heritage Sites, Structures, Areas and Landscapes*，简称《都柏林原则》，*The Dublin Principles*)，与《下塔吉尔宪章》在工业遗产所包括的遗存内容上高度吻合，只是后者一方面从整体性的视角阐述工业遗产的构成，包括遗址、构筑物、复合体、区域和景观，紧扣题目；另一方面后者更加强调工业的生产过程，并明确指出了非物质遗产的内容，包括技术知识、工作和工人组织，以及复杂的社会和文化传统，它塑造了社区的生活，对整个社会乃至世界都带来重大组织变革。从工业遗产的两个定义可以看出，工业遗产研究的国际视角已从"静态遗产"走向"活态遗产"。

2012年11月，TICCIH第15届会员大会在台北举行，这是TICCIH第一次在亚洲举办会员大会，会议通过了《台北宣言》。《台北宣言》将亚洲的工业遗产保护和国际理念密切结合，在此基础上深入讨论亚洲工业遗产问题。宣言介绍亚洲工业遗产保护的背景，阐述有殖民背景的亚洲工业遗产保护独特的价值与意义，提出亚洲工业遗产保护维护的策略与方法，最后指出倡导公众参与和建立亚洲工业遗产网络对工业遗产保护的重要性。《台北宣言》将为今后亚洲工业遗产的保护和发展提供指导。

截至2019年，世界遗产中的工业遗产共有71件，占各种世界遗产总和的6.3%，占世界文化遗产的8.1%（世界遗产共计1121项，其中文化遗产869项）。从数量分布来看，英国居于首位，共有9项工业遗产；德国7项（包括捷克和德国共有1项）；法国、荷兰、巴西、比利时、西班牙（包括斯洛伐克和西班牙共有1项）均为4项；印度、意大利、日本、墨西哥、瑞典都是3项；奥地利、智利、挪威、波兰是2项；澳大利亚、玻利维亚、加拿大、中国、古巴、芬兰、印度尼西亚、伊朗、斯洛伐克、瑞士、乌拉圭各有1项。可以看到工业革命发源地的工业遗产数量较多。

在亚洲，中国的青城山和都江堰灌溉系统（2000年）被ICOMOS网站列入工业遗产，准确说是古代遗产。日本共有3处工业遗产入选世界遗产，均是工业系列遗产。石见银山遗迹及其文化景观（2007年）是16世纪至20世纪开采和提炼银子的矿山遗址，涉及银矿遗址和采矿城镇、运输路线、港口和港口城镇的14个组成部分，为单一行业、多遗产地的传统工业系列遗产；富冈制丝场及相关遗迹（2014年）创建于19世纪末和20世纪初，由4个与生丝生产不同阶段相对应的地点组成，分别为丝绸厂、养蚕厂、养蚕学校、蚕卵冷藏设施，为单一行业、多遗产地的机械工业系列遗产；明治日本的产业革命遗产：制铁·制钢·造船·煤炭产业（2015年）见证了日本19世纪中期至20世纪早期以钢铁、造船和煤矿为代表的快速的工业发展过程，涉及8个地区23个遗产地，为多行业布局、多遗产地的机械工业系列遗产。

2．中国工业遗产保护的发展

1）中国政府工业遗产保护政策的发展

中国正处在经济高速发展、城市化进程加快、产业结构升级的特殊时期，几乎所有城市都面临工业遗产的存留问题。经济发展的核心是产业结构的高级化，即产业结构从第二产业向第三产业更新换代的过程，标志着国民经济水平的高低和发展阶段、方向。在这一背景下，经济发展成为主要被关注的对象。近年来，工业遗产在国内受到关注。2006年4月18日国际古迹遗址日，中国古迹遗址保护协会（ICOMOS CHINA）在无锡举行中国工业遗产保护论坛，并通过《无锡建议——注重经济高速发展时期的工业遗产保护》。同月，国家文物局在无锡召开中国工业遗产保护论坛，通过《无锡建议》。2006年6月，鉴于工业遗产保护是我国文化遗产保护事业中具有重要性和紧迫性的新课题，国家文物局下发《加强工业遗产保护的通知》。

2013年3月，国家发改委编制了《全国老工业基地调整改造规划（2013—2022年）》并得到国务院批准（国函〔2013〕46号），规划涉及全国老工业城市120个，分布在27个省（区、市），其中地级城市95个，直辖市、计划单列市、省会城市25个。

2014年3月，国务院办公厅发布《关于推进城区老工业区搬迁改造的指导意见》，积极有序推进城区老工业区搬迁改造工作，提出了总体要求、主要任务、保障措施。2014年国家发改委为贯彻落实《国务院办公厅关于推进城区老工业区搬迁改造的指导意见》（国办发〔2014〕9号）精神，公布了《城区老工业区搬迁改造试点工作》，纳入了附件《全国城区老工业区搬迁改造试点一览表》中21个城区老工业区进行试点。

2014年3月，中共中央、国务院颁布《国家新型城镇化规划（2014—2020年）》，其中"第二十四章 深化土地管理制度改革"提出了"严格控制新增城镇建设用地规模""推进老城区、旧厂房、城中村的改造和保护性开发"。2014年9月1日出台了《节约集约利用土地规定》，使得土地集约问题上升到法规层面。2014年9月13～15日，由中国城市规划学会主办2014中国城市规划年会自由论坛，论坛主题为"面对存量和减量的总体规划"。存量和减量目前日益受到城市政府的重视，其原因有：国家严控新增建设用地指标的政策刚性约束；中心区位土地价值的重新认识和发掘；建成区功能提升、环境改善的急迫需求；历史街区保护和特色重塑等。于是工业用地以及工业遗产更成为关注对象。

2018年，住房和城乡建设部发布《关于进一步做好城市既有建筑保留利用和更新改造工作的通知》，提出：要充分认识既有建筑的历史、文化、技术和艺术价值，坚持充分利用、功能更新原则，加强城市既有建筑保留利用和更新改造，避免片面强调土地开发价值。坚持城市修补和有机更新理念，延续城市历史文脉，保护中华文化基因，留住居民乡愁记忆。

2020年6月2日，国家发展改革委、工业和信息化部、国务院国资委、国家文物局、国家开发银行联合颁发《关于印发〈推动老工业城市工业遗产保护利用实施方案〉的通知》（发改振兴〔2020〕839号），明确地说明制定通知的目的："为贯彻落实《中共中央办公厅 国务院办公厅关于实施中华优秀传统文化传承发展工程的意见》（中办发〔2017〕5号）、《中共中央办公厅国务院办公厅关于加强文物保护利用改革的若干意见》（中办发〔2018〕54号）、《国务院办公厅关于推进城区老工业区搬迁改造的指导意见》（国办发〔2014〕9号），探索老工业城市转型发展新路径，以文化振兴带动老工业城市全面振兴、全方位振兴，我们制定了《推动老工业城市工业遗产保护利用实施方案》。"五个部门联合出台实施方案标志着综合推进工业遗产保护的政策诞生。

2）中国工业遗产保护研究和实践的回顾

近代工业遗产的研究可以追溯到20世纪80年代。改革开放以后中国近代建筑的研究出现了新的契机，开始进行中日合作调查中国近代建筑，其中《天津近代建筑总览》（1989年）中有调查报告"同洋务运动有关的东局子建筑物"，记载了天津机器东局的建筑现状和测绘图。当时工业建筑的研究所占比重并不大，研究多从建筑风格、结构类型入手，未能脱离近代建筑史的研究范畴，但是研究者从大范围的近代建筑普查中也了解到了工业遗产的端倪。从2001年的第五批国保开始，近现代工业遗产逐渐出现在全国重点文物保护单位名单中。2006年国际文化遗产日主题定为"工业遗产"，并在无锡举办第一届"中国工业遗产保护论坛"，发布《无锡建议——注重经济高速发展时期的工业遗产保护》，同年5月国家文物局下发《关于加强工业遗产保护的通知》，正式启动了工业遗产研究和保护。2006年在国务院公布的第六批全国重点文物保护单位中，除了一批古代冶铁遗址、铜矿遗址、汞矿遗址、陶瓷窑址、酒坊遗址和古代造船厂遗址等列入保护单位的同时，引人瞩目地将黄崖洞兵工厂旧址、中东铁路建筑群、青岛啤酒厂早期建筑、汉冶萍煤铁厂矿旧址、石龙坝水电站、个旧鸡街火车站、钱塘江大桥、酒泉卫星发射中心导弹卫星发射场遗址、南通大生纱厂等一批近现代工业遗产纳入保护之列。加上之前列入的大庆第一口油井、青海第一个核武器研制基地旧址等，全国近现代工业遗产总数达到18处。至2019年公布第八批全国重点文物保护单位为止，全国共有5058处重点文物保护单位，其中工业遗产453处，占总量的8.96%，比前七批占比7.75%有所提升。由于目前工业遗产的范围界定还有待进一步统一认识，因此不同学者统计的数字存在一定差异，但是基本可以肯定的是目前工业遗产和其他类型的遗产相比较还需要较强研究和保护的力度。

近年来，各学会日益重视工业遗产的研究和保护问题。2010年11月中国首届工业建筑遗产学术研讨会暨中国建筑学会工业建筑遗产学术委员会会议召开，并签署了《北京倡议》——"抢救工业遗产：关于中国工业建筑遗产保护的倡议书"。以后每年召开全国大会并出版论文集。2014年成立了中国城科会历史文化名城委员会工业遗产学部和中国文物学会工业遗产专业委员会。此外从2005年开始自然资源部（地质环境司、地质灾害应急管理办公室）启动申报评审工作，到2017年年底全国分4批公布了88座国家矿山公园。工业和信息化部工业文化发展中心从2017年开始推进了"国家工业遗产名录"的发布工作，至2019年公布了三批共102处国家工业遗产。中国科学技术协会与中国规划学会联合在2018年、2019年公布两批"中国工业遗产保护名录"，共200项。2016年～2019年中国文物学会和中国建筑学会分四批公布"中国20世纪建筑遗产"名录，共396项，其中工业遗产79项。各种学会和机构的成立已经将工业遗产研究推向跨学科的新阶段。

各地政府也逐渐重视。2006年，上海结合国家文物局的"三普"指定了《上海第三次全国普查工业遗产补充登记表》，开始近代工业遗产的普查，并随着普查，逐渐展开保护和再利用工作。同年，北京也开始对北京焦化厂、798厂区、首钢等北京重点工业遗产进行普查，确定了《北京工业遗产评价标准》，颁布了《北京保护工业遗产导则》。2011年，天津也开始全面展开工业遗产普查，并颁布了《天津市工业遗产保护与利用管理办法》。2011年，南京历史文化名城研究会组织南京市规划设计院、南京工业大学建筑学院和南京市规划编制研究中心，共同展开了对南京市域范围内工矿企业的调查，为期4年。提出了两个层级的标准，一个是南京工业遗产的入选标准，另一个是首批重点保护工业遗产的认定标准。2007年，重庆开展了工业遗产保护利用专题研究。同年，无锡颁布了《无锡市工业遗产普查及认定办法（试行）》，经过对全市的普查评定，于当年公布了无锡市第一批工业遗产保护名录20处，次年公布了第二批工业遗产保护名录14处。2010年，中国城市规划学会在武汉召开"城市工业遗产保护与利用专题研讨会"，形成《关于转型时期中国城市工业遗产保护与利用的武汉建议》。2011年武汉市国土规划局组织编制《武汉市工业遗产保护与利用规划》。规划选取从19世纪60年代至20世纪90年代主城区的371处历史工业企业作为调研对象，其中有95处工业遗存被列入"武汉市工业遗存名录"，27处被推荐为武汉市的工业遗产。

关于中国工业遗产的具体研究状况分别在每一卷中叙述，这里不再赘述。

3．关于本套丛书的编写

1）国家社科基金重大课题的聚焦点

本套丛书是国家社科基金重大课题《我国城市近现代工业遗产保护体系研究》（12&ZD230）的主要成果。首先，课题组聚焦于中国大陆的工业遗产现状和发展设定课题。随着全球性后工业化时代的到来，各个国家和地区都开展了工业遗产的保护和再利用工作，尤其是英国和德国起少比较早。中国在工业遗产研究早期以介绍海外的工业遗产保护为主，但是随着中国产业转型和城市化进程，中国自身的工业遗产研究已经成为迫在眉睫的课题，因此立足中国现状并以国际理念带动研究是本研究的出发点。其次，中国的工业遗产是一个庞大的体系，如何在前人相对分散的研究基础上实现体系化也是本研究十分关注的问题。最后，工业遗产保护是跨学科的研究课题，在研究中以尝试跨学科研究作为目标。

课题组分析了目前中国工业遗产现状，认为在如下几个方面值得深入探讨。

（1）需要在国际交流视野下对中国工业技术史展开研究，为工业遗产价值评估奠定基础的体现真实性和完整性的历史研究；

（2）需要利用信息技术体现工业遗产的可视化研究，依据价值的普查和信息采集以及数据库建设的研究；

（3）需要在文物价值评价指导下针对中国工业遗产的系统性价值评估体系进行研究；

（4）需要系统的中国工业遗产保护和再利用的现状调查和研究，需要探索更加系统化的规划和单体改造利用策略；

（5）亟需探索工业遗产的再生利用与城市文化政策、文化事业和文化产业的协同发展。

针对这些问题我们设定了五个子课题，分别针对以上五个关键问题展开研究，其成果浓缩成了本套丛书的五卷内容。

《第一卷 国际化视野下中国的工业近代化研究》试图揭示近代中国工业发展的历史，从传统向现代的转型、跨文化交流的研究、近代工业多元性、工业遗产和城市建设、作为物证的技术史等几个典型角度阐释了中国近代工业发展的特征，试图弥补工业史在物证研究方面的不足，将工业史向工业遗产史研究推进，建立历史和保护的物证桥梁，为价值评估和保护再利用奠定基础。

《第二卷 工业遗产信息采集与管理体系研究》分为两部分。第一部分从历史的视角研究近代工业的空间可视化问题，包括1840～1949年中国近代工业的时空演化与整体分布模式、中国近代工业产业特征的空间分布、近代工业转型与区域工业经济空间重构。第二部分是对我国工业遗产信息采集与管理体系的建构研究，课题组对全国近1540处工业遗产进行了不同精度的资料收集和分析，建立了数据库，为全国普查奠定基础；建立了三个层级的信息采集框架，包括国家层级信息管理系统建构及应用研究、城市层级信息管理系统建构及应用研究、遗产本体层级信息管理系统建构及应用研究，最后进行了遗产本体层级BIM信息模型建构及应用研究。

《第三卷 工业遗产价值评估研究》对工业遗产价值理论进行了梳理和再建构，包括工业遗产评估的总体框架构思、关于工业遗产价值框架的补充讨论、文化资本的文化学评估——《中国工业遗产价值评估导则》的研究、解读工业遗产核心价值——不同行业的科技价值、文化资本经济学评价案例研究。从文化和经济双重视角考察工业遗产的价值评估，提出了供参考的文化学评估导则，深入解析了十个行业的科技价值，并尝试用TCM进行支付意愿测算，为进一步深入评估工业遗产的价值提供参考。

《第四卷 工业遗产保护与适应性再利用规划设计研究》主要从城市规划到城市设计、建筑保护等一系列与工业遗产相关的保护和再利用内容出发，调查中国的规划师、建筑师的工业遗产保护思想和探索实践，总结了尊重遗产的真实性和发挥创意性的经验。包括中国工业遗产再利用总体发展状况、工业遗产保护规划多规合一实证研究、中国主要城市工业遗产设计实证研究、中国建筑师工业遗产再利用设计访谈录、中国工业遗产改造的真实性和创意性研究等，为具体借鉴已有的经验和教训提供参考。

《第五卷 从工业遗产保护到文化产业转型研究》对我国工业遗产作为文化创意产业的案例进行调查和分析，探讨了如何将工业遗产可持续利用并与文化创意产业结合，实现保护和为社会服务双赢。包括工业遗产与文化产业融合的理论和背景研究、工业遗产保护与文化产业融合的区域发展概况、文化产业选择工业遗产作为空间载体的动因分析、工业遗产选择文化产业作为再利用模式的动因分析、工业遗产保护与文化产业融合的实证研究、北京文化创意产业园调查报告、天津棉三创意街区调查报告、从工业遗产到文化产业的思考，研究了中国工业遗产转型为文化产业的现状以及展示了走向创意城市的方向。

课题组聚焦于中国工业遗产的调查和研究，并努力体现如下特点：

（1）范围广、跨度大。目前中国大陆尚没有进行全国工业遗产普查，这加大了本课题的难度。课题组调查了全国31个省（市、自治区）的1500余处工业遗产，并针对不同的课题进行反复调查，获得研究所需要的资料。同时查阅了跨越从清末手工业时期到1949年后"156工程"时期中国工业发展的资料，呈现近代中国工业为我们留下的较为全面的遗产状况。

（2）体系化研究。中国工业遗产研究经过两个阶段：第一个阶段主要以介绍国外研究为主；第二个阶段以个案或者某个地区工业遗产为主的研究较多，缺乏针对中国工业遗产的、较为系统的研究。本研究对第一到第五子课题进行序贯设定，分别对技术史、信息采集、价值评估、再利用、文化产业等不同的侧面进行跨学科、体系化研究，实施中国对工业遗产再生的全生命周期研究。

（3）强调第一线调查。本研究尽力以提供第一线的调查报告为目标，完成现场考察、采访、问卷、摄影、测绘等信息采集，努力收录中国工业遗产的最前线的信息，真实地记录和反映了中国产业转型时代工业遗产保护的现状。

（4）理论化。本研究并没有仅仅满足于调查报告，而是根据调查的结果进行理论总结，在价值评估部分建立自己的导则和框架，为今后调查和研究提供参考。

但是由于我们的水平有限，还存在很多不足。这些不足表现在：

（1）工业遗产保护工作近年来发展很快，不仅不断有新的政策、新的实践出现，而且随着认识的持续深入和国家对于工业遗产持续解密，工业遗产内容日益丰富，例如三线遗产、军工遗产等内容都成为近年关注的问题。目前已经有其他社科重大课题进行专门研究，故本课题暂不收入。

（2）中国的工业遗产分布很广，虽然我们进行了全国范围的资料收集，但是这只是为进一步完成中国工业遗产普查奠定基础。

（3）棕地问题是工业遗产的重要课题。本研究由于是社科课题，经费有限，因此在课题设定时没有列入棕地研究，但是并不意味着棕地问题不重要，希望将棕地问题作为独立课题深入研究。

（4）我们十分关注工业遗产的理论探讨，例如士绅化问题、负面遗产的价值、记忆的场所等和工业遗产密切相关的问题。这些研究是十分重要的工业遗产研究课题，我们在今后的课题中将进一步研究。

2）国家社科重大课题的推进过程

本套丛书由天津大学建筑学院中国文化保护国际研究中心负责编写。2006年研究中心筹建的宗旨就是通过国际化和跨学科合作推进中国的文化遗产保护研究和教学，重大课题给了我们一次最好的实践机会。

在重大课题组中青木信夫教授是中国文化保护国际研究中心主任，也是中国政府友谊奖获得者。他作为本课题核心成员参加了本课题的申请、科研、指导以及报告书编写工作，他以海外学者的身份为课题提供了不可或缺的支持。课题组核心成员南开大学经济学院王玉茹教授从经济史的角度为关键问题提供了跨学科的指导。另外一位核心成员天津社会科学院王琳研究员从文化产业角度给予课题组成员跨学科的视野。时任天津大学建筑学院院长的张颀教授在建筑遗产改造和再利用方面有丰富的经验，他的研究为课题组提供了重要支持。建筑学院吴葱教授对工业遗产信息采集与管理体系研究给予了指导。何捷教授、VIEIRA AMARO Bébio助理教授在GIS应用于历史遗产方面给予支持。左进教授在遗产规划方面给予建议。中国文化遗产保护国际研究中心的教师郑颖、张蕾、胡莲、张天洁、孙德龙等参加了研究指导。研究中心的博士后、博士、硕士以及本研究中心的进修教师都参加了课题研究工作。一些相关高校和设计院的相关学者也参与了课题的研究与讨论。在研究过程中课题组不断调整、凝练研究目标和成果，在出版字数限制中编写了本套丛书，实际研究的内容超过了本套丛书收录的范围。

此重大课题是在中国整体工业遗产保护和再利用的大环境中同步推进的。伴随着产业转型和城市化发展，工业遗产的保护和再利用成为被广泛关注的课题。我们保持和国家的工业遗产保护的热点密切联动，课题组首席专家有幸作为中国建筑学会工业建筑遗产学术委员会、中国城科会历史文化名城委员会工业遗产学部、中国文物学会工业遗产专业委员会、中国建筑学会城乡建成遗产委员会、中国文物保护技术协会工业遗产保护专业委员会、住房和城乡建设部科学技术委员会历史文化名城名镇名村专业委员会等学术机构的成员，有机会向全国文化遗产保护专家请教，并与之交流。同时从2010年开始，在清华大学刘伯英教授的带领下，每年组织召开中国工业遗产年会，在这个平台上我们的研究团队有机会和不同学科的工业遗产研究者、实践者们互动，不断接近跨学科研究的理想。我们采访了工业遗产领域具有代表性的规划师、建筑师，在他们那里我们不断获得了对遗产可持续性的新认识。

在课题进行中，我们和法国巴黎第一大学前副校长MENGIN Christine教授、副校长GRAVARI-BARBAS Maria教授，东英吉利亚大学的ARNOLD Dana教授，联合国教科文组织世界遗产中心LIN Roland教授，巴黎历史建筑博物馆GED Françoise教授，东京大学西村幸夫教授，东京大学空间信息科学研究中心濑崎薰教授，新加坡国立大学何培斌教授，香港中文大学伍美琴教授、TIEBEN Hendrik教授，成功大学傅朝卿教授，中原大学林晓薇教授等进行了有关工业遗产相关问题的学术交流并获得启示。还逐渐和国际工业遗产保护协会加强联系，导入国际理念。2017年我们主办了亚洲最大规模的建筑文化国际会议International Conference on East Asian Architectural Culture（简称EAAC，2017），通过学者之间的国际交流，促进了重大课题的研究。我们还通过国际和国内高校工作营形式增强学生的交流。这些都促进了我们从国际化的视角对工业遗产保护相关问题的认识。

本课题组也希望通过智库的形式实现研究成果对于国家工业遗产保护工作的贡献。承担本重大课题的中国文化遗产保护国际研究中心是中国三大智库评估机构（中国社会科学院评价研究院AMI、光明日报智库研究与发布中心　南京大学中国智库研究与评价中心CTTI、上海社会科学院智库研究中心CTTS）认定智库，本课题的部分核心研究成果获得2019年CTTI智库优秀成果奖，2020年又获得CTTI智库精品成果奖。

长期以来团队的研究承蒙国家和地方的基金支持，相关基金包括国家社科基金重大项目（12&ZD230）及其滚动基金、国家自然科学基金面上项目（50978179、51378335、51178293、51878438）、国家出版基金、天津市哲学社会科学规划项目（TJYYWT12-03）、天津市教委重大项目（2012JWZD 4）、天津市自然科学基金项目（08JCYBJC13400、18JCYBJC22400）、高等学校学科创新引智计划（B13011）。天津大学学校领导及建筑学院领导对课题研究提供了重要支持。我们无法一一列举参与和支持过重大课题的同仁，谨在此表示我们由衷的谢意！

国家社科重大课题首席专家

天津大学 建筑学院 中国文化保护国际研究中心副主任、教授

Adjunct Professor at the Chinese University of Hong Kong

徐苏斌

2020年10月10日

目录

第5章 解读工业遗产核心价值
——不同行业的科技价值

第6章 文化资本经济学评价案例研究
——以798艺术区为例的假设市场评估

第 1 章

工业遗产价值评估研究的历史与现状

1.1　工业遗产价值评估研究的历史①

价值评估作为遗产保护的重要组成部分，吸引了日益增多的专家学者研究。在国际上，遗产的价值评估起源于艺术史学者的研究。最早可以追溯到1902年意大利学者里格尔（Alois Riegl），他从艺术史的角度，将遗产价值分为年代价值、历史价值、相对艺术价值、使用价值、崭新价值②。1963年，德国艺术史学者沃尔特（Frodl Walter）将遗产价值分为历史纪念价值（包括科技、情感、年代、象征价值）、艺术价值、使用价值③。

1979年，以国际古迹遗址理事会（ICOMOS）澳大利亚国家委员会颁布的《巴拉宪章》（Burra Charter）为转折点，开始在遗产本身的历史、科技等价值的基础上，讨论文化遗产的地域性和独特性，将文化价值和社会价值纳入考虑。1988年，ICOMOS继续颁布《巴拉宪章指导方针：重大之文化意义》，明确了文化遗产的审美价值、历史价值、科技价值、社会价值和其他价值④。

20世纪后期，国内外学者对于遗产的价值，从建筑学、遗产保护学、经济学等角度展开了众多研究。1993年，由英国和芬兰的建筑遗产保护学者伯纳德·费尔登（Bernard Feilden）和尤嘎·尤基莱托（Jukka Jokilehto）编著的《世界遗产地管理导则》中，将遗产价值分为文化价值和社会经济价值⑤。这标志着遗产的价值认知开始同时考虑经济价值。1997年，瑞士经济学家布鲁诺·弗赖（Bruno S Frey）提出遗产价值分为财政价值、选择价值、存在价值、遗赠价值、声望价值和教育价值⑥，即开始考虑到遗产的传承性和对未来的影响，并且加入可持续发展的考虑。1998年，英国城市规划学者纳撒尼尔·黎齐菲尔德（Nathaniel Lichfield）将遗产价值分为固有价值和使用价值，并基于自然资本、人力资本、物质资本三种资本来评估文物建筑的文化价值。

2001年，澳大利亚经济学家戴维·思罗斯比（David Throsby）在专著《经济学与文化》中，将文化遗产价值分为审美价值、精神价值、社会价值、历史价值、象征价值、真实性价值与经济价值⑦。2002年，美国宾夕法尼亚大学历史建筑保护工程系的主任兰达尔·梅森（Randall F Mason）教授在《保护规划中的价值评估：方法问题与选择》中，将文化遗产价值分为社会文化价值与经济价值。其中社会文化价值包括历史价值、文化/象征价值、社会

---

① 本节执笔者：青木信夫、徐苏斌、王若然。
② RIEGL A. The modern cult of monuments its character and its origin. 1903.
③ WALTER F, 'Denkmalbegriffeund Denkmalwerte', Festschrift Wolf Schubert. Kunstdes Mittelalterin.Fachsen, Weimar, 1967.
④ http://australia.icomos.org/wp-content/uploads/Guidelines-to-the-Burra-Charter_-Cultural-Significance.pdf.
⑤ FEILDEN B M, JOKILEHTO J. Management Guidelines for World Cultural Heritage Sites. Rome: ICCROM, 1993.
⑥ FREY B S. Evaluating Cultural Property: The Economic Approach[J]. Journal of Cultural Economics,1997(6): 231-246.
⑦ THROSBY D. Economics and Culture[M]. Cambridge: Cambridge University Press, 2001.

价值、精神/宗教价值、审美价值；经济价值包括使用/市场价值、非使用价值，其中非使用价值包括存在价值、选择价值和遗赠价值[①]。2012年，意大利罗马大学教授塞尔吉·巴里莱（Sergio Barile）和萨勒诺大学教授萨维亚诺（Marialuisa Saviano）合著的论文《从文化遗产管理到文化遗产政策系统》中，引用亚里士多德的四因说（Four Causes by Aristotle），将遗产价值分为固有价值（质料因和形式因）和使用价值（动力因和目的因）[②]。

2003年7月，国际工业遗产保护委员会在俄罗斯北乌拉尔市召开会议，通过了保护工业遗产的《下塔吉尔宪章》（The Nizhny Tagil Charter for the Industrial Heritage），定义工业遗产是具有历史价值、技术价值、社会价值、建筑或科研价值的遗存（TICCIH，2003）。该宪章以《威尼斯宪章》为基础，作为第一部关于工业遗产认知与保护的国际准则，具有重大意义。2005年，ICOMOS在西安颁布《西安宣言》，明确遗产周边环境的重要价值。在后续的国际学者关于工业遗产价值评估的研究中，多基于《下塔吉尔宪章》以及《巴拉宪章》与《世界遗产公约》中突出普遍价值的评估标准，从广义上的文化遗产价值评估标准评估工业遗产的价值。

2011年，英国颁布《"登录建筑"中的工业建（构）筑物认定导则》（Designation Listing Selection Guide Industrial Structure，2011），将工业遗产的认定标准分为"更广泛的产业文脉，地域因素，完整的厂址、建筑与生产流程，机器、技术革新，重建和修复，历史价值"；2013年，英国颁布《"在册古迹"中的工业遗址认定导则》（Designation Scheduling Selection Guide：Industrial Sites，2013），将工业遗址价值评估的总体标准定为"年代、稀有性、代表性和选择性、文献记录状况、历史重要性、群体价值、遗存现状、潜力"[③]。

现在被国内广泛应用的价值评估标准，多为2015年修订的《中国文物古迹保护准则》，准则将文物古迹分为"历史价值、艺术价值、科学价值、社会价值、文化价值"，其中的社会价值和文化价值是在2000年版本的基础上新增的，"社会价值包含了记忆、情感、教育等内容，文化价值包含了文化多样性、文化传统的延续及非物质文化遗产要素等相关内容。文化景观、文化线路、遗产运河等文物古迹还可能涉及相关自然要素的价值[④]"。

我们探讨最多的是工业遗产的文化价值，2014年5月，中国文物学会工业遗产委员会、中国建筑学会工业建筑遗产学术委员会、中国历史文化名城委员会工业遗产学部联名推出了《中国工业遗产价值评价导则（试行）》，这也是关于中国工业遗产的文化资本价值构成。这

---

① The Getty Conservation Institute, Los Angeles , Assessing the Values of Cultural Heritage, Research Report.
② BARILE S, SAVIANO M. From the Management of Cultural Heritage to the Governance of the Cultural Heritage System: In adopting this general scheme to interpret the value of cultural goods, the possibility exists to distinguish between value linked to the material cause and the formal cause, which can be traced to a presumed "intrinsic" value of the goods, obtained from the material of which they are made and of the form in which they are modelled (artistic and aesthetic aspect) and a value linked to the final cause their effective potential, which can be traced to a value in use of the goods.
③ 青木信夫，徐苏斌，张蕾，等. 英国工业遗产的评价认定标准[J]. 工业建筑，2014，44（9）.
④ 《中国文物古迹保护准则》第3条，国际古迹遗址理事会中国国家委员会，2014年修订版.

个文件是在国际导则的基础上，在分析了十余年中国理论探索的基础上总结的[①]。

综上所述，遗产的价值认知，在20世纪80年代之前多着重于遗产本体的价值，即历史、艺术、科技等价值；20世纪80～90年代，开始将地域性独特的文化价值、社会价值纳入考虑；20世纪90年代至21世纪初，关于文化多样性的研究，以及从经济学角度的遗产价值评估逐渐增多，并考虑对未来的持续动态的影响，与可持续发展相结合；自进入21世纪以来，多学科交叉综合的遗产价值评估开始逐渐增多，并在考虑遗产本身的前提下，同时关注到遗产周边环境的价值。

1.2 国外工业遗产价值评估现状研究

1.2.1 英国工业遗产价值评估现状研究[②]

1.2.1.1 英国工业遗产价值评估的相关文件

英国是世界上最早发生工业革命的国家。在英国工业革命的这段历史中，有众多影响全世界的科技发明和技术进步，英国人对这段历史十分重视，制定了迄今全球范围内对工业遗产认定和评估最详细的文件，包括一系列工业遗产认定评估的标准和导则。

在英国（本报告中主要指英格兰地区）的历史遗产保护体系中与工业遗产保护相关的主要有两大体系：在册古迹（Scheduled Monuments）系统和登录建筑（Listing Buildings）系统，英国在册古迹和登录建筑都有详细的分类，工业遗址（industrial Sites）是18种在册古迹之一，工业建（构）筑物（industrial Structure）是20种登录建筑之一，因此不仅在册古迹和登录建筑的总体认定标准，每一种分类都有针对性的导则。

其中关于英国工业遗产价值评估总体认定标准的文件主要有：

（1）由英国文化、媒体与体育部（Department for Culture, Media and Sport, 简称DCMS）在2010年3月颁布的两份文件，分别对应"在册古迹"和"登录建筑"。

①《"在册古迹"的总体认定标准》（*Scheduled Monuments: Identifying, protecting, conserving and investigating nationally important archaeological sites under the Ancient Monuments and Archaeological Areas Act*, 1979）；

②《"登录建筑"的总体认定标准》（*Principles of Selection for Listing Buildings: General principles applied by the Secretary of State when deciding whether a building is of special*

---

① 中国工业遗产价值评价导则（试行）[J]. 建筑创作，2016（18）. 其中也综述了中国十多年来关于工业遗产价值的探索。

② 本节执笔者：张蕾、青木信夫、徐苏斌、闫觅、于磊。

architectural or historic interest and should be added to the list of buildings compiled under the Planning〈Listed Buildings and Conservation Areas〉Act, 1990）。

（2）由英国遗产局（历史的英格兰，Historic England）[①]颁布的"在册古迹"和"登录建筑"中有关工业遗产文件。

①《"在册古迹"中的工业遗址认定导则》（*Designation Scheduling Selection Guide: Industrial Sites*），2013年3月颁布。

②《"登录建筑"中的工业建（构）筑物认定导则》（*Designation Listing Selection Guide: Industrial Structures*），2011年4月颁布。

1.2.1.2　英国对工业遗产价值构成的理解

在研究英国对工业遗产价值构成理解之前，有必要先了解英国遗产局对英国历史环境价值的理解与定义，这是指导一切遗产保护行动的基础，也是一切遗产评估认定的核心。《保护准则：历史环境可持续管理的政策与导则》（*Conservation Principles: Policies and Guidance for the Sustainable Management of the Historic Environment*），以下简称《保护准则》，2008年4月颁布，是目前英国遗产局用于指导该机构各项事务的一个纲领性文件，提供了英国遗产局对于历史环境价值的一个基本认识框架，作为指导遗产的认定、保护、管理维护、改变与开发等各项活动的基础。《保护准则》中将历史环境的价值界定为四大方面，包括：

（1）物证价值（Evidential Value）：指"一个场所能够提供有关过去人类活动的物证的潜力"，物质遗存是有关人类历史最重要的记录形式之一，尤其是对于缺乏文字记载的早期人类历史。遗产或历史环境作为过去时代的物质遗存，其基本的价值就是能够物证相关的历史及塑造这段历史的人与文化，从而促进人们对于历史的理解。物证价值紧密依赖于遗产的物质实体，物质实体发生的改变或替代都可能使物证价值受到极大影响。

（2）历史价值（Historical Value）：指"一个场所能够把过去的人、事件、生活的各个方面与现在相联系，使其得以展现或关联"。历史价值与物证价值关系密切但又不尽相同，重要性要低于后者。例如一件遗产可能不能成为一段历史的重要物证，但是它的存在能够更加完整丰满地展现历史，从而进一步强化对历史的理解。历史价值不像物证价值那样紧密依赖于物质实体，遗产物质实体的改变和更新并不能轻易地降低其历史价值。

（3）美学价值（Aesthetic Value）：指"人们能够从一个场所中获得感官或智识上的激发和启迪"。

（4）共有价值（Communal Value）：指"一个场所对于与其相关的人们具有某种含义，

---

① 从2015年4月1日起，英格兰历史建筑和古迹管理委员会（Historic Buildings and Monuments Commission for England）即我们熟知的"English Heritage（英国遗产）"改名为"Historic England（历史的英格兰）"。

在他们的集体经验或记忆中扮演着角色"，包括纪念和象征价值、社会价值、精神价值，主要是指遗产或历史环境对于与其直接相关人群的价值，如给予其社区和居民的归属感、认同感、情感联系、集体记忆。这种价值更多地依赖于一个场所中的活动，而非其物质实体，因此有时遗产的物质实体发生了变化，但其社会文化含义仍然延续，共有价值仍然保留。

上述四大价值中，物证价值具有最高的价值，是由遗产本体的物质结构所决定的，其次是历史价值、美学价值，最后是共有价值，它主要来自于人们对一个遗产场所无形的文化认同。同时值得说明的是，英国遗产局认为文化遗产在当代城市环境中所具有的使用价值（Utility and Market Values），如休闲教育价值、旅游价值、经济开发价值等，不应纳入遗产价值，它们有时能够与遗产价值兼容，有时则会与之冲突，在本质上和效用上都不同于遗产价值。此外，英国遗产局还认为，对遗产价值的认识及其评估分级，会随时间发展而更加深化和复杂，目前对遗产价值的认识与表述代表当前主流的价值理解，应随着新信息的增加而进行周期性的再考察，以不断地反映对于遗产价值理解的拓展。上述四大价值为英国对工业遗产价值构成的理解提供了一个基本认识框架。

1.2.1.3　英国对工业遗产价值评估的标准

英国对工业遗产的认定评估，在上述四大价值构成（物证价值、历史价值、美学价值、共有价值）理解的基础上，还提出了更进一步的标准，以便对工业遗产的价值进行评价、判定和分级。工业遗产的认定评估环节在对遗产价值构成完整理解的基础上，更关注工业遗产特殊的、突出的价值，需要提出有助于辨识、遴选这些突出价值的一系列操作性标准，它们将与对价值构成的基本理解一起，共同构成一个完整的工业遗产价值评估标准体系（图1-2-1）。

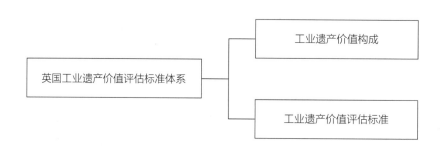

图1-2-1　英国工业遗产价值评估标准体系

与工业遗产价值评估标准相关的文件主要有前述的四个文件：《"在册古迹"的总体认定标准》《"在册古迹"中的工业遗址认定导则》《"登录建筑"的总体认定标准》和《"登录建筑"中的工业建（构）筑物认定导则》。

1）"在册古迹"中工业遗产的认定标准

（1）"在册古迹"的总体认定标准

评价标准共分为八条，是适用于认定不同类型古迹遗址的通用性原则。

①年代（Period）："所有代表不同年代的古迹遗址都应在保护范畴之内。"

②稀有性（Rarity）："某些遗产类别非常稀缺，因而其所有存留遗产样例都因具有考古潜力而应予以保留。然而在一般情况下，必须选择既有代表性又稀缺的遗产，需要考察国家和区域范围内该类型的所有遗产而加以遴选。"

③文献记录状况（Documentation）："当遗产有以往的调查记录，或对于一些晚近时期的遗产，有当代文字或图像记录，这类遗产的重要性有可能得到提升。但相反的，文献的缺失也可能使该遗产作为唯一的了解过去的途径，有着更加重要的研究潜力。"

④群体价值（Group Value）："一个单独的遗产（如一个耕地系统）如果与同时代的古迹（如聚落和墓葬）或不同时代的古迹相关，则其自身价值可能获得极大提升。在某些情况下，最好能保护完整的古迹群体，包括附属及毗邻的土地，而不是只保护群体中孤立的古迹遗址。"

⑤现存状况（Survival / Condition）："遗址地上和地下现有遗存的考古潜力是一个特别重要的考虑因素，应结合其现状和遗存要素进行综合评估。"

⑥脆弱性（Fragility / Vulnerability）："田野遗址中非常重要的考古物证有可能因耕种或无情的对待而遭到破坏；这类脆弱的古迹遗址尤其应受到登录在册这一法定保护体系的庇护。一些结构形式特殊或复杂的遗存，其价值有可能因疏忽或马虎对待而严重降低，也同样应受到'在册古迹'的保护。"

⑦多样性（Diversity）："一些集中了一系列高品质特征的遗产应获得认定，而同样，如果遗产有着某一个方面特别重要的属性，也应获得认定。"

⑧潜力（Potential）："在某些情况下，遗产的物质遗存难以精确地判定，但有相关的文献能证明或预期该遗址的存在和重要性，这类遗址也可获得认定。这类证据通过考古调查被揭示的可能性越大，该遗址越有可能被认定。"

（2）"在册古迹"中的工业遗址认定导则

导则包括历史综述和总体标准两部分内容。

①历史综述

有关不同时期工业发展历史的概述，为遗址认定提供基本参照。从史前至一战前后，分为六个时期进行综述，主要内容包括：

a. 史前和罗马时期：从石器时代到青铜时代，再到铁器时代，随着建筑技术的不断发展，逐渐出现了陶器、砖、混凝土、石灰等的制作技术，同时城镇的形成发展了磨坊业和制盐业。

b. 盎格鲁-撒克逊和维京时期：工业生产仍然是小规模的生产，这一时期的金属制造（如铁器、青铜器）和纺织业有较大发展。

c. 中世纪时期：寺院中会有一些小型的冶铁、磨坊和纺织等作坊，这一时期的金属冶炼（如铅、锡、银等）、陶瓷制造、采石业、盐业有了一定的发展，而煤的开采和玻璃的制造也初见端倪。

d. 1550～1700年：这一时期可以认为是工业革命的序幕，采矿、冶炼、制造业均有显著发展，随着运输业的发展，煤的需求大增，而这又刺激了盐业和玻璃业的兴起。军事对火药的需求促使铜和铅的冶炼业得到发展。

e. 1700～1815年：这一时期是见证英国工业变革的时期，许多产业的生产方式都发生了巨大变化，如冶铁用焦炭代替木炭、纺织业采用蒸汽驱动、制盐由内陆转向海水制盐、陶器和玻璃的制作更为精美等。

f. 1815～1914年：这一时期由于交通运输显著改善，产品产量增加，工厂规模扩大，英国成为世界工厂。整个工业的发展是以煤的发展为基础的。随着铁路的发展，矿石开采量不断增加，同时有很多新型砖窑诞生并促使砖的产量增加，同时，这一时期也有很多杰出的建筑被登录为"在册古迹"。

②总体标准

a. 年代（Period）："所有时期的遗址都可以考虑被认定。有些工业革命以前的遗址可能是某一特定行业的罕见样例，不论是因其自身价值还是因其从属于某个有价值的更大的手工业遗迹，该遗址可能因具有国家重要性而成为强有力的认定候选者。然而，时期并不是唯一的考量要素，一些工业遗址如石灰窑，即使年代比较早，由于其过于普通，只能有选择地认定。很多遗址，如不同时期的采矿遗址，属于复合年代遗址，这可能使其具有复杂性，但也可能降低其易读性。对于这类遗址，如果有早期的遗存时通常能够增加其价值，而如果后期的工程已经抹去了早期遗存，则将影响其纳入考察认定范围内。"

b. 稀有性、代表性和选择性（Rarity, Representativity and Selectivity）："作为某种类型遗址的罕见遗存，会增加其被认定的可能性。同时，非常重要的是在册遗产应能够覆盖和代表广泛的遗址类型，而不仅仅是代表那些突出和不寻常的遗址。各类不同时期、不同类型的工业遗址都应考虑被认定，但在全国范围内，特定行业中的相对重要性也是一个考量因素，并不是每一个特定的行业都要有被认定的遗产样例。那些在全国范围内影响广泛的产业类型也应被代表，例如对于煤炭开采，不应只考虑北方的大煤田，还需考虑肯特和萨默塞特。遗产的选择认定应当注意突显重要的地域专门化产业特征，如谢菲尔德的钢铁业遗址可能在全国范围内都有着重要地位。然而，应该指出的是，我们并不认定每一个地方的遗产群，我们必须是有选择的，认定所依据的基础是遗存具有足够高的价值，而不只是遗存本身。对于那些比较常见的遗址类型或构筑物，应当选择最好的和最有代表性的样例给予认定。"

c. 文献记录状况（Documentation）："如果一个遗址有良好的文献记录，包括遗址同时代的历史文献（如历史地图或记录）或近期文献（如考古调查或发掘），都可能提高该遗址在国家级层面的重要性。然而对于很多行业，特别是冶金业，其工业革命时期所使用的技术往往被作为机密，因而缺少相关记录。为了理解这些缺乏文献记录的工艺流程，对现有遗存的考古分析有可能发挥重要的作用。而一些更加现代的工业遗址则不存在上述情况，它们的工艺流程往往有着完整的文献记录。"

d. 历史重要性（Historic Importance）："当遗址与著名的尤其是具有创新性的实业家、工程师或公司相关，或者是某种新工艺的先驱，会提升其重要性，特别是在遗存的形态能够直接体现出其创新性的情况下。"

e. 群体价值（Group Value）：工业遗址包含一套完整的流程，"原材料运抵，经过一个或多个生产流程产生某种产品（通常还伴随着废物的产生），然后外运输送到市场或成为另一产业的原料。那些包含上述一系列生产活动或生产线的遗址，比那些仅存一部分生产流程的遗址更加具有重要性。因此，废渣堆的存在可以额外提升群体价值，即通过展示副产品补充对于遗址最初生产过程的理解。此外，一些极为重要的工业要素即使其所在遗址都已消失，也能独立地获得认定。一些附带有长距离水渠或者运输系统的遗址，特别是其空间分布已经在地图上有所标示的，只需要截取适当长度的样例，以避免表述重复的考古信息。这种情况下，需要确定恰当的边界，以确保分散遗址的关键部分被认定""群体价值的另一种形式是，一些具有历史关联的不同的工业企业集聚在一起。如在格洛斯特郡科尔福德已经被认定的Dark Hill钢铁厂、砖瓦厂和Titanic钢厂。"

f. 遗存及其现状（Survival and Condition）："在认定评估中，程度较高的改建和重建有时是造成该遗产不予认定的原因。但是对于工业构筑物和建筑物，部分的重建和修复常常与其生产流程相关。这种改变有可能成为一个技术变革的考古物证，因而其本身就具有了足够的价值，需要加以保护，是一种具有正面价值的改变。但是当遗址的劣化和损失已经影响到其价值时，就需要判定现存的建筑、场地、构筑物是否仍能体现出其国家级的重要性。把遗址现状作为重要的考量因素，也是因为遗产认定的目的是为了确保其长期保存以造福子孙后代，如果遗址现状被证明是不可持续的，就需要考虑将其登记在册是否合适。"

g. 潜力（Potential）："工业遗址所包含的一些潜在的历史信息，有时只能通过科学的考古调查技术才能获取。如对生产过程中废渣、副产品的分析可以揭示一些未被记录的工业技术。如果能够证明有这种潜力存在，可增加该遗产被登录在册的可能性。"

2）"登录建筑"中工业遗产的认定标准

（1）"登录建筑"的总体认定标准

①法定标准（Statutory Criteria）

a. 建筑价值（Architectural Interest）："建筑在建筑设计、装饰或工艺技术上的重要性，特殊的价值是指建筑是代表特定的建筑类型、技术（如该建筑展示着技术革新或精湛技艺）

和重要的平面形式的国家级重要实例。"

b．历史价值（Historic Interest）："建筑展示着一个国家的社会、经济、文化或军事史的重要方面，或与国家级重要人物有历史关联，通常建筑的物质结构本身应该有某种值得保护的价值。"

当决定是否登录时，英国文化、媒体与体育部会考虑该建筑对其所从属的某个建筑群（历史功能相关的一群建筑）或历史价值的外部贡献，即群体价值。如果一个建筑因为这种组群的价值而被登录，那么保护适用于其整体。

英国文化、媒体与体育部还会考虑是否有保护建筑附属的所有设备、附属物、宅基地上整体的意愿，如有这种意愿，会增加被登录的概率。

②一般原则（General Principles）

a．年代和稀有性（Age and Rarity）："以下提供的分期是一个评估参考标准，不是绝对的，每种不同类型的建筑会有其特殊的年代分期，也有总原则，如下：

（a）1700年以前，所有保有其原始物质结构重要比例的建筑都应被登录。

（b）1700～1840年，大部分建筑应被登录。

（c）1840年以后，建筑数量及其存留数量大大增加，有必要仔细遴选。

（d）1945年以后的建筑需要更加仔细地遴选。

（e）少于30年历史的建筑，通常当它具有突出的价值或受到损坏威胁时才会被列入。"

b．美学价值（Aesthetic Merits）：指"建筑的外观，包括其本身固有的建筑价值和任何组群价值。但需注意的是，建筑的特殊价值并非总会反映在明显的外在视觉品质中，如一些反映了技术革新或展现了社会史、经济史特殊方面的建筑，可能只有很普通的外在视觉品质"。

c．选择性（Selectivity）："某个建筑尽管有着特殊的建筑价值，但在其他地点有着与之类似的样例时，该建筑可能不会被重点考虑。而当某个建筑能够代表一个特殊的历史类型，则可能被登录，以确保该类型的这个实例受到保护。这种情况下的登录在很大程度上是一个比较的过程，需要有选择性，当有大量相似类型和品质的建筑存留时，文化部只会登录那些最有代表性或该类型最重要的实例。"

d．国家价值（National Interest）："本条标准是为了确保遴选的前后一致性，以确保不仅最有价值的遗产被登录，而且能够使那些构成国家历史整体的重要和独特的地方性建筑也得以列入，如体现某种特定的本地或地域传统的乡土建筑、有国家重要性的地方产业等。"

e．修复状态（State of Repair）："修复状态不是决定遗产是否被登录的考量因素。"

（2）"登录建筑"中的工业建（构）筑物认定导则

导则包括历史综述、总体标准和分类详述三部分内容。

①历史综述

有关不同时期工业发展历史的概述，为工业建（构）筑物认定提供了基本参照。从18世纪以前至当代，分为四个时期进行综述，主要内容包括：

a．1700年以前：历史工业景观并不仅仅是过去300年间的产物，而是人类长期工业活动的累积，大多数的遗存是作为考古研究。

b．1700～1815年：18世纪见证了英国的经济转型。工业革命不仅促进了经济发展，而且通过炼焦、冶铁、蒸汽机的发明、纺织业动力系统的改进等方面，给工业生产方式和交通方式带来具有重要意义的影响，很多行业在1815年才形成一定的规模。

c．1815～1914年：这一时期，英国成为世界的工厂，所有行业的产品都有显著增长，特别是煤炭业和纺织业有巨大的发展，甚至达到顶峰。同时，交通方面也有巨大的变革，第一条运河及铁路（1825年）的建立，使得一些曾经需要接近原料来源的工厂能够在更广的范围分布。这种扩张的行业大多以煤为基础，煤炭产量从1815年的300万吨，增加到1913年顶峰时期的1500万吨左右。

d．1914年至今：近100年的工业遗产不太可能获得认定。传统行业逐渐衰退，少有遗存。由于电力的广泛应用，煤炭业不断衰退，一些新型的行业（如汽车制造、航空航天工业）逐渐兴起，但是值得认定的建筑相对较少。纺织业在20世纪初达到其最后的辉煌，那些20世纪30年代的现代建筑目前已大部分消失。

②总体标准

本导则提出工业建（构）筑物认定时需考察的八条标准，包括：

a．更广泛的产业文脉（The Wider Industrial Context）："与许多其他类型的建筑不同，工业建（构）筑物应考察的范围更为广泛。以大曼彻斯特地区的棉花产业为例，可能包括一系列过程：棉包的运抵和储存；通过运河或铁路运输到工厂；在一间工厂或多个工厂完成梳纱、织纱和纺织；成品储存和商品包装；分发至消费者；废产品回收利用。每个过程发挥着自己的作用。在这个广泛的过程中，每栋相关的建筑物都应被考察。"

b．地域因素（Regional Factors）："在遴选建筑物或厂址时应具有地域视野，以使各行业均有代表性的样例。还应研究工业的地域专门化，并遴选与之相关的产业遗存，如北安普顿的制鞋工业，或谢菲尔德的钢铁工业，往往非常有必要被选入国家级名录。"

c．完整的厂址（Integrated Sites）："如果一栋建筑所从属的生产流程包含大量的组成部分，则完整性问题就有可能很重要。在一个相对不完整的复合型厂址上，一个孤立存在的建筑物很难获得登录，除非它自身具有重要性（如它具有革新性的建筑结构或较高的建筑品质）。相反的，如果厂址非常完整（如包括供水系统和建筑物以外的田野古迹），则会提高其中那些单独看不一定会获得登录的建筑物的重要性，使其获得登录。"

d．建筑与生产流程（Architecture and Rrocess）："工业建筑的设计（平面形式和外观）通常都会反映其特定功能。而许多流程特别是20世纪的工业流程（如汽车或自行车制造），不一定能反映在简单的建筑形式中。在这种情况下，建筑物通常需要一些特殊的建筑品质来获得登录。"

e．机器（Machinery）："一些厂址的特殊价值在于其中的机器。一些构筑物如筛分装置或戈培式提升机，其本身就是机器，应当完整保存。在有些案例中，如West Cornwall锡矿开采区的发动机房，其房屋结构作为国家级重要产业的象征而获得登录，尽管其结构并不完整，内部的机器也已不存在。一般来说，机器的存在使建筑更具特殊价值，它们的缺失则会降低被认定的资格。"

f. 技术革新（Technical Innovation）：指"一些建筑物可能是率先使用某类重要生产流程、技术或工厂系统的遗址（如基于焦炭的炼铁厂、机械化棉纺、蒸汽动力应用于抽水等的遗址）。此外，建筑结构本身，而非其所包含的工业流程，也可能具有重要的技术价值，如早期的防火、金属框架、艺术化的材料使用等。一些著名的技师、工程师、建筑师的作品也具有重要价值"。

g. 重建和修复（Rebuilding and Repair）："在认定评估中，程度较高的改建和重建有时是造成该建（构）筑物不予认定的原因。但是对于工业构筑物和建筑物，部分的重建和修复常常与其生产流程相关。这种改变有可能成为一个技术变革的物证，因而其本身就具有了足够的价值需要加以保护，是一种具有正面价值的改变。"

h. 历史价值（Historic Interest）："作为工业史上重要物证的建（构）筑物如果遗存状况较好，则极有可能获得登录；而如果保存状况不太好，也可能仍被登录，但是需要判断。如与重大历史成就相关联，可能足以使该建筑获得登录，这取决于其历史的重要性和与之相关联的人物或产品的重要性。"

③分类详述

英国按工业门类将工业建（构）筑物分为原料开采（如煤矿业、金属矿业、采石业等）、加工与制造（如造纸业、纺织业、食品加工业等）、储存与分发（如仓库、中转仓库及堆场）三大类，针对每一类中不同行业类型的工业建（构）筑物分别详细制定了不同的评价认定导则。如原料开采类中的煤矿业，根据其不同的发展时期，建筑形制、能源机器、材料设备成为不同时期评估的重点。加工与制造类中的纺织业则提到，潮湿的环境和长排的直棂窗是此类建筑物的显著特点，且由于建筑材料、产品性质、机器设备的不同而导致它的平面布局也不尽相同。储存与分发类则主要是指仓库类的构筑物，从中世纪以来就有羊毛、布料和其他货物的储存空间，建筑形制不断改变，其建筑也依据储存货物的不同而对光照、安全性、层数等有不同的要求；另外，设备如起重机和升降机在仓库类建筑中也很重要。

将英国工业遗产价值评估标准整理汇总如表1-2-1所示。

结合《保护准则》中对遗产价值构成的基本认识，可以总结出英国工业遗产价值评估与认定标准的一个完整构架，可以分为如下几个层次（表1-2-2）：

a. 对于遗产价值构成的基本理解，即物证价值、历史价值、美学价值、共有价值四个方面，帮助人们建立遗产价值"是什么""有什么"的基本概念。

b. 用于遗产认定分级的进一步评估原则，即判定"遗产价值高低如何"的操作性标准，又可以分为几个层次。

英国工业遗产价值评估标准汇总　　　　　　　　　　　　　　　　　　　　表1-2-1

"在册古迹"		"登录建筑"	
"在册古迹"的总体认定标准（2010）	工业遗址认定导则（2013）	"登录建筑"的总体认定标准（2010）	工业建（构）筑物认定导则（2011）
总体标准 ·年代 ·稀有性 ·文献记录状况 ·群体价值 ·现存状况 ·脆弱性 ·多样性 ·潜力	历史综述：分为史前和罗马时期、盎格鲁-撒克逊和维京时期、中世纪时期、1550~1700年、1700~1815年、1815~1914年六个时期来对工业遗址进行阐述 总体标准 ·年代 ·稀有性、代表性和选择性 ·文献记录状况 ·历史重要性 ·群体价值 ·遗存及其现状 ·潜力	法定标准 ·建筑价值 ·历史价值 一般原则 ·年代和稀有性 ·美学价值 ·选择性 ·国家价值 ·修复状态	历史综述： 分为1700年以前、1700~1815年、 1815~1914年至今四个时期来对工业建（构）筑物进行阐述 总体标准 ·更广泛的产业文脉 ·地域因素 ·完整的厂址 ·建筑与生产流程 ·机器 ·技术革新 ·重建和修复 ·历史价值 分类详述 英国将工业建（构）筑物分为原料开采、加工与制造、储存与分发三大类，针对每一类中不同类型分别给出详细的认定导则

　　首先，通用性原则，如年代、稀有性、代表性等，这些原则适用于各类型遗产，因此较为抽象。

　　其次，更体现工业遗产特征的专门性原则，如需要考察工业遗产完整的产业链文脉、地域特征、厂址完整性，对于生产流程、机器设备、技术革新等需要特殊关注的原则等。

　　再次，不同行业类型工业遗产的分类导则，更加详细并具有针对性。由于工业遗产行业类型多种多样，时间跨度广泛，既有史前手工制作遗迹，也有近百年才兴起的新兴产业，生产技术、发展脉络、技术革新等不同，各门类工业遗产也千差万别。因此，需要将遗产分门别类，结合不同的历史发展特征，如纺织业、煤矿业、制造业等行业的发展史，制定更详细、更精确、更具针对性的认定导则。

英国工业遗产价值评估标准的层次与构架　　　　　　　　　　　　　　　　　表1-2-2

项目	内容
价值构成	物证价值 历史价值（建筑价值） 美学价值 共有价值

项目	内容
通用性原则	时期，年代
	稀有性
	选择性
	代表性，国家价值
	多样性
	重建和修复，修复状态，遗存现状
	脆弱性
	文献记录状况
	潜力
	群体价值
专门性原则	更广泛的产业文脉
	地域因素
	完整的厂址
	建筑与生产流程
	机器
	技术革新
	重建和修复
分类导则	根据具体类型的工业遗产，阐述历史脉络，明确重要的历史发展时间点、技术革新节点、代表性的设备流程等，为遗产认定提供具体参照原则

1.2.2 欧美等其他国家工业遗产价值评估现状研究[①]

1.2.2.1 美国工业遗产价值评估现状研究

美国是一个联邦制国家，其对历史环境的保护与英国的保护体系有很大不同，相比较而言，英国更多的是自上而下的保护，而美国更注重自下而上的保护。美国对历史环境的保护分为三个重要的层级：联邦—州—地方，州和有资质的地方政府可以根据自身的情况自行制定与历史环境保护相关的法律和导则，但无论如何多变，各州和地方总不会偏离联邦相关法律和导则的大方向，因此本报告主要研究联邦层面的相关评估标准。美国负责工业遗产价值评估的重要官方机构是国家公园管理局（National Park Service），该机构的专家建议团队为联邦历史保护咨询委员会（The Advisory Council on Historic Preservation），由遗产保护领域

---

① 本节执笔者：于磊、青木信夫、徐苏斌。

的专家组成，为公园管理局提供遗产评估和保护的建议。

国家公园管理局颁布的《管理政策2006：国家公园系统管理导则》(*Management Policies 2006: The Guide to Managing the National Park System*)介绍了美国对整个文化遗产和历史环境价值的基本理解，其第五章"文化资源管理"中对历史场所（包含区域、遗址、建筑物、构筑物和物品）的评估有四条标准："与重要的历史事件相关；与重要历史人物的生活相关；体现某一类型、某一时期或某种建造方法的独特特征，或大师的代表作品，或具有较高的艺术价值，或是具有群体价值的一般作品；从中已找到或可能会找到史前或历史上的重要信息。"

在美国的官方保护制度中并没有形成一套明确以"工业"为主题的遗产认定评估标准，但工业遗产的相关认定评估标准可以从美国历史场所国家登录标准（National Register of Historic Places）和美国土木工程地标（Historic Civil Engineering Landmark，简称HCEL）评估标准中找到。

1）美国历史场所国家登录标准

美国历史场所国家登录的历史财产（Properties）类型有：区域（Districts）、遗址（Sites）、建筑物（Buildings）、构筑物（Structures）和物品（Objects）五类。下面的标准适用于评估财产是否可以被登录为国家历史场所："在美国的历史、建筑、考古、工程技术和文化方面有重要意义，在场地、设计、环境、材料、工艺、情感和关联性上具有完整性的区域、遗址、建筑物、构筑物和物品，具备下列条件之一：

（1）与重大的历史事件相关，该事件对历史有重要贡献；

（2）与过去重要人物的生活相关；

（3）体现某一类型、某一时期或某种建造方法的独特个性，或是大师的代表作品，或具有高的艺术价值，或是具有群体价值的一般作品；

（4）从中已找到或可能会找到史前或历史上的重要信息。"

关于标准的思考：通常坟场、出生地或历史人物的墓地，属于宗教机构或用于宗教用途的财产，从原有场地移来的构筑物，重建的历史建筑，纪念用途的财产和不足50年的财产，不具有国家登录资格。但是如果这些财产是整体（满足登录条件的）中不可分割的一部分，或者它们满足下列条件之一，也将有资格登录为国家历史场所：

（1）一份宗教财产，但它的意义主要源于其建筑、艺术或历史上的重要性；

（2）一幢建筑物或构筑物虽已不在它最初的场所中，但其意义主要源于其建筑的价值，或源于其现存结构与历史人物或事件相关；

（3）如果没有其他合适的遗址或建筑与某位历史人物的生活直接相关，那么这位历史人物的出生地或墓地具有杰出的重要性；

（4）一片坟场若其意义主要源于卓越人物们的墓地，或源于其年代、独特的设计特点，或与历史事件相关；

（5）一幢重建的建筑，当其建造在十分合适的环境里，并且作为修复总体规划的一部分，呈现出一种庄严的方式，并且没有其他相关的建筑物或构筑物幸存时；

（6）一份用于纪念目的的财产，但若其设计、年代、传统或象征价值具有自己杰出的意义；

（7）一份不足50年历史的财产，但若其具有杰出的重要性。

2）美国土木工程历史委员会对土木工程地标（HCEL）的评估标准

除了官方的评估标准外，一些非官方的专业学会与保护组织也对工业遗产的评估制定了标准。美国有较多历史环境保护的专业学会，如土木工程师协会（ASCE）、金属协会、机械工程协会等，这些协会都有各自的历史地标认定标准，其中影响最广泛且与工业建筑遗产关系最紧密的是土木工程地标。土木工程师协会对土木工程地标的提名与指定列出了6条评估标准：

（1）被提名的项目必须具有土木工程的国家历史意义。尺寸、设计、施工技术的复杂性本身并不构成国家历史意义。

（2）该项目必须能代表工程历史中的重要一面，但并不一定是由土木工程师设计或建造的。

（3）该项目必须有一些独特性（例如第一个建设项目），或已取得了一些重大的贡献（例如，采用某种特定方法设计的第一个项目），或使用一种独特或重要的建造技术或工程技术。该项目本身必须为国家的发展作出贡献，或至少是为一个非常大的区域作出贡献。因此一个没有贡献的项目，或者仅是一处技术上的"死胡同"是不能具有国家历史意义的，尽管它是"第一个"（或仅此一种）。

（4）项目通常是能为公众观赏的，虽然安全上的考虑或地理上的隔离可能会局限访问。

（5）提名的项目应至少在ASCE匾牌制作完成之前已建成50年。

（6）项目必须有安装ASCE匾牌的合适空间，可装入一个13英寸×19英寸铜牌，并且被民众看得到。

1.2.2.2　加拿大工业遗产价值评估现状研究

加拿大负责工业遗产价值评估的重要官方机构是加拿大公园（Parks Canada），该机构的专家建议团队是加拿大历史遗址和古迹委员会（Historic Sites and Monuments Board of Canada）。加拿大公园颁布的《文化资源管理政策》（*Cultural Resource Management Policy*）介绍了加拿大对整个历史环境和文化遗产价值的基本理解："对过去、现在和未来的人们有美学、历史、科学、文化、社会或精神上的重要性或意义。文化资源的遗产价值体现在其定义特征元素上。"定义特征元素（Character-defining Elements）是指："体现文化资源遗产价值的材料、形式、地点、空间布局、使用和文化联想或意义，必须被保留下来以保护遗产价值的元素。"

《标准、通用导则与专门导则——评估具有国家历史意义潜力的主题》(*Criteria, General Guidelines & Specific Guidelines for Evaluating Subjects of Potential National Historic Significance*) 介绍了加拿大对工业遗产价值的理解和评估标准。该文件包括标准、通用导则，并具体针对场所、人物和事件等做了专门的评估导则，指出了评估具有国家历史意义的场所、人物及事件的标准，此处场所的含义包括建筑物、构筑物、建筑群、景观和考古遗址等。在场所的专门导则中又细分了20种不同的门类，如考古遗址、历史街区、公园和园林、用于宗教用途的教堂和建筑物等，其中与工业遗产相关的是历史工程地标的导则和标准（表1-2-3）。

《标准、通用导则与专门导则——评估具有国家历史意义潜力的主题》
中与工业遗产价值评估相关的标准
表1-2-3

国家历史意义标准（Criteria for National Historic Significance）中关于场所的内容	通用导则（General Guidelines）中关于场所的内容	专门导则：场所（Specific Guidelines: Place）中历史工程地标（Historic Engineering Landmarks）导则的内容
有国家历史意义的场所，需满足以下一个或多个标准：一个场所可被认定为具有国家历史意义，凭借其与加拿大历史某一国家意义方面的直接联系。一个考古遗址、构筑物、建筑、建筑群、地区，或潜在的有国家历史意义的文化景观： （1）阐释了在概念和设计、技术和/或规划方面的某一特殊创造性成就，或阐释了加拿大发展中某一重要阶段的特殊创造性成就； （2）全部或部分地阐释或象征了某一文化传统、某种生活方式，或加拿大发展中重要的理念； （3）与重要的国家历史人物有非常明确和有意义的关联或识别； （4）与重要的国家历史事件有非常明确和有意义的关联或识别	国家历史意义的认定是在具体问题具体分析的基础上，按照上述标准，并置于加拿大人类历史的广度背景下的。 一个独特的成就或突出的贡献，因其重要性和/或卓越的质量，明显超出其他的成就或贡献。 一个代表性的例子，因其突出的典型性，代表了加拿大历史的某一重要方面。 与国家重要的人物或事件有明确和有意义的关联，且这种关联是直接和可理解的。 独特性或稀缺性其本身并不能成为具有国家历史意义的依据，但可与上述标准一起考虑是否具有国家历史意义。 第一流物品（Firsts），其本身不被视为具有国家历史意义。一般情况下，唯有纪念性才会使场所、人物或事件具有国家历史意义。 场所： （1）完成于1975年之前的建筑物、建筑物的全部附属和遗址，可考虑认定为具有国家历史意义； （2）尊重自身设计、材料、工艺、功能和/或环境完整性的场所，可考虑认定为具有国家历史意义，因为这些元素是理解场所意义必不可少的； （3）当被考虑认定为一个国家历史遗址时，场所的边界必须被明确地界定； （4）通常不适合在馆内展示的大尺度可移动遗产可考虑认定为具有国家历史意义	为了进入工程地标的名单，一个遗址要满足以下一个或多个准则： （1）体现了某一杰出的工程成就； （2）凭借优良的物理性能，具有突出的重要性； （3）是某一重要的创新或发明，或阐释了某一非常重要的技术进步； （4）是加拿大某一非常重要的吸收或同化； （5）是某一极具挑战性的建设壮举； （6）是当时同类建设中最大的，仅其规模就构成了工程中的一个重大进步； （7）曾对加拿大某一主要地区的发展有过重要的影响； （8）对加拿大人或加拿大某一专门的文化团体有特别重要的象征性价值的工程和/或技术成就； （9）是一个卓越的早期例子，或遗存下来的稀缺或独特的例子，在加拿大工程历史上起到了重要作用的工程类型； （10）是某一重要等级或类型工程项目的代表，当没有现存的其他优秀遗址考虑列入时

1.2.2.3 德国工业遗产价值评估现状研究

德国从20世纪初期开始进行"技术文化纪念物"或简称"技术文物"的保护工作。在"技术文物"的名称下，德国得到官方认可的相关研究和保护工作可以说比英国更早。

1928年，德意志博物馆（DM）、德国家乡保护联盟（BHU）与德国工程师联盟（VDI）三方一起成立了"德意志保存技术文化古迹工作组"。工作组的指导原则中指出，"技术文物是指那些具有价值的古老的机械设备，作为整体仍然保存在原先的地点与位置，并且对于该行业来说，在某些地区具有典型性"。在德国，历史建筑保护的法律和管理权限由各州负责，各州的文物保护组织分为州内务部文物保护局（Innenministerium Landesamt Fuer Denkmalschutz）、州行政区域机构（Regierungspraesidium）及地方自治体（Gemeinde）三个层面。各州的法律和导则不同，本报告选取有代表性的柏林市作为一个点来看德国对工业遗产的认定评估。

《柏林文物保护法》（DSchGBln，1995）中介绍了德国对文物的评估，从中可以看到德国对工业遗产价值评估的关注点。保护法中文物的定义为：

"本法律所谓的文物是指文物建筑、文物建筑群、文物园林以及文物遗址。

文物建筑是指一个建筑物或构筑物，或者是建筑物或构筑物的一部分，由于它具备的历史、艺术、科学或者城市设计上的意义而加以保护。作为文物建筑，其附属物和装饰都是作为整体来塑造文物建筑价值的。

文物建筑群是指多个建筑设施或绿化设施（群体、总体设施），或街道、广场、景点设施及与居住区相关的户外空地和水景设施等，其保护原因是具备上述的普遍意义（具备的历史、艺术、科学或者城市设计上的意义），即使该建筑群并不是每个组成部分都是文物建筑。

文物园林是指一处绿化设施、花园或公园设施，一座墓地，一条林荫道，或者一处风景造型的证据，其保护原因是具备上述的普遍意义。作为文物园林，其附属物和装饰都是作为整体来塑造文物园林价值的。

文物遗址是指一个可移动或不可移动的物件，它位于土地上或水域中，其保护原因是具备上述的普遍意义。"

1.2.2.4　日本工业遗产价值评估现状研究

日本是亚洲最早开展工业遗产研究的国家之一。1977年日本建立了全国性的产业考古学会（Japan Industrial Archaeology Society，简称JIAS），开始与产业遗产相关的研究。1990年日本开始"近代化遗产综合调查"，1993年开始指定近代化遗产为重要文化遗产，1996年开始为期8年的大规模近代遗迹普查。目前，日本对于产业遗产的认定，主要是经济产业省的"近代化产业遗产"的认证体系，是经济产业省从产业遗产地区活化利用角度出发，通过产业遗产运用委员会对收集到的日本各地区400多个产业遗存进行调查，于2007年和2008年发布了《近代化产业遗产群33》和《近代化产业遗产群续33》两份遗产目录。这些遗产选取的标准是：

（1）选取的对象是幕府末期至战前时段的产业遗产（但是对于江户时期和战后的产业遗产等，根据需要详细考察）。

（2）对象不仅包括建筑物，还包括具有划时代意义的制造品及生产过程中所用的机器设备，与生产过程相关的故事和文件等与近代化相关的多种多样的物件。另外，也包括相关的复原物或者模型。

（3）主要是指产业发展过程中具有革新作用的产业遗产（原则上不包括江户时期用传统方法从事生产的产业遗产）。

（4）上述的近代化产业遗产要以地域史和产业史的脉络为中心整理汇编，将这些遗存组合在一起更容易选择其活化的方式。

此外，日本关于工业遗产的认定评估也可以在日本对文化财登录的相关评估标准中见到端倪。1950年日本颁布的《文化财保护法》是目前日本关于历史环境保护的最重要法典。该法于1950年开始实施，迄今已经历了多次重要的修订。在1996年的修订中，日本借鉴欧美的文化遗产登录制度，导入了"文化财登录制度"；在2005年的修订中，又增设了"登录有形民俗文化财"和"登录纪念物"制度。

日本文化财的登录标准为：建成后经过50年的建造物，具备以下三个条件之一即可：

（1）有助于国土的历史性景观之形成者（如：以特别的爱称给大众亲切感；有助于提高地方的知名度；出现在绘画等艺术作品中）；

（2）成为造型艺术之典范者（如：设计非常优秀；与著名建筑设计师或施工建设者有关；某一建筑风格的初期作品；反映时代和建筑类型的特征）；

（3）难以再现者（如：用先进技术和技能建设而成；用了现在已较少应用的技术和技能；造型与设计珍贵，类似作品已较少）。

登录对象包括住宅、工厂、办公楼等建筑物，桥梁、隧道、水闸、大坝等构筑物及烟囱、围墙等工程物件。

1.3　国内工业遗产价值评估现状研究

1.3.1　国内工业遗产价值评估构成[①]

国内对于建筑遗产评估探讨较早的是朱光亚、方遒、雷晓鸿在1998年发表的《建筑遗产评估的一次探索》[②]。对于工业遗产价值评估研究着手较早的是刘伯英、李匡2006年发表的《工业遗产的构成与价值评价方法》[③]，该文章较早地介绍了国外工业遗产的理念，提出了中

---

① 本节执笔者：闫觅、青木信夫、徐苏斌、张蕾、于磊。
② 朱光亚，方遒，雷晓鸿. 建筑遗产评估的一次探索[J]. 新建筑，1998（2）：22-24.
③ 刘伯英，李匡. 工业遗产的构成与价值评价方法[J]. 建筑创作，2006（9）：24-30.

国工业遗产资源的价值构成：历史价值、文化价值、社会价值、科学价值、艺术价值、产业价值、经济价值这七类价值，并提出了评价原则。这篇文章比较全面地指导了工业遗产的研究。

王建国、蒋楠2006年发表的《后工业时代中国产业类历史建筑遗产保护性再利用》[①]，较早地关注了保护性再利用的问题，其关于工业遗产的价值评估问题经过一系列的研究后，在2016年《新建筑》发表了比较完整的评估体系《基于适应性再利用的工业遗产价值评价技术与方法》[②]，该文章比较全面地讨论了价值评价指标体系、指标评分、权重设计等，建立了一套评价的方法。文中量化评估是其突出的特点，作者认为历史、艺术、科学三大价值并不能涵盖工业遗产价值的全部，因此提出价值评价的八项指标：历史、文化、社会、艺术、技术、经济、环境和使用价值，并把这八项作为一级指标，二级指标有24项，再下一个层次是基本指标45个。

陈伯超2006年发表的《沈阳工业建筑遗产的历史源头及其双重价值》[③]提出了文化价值和经济价值的互换性，虽然没有提出全部价值框架，但是对于文化价值和经济价值的位置却有独特的说明。

李向北、伍福军2008年发表的《多角度审视工业建筑遗产的价值》[④]提出了工业建筑遗产的价值，包含历史价值、科学价值、经济价值、美学价值、社会及教育价值、精神价值、环境价值与生态意义多种内涵。

姜振寰2009年发表的《工业遗产的价值与研究方法论》[⑤]阐述了对价值构成的思考：历史价值、社会价值、文化价值、科学研究价值与经济价值。

寇怀云、章思初2010年发表的《工业遗产的核心价值及其保护思路研究》[⑥]提出价值构成包括艺术价值、历史价值与技术价值，核心价值在于技术价值。

汤昭、冰河、王坤2010年发表的《工业遗产鉴定标准及层级保护初探——以湖北工业遗产为例》[⑦]划分了广义的工业遗产和狭义的工业遗产，并阐述了工业遗产的内涵价值、外延价值与综合价值，内涵价值为历史价值、科技价值、美学价值，外延价值为经济价值、教育价值，综合价值为社会价值、独特性价值。与其他的研究不同。

李和平、郑圣峰、张毅2012年发表的《重庆工业遗产的价值评价与保护利用梯度研究》[⑧]，针对重庆的案例对价值构成进行了探讨，文中将重庆工业遗产价值评价指标分为历史

---

① 王建国，蒋楠．后工业时代中国产业类历史建筑遗产保护性再利用[J]．建筑学报，2006（8）：8-11．
② 蒋楠．基于适应性再利用的工业遗产价值评价技术与方法[J]．新建筑，2016（3）：4-9．
③ 陈伯超．沈阳工业建筑遗产的历史源头及其双重价值[J]．建筑创作，2006（9）：80-91．
④ 李向北，伍福军．多角度审视工业建筑遗产的价值[J]．科技资讯，2008（4）：67-68．
⑤ 姜振寰．工业遗产的价值与研究方法论[J]．工程研究-跨学科视野中的工程，2009（4）：354-361．
⑥ 寇怀云，章思初．工业遗产的核心价值及其保护思路研究[J]．东南文化，2010（5）：24-29．
⑦ 汤昭，冰河，王坤．工业遗产鉴定标准及层级保护初探——以湖北工业遗产为例[J]．中外建筑，2010（1）：53-55．
⑧ 李和平，郑圣峰，张毅．重庆工业遗产的价值评价与保护利用梯度研究[J]．建筑学报，2012（1）：24-29．

价值、科学技术价值、社会文化价值、艺术价值、经济价值、独特性价值与稀缺性价值。该研究也分了不同的指标层级，上述七项价值是一级指标，在此基础上又列出了二级指标，并且为每个指标赋予了权重。该文章将工业遗产的保护层次分为文物保护类、保护性利用类、改造性利用类，并提出了不同层次工业遗产保护的策略。

除了上述研究之外，还有很多博士和硕士的相关论文发表，这里不一一赘述了，可见表1-3-1。此外，本课题组也进行了长期的探索，将在后文阐述。

国内工业遗产价值评估较早发表的研究汇总 表1-3-1

一级标准	二级标准	提出者和文献来源
历史价值	时间久远	刘伯英 等，2006；张健 等，2010；刘翔，2009；齐奕 等，2008；蒋楠，2013；李和平，2012；姜振寰，2009
	时间跨度	刘瀚熙，2012
	与历史人物的相关度及重要度	刘伯英 等，2006；张毅杉 等，2008；李先逵 等，2011；刘瀚熙，2012；蒋楠，2013；刘洋，2010
	与历史事件的相关度及重要度	刘伯英 等，2006；张毅杉 等，2008；张健 等，2010；蒋楠，2013
	与重要社团或机构的相关度及重要度	蒋楠，2013
	在中国城市产业史上的重要度	张毅杉 等，2008；刘翔，2009
科学技术价值	行业开创性	刘伯英 等，2006；张健 等，2010；齐奕 等，2008；李先逵 等，2011；姜振寰，2009
	生产工艺的先进性	刘伯英 等，2006；张毅杉 等，2008；刘瀚熙，2012
	建筑技术的先进性	张毅杉 等，2008；蒋楠，2013
	营造模式的先进性	刘翔，2009
审美艺术价值	产业风貌	刘伯英 等，2006；张毅杉 等，2008；张健 等，2010；齐奕 等，2008
	建筑风格特征	张健 等，2010；张毅杉 等，2008；齐奕 等，2008
	空间布局	张健 等，2010；刘瀚熙，2012；刘翔，2009
	建筑设计水平	刘翔，2009；蒋楠，2013
社会文化价值	企业文化	刘伯英 等，2006；张健 等，2010；李先逵 等，2011；姜振寰，2009
	推动当地经济社会发展	张毅杉 等，2008；李先逵 等，2012；蒋楠，2013
	与居民的生活相关度	张毅杉 等，2008；刘瀚熙，2012
	归属感	张健 等，2010；刘伯英 等，2010；刘瀚熙，2012

一级标准	二级标准	提出者和文献来源
生态环境价值	自然环境	张健 等，2011；刘洋，2012；李向北，2008
	景观现状	张健 等，2011
	人文环境	刘洋，2012
精神情感价值	精神激励	刘翔，2009
	情感认同	刘翔，2009；刘洋，2012
	真实性	张健 等，2010；刘翔，2009；刘洋，2010
	完整性	张健 等，2010；刘翔，2009；刘瀚熙，2012
	独特性	李和平 等，2012
	稀缺性	李和平 等，2012
	濒危性	李先逵 等，2011
	唯一性	李先逵 等，2011
	经济价值	刘伯英 等，2006；蒋楠，2016；李和平，2012；姜振寰，2009；李向北，2008

前述研究分析表明，第一，这些对于价值构成的研究基本基于文物保护法，他们的共同特点是都认为历史价值、艺术价值、科技价值是毫无疑问的评估指标的，对于社会价值、文化价值则有一定争议，另外对于经济价值，多数学者基本认为还是应该列入工业遗产的价值体系中。此外，对于环境、真实性、完整性、稀缺性等则有不同见解。

第二，提出了不同层级的指标，基本以历史价值、科学价值、美学价值、社会和文化价值、经济价值等作为一级指标，然后有二级指标，甚至有三级指标等，如蒋楠的研究。

第三，遗产权重有量化的客观操作，但是对于权重的选取还有主观的倾向。

第四，比较多的研究者主张对工业遗产进行分级处理，一般分为三级：文物保护类、保护性利用类、改造性利用类。

刘伯英+李匡、王建国+蒋楠、李和平+郑圣峰+张毅等的价值框架相对探讨得比较深入，都是结合自己对国内工业遗产的研究总结而成，较单纯介绍国外经验更进一步，其中体系最复杂的是蒋楠的研究。

上述工业遗产价值指标的多样性也代表着"遗产化"过程中不同角度的价值取向，代表着中国文化遗产保护语境下的思考。国内研究及其提出的标准主要围绕工业遗产的几大价值（历史、科技、审美、社会文化、生态等）进行深化和细化，同时部分研究者也提出了真实性、完整性、濒危性、唯一性等其他在评估认定中影响工业遗产价值的因素。

1.3.2 国内工业遗产价值评估方法[①]

1）既往的研究方法

遗产保护学与管理学领域的交叉发展，使得对文化资本的文化学价值评价方法的研究更加丰硕。管理学中的科学评价方法众多，有按主客观分定性（如专家评议、德尔菲法）、定量（如科学计量、经济计量）和综合评价（如层次分析法、模糊综合评判法、数据包络分析法、人工神经网络评价法和灰色综合评价法）三类，也有按学科门类分为四类或九类的（如运筹学、数理统计学、系统工程学等）。每种评价方法各自的优缺点在管理科学领域已有详细的研究，而如何将管理学的方法运用于文化遗产的价值评价是这些年来学界一直探讨的课题。笔者将当前学界对不同类型文化遗产价值评价的方法与流程设计进行梳理研究（表1-3-2），发现各学者对方法的使用与流程的设计都不尽相同。工业遗产是文化遗产的一个特殊门类，其价值评价方法的选择可借鉴文化遗产的评价方法，并要结合自身的情况和特点。

文化资本的文化学价值评价方法研究 表1-3-2

对象	作者	评价方法	评价流程特点分析
历史文化村镇	赵勇（建筑规划、地理与旅游领域），2006	因子分析法聚类分析法	定性与定量方法相结合。 首先定性选取15项评价指标，然后运用FOXPRO和SPSS软件采用因子分析和聚类分析方法进行量化处理
	赵勇（建筑规划、地理与旅游领域），2008	层次分析法问卷调查法	定性与定量方法相结合。 首先定性选取24项评价指标。然后利用层次分析法分为A~F层，建立指标体系，发放问卷，对每层元素进行两两相对重要度比较，构造判断矩阵，最终得出各指标权重值。最后对每项指标根据其权重分值再划分等级打分，每项最高分为权重分值
	张艳玲（建筑规划领域），2011	德尔菲法专家调查法层次分析法模糊综合评价法	定性与定量方法相结合。 问卷调查（一轮）评价因子集，将因子分为主、客观因子，评价体系分为主、客观体系。总体评价体系首先建立指标，用德尔菲法发放问卷，调查每层指标的权重，取专家评判值的几何平均数，然后用层次分析法构造判断矩阵，进行一致性检验，得最终权重。主、客观评价体系又经过专家咨询后确定评价指标，也采用上述方法确定各指标权重，最后制定了主、客观评价体系的评价标准。其中主观体系评价标准运用SD语义差别法，也运用了模糊数学，建立了多层次模糊综合主观评价模型
	邵甬（建筑规划领域），2012	无具体说明	定性与定量方法相结合。 特征评价（如历史建筑的典型性和聚落环境的优美度）采用定性比较方法。 真实完整性（如原住居民比例、历史建筑数量）采用定量比较方法

[①] 本节执笔者：于磊、青木信夫。

对象	作者	评价方法	评价流程特点分析
历史文化名城	李娜（建筑规划领域），2001	层次分析法	定性与定量方法相结合。 首先定性选取27项评价指标，利用层次分析法分为A～D层，建立指标体系层次结构模型，然后利用层次分析法求权重值
	常晓舟（地理与环境科学领域），2003	因子分析法 因子综合评价法 系统聚类分析法	定性与定量方法相结合。 首先定性选22项评价指标。利用因子综合评价法等，采用URMS软件进行数据处理，提取主因子，计算主因子的特征值、方差贡献率、累计方差贡献率和公因子载荷矩阵等
历史地段	梁雪春（系统工程领域），2002	问卷调查法 模糊综合评判	定性与定量方法相结合。 首先定性选取8项评价指标，建立层次结构模型。采用专家调查法确定每层指标的权重值，然后运用模糊多层次综合评判法，用问卷形式对历史地段进行分析
	黄晓燕（建筑规划领域），2006	层次分析法 德尔菲法	定性与定量方法相结合。 将历史地段综合价值的评价内容分为对单体（组）建筑和历史地段整体两大部分。 首先定性选取两部分的评价指标。然后用德尔菲法获得指标权重的咨询值，再用层次分析法计算指标的最终权重值
建筑遗产	朱光亚（建筑规划领域），1998	问卷调查法 层次分析法	定性与定量方法相结合。 首先定性选取20多项评价指标，运用层次分析法将指标分级，发放问卷，调查专家对每项指标的权重及专家的熟悉程度，将权重值乘以上一层的熟悉度系数，进行累加后再除以每个人的熟悉度系数之和，得出每一层的权重值
	查群（遗产保护领域），2000	层次分析法 德尔菲法	定性与定量方法相结合。 首先定性选取评价指标，然后发放问卷，调查各指标权重，同层权重之和定为100，运用德尔菲法做了两轮问卷，回收后，以求绝对平均值的方法得出每个指标的权重，然后将评价指标分为四个等级打分，最高分为指标的权重值，并按100%、60%、30%和0递减。应用于实例时把每项指标的总分除以人数求平均值
	尹占群（遗产保护领域），2008	专家打分法 （自主开发软件）	定性与定量方法相结合。 首先定性选取评价指标，权重由专家打分得到
	胡斌（建筑规划领域），2010	德尔菲问卷 层次分析法 专家评分	定性与定量方法相结合。 本体价值评估：首先定性选取评价指标，将指标分为四级，每级分值相差20分，然后发放问卷调查请专家打分，再汇总。可利用性评估：采用层次分析与德尔菲法（两轮问卷）结合，发放问卷进行指标权重打分，汇总求平均权重值，按从上到下逐层连乘的方法得到每个指标权重，然后将指标划分为四级打分，将指标得分乘以指标权重值得出最终价值分
	蒋楠（建筑规划领域），2012	层次分析法 模糊综合评价法 ARP评价模式	定性与定量方法相结合。 综合评价与再利用完成效果评价：首先定性选取评价指标，然后运用层次分析法与模糊综合评价法。适应性再利用运用ARP评价模式

　　评价需根据数据特点和目标需求选择合适的评价方法，当代科学评价的趋势是定性与定量相结合，选用综合的评价方法。笔者对当前五大类综合评价方法的原理、适用范畴与方式分析如下：

（1）运筹学方法（如数据包络分析法[①]）和统计分析方法（如因子分析、聚类分析、主成分分析）需有客观数据，此类方法较适用于文化遗产的再利用性评价（如建设投资、经济效益及性能评价等），不适于以主观定性描述为评价指标的本体价值评价。

（2）智能评价方法［如人工神经网络评价法（ANN）］更适合分类预测和快速评价，需有较成熟的历史样本与历史结论进行训练，而工业遗产本体价值评价目前还未有较成熟、权威的样本或结论可直接训练。

（3）灰色综合评价方法需有一个最理想方案，然后将其他方案与其关联对比，最接近理想方案的为最好，该方法也不适合目前的工业遗产价值评价。

（4）模糊综合评价目前在文化遗产价值评价中应用较多，需注意该方法中的隶属度本身会增加主观误差。本体价值评价原本主观因素就偏多，需谨慎引入主观系数，若在评价中引入不当，会将主观误差加大重叠。

（5）系统工程评价方法［如层次分析法（AHP）、评分法等］目前也较多应用于文化遗产价值评价，一般与专家评议、问卷调查或德尔菲法等配合使用。这类方法容易把难以精确计算的主观评价量化，将定性转为定量，不需要历史数据和样本，并通过数理运算从一定程度上改善纯主观误差。经过分析，该类方法较适于工业遗产本体价值这种主观性较强的评价。

2）文化学价值评价流程

在对评价方法进行分析筛选后，如何运用评价方法和设计评价流程是下一步的关键。课题组结合当前学界对工业遗产文化资本的文化学价值评价方法与流程设计（表1-3-3），借鉴其重视定性分析和专家评议的经验，同时结合上述管理学评价方法的分析，设计出工业遗产文化资本的文化学价值评价方法与流程如图1-3-1所示。

工业遗产文化资本的文化学价值评价方法与流程研究　　　　　　　　表1-3-3

作者	评价方法	评价流程特点分析
黄琪（建筑规划领域），2007	层次分析法 德尔菲法	定性与定量方法相结合。首先定性选取评价指标。利用德尔菲法和层次分析法确定指标权重。权重表中最底层各项指标的权重值则是评估标准中各项指标的最高分值，然后按100%、60%、30%、0的递减方式将评分标准分为4档
刘伯英（建筑规划领域），2008	专家评分法	以定性分析为主，各指标的分数事先确定后，再由专家打分评价。首先定性选择评价指标，评价指标体系分为两大部分：（1）历史赋予工业遗产的价值：分为五项，每项价值20分，每项价值分为2个分项，每个分项价值10分。（2）现状、保护及再利用价值：分为四项，每项价值25分，每项价值分为2个分项，前一分项价值15分，后一分项价值10分

[①] 数据包络分析法，即Data Envelopment Analysis，简称DEA。

作者	评价方法	评价流程特点分析
张毅杉（建筑规划领域），2008	生态因子评价方法	以定性分析为主，各指标的分数事先确定后，再由专家打分评价。首先定性选取20项评价指标，将每项指标划分为3个等级，每级相差5分，Ⅰ级为5分，Ⅲ级为10分，Ⅴ级为15分。对每项指标打分后相加，这样最高分300分，最低分100分
齐奕（城市与景观设计），2008	专家评分法	以定性分析为主，各指标的分数事先确定后，再由专家打分评价。首先定性选取评价指标，分为5个大类，17个小类。每个小类分为3个等级——0分、1分、2分，总分51分
刘翔（考古及博物馆学），2009	多指标评价专家评分法	以定性分析为主。首先定性选取评价指标，把总目标分解为子目标，再把子目标分解为可以具体度量的指标。评估人对标准进行打分汇总。最后相关专家学者对评价结果进行修正补充，以多指标评价方法为主，专家补充意见为辅
张健（建筑规划领域），2010	人工神经网络评价模型	定性与定量方法相结合。首先定性选取评价指标，分为三个层次。将评价指标分为13个等级，专家打分时选取其中两个等级，取这两个等级中间的分数作为专家的打分值。利用软件采用人工神经网络作为评价过程处理模型，将复杂数据处理过程隐含在神经网络的隐含层、权重及阈值计算过程中，整个模型对于使用者是不可见的黑箱子
邓春太（建筑规划领域），2011	专家评分法	以定性分析为主，各指标的分数事先确定后，再由专家打分评价。评分内容分为六项，每项20分，每项又分为2个分项，每个分项10分
李和平（建筑规划领域），2012	专家评分法	以定性分析为主，各指标的分数事先确定后，再由专家打分评价。首先定性选取工业遗产的价值评价指标。再经专家学者定性选出各指标的权重值。将指标细化为二级指标，二级指标分为四个等级，按照一级指标的权重分值分配四个等级的分数
许东风（建筑规划领域），2012	层次分析法问卷调查法	定性与定量方法相结合。首先定性选取评价指标，分为四个层次。然后利用层次分析法确定指标的权重，根据权重确定指标的分值。最后专家根据分值表打分后取平均数
刘凤凌（建筑规划领域），2012	层次分析法问卷调查法	定性与定量方法相结合。首先定性选取工业遗产价值评价指标。利用层次分析法发放问卷，确定指标权重
金姗姗（建筑规划领域），2012	层次分析法	定性与定量方法相结合。首先定性选取评价指标，分为三个层次。利用层次分析法确定指标权重

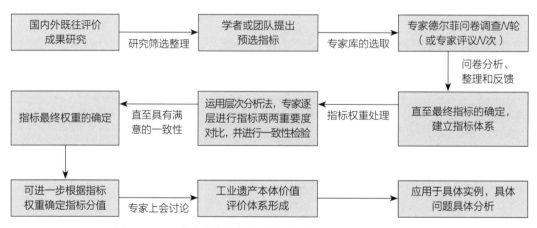

图1-3-1 工业遗产文化资本的文化学价值评价方法与流程设计

当今的评价方法众多，还有很多方法的变种和延伸，遗产保护领域应发挥本专业专长，把重心放在对遗产本体价值的全面认知和精确描述上，而不是管理学评价方法和算法的创新上，找到合适、科学的方法即可。工业遗产文化资本的文化学价值评价首先要有尽可能全面涵盖对价值理解的评价指标，其次要选用合适的评价方法、综合的设计方法与流程，尽可能地减少误差，使评价结果更趋合理科学。

1.3.3　重点城市工业遗产价值评估实践[①]

现今许多重要的工业城市面临着"退二进三"的产业结构调整，大量的工业遗存存在如何评估和保护的问题，一些学术团体和相关的政府部门为了保护本地区重要的工业遗存开展了积极的工作，课题组选取了七个有代表性的城市，研究其对工业遗产的价值评估情况。城市遴选的依据主要有：①对本市的工业遗存情况进行过摸底调查，有一定普查经验和学术研究成果的城市；②再从这些城市中选择近现代工业遗存较丰富、有代表性的城市，如在洋务运动、民族工业、抗日战争、"一五"、"二五"或三线建设时期工业较发达的城市。据此，本书选择了北京、上海、南京、重庆、无锡、武汉和天津七个城市。

北京从2006年开始对本市的工业建筑遗存情况进行了现状的摸底调查，2007年公布的《北京优秀近现代建筑保护名录》（第一批）中包含了6项工业建筑遗产。上海作为近代工业最发达的城市之一，工业遗存数量较多，在工业遗产保护的理念、政策和实践方面都走在全国前端，2007年上海开展的第三次全国文物普查发现了200余处新的工业遗产。2011年南京市在"南京历史文化名城研究会"的组织下，展开了为期四年的南京市域范围内工矿企业的调查，并提出了50余处工业遗产建议保护名录。重庆从2007年开始，由重庆市规划局牵头开展了重庆工业遗产保护利用专题研究，普查了本市工业遗存的状况，提出了60处工业遗产建议名录。无锡市从2007年开始对本市的工业遗存情况进行了摸底调查，并公布了第一批无锡工业遗产保护名录20处，第二批14处。武汉市于2011年组织编制了《武汉市工业遗产保护与利用规划》，经过调研推选出了27处工业遗存作为武汉市首批工业遗产。天津市从2011年开始在天津市规划局的组织下，对天津市域的工业遗存进行了较全面的调查研究，并列出了120余处建议保护名录。以上这些地区工业遗产建议名录的评定有的以学术团体、学者研究为主，并未达到行政法律层面，有的则已经受到地方政府的重视，并且纳入了法律的保护程序。现将各市有关工业遗产价值评估标准的研究梳理如下。

1）北京市工业遗产价值评估现状研究

2006年北京发布了《北京市促进文化创意产业发展的若干政策》，2007年出台了《北京

---

① 本节执笔者：于磊、青木信夫。

利用工业资源发展文化创意产业指导意见》，2009年颁布了《北京市工业遗产保护与再利用工作导则》（以下简称《导则》），显示了北京市对工业遗产保护的重视。在北京工业遗产价值评估的研究中，行政法律层面主要以《导则》中的评定标准为主，在学界以刘伯英和李匡学者提出的评估标准为主（表1-3-4）。刘伯英教授主张对工业遗产应分层次评价，先评价企业整体，再评价企业的建筑与设施设备等，他认为评价的第一部分是工业遗产本征价值评价，第二部分是工业遗产现状及再利用价值评价，第二部分不影响第一部分的评价，同时强调，若工业遗存在某一方面具有极为突出的价值，即使总分值并不高，也应当作为高价值的工业遗产被对待和保护。

北京市工业遗产价值评估研究 表1-3-4

《北京市工业遗产保护与再利用工作导则》	（刘伯英，2008）北京工业遗产价值评价（定性+定量）		
工业遗产的评估以历史价值、社会文化价值、科学技术价值、艺术审美价值及经济利用价值为准则。符合下列条件之一的，可列入工业遗产保护与再利用名录：（1）在相应时期内具有稀缺性、唯一性，在全国或北京具有较高影响力。（2）企业在全国同行业内具有代表性或先进性，同一时期内开办最早，产量最多，质量最高，品牌影响最大，工艺先进，商标、商号全国著名。（3）企业建筑格局完整或建筑技术先进，并具有时代特征和工业风貌特色。（4）与北京著名工商实业家群体有关的工业企业及名人故居等遗存。（5）其他有较高价值的工业遗存	本征价值	历史价值（满分20分）	时间久远（3～10分）
			与重大历史事件或伟大历史人物的联系（0～10分）
		科学技术价值（满分20分）	行业的开创性、生产工艺的先进性（0～10分）
			工程技术的独特性和先进性（0～10分）
		社会文化价值（满分20分）	社会责任与社会情感（0～10分）
			企业文化（0～10分）
		艺术审美价值（满分20分）	建筑工程美学（0～10分）
			产业风貌特征（0～10分）
		经济利用价值（满分20分）	结构可利用性（0～10分）
			空间可利用性（0～10分）
	现状、保护和再利用的价值	区域位置（满分25分）	区位优势（-3～15分）
			交通条件（-2～10分）
		建筑质量（满分25分）	结构安全性（-3～15分）
			完好程度（-2～10分）
		利用价值（满分25分）	空间利用（-3～15分）
			景观利用（-2～10分）
		技术可行性（满分25分）	再利用的可行性（-3～15分）
			维护的可能性（-2～10分）

2）上海市工业遗产价值评估现状研究

上海于2002年颁布了《上海市历史文化风貌区和优秀历史建筑保护条例》（以下简称《保护条例》），该条例是国内首次提到产业建筑保护的地方性法规，2004年又颁布了《关于进一步加强本市历史文化风貌区和优秀历史建筑保护的通知》，其中又进一步强调了"凡1949年之前建造的，代表不同历史时期的工业建筑、商铺、仓库、作坊和桥梁等建（构）筑物，以及建成30年以上，符合《保护条例》规定的优秀建筑，都必须妥善保护"。2007年上海开始了第三次全国文物普查，将发现上海新的工业遗产作为普查的重点，到2009年共发现新的工业遗产215处，此次普查中的工业遗产价值评估标准可作为很好的参考。在学界，同济大学的黄琪博士也在其博士论文中研究了上海近代工业建筑的价值评估标准（表1-3-5）。黄琪认为近代工业建筑的价值评估应分层次，按空间划分为城市、社区和建筑三个层面，注重历史、科学、艺术和经济价值。

上海市工业遗产价值评估研究　　　　　　　　　　　表1-3-5

《保护条例》中上海优秀历史建筑选择标准	第三次全国文物普查中对新发现工业遗存的价值评估，从历史、艺术和科学价值方面进行筛选	（黄琪，2008）上海近代工业建筑价值评价（定性+定量）		
建成30年以上，并有下列情形之一的： （1）建筑样式、施工工艺和工程技术具有建筑艺术特色和科学研究价值。 （2）反映上海地域建筑历史文化特点。 （3）著名建筑师的代表作品。 （4）在我国产业发展史上具有代表性的作坊、商铺、厂房和仓库。 （5）其他具有历史文化意义的优秀历史建筑	历史价值：见证上海近代工业发展历程、具有重要历史意义的	历史价值（权重20%）	城市层面	相关城市建设史
				城市空间结构演变史
				地方文化和历史的程度
			社区企业层面	相关工业发展史
				企业发展史
			建筑本体层面	相关城市工业建筑史
				相关建筑风格演变史
	艺术价值：具有典型的风格特征，反映中西文化的交流和融合，反映传统建筑、西方古典主义建筑向现代主义建筑的演化历程	艺术价值（权重20%）	建筑造型的地域特征	
			空间形态的艺术性	
			细部装饰和装修水平	
	科学价值：工业建筑的结构、材料构造及细部装饰做法，代表了当时先进的施工工艺，记录了特殊的工业生产方式和工艺流程，表现了工业产业特殊性	科学价值（权重20%）	结构技术	
			材料特征	
			施工技术与工艺	
		环境价值（权重12%）	标志性	
			连续性	
			地区风貌	
		经济价值（权重20%）	区位优势性	
			功能改变的适应性	
			功能改变的经济性	
		社会、情感价值（权重8%）		

3）南京市工业遗产价值评估现状研究

2011年"南京历史文化名城研究会"组织了南京市规划设计院、南京工业大学建筑学院和南京市规划编制研究中心，共同展开了对南京市域范围内工矿企业的调查，为期四年。调查对象的时间界定为从1840年鸦片战争至1978年改革开放之间各历史阶段所遗留下来的工矿（厂、矿两类）企业。这四年的工作步骤大致如下：第一年经过普查提出工业遗产的建议保护名单；第二年选取了四个具有代表性的工业遗产进行保护研究，希望通过这四个案例的保护可以起到该类型工业遗产保护范例的作用，第三至第四年建立了工业遗产建议名录的数据库。在南京普查的过程中主要有两个层级的标准，一个是南京工业遗产的入档标准，另一个是首批重点保护工业遗产的认定标准。在学界，邓春太、卢长瑜等学者也进行了南京工业遗产价值评估的相关研究（表1-3-6）。

南京市工业遗产价值评估研究 表1-3-6

入档标准（准入门槛）	14处作为重点保护工业遗产的认定标准	（邓春太 等，2011）《工业遗产保护名录制定研究——以南京为例》中的评价标准（定性+定量）	
选择的过程经过多次专家讨论，选出的这些标准是不是以后能得到大家的认可，还要继续做研究工作，目前是急于保护，先大范围地普查，提出50余处建议名单。 （1）年代：1840～1978年； （2）1978年前建成的与工业生产相关的物质遗存，包括工业厂房、设备及其相关的仓库、矿场、基础设施，以及住房、公共设施及相关环境景观等； （3）厂区格局尚存，具有一定规模； （4）建筑质量较好，物质遗存具有一定的风貌特色，能体现南京工业文化印记	从50多处中先选出了14处作为第一批重点保护的工业遗产，选择的过程经过多次专家讨论来决定： （1）在相应时期内具有稀缺性、唯一性、标志性，在全国或南京具有较高影响力； （2）企业在全国同行业内具有代表性、先进性或开创性，同一时期内开办最早，产量最多，质量最高，品牌影响最大，工艺先进，商标、商号全国著名； （3）企业建筑格局完整或建筑技术先进，并具有时代特征和工业风貌特色； （4）与南京著名工商实业家有关的工业遗存、能代表和反映一定时期内南京工业发展历史和文化； （5）其他能体现南京工业文化特色风貌的、具有较高价值的工业遗存	历史价值（20分）	时间久远（4～10分）
			与历史人物、事件的关系（0～10分）
		科学技术价值（20分）	行业开创性（0～10分）
			工程技术先进性（0～10分）
		社会文化价值（20分）	社会责任及情感（0～10分）
			企业文化内涵（0～10分）
		艺术审美价值（20分）	建筑及工程美学（0～10分）
			风貌特征（0～10分）
		经济利用价值（20分）	结构、空间利用（0～10分）
			区位交通条件（2～10分）
		规模及保存状况（20分）	完好程度（2～10分）
			遗存规模及质量（2～10分）

4）重庆市工业遗产价值评估现状研究

重庆在开埠时期、抗战陪都时期和三线建设时期都是工业发展的重要阶段，由于历史上两次大规模的工业内迁和建设，重庆有着丰富的抗战工业和三线建设工业。《重庆市实施〈中华人民共和国文物保护法〉办法》第十条规定"抗日战争时期、重庆开埠时期及其他具有历史价值的近现代建筑物、构筑物及其遗存，对其名称、类别、位置、范围等事项予以登记和公布，设立保护标志"。2007年重庆开展了工业遗产保护利用专题研究，重庆大学许东风博士参与了这次研究，并在其博士论文中提出了价值评估体系，另外在学界重庆大学李和平教授也提出了重庆工业遗产的价值评估标准（表1-3-7）。

重庆市工业遗产价值评估研究　　　　　　　　表1-3-7

（许东风，2012）评价指标体系（定性+定量）			（李和平，2012）重庆工业遗产价值评价（定性+定量）	
代表性（35分）	历史价值（9分）	创建年代（4分）	历史价值（20分）	（1）能够突破时间和空间的界限，给历史以质感，并成为历史形象的载体；（2）厂区内发生过重要的历史事件或重要人物的活动，并有真实地反映了这些事件和活动的历史环境；（3）体现了特定历史时期的生产、生活方式，思想观念，风俗习惯和社会风尚；（4）厂区由于某种重要的历史原因而建造，并且反映了这种历史实际	年代久远（0~10分）
		与重大历史时期、人物相关（5分）			与历史事件、历史人物相关（0~10分）
	技术价值（7分）	标志某行业的开创和领先（5分）	科学技术价值（20分）	（1）规划与设计，包括选址布局、生态保护、造型和结构设计等；（2）结构、材料和工艺，以及它们所代表的当时的科学技术水平，或科学技术发展过程中的重要环节；（3）本身是某种科学实验、生产或交通等的设施或场所，体现先进性和合理性；（4）其中记录着和保存着重要的科学技术资料	行业开创性（0~10分）
		产品代表当时领先水平（2分）			工程技术水平（0~10分）
	社会价值（8分）	推动当地经济社会发展和城市化（5分）	社会价值（20分）	（1）工业区发展在城市发展变化中占有重要地位；（2）企业发展对整个社会经济的影响和作用；（3）工业遗产具有对社会发展阶段的认识作用、教育作用和公证作用；（4）场所对社会群体的精神意义和认同感	社会情感（0~10分）
		企业文化、职工认同感（3分）			企业文化（0~10分）
	审美价值（6分）	工业设施景观个性突出（4分）	艺术价值（12分）	（1）建筑艺术，包括空间构成、造型、风貌、装饰装修等反映特定时期风格；（2）景观艺术，包括工业构筑物、设施设备表现出来的艺术表现力和感染力；（3）年代、类型、题材、形式、工艺独特的不可移动的造型艺术品（例如特殊设备等）；（4）其他各种艺术的构思和表现手法	建筑工程美学（0~6分）
		建筑造型装饰特色（2分）			产业风貌特征（0~6分）
	经济价值（5分）	工业建设投资巨大（2分）	经济价值（12分）	（1）城区良好的区位优势，为产生经济效益创造了条件；（2）工业建筑的良好结构，大跨度、大空间特征，为再利用节省资金和建设周期；（3）再利用的连续性为场所赋予了文化内涵，提升了地区吸引力；（4）再利用减少了因拆迁重建带来的环境污染问题	结构利用（0~6分）
		具有发展文化、旅游业等现代服务业的潜在价值（3分）			空间利用（0~6分）

（许东风，2012）评价指标体系 （定性+定量）		（李和平，2012）重庆工业遗产价值评价（定性+定量）		
真实性 （37分）	生产格局、环境、尺度体现工业历史原貌且真实可靠（19分）	独特性价值 （8分）	在选址、工厂布局、机械安装、特殊工艺流程、工业景观、档案及留给人们的记忆和习惯等非物质遗产方面具有内在的独特性	独特 （0～8分）
	建筑格局、环境、构件体现历史原貌且真实可靠（18分）			
完整性 （28分）	生产流程、格局、建筑、环境保存完整（13分）	稀缺性价值 （8分）	（1）在现有的历史遗存中，年代和类型珍稀、独特，或在同一种类型中有代表性； （2）建筑、设备或者生产技术属国内罕见	稀缺 （0～8分）
	建筑结构、空间、环境保存完整，近现代遗存丰富（15分）			

5）无锡市工业遗产价值评估现状研究

2006年在无锡举办了"中国工业遗产保护论坛"，通过了中国工业遗产保护的《无锡建议》。2007年颁布了《无锡市工业遗产普查及认定办法（试行）》，经过对全市的普查评定，于当年公布了无锡市第一批工业遗产保护名录20处，次年又公布了第二批工业遗产保护名录14处。无锡市对工业遗产的价值评估标准主要在《无锡市工业遗产普查及认定办法（试行）》中，此外学界翁林敏学者也做了相关研究（表1-3-8）。

无锡市工业遗产价值评估研究　　　　　表1-3-8

在《无锡市工业遗产普查及认定办法（试行）》中，无锡市工业遗产认定与程序第八条：评估以历史学、社会学、建筑学和科技、审美价值为准则。符合下列条件之一的，可确定为工业遗产	（翁林敏 等，2008）无锡工业遗产价值评价
（1）在相应时期内具有稀有性、唯一性和全国影响性等特点	（1）具有稀有性、唯一性和全国影响性等特点
（2）同一时期内，企业在全国同行业内排序前五位或产量最多，质量最高，开办最早，品牌影响最大，工艺先进，商标、商号全国著名	（2）企业开办最早，品牌影响最大，质量产量最高，工艺先进，商标、商号全国著名
（3）企业布局或建筑结构完整，并具有时代和地域特色	（3）建（构）筑物结构完整，质量较高，能体现时代和地域特色或工业生产衍生的特定审美取向
（4）与无锡著名民族工商实业家群体有关的民族工商业企业、名人故居及公益建筑等遗存	（4）与重大历史或政治事件相关联

6）武汉市工业遗产价值评估现状研究

2010年中国城市规划学会在武汉召开"城市工业遗产保护与利用专题研讨会"，形成《关于转型时期中国城市工业遗产保护与利用的武汉建议》。2011年武汉市国土规划局组织编制

《武汉市工业遗产保护与利用规划》，该规划是武汉市首次针对工业遗产编制的专项规划，目标是摸清武汉工业遗产的"家底"。规划选取了从19世纪60年代至20世纪90年代主城区的371处历史工业企业作为调研对象，其中有95处工业遗存被列入"武汉市工业遗存名录"，27处被推荐为武汉市的工业遗产。这27处工业遗产根据价值评估分为三个保护级别，一级工业遗产15处需严格保护；二级、三级工业遗产各6处，可以进行适度利用。同时武汉还提出非实物保护模式，适用于已消失的重要工业遗产。在学界，田燕、齐奕等学者也进行了武汉工业遗产价值的相关研究（表1-3-9）。

武汉市工业遗产价值评估研究 表1-3-9

武汉市推荐工业遗产名单选择标准	（田燕，2013）武汉工业遗产价值特征		（齐奕 等，2008）武汉工业遗产价值评价（定性+定量）	
（1）在相应时期内具有稀缺性、唯一性，在全国或武汉具有较高影响力的企业；（2）企业在全国同行业内具有代表性或先进性，同一时期内开办最早，产量最多，质量最高，品牌影响最大，工艺先进，商标、商号全国著名；（3）企业建筑格局完整或建筑技术先进，并具有时代特征和工业风貌特色；（4）其他有较高价值的工业遗存。目前仍在生产的工业企业暂不纳入工业遗产范畴	历史价值	（1）近现代工业发展的见证与杰出代表；（2）特定历史时期的生产、生活、历史事件的见证，并真实地反映了这些事件和活动的历史环境	历史价值	风貌完整度（0~8分）
				年代久远度（0~4分）
	社会价值	（1）普通群众的集体记忆，是社会认同感和归属感的基础；（2）工业企业发展对整个社会经济的影响和作用；（3）对社会发展阶段的认识作用、教育作用和公证作用	社会价值	影响力度（0~6分）
				精神价值（0~2分）
	经济价值	（1）主城区良好的中心区位优势，具备突出的经济价值；（2）工业仓储建筑的结构、大跨度、大空间的特征为再利用提供了多种可能；（3）可持续利用为场所赋予了文化内涵，促进地区经济文化繁荣；（4）再利用减少了因拆迁重建带来的资源浪费	科学技术价值	开创性（0~2分）
	美学价值	（1）建筑特殊的造型、色彩和体量对于城市景观和环境具有视觉等方面的标志性作用；（2）年代、类型、题材、形式、工艺独特的不可移动的造型艺术品（例如特殊设备等）	艺术美学价值	时代审美特征（0~2分）
				设计建造水平（0~2分）
	稀缺性价值	（1）在现有的历史遗存中，年代和类型珍稀、独特，或在同一种类型中有代表性；（2）建筑、设施、设备或者生产技术属国内罕见	附加价值	稀有工业资源（0~4分）
				稀有景观（0~4分）

7）天津市工业遗产价值评估现状研究

天津市从2011年初由天津市规划局和天津大学合作开展了全市范围的工业遗产普查，制定了天津工业遗产建议保护名录，为编制《天津市工业遗产保护与利用规划》做了充分的前期准备。2012年9月制定了《天津市工业遗产保护与利用管理办法（试行）》，为更好地保护天津的工业遗产提供了依据。根据《天津市工业遗产保护与利用规划》，天津市落实了122

处工业遗产，并结合价值评价确定了56处推荐工业遗产作为重点规划对象。《天津工业遗产认定标准（草案）》中指出了天津工业遗产价值评估的标准（表1-3-10）。

天津市工业遗产价值评估研究

表1-3-10

《天津市历史风貌建筑保护条例》：建成50年以上的建筑，有下列情形之一的可以确定为历史风貌建筑	天津工业遗产普查时的评价标准《天津工业遗产认定标准（草案）》2011	
（1）建筑样式、结构、材料、施工工艺和工程技术具有建筑艺术特色和科学价值； （2）反映本市历史文化和民俗传统，具有时代特色和地域特色； （3）具有异国建筑风格特点； （4）著名建筑师的代表作品； （5）在革命发展史上具有特殊纪念意义； （6）在产业发展史上具有代表性的作坊、商铺、厂房和仓库等； （7）名人故居； （8）其他具有特殊历史意义的建筑。 符合前款规定但已经灭失的建筑，按原貌恢复重建的，也可以确定为历史风貌建筑	历史价值（20分）	时间久远（0～10分）
		与重大历史事件或伟大的历史人物的联系（0～10分）
	技术价值（10分）	生产工艺在该行业的开创性、唯一性及濒危性（0～10分）
	建筑价值（20分）	具备典型或独特的建筑风格和美学价值（0～10分）
		建筑结构具备独特性和先进性（0～10分）
	景观价值（10分）	建筑与结构具备独特的工业景观特征（0～10分）
	社会价值（20分）	凝聚了深远的社会影响与特殊的社会情感（0～10分）
		独特的企业文化（0～10分）
	利用价值（20分）	建筑结构具有可利用性（0～10分）
		建筑空间具有可利用性（0～10分）

此外，济南市从2015年底开始对中心城区范围内的工业遗产进行普查与摸底工作。济南市中心城区工业遗产的普查与调研工作首先从历史资料的收集与研究开始，对济南的工业历史进行了深入的分析研究，从《济南市志》、济南市第三次全国文物普查资料、济南市文物保护单位资料、《济南市第二次全国工业普查资料汇总》及其他相关文献史料中确定了初步的调查名单，然后分别开始了外业调研与内业资料搜集整理工作，包括制定工业遗产调查表、进行外业调研测绘与内业史料与工艺资料的整理等。经过多次专家评议后最终统计出了92处工业建筑遗产，分为三个等级，9处为优秀工业建筑遗产，与不可移动文物对接；19处为较重要工业建筑遗产，与历史建筑对接；64处为一般工业建筑遗产，与传统风貌建筑对接。济南市中心城区工业遗产评估标准见表1-3-11。

济南市工业遗产价值评估研究

表1-3-11

项目	内容
历史价值	历史久远、50年以上（具有重要历史价值的可以例外）或者与重要历史事件或历史人物相关，且对推动济南成为近代史上首个自开商埠具有重要意义的工业遗产可认定其具有历史价值

项目	内容
科学价值	生产工艺在行业具备开创性、唯一性及濒危性或生产工艺在同时代行业中具有典型代表性，对推动科技的传播和社会进步具有重要意义的工业遗产可认定其具有科学价值。济南开埠以来，尤以机械、纺织、面粉、造纸等近现代工业技术和产品开国内先河，远销海外
艺术价值	具备典型或独特的建筑风格和美学价值或建筑结构具备独特性和先进性的工业遗产可认定其具有艺术价值
社会文化价值	凝聚了社会深远影响与特殊的社会情感或者体现了济南市独特的工业、企业文化的工业遗产认定其具有社会文化价值。近现代工业发展是带动济南城市空间拓展的主要动力，承载着济南人民对国家和社会强烈的责任感和对老厂、城市深厚的情感
经济利用价值	建筑结构和建筑空间具有可利用性或者对其进行建筑改造耗费成本较低的工业遗产认定其具有经济利用价值

1.3.4　国家工业遗产评估实践[①]

为贯彻落实党的十九大关于加强文化遗产保护传承的决策部署，推动工业遗产保护和利用，根据《关于推进工业文化发展的指导意见》（工信部联产业〔2016〕446号）和《关于开展国家工业遗产认定试点申报工作的通知》（工信厅产业函〔2017〕455号），在辽宁、浙江、江西、山东、湖北、重庆和陕西等省市开展试点工作。经过工业遗产所有权人自主申请并报本级人民政府同意、相关省市工业和信息化主管部门推荐、专家评审和网上公示等程序，确定了第一批国家工业遗产名单。

工业遗产是工业文化的重要载体，记录了我国工业发展不同阶段的重要信息，见证了国家和工业发展的历史进程，具有重要的历史价值、科技价值、社会文化价值和艺术价值。国家工业遗产项目所属单位要采取有效措施，加强对遗产项目的保护、管理。各地工业和信息化主管部门要高度重视工业遗产保护利用工作，在确保有效保护工业遗产的基础上，探索利用发展新模式，推动发展工业文化产业，为制造强国建设提供有力支撑[②]。2017年工业和信息化部推出的第一批国家工业遗产名单见表1-3-12。

2017年推出的11项工业遗产名单　　　　　　　　　　　　　表1-3-12

序号	名称	地址	核心物项
1	张裕酿酒公司	山东省烟台市芝罘区	地下酒窖、"张裕酿酒公司"老门头、"张裕路"石牌及张裕地界石、1892俱乐部（张弼士故居）及张裕金库、亚洲桶王及清代进口橡木桶、板框过滤机、蒸馏器、金星高月白兰地葡萄酒、1912年孙中山"品重醴泉"题词、1915年巴拿马万国博览会奖牌、1937年解百纳注册证书

---

① 本节执笔者：徐苏斌。
② "工业和信息化部关于公布第一批国家工业遗产名单的通告"工信部产业函〔2017〕589号（2017-12-25 09:54，http://www.sohu.com/a/212591559_100001736）。

序号	名称	地址	核心物项
2	鞍山钢铁厂	辽宁省鞍山市铁西区	昭和制钢所运输系统办公楼、井井寮旧址、昭和制钢所迎宾馆、昭和制钢所研究所、昭和制钢所本社事务所、烧结厂办公楼、东山宾馆建筑群（主楼、1号楼、2号楼、3号楼、贵宾楼）、北部备煤作业区门型吊车、建设者（XK51）机车车头、昭和制钢所1号高炉、老式石灰竖窑、2300mm三辊劳特式轧机、401号电力机车、1150轧机、1100轧机、鞍钢宪法
3	旅顺船坞	辽宁省大连市旅顺口区	船坞、木作坊、吊运库房、船坞局、电报局、泵房、坞闸1部、台钳3部
4	景德镇国营宇宙瓷厂	江西省景德镇市珠山区	锯齿形、人字形、坡字形老厂房，陶瓷生产原料车间、成型车间、烧炼车间、彩绘车间、选瓷包装车间、四代窑炉遗址、20世纪50～80年代陶瓷成型作业线、陶瓷生产工具及相关历史档案资料
5	西华山钨矿	江西省赣州市大余县	矿选厂、机械厂工业建筑群，主平窿，苏联专家办公及居住场所，勘探原始资料，全套苏联俄语版采选设计文本、图件
6	本溪湖煤铁公司	辽宁省本溪市溪湖区	本钢1号高炉、洗煤厂、2号黑田式焦炉、铁路机务段与编组站、本钢第二发电厂冷却塔、洗煤车间、煤铁公司事务所（小红楼）、煤铁公司旧址（大白楼）、中央大斜井、彩屯煤矿竖井、东方红火车头、EL型电力机车及敞车
7	宝鸡申新纱厂	陕西省宝鸡市金台区	窑洞车间、薄壳工厂、申福新办公室、乐农别墅、1921年织布机、20世纪40年代电影放映机
8	温州矾矿	浙江省温州市苍南县	鸡笼山矿硐群、南洋312平硐、1号煅烧炉、1号结晶池、福德湾村矿工街巷
9	菱湖丝厂	浙江省湖州市南浔区	码头、茧仓库、50吨水塔及配套水池、烟囱、锅炉房、立缫机2台、复整车间厂房、复摇机8组、黑板机2台、灯光检验设备、宿舍3栋、招待所、医务所、广播室、大礼堂、园林景观、徐家花园及厂志
10	重钢型钢厂	重庆市大渡口区	钢铁厂迁建委员会生产车间旧址、双缸卧式蒸汽机、蒸汽火车头2台及铁轨、烟囱3处、铣床、压直机、刮头机、相关档案资料
11	汉冶萍公司（汉阳铁厂）	湖北省武汉市汉阳区	矿砂码头、高炉凝铁、汉阳铁厂造钢轨、1894年铸铁纪念碑、汉阳铁厂造砖瓦、卢森堡赠送相关资料、转炉车间、电炉分厂冶炼车间、电炉分厂维修备品间、水塔、钢梁桁架、铁路和机车、烟囱及管道设施
	汉冶萍公司（大冶铁厂）	湖北省黄石市西塞山区	1921年冶炼高炉残基、瞭望塔、水塔、高炉栈桥、日式建筑4栋、欧式建筑1栋、钢轨
	汉冶萍公司（安源煤矿）	江西省萍乡市安源区	总平巷、盛公祠（萍矿总局旧址）、安源公务总汇（谈判大楼）、株萍铁路萍安段、萍乡煤矿工程全图、萍乡煤矿机土各矿周围界限图

　　国家工业遗产名单申报的方法是自下而上的方法，由地方经济和信息化委员会发出通知，由企业自己申报。评选方式主要是专家评选，打分高者入选。第一批国家工业遗产在正式评选之前，工业和信息化部举办了准备会议，就评选标准、方法和专家进行了商讨，并且新办了一个内部杂志，登载一些国内最新的工业遗产研究成果，把近十年中国工业遗产研究的成果直接和国家工业遗产的评选相关联，提高国家工业遗产的学术性。工业和信息化部编制了一个标准，这个标准包括五个一级指标，分别给予权重，征集了全国8个省的41个案例，遴选专家19名，在全封闭的状态下进行评选，最后评选出11个国家工业遗产。

第二次国家工业遗产的推进是在2018年4月，该次国家工业遗产的申报工作更有经验，4月8日，工业和信息化部工业文化发展中心公开发表《工业和信息化部办公厅关于开展第二批国家工业遗产认定申报工作的通知》（工信厅产业函〔2018〕108号）。通知明确了国家工业遗产评选的内容：

"各省、自治区、直辖市及计划单列市、新疆生产建设兵团工业和信息化主管部门，有关中央企业：工业遗产是工业文化的重要载体，记录了我国工业发展不同阶段的重要信息，见证了国家和工业发展的历史进程。按照《关于推进工业文化发展的指导意见》（工信部联产业〔2016〕446号）部署，我部于2017年组织开展了首批国家工业遗产认定试点工作，对加强工业遗产保护利用，传承中国工业精神，弘扬优秀工业文化发挥了积极作用。为进一步推动相关工作，现决定开展第二批国家工业遗产认定申报工作。"

首先明确了申报范围和条件："国家工业遗产申报范围主要包括：1980年前建成的厂房、车间、矿区等生产和储运设施，以及其他与工业相关的社会活动场所。

申请国家工业遗产须工业特色鲜明、工业文化价值突出、遗产主体保存状况良好、产权关系明晰，并具备以下条件：

（一）在中国历史或行业历史上有标志性意义，见证了本行业在世界或中国的发端、对中国历史或世界历史有重要影响、与中国社会变革或重要历史事件及人物密切相关，具有较高的历史价值；

（二）具有代表性的工业生产技术重大变革，反映某行业、地域或某个历史时期的技术创新、技术突破，对后续科技发展产生重要影响，具有较高的科技价值；

（三）具备丰厚的工业文化内涵，对当时社会经济和人文发展有较强的影响力，反映了同时期社会风貌，在社会公众中拥有强烈的认同和归属感，具有较高的社会价值；

（四）规划、设计、工程代表特定历史时期或地域的工业风貌，对工业后续发展产生重要影响，具有较高的艺术价值；

（五）具备良好的保护和利用工作基础。"因此也包括了古代手工业遗产。

通知明确了申报程序："（一）按属地原则申报国家工业遗产。遗产所有权人为申报主体，填写《国家工业遗产申请书》（见附件），通过当地县级或市级工业和信息化主管部门，报同级人民政府同意后，向各省、自治区、直辖市及计划单列市、新疆生产建设兵团工业和信息化主管部门（以下简称省级主管部门）提出申请。有关中央企业直接向集团公司总部提出申请。（二）省级主管部门、有关中央企业集团公司总部负责组织对申请材料进行审查，明确推荐顺序，择优确定推荐名单，向工业和信息化部推荐。（三）各省、自治区、直辖市推荐数量不超过5项，计划单列市、新疆生产建设兵团、有关中央企业推荐数量不超过2项。"

通知提出了有关要求："（一）开展国家工业遗产认定工作，要以传承工业文化、保护利用工业遗产为核心，坚持保护传承、科学利用、因类施策、可持续发展的原则，在做好有效保护的前提下，通过不断发掘工业遗产蕴含的丰富价值，探索保护利用新模式，进一步传承和发扬中国特色工业文化，为制造强国建设提供有力支撑。（二）各地工业和信息化主管部门、有关中央企业要加强组织领导，深入挖掘工业遗产资源，积极组织相关遗产所有权人认真开展申报工作；要严格审查遴选，切实将一批代表性强、保护利用价值高的优秀项目推荐上来。（三）请于2018年6月16日前将推荐文件和申报材料（纸质版一式三份，电子版光盘一份）报工业和信息化部（产业政策司）。"

第二批国家工业遗产申请名单包括118项候选遗产，比第一次41项多了近2倍，反映出各地积极申报的倾向。评选的价值框架为历史价值、科技价值、社会文化价值、艺术价值、保护利用基础。这个框架也反映了近十年有关工业遗产文化资本评估的相对稳定。"社会文化价值"是在前述有关工业遗产价值框架中多数学者基本认可的，而且是《中国文物古迹保护准则》（2015年）补充的部分。关于"保护利用基础"一项更接近于英国的物证价值，在我国，物证价值一直不被重视。工业遗产不像古代木结构遗产，木结构难以持久因而有时不易判断，工业遗产的物证价值应得到强调。"经济价值"曾在第一次讨论会上提出过，但是最后经过专家提议在正式的评审环节删除了。

第二批国家工业遗产的评选使用了指标分级的方法。一级指标是历史价值、科技价值、社会文化价值、艺术价值、保护利用基础。一级指标下设11个评审内容（二级指标），分别为：①历史地位（开创性或标志性意义）；②与重要历史事件及人物的相关性；③年代；④技术地位（在技术变革、演进过程中的地位）；⑤科技影响（从技术、工艺、产品角度评价）；⑥工业精神；⑦社会认同和情感记忆；⑧管理制度和模式；⑨工业风貌；⑩真实性和完整性；⑪保护利用。其中"工业精神"、"社会认同和情感记忆"、"管理制度和模式"这三个指标是在"社会文化价值"一级指标下的，属于国家工业遗产对象的社会文化价值。

第二批国家工业遗产的评选使用了指标赋权重的方法。历史价值占20分权重，科技价值占20分权重，社会文化价值占25分权重，艺术价值占10分权重，保护利用基础占25分权重。二级指标：①历史地位（开创性或标志性意义）10%；②与重要历史事件及人物的相关性5%；③年代5%；④技术地位（在技术变革、演进过程中的地位）10%；⑤科技影响（从技术、工艺、产品角度评价）10%；⑥工业精神12%；⑦社会认同和情感记忆8%；⑧管理制度和模式5%；⑨工业风貌10%；⑩真实性和完整性15%；⑪保护利用10%。三级指标没有再设置权重。这个权重值是一种主观评价，也是目前评审的比较常用的办法。专家们对于这个框架并没有特别的异议，这也反映了当前中国对于评审方法的共识。

另外，在第二批国家工业遗产的评选中也面临了分类的问题，不同的遗产选择不同的专家参加评选。第一组是原材料类，第二组是装配机械类，第三组是食品类，第四组是综合、陶、纺织、能源类。第二批国家工业遗产评审根据申请的遗产分类评选，说明工业遗产的分类是评估之前必须要解决的问题。在评审中专家们提出了如下问题：①古代遗产和近代遗产的评审标准问题；②综合类中把前三组不能囊括的遗产全部包括进来，并未很好地解决分类问题；③命名混乱的问题；④权属和遗产完整性的问题。上述问题也是工业遗产研究一直探讨的问题，关于这些问题，课题组有以下思考：

（1）在第二次国家工业遗产的评审中，第一组到第三组的分类基本上较为清楚，但是第四组的分类问题比较多。首先工业主要是指原料采集与产品加工制造的产业或工程。工业是社会分工发展的产物，经过手工业、机器大工业①、现代工业几个发展阶段。把手工业和机器大工业甚至现代工业放在一起评估不妥。例如纸、墨、笔、砚本来是一个完整的传统艺术，极有可能都被评为国家工业遗产，但是如果和机器工业遗产一起大排队就可能落选。英国的做法是将古代遗产和近代遗产分开评估。笔者认为应该有所区别，如果遗产包括了古代手工业和近代机器大工业时代甚至现代时代的遗产，那么应该分别评估后再进行综合评估。例如纸、墨、笔、砚基本是手工业时代的产物，应该放到古代遗产分类中评估。制丝业有手工业和近代大机器生产部分，那么应该分别评估后再综合评估。这种分类会影响到最后的结果。

（2）机器大工业遗产本身的分类问题也比较突出，可以将机器生产时代的工业遗产分类评估。工业遗产按照工业时代分为手工业时代遗产、机器大工业时代遗产、现代工业时代遗产。为了便于研究和正确规定两大部类的比例关系，把工业分为重工业和轻工业。重工业主要是生产生产资料的部门，轻工业主要是生产消费资料的部门。为了研究原料生产和对原料进行加工的各工业部门的发展速度与比例关系，工业部门还可以分为采掘工业和加工工业。和英国比较，英国将工业建（构）筑物分为原料开采（如煤矿业、金属矿业、采石业等）、加工与制造（如造纸业、纺织业、食品加工业等）、储存与分发（如仓库、中转仓库及堆场）三大类，结合中国的情况可以考虑将机器大工业遗产分为：①采矿（包括煤矿业、金属矿业、采石业等）；②制造（纺织业、化工业、机器及金属制品、建筑材料业、饮食品工业、日用品工业和印刷业）；③运输通信（包括铁路、公路遗产）；④基础设施（下水道、自来水管等）；⑤仓储（如仓库、中转仓库及堆场）；⑥水利（水坝、电站）。今后评审时可以对同一类遗产进行并置比较，上述每一类遗产中的环境、建筑、设备、产品及非物质遗产等都需要仔细考虑。

（3）关于命名混乱的问题，需要在征集申请文件时就加以说明。

（4）因为国家工业遗产是按照权属申报，因此同一类的遗产有可能因为权属不一重复申报，例如秦皇岛港工业遗迹群和港口近代建筑群（开滦矿务局秦皇岛电厂）就是例子，像这样的遗产需要由两个单位协商共同申报管理，统一考虑，当然这或许也会带来另外一些问题。

---

① 机器大工业是以机器和机器体系从事社会化大规模生产的工业。它有两大基本特征：一是建立在高度的科学技术基础之上，并随着科学技术的进步不断更新自己的技术基础；二是高度的社会化大生产，表现为生产资料的使用、生产工艺过程和产品市场实现过程的社会化程度日益提高。机器大工业是在资本主义手工业发展的基础上产生的，是产业革命的产物。

工业和信息化部不仅推动了全国性工业遗产的评选评级，而且开辟了一项较新的制度，就是在中国尝试登录制。遗产登录制在英国较早出现，日本在20世纪90年代引进，目的是为了全方位地保护遗产，目前已经列入保护法体系。在中国一直采取的是指定制，由政府部门直接指定，中国的文物法目前也只有指定制。工业和信息化部的思考方式是考虑到未来的管理由产权部门自己负责，并且有可能获得一些支持。可以认为这是第一次和产权挂钩，多元解决经费来源的过渡。但是是否可以顺利实现政府和企业共同承担保护责任这种"两条腿走路"的策略还要拭目以待。

第 2 章 ————————————

中国工业遗产的价值
框架研究①

① 本章执笔者：徐苏斌、青木信夫。

对于工业遗产思考比较多的是经济和文化的关系，是否可以简单地将文化价值和经济价值并列？笔者有和以往研究者不同的视点。工业遗产最核心的问题是价值问题。关于文化遗产的价值认识经历了很长的过程，在国际上，遗产的价值评估起源于艺术史学者的研究，最早可以追溯到1902年意大利学者里格尔，其从艺术史的角度，将遗产价值分为年代价值、历史价值、相对艺术价值、使用价值、崭新价值①。1963年，德国艺术史学者沃尔特将遗产价值分为历史纪念价值（包括科技、情感、年代、象征价值）、艺术价值、使用价值②。

长期以来关于遗产价值的探讨都是在文化艺术的范畴进行讨论，遗产研究者对经济学者的介入持排斥的态度。1979年法国社会学家皮埃尔·布迪厄（Pierre Bourdieu）在其法语专著《区隔：品味判断的社会批判》中首次提出了文化资本（cultural capital）这一术语③。他在1989年出版的《资本的形式》中第一次完整地论述了资本的构成理论，即资本由经济资本、文化资本和社会资本构成④。他的研究引起全球性的反响。

继皮埃尔·布迪厄在文化社会学领域对文化资本的研究之后，文化经济学之父戴维·思罗斯比提出了经济意义上的"文化资本"的定义，他认为"文化资本"是以财富的形式具体表现出来的文化价值的积累。2001年戴维·思罗斯比出版专著《经济学与文化》⑤，2010年出版《文化政策经济学》⑥，研究涉猎艺术的经济学角色、艺术市场的经济学介入、文化发展、文化政策学、遗产学及可持续发展的文化策略等。书中进一步论述了文化资本的定义与评估方法，并从文化遗产的角度做出了价值评估的阐释。该书成为文化经济学领域的重要参考文献，他也因此成为国际领域文化经济学的重要奠基人。

中国对于遗产的"文化资本"的研究尚处于起步阶段，并未形成系统理论，多数是吸收借鉴国际上文化遗产的研究结果进行延伸和拓充⑦。之后国内也从经济、社会、政治、文

① RIEGL A. The modern cult of monuments its character and its origin. 1903.

② WALTER F, 'Denkmalbegriffeund Denkmalwerte', Festschrift Wolf Schubert. Kunstdes Mittelalterin.Fachsen, Weimar, 1967.

③ BOURDIEU P. La distinction : critique sociale du jugement[M]. Paris: Éditions de Minuit, c1979.
英文版：Pierre Bourdieu. Distinction: A Social Critique of the Judgement of Taste[M]. Cambridge: Harvard University Press, 1987.

④ BOURDIEU P. The Form of the Capital[M]. In A. H. Halsey, H. Lauder, P. Brown & A. 1989.
转引自薛晓源，曹荣湘. 文化资本、文化产品与文化制度——布迪厄之后的文化资本理论[J]. 马克思主义与现实，2004（1）：43-49.

⑤ THROSBY D. Economics and Culture[M]. Cambridge: Cambridge University Press, 2001.
中文版：戴维·思罗斯比. 经济学与文化[M]. 王志标，等，译. 北京：中国人民大学出版社，2011.

⑥ THROSBY D. The Economics of Cultural Policy[M]. Cambridge: Cambridge University Press, 2010.
中文版：戴维·思罗斯比. 文化政策经济学[M]. 易昕，译. 大连：东北财经大学出版社，2013.

⑦ 皮埃尔·布迪厄（Pierre Bourdieu）. 文化资本与社会炼金术[M]. 包亚明，译. 上海：上海人民出版社，1997.
薛晓源，曹荣湘. 文化资本、文化产品与文化制度——布迪厄之后的文化资本理论[J]. 马克思主义与现实，2004（1）：43-49.
浦慕烨. 论布迪厄的"文化资本论"[J]. 中山大学研究生学刊（社会科学版），2010，31（4）：37-45.
姚富瑞. 布迪厄《区隔》的国内研究综述[J]. 湖北工业职业技术学院学报，2014，27（5）：59-63.

化、旅游等方面进行了初步的探索①。

目前关于工业遗产价值评估的研究多是基于文化形态的研究而缺乏基于经济形态的研究。评估依据基本以文物法为准，评价历史价值、艺术价值和科学技术价值，2015年修订的《中国文物古迹保护准则》增加了"社会文化价值"。天津大学中国文化遗产保护国际研究中心对中国现有的关于工业遗产保护的价值评估进行了收集整理，并于2014年参照英国的体系推出了《中国工业遗产价值评价导则（试行）》。以上这些研究基本上属于文化形态评估的范畴。对于工业遗产的经济价值国内也有专家提出，重大课题组从2012年开始连续进行问卷调查，发现有专家建议将经济价值与历史价值、艺术价值和科学技术价值并列。这表明经济价值越来越被广泛认识，但是如何看待文化资本中的经济价值？是否能将其与历史价值、艺术价值和科学技术价值简单并列？如何评价遗产固有的价值和被改造为文化产业后的价值？如何看到给社会带来效益的价值？关于工业遗产的价值框架国际宪章《下塔吉尔宪章》（2003年）并没有给出详细的解答，本书中我们借鉴皮埃尔·布迪厄、戴维·思罗斯比的理论，依据国际共识、国际宪章等结合中国的国情将纷繁复杂的工业遗产现象和价值探讨融合到一个连贯的、系统的框架之下。本书将国家社科重大课题"我国城市近现代工业遗产保护体系研究"第三子课题"工业遗产价值评估"的最新思考呈现出来，抛砖引玉。

本书中涉及两个问题。一是工业遗产的概念，在《下塔吉尔宪章》中有如下定义："工业遗产是指工业文明的遗存，它们具有历史的、科技的、社会的、建筑的或科学的价值。这些遗存包括建筑、机械、车间、工厂、选矿和冶炼的矿场和矿区、货栈仓库，能源生产、输送和利用的场所，运输及基础设施，以及与工业相关的社会活动场所，如住宅、宗教和教育设施等"。本书所涉及的工业遗产限定在此范围内。二是遗产化（heritagization）的问题，遗产化过程本质上是少数人的价值观通过各种途径输出，成为多数人的价值观，最后成为法定保护机构的价值观的过程②。因此工业遗存处在一个身份变化的动态过程中，遗存向"文物"或者"世界遗产"的身份转变是记忆重塑的过程，同时也是知识话语介入的过程（即专家的评估）。在这种话语介入过程中不可避免地会出现"去遗产化"的现象，即一部分遗存被赋予"文物"或者"世界遗产"身份，完成遗产化过程，而另一部分遗存则将失去被赋予

① 李娟伟，任保平. 中国经济增长新动力：是传统文化还是商业精神？——基于文化资本视角的理论与实证研究[J]. 经济科学，2013（4）：5-15.
仇立平，肖日葵. 文化资本与社会地位获得——基于上海市的实证研究[J]. 中国社会科学，2011（6）：121-135.
金桥. 上海居民文化资本与政治参与——基于上海社会质量调查数据的分析[J]. 社会学研究，2012（7）：84-104.
刘丽娟. 文化资本运营与文化产业发展研究[D]. 吉林：吉林大学，2013.
孟召宜，渠爱雪，仇方道. 江苏区域文化资本差异及其对区域经济发展的影响[J]. 地理科学，2012，32（12）：1444-1451.
宋振春，李秋. 城市文化资本与文化旅游发展研究[J]. 旅游科学，2011，25（4）：1-9.
姜琪. 政府质量、文化资本与地区经济发展——基于数量和质量双重视角的考察[J]. 经济评论，2016（3）：58-73.
② 董一平，侯斌超. 工业遗存的"遗产化过程"思考[J]. 新建筑，2014(4)：40-44.

的机会[①]，而这些遗存并非没有价值。为了兼顾被"去遗产化"的遗存的价值，在本书中所指的工业遗产并不仅仅限定于有身份的遗存，也包括非"文物"或者非"世界遗产"的工业遗存。

2.1 工业遗产的固有价值

2.1.1 固有价值

联合国教科文组织关于固有价值（intrinsic value）的定义为：固有价值是某种物品本身具有的价值，它具备的自然特性对人而言十分重要，对于世界遗产而言，固有价值与"突出的普遍价值"的概念息息相关[②]。关于固有价值，不同的学者有不同论述，这些论述进一步说明了固有价值的含义：

（1）1997年，俄罗斯修复科学院院长普鲁金（O. N. Prutsin）在《建筑与历史环境》一书中认为，建筑遗产本身具有两大基本价值，即"内在的价值"和"外在的价值"[③]。

（2）2000年，美国盖蒂保护研究所（The Getty Conservation Institute，简称GCI）、宾夕法尼亚大学历史保护学教授Randall Mason认为固有价值是不变的、普世的、内在的、带有历史真实性的价值[④]。

（3）2002年，不列颠哥伦比亚大学教授Theresa Satterfield引用美国哲学教授Rolston在《固有价值保护》（*Conserving Natural Values*，1994）"一书中对于固有价值的定义，即固有价值是与生俱来的价值，并不因为人、社会、生物、生态的需求而改变[⑤]。

（4）2003年、2011年，戴维·思罗斯比曾说，"它们独立于任何买卖交换关系，是建筑遗产本身所具有的自然的、有历史重要性的、有象征意义的、真实的、完整的、独特的或可以重现的价值要素"[⑥]。

（5）2004年、2006年，英国学者Holden认为固有价值和工具价值、制度价值息息相关，

---

① 燕海鸣. 遗产化的话语与记忆[N]. 中国社会科学报，2011-08-16（012）.

② L Pricewaterhousecoopers. The Costs and Benefits of World Heritage Site Status in the UK Full Report[R]. PricewaterhouseCoopers LLP (PwC), 2007.

③ 普鲁金. 建筑与历史环境[M]. 韩林飞，译. 北京：社会科学文献出版社，2011.

④ TRUST J P G. Values and Heritage Conservation Research Report[R]. Los Angeles: The Getty Conservation Institute, 2000.

⑤ TRUST J P G. Assessing the Values of Cultural Heritage Research Report[R]. Los Angeles: The Getty Conservation Institute, 2002.

⑥ The Allen Consulting Group. Valuing the Priceless: The Value of Historic Heritage in Australia, Research Report 2, November 2005 Prepared for the Heritage Chairs and Officials of Australia and New Zealand, The Allen Consulting Group Pty Ltd, 2005: 11.

它是文化上、智力上、情感上、精神上的一种表现，通过图像、实体、经验、表演、共同记忆等方式体现①。

（6）2005年，澳大利亚艾伦咨询集团（The Allen Consulting Group）将遗产的价值分为"个人视角下的遗产价值（直接使用价值、间接使用价值、非使用价值），社会视角下的遗产价值（社会资本）与固有价值"。固有价值的定义为：传统的绝对的内在价值，它们独立于任何公共评价，可能也与未来的社会行为、公共互动没有交集②。

不论是何种论述，其分类中都承认遗产本身具有内在的固有价值，固有价值关系到真实性和完整性的判断和保护，因此固有价值应是保护的核心内容。

笔者认为工业遗产的固有价值的构成包括了经济学中的四种资本：物质资本（physical capital）、人力资本（human capital）、自然资本（natural capital）和文化资本（cultural capital）。

2.1.2　四种资本概念的提出

现代通用的"资本"一词，是由古典政治经济学的鼻祖亚当·斯密（Adam Smith）奠定的。之后马克思（Karl Marx）揭示了资本能够带来剩余价值，认为资本的本质是价值增值，可见资本的本质属性是价值性、收益性和存量性。

经济学将资本分为物质资本、人力资本、自然资本和文化资本。

（1）物质资本起源于经济学诞生那天，指的是像工厂、机器、建筑物等真正物质意义上的商品存量。

（2）人力资本是体现在人身上的资本，即对生产者进行教育、职业培训等支出及其在接受教育时的机会成本等的总和，表现为蕴含于人身上的各种生产知识、劳动与管理技能及健康素质的存量总和③。

（3）自然资本是指能从中导出有利于生计的资源流和服务的自然资源存量（如土地和

---

① HOLDEN J. Capturing Cultural Value[R]. London: DEMOS, 2004.
　HOLDEN J. Cultural Value and Crisis of Legitimacy[R]. London: DEMOS, 2006.
　HEWISON R. Not a Side Show: Leadership and Cultural Value[R]. London: DEMOS, 2006.

② The Allen Consulting Group. Valuing the Priceless: The Value of Historic Heritage in Australia, Research Report 2[R]. November 2005 Prepared for the Heritage Chairs and Officials of Australia and New Zealand, The Allen Consulting Group Pty Ltd, 2005.

③ 1776年亚当·斯密（Adam Smith）的《国富论》（The Wealth of Nations）和威廉·配第（William Petty）的论断被视为人力资本理论的萌芽。19世纪40年代李斯特（Georg Friedrich List）和西尼尔（Nassau William Senior）提出精神资本和智力资本，马歇尔（Alfred Marshall）把人才和智慧同其他资本并列。1867年马克思的《资本论》（Capital）中包含了丰富的人力资本思想。20世纪后，美国经济学家欧文·费雪（Irving Fisher）首次提出人力资本概念，斯特鲁米林（Strumilin）、沃尔什（Walsh）、加尔布雷斯（John Kenneth Galbraith）都强调对人的投资能获得经济收益。人力资源论奠基者舒尔茨（Theodor W. Schultz）在1960年美国经济学年会上发表的《人力资本的投资》代表现代意义上的人力资本理论正式形成，他被后人誉为人力资本之父。舒尔茨. 人力资本投资：教育和研究的作用[M]. 北京：商务印书馆，1990. 转引自胡杨玲. 西方人力资本理论——一个文献述评[J]. 广东财经职业学院学报，2005，4（6）：83-86.

水）与环境服务（如水循环），包括可再生资源，不可再生资源，支持和维护土地质量、空气和水质的生态系统，所维持的巨大基因库即生物多样性[1]。中国于1994年发布的《中国21世纪议程——中国人口、环境与发展白皮书》中以官方态度引入了自然资本的概念，此后我国也掀起了研究浪潮。在工业遗产中，与土壤、水质、空气、资源相关的都是自然资本。

和传统经济学不同的是文化资本。文化资本是20世纪80年代以来，特别是20世纪90年代兴起的一个国际性学术热点。上文提到皮埃尔·布迪厄的文化资本理论拓展了资本理论的范畴，他将资本分为三种形态：经济资本、文化资本和社会资本。皮埃尔·布迪厄的理论开辟了资本理论的新天地，他将文化视为一种资本，为文化的生产活动产品赋予了具体的形象。继皮埃尔·布迪厄在文化社会学领域对文化资本的研究之后，戴维·思罗斯比提出了经济意义上的"文化资本"的定义，他认为"文化资本"是以财富的形式具体表现出来的文化价值的积累。他指出："这种积累紧接着可能会引起物品和服务的不断活动，与此同时，形成了本身具有文化价值和经济价值的商品。""财富也许是以有形或无形的形式存在"，"有形的文化资本的积累存在于被赋予了文化意义（通常称为文化遗产）的建筑、遗址、艺术品和诸如油画、雕塑及其他以私人物品形式而存在的人工制品之中"，"无形的文化资本包括一系列与既定人群相符的思想、实践、信念、传统和价值"。可见，这种关于"文化资本"的认识和理论，又比社会学概念的理论有所进步，且对于文化资本的来源、存在形式和积累的理论更能给人以启迪。戴维·思罗斯比继承了皮埃尔·布迪厄的思想，他将文化遗产看作经济形态和文化形态，比较全面地评价了作为文化资本的文化遗产的价值。

在戴维·思罗斯比所著的《经济学与文化》第三章中提到了对皮埃尔·布迪厄的社会资本概念的讨论，但是他对社会资本是否能成为一种资本表示怀疑，因此并没有正式使用这个概念[2]。笔者认为事实上文化遗产中有关人的认识过程的"遗产化"问题就是社会资本的问题，但是这个问题是一个较难讨论的问题，可以放在以后深入探讨。

由于20世纪80～90年代对于文化遗产保护的经济预算减少，文化遗产管理者遇到困境，另外经济学者的建议更有利于达成遗产保护[3]。因此文化资本的理论现在被众多国际组织、研究机构以及学者所接受和引用，包括英国政府文化、媒体与体育部（Measuring the value of culture，Department for culture，media and sport，2010），美国盖蒂保护研究所，澳大利亚

---

[1]　El Serafy（1991）；Constanza and Daly（1992）；Folke et al（1994）；Barbier（1998）. 转引自戴维·思罗斯比. 经济学与文化[M]. 王志标，等，译. 北京：中国人民大学出版社，2011：55.
随着人们对经济活动带来的环境影响问题越来越关注，经济学家逐渐接受自然资本的理论：1789年怀特（Lynn White）提出了自然资本思想，1948年美国自然学家福格特（William Vogt）提出了自然资本的耗竭。从此学界围绕自然资本展开了探索，1968年戴利阐述了自然资本的范围和必要性，直到1991年戴利对自然资本进行了定义，在这期间，1987年的《布伦特兰报告》（The Brundtland Report）和1990年Pearce与P. K. Turenr的著作《自然资源与环境经济学》（Economics of Natural Resources and Environment）都提及了自然资本。1995年世界银行首次将自然资源纳入"财富指标"之中。1999年Paul Hawken的《自然资本论：关于下次工业革命》（Nature Capitalism Creating：the Next Industrial Revolution）将自然资本理论推向成熟。

[2]　戴维·思罗斯比. 经济学与文化[M]. 王志标，等，译. 北京：中国人民大学出版社，2011：51-54.

[3]　戴维·思罗斯比. 文化政策经济学[M]. 易昕，译. 大连：东北财经大学出版社，2013：122.

最大的经济及公共政策咨询公司艾伦咨询集团等，都有相关的报告。

工业遗产几乎涉及了上述四种类型的资本。物质资本属于工业遗产的固有属性，包括遗产地的厂房、仓库、附属建筑、机器、相关设备等。人力资本与工业生产密不可分，人的知识、技术与劳动在生产中创造了重要价值，遗产背后的生产环节及所需的教育活动、创意等也属于人力资本，亦是遗产价值中重要的一环。在实际操作中由于大部分工业遗产是废弃的，已经没有工人在工作，这种情况下就没有人力资本的计算，但如果是依然在生产的情况，那么评估时应该计入人力资本。如果改造再利用为第三产业或者2.5产业（有一部分第二产业和一部分第三产业），则应该计入创意价值。

2015年12月举办的"自然资本世界论坛"，将自然资本定义为世界的自然资源储存，包括地质、土壤、空气、水及所有生物体系。自然资本为人们提供一系列免费的物质和服务，即所谓的生态系统服务。它作为经济和社会的基础支持，使人类得以生存。上述的物质、人力、自然三种资本都是可以计算的，如建筑和设备可以出售，人力资本、矿山资源也是可以计算的。

在中国，土地是一种特殊的资源，不允许买卖，但是可以出让，1996年财政部发布关于印发《国有土地使用权出让金财政财务管理和会计核算暂行办法》的通知，详细规定了土地使用权出让金核算的办法，这是中国土地国有背景下的土地资源利用的特殊规定。20世纪80年代以后中国对于国有土地的一系列新的政策给工业遗产带来了新的核算结果，例如对于土地出让金制度的建立，对于土地性质的改变，招、拍、挂等政策使得土地成为远远超越物质资本的资源，导致工业遗产的物质资本可以达到忽略不计的程度，一般都是当作废品处理。2014年天津的一篇报道引起震惊："2013年9月18日，融创中国联合天房等竞争对手，以103.2亿元竞得天津天拖地块，刷新了天津土地出让总价纪录，溢价率达12.4%。天拖地块位于南开区红旗路西侧，占据天津市中心稀缺地段，可建设用地面积为37.40万平方米，规划地上总建筑面积达102.09万平方米。2013年11月1日，融创中国以15.2亿元竞得天津南开区手表厂地块，溢价率32%，折合楼面价25082元/平方米，刷新了天津土地出让单价纪录[①]。"这两个地块都是工业遗产用地，103.2亿元和15.2亿元都是土地出让总价，并没有涉及厂房等物质资本。在这个基础上还有不菲的溢价率，可见土地成为工业用地的主要价值，比起工业遗产，土地才是主要价值对象，这样的现象在中国十分普遍。

文化资本十分特殊。按照戴维·思罗斯比的理论，文化资本的定义为除了传统的三种经济学资本之外的另一种资产，除了可能拥有的全部经济价值外，文化资本还体现、储存并提供文化价值。如果用鸭蛋的蛋黄断面来形象说明的话，固有价值模型可以表示为图2-1-1、图2-1-2。

---

① 财经网报道：融创天房20.86亿元联手竞得天津天拖北地块，楼面价9034元/平方米，2014-01-28 13:43:02。来源：财经网（北京）http://money.163.com/14/0128/13/9JMAB0IB00253B0H.html。

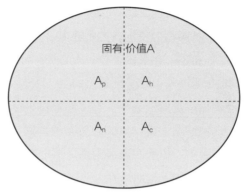

注：整体的固有价值为A，固有价值中的物质资本为A_p、人力资本为A_h、自
然资本为A_n、文化资本为A_c，那么$A=A_p+A_h+A_n+A_c$。

图2-1-1 工业遗产固有价值的构成

图2-1-2 工业遗产经济学评估分类要项

例如有"新中国钢铁工业长子"之称的鞍钢就包括了四种资本：有厂房、设备（物质资
本），有工人（人力资本），也有土地、矿山（自然资本），最近被工业和信息化部认定为第
一批国家工业遗产，也是一种文化资本。

2.1.3 文化资本的文化学形态和经济学形态

与其他三种资本不同，文化资本的价值是以"文化学形态"和"经济学形态"体现的。
摆脱单纯从物质的角度思考经济利益，将文化作为资本来看待并且建立了经济学和文化之间
的联系，这个伟大的转变首先归功于皮埃尔·布迪厄。人类的所有活动，从唯利是图的商业
行为到超凡脱俗的文化实践，都包含着利益的追求和冲突，甚至是以利益为其根本动力。文
化遗产也摆脱不开利益，文物市场的繁荣已经充分体现了这个利益的存在。在中国，工业

遗产的用地为国有，工业遗产也以国有工厂为主流，但是遗产的评级和背后的利益密不可分，如果被评为世界遗产或者全国重点文物，或者国家工业遗产，意味着有各种利益接踵而至。因此尽管从历史价值、艺术价值、科技价值、社会文化价值等文化学角度操作评估，但同时也不能否认文化和经济的密切关系。

关于"文化学形态"，戴维·思罗斯比继承了皮埃尔·布迪厄的文化资本的概念并用于遗产评价，他认为"文化学形态"的评估内容包括审美价值（aesthetic value）、精神价值（spiritual value）、社会价值（social value）、历史价值（historical value）、象征价值（symbolic value）、真实价值（authenticity value）、地点价值（locational value）[1]。《保护世界文化和自然遗产公约》《下塔吉尔宪章》《中华人民共和国文物保护法》《中国文物古迹保护准则》都是"文化学形态"评估，在《中华人民共和国文物保护法》中文化资本的"文化学形态"评估体现为历史价值、艺术价值、科技价值。《中国文物古迹保护准则》中加入了社会价值和文化价值。

"文化学形态"评估是前三种资本不具有的。只有遗址、建筑或者设备等成为遗产才进行"文化学形态"评估。当然文化遗产也并不完全以是否有全国重点文物的牌子而界定，不是文物的遗存也有可能进行"文化学形态"评估。

和"文化学形态"对应的是文化资本也具有"经济学形态"的一面。关于文化资本的经济学价值分类，戴维·思罗斯比指出包括使用价值与非使用价值（图2-1-3），非使用价值包括选择价值、存在价值和遗赠价值，使用价值主要包括旅游消费、休闲游憩等可直接用经济学方法量度的价值，和物质资本、人力资本、自然资本的经济学测算不同。非使用价值中的选择价值即从可持续发展的角度考虑其存在对于未来城市发展建设的一种可能性；存在价

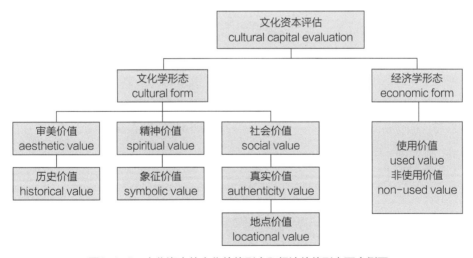

图2-1-3　文化资本的文化价值形态和经济价值形态两个侧面

---

① THROSBY D. Economics and Culture[M]. Cambridge: Cambridge University Press, 2001: 83.

值即遗产存在本身对于社会认同的价值；遗赠价值明确了遗产的传承和教育意义及其对于后代的价值①。文化资本的评估对象应该包括物质遗产和非物质遗产。

在很多文章里会直接将历史价值、艺术价值、科技价值和经济价值简单并置，我们认为"文化学形态"和"经济学形态"是指文化资本的两个侧面，好像书籍的封面和封底。"文化学形态"里面有历史价值、艺术价值、科技价值，甚至社会价值和文化价值，因此它们不属于一个层面，不可并置。同时，物质资本带来的经济价值和文化资本带来的经济价值不是同一个概念。例如一个厂房就其物质资本而言可以用作生产车间，具有经济价值，这种经济价值是所有工厂都具有的。但是如果该厂房成为文物，就有参观者慕名而来发生使用价值及非使用价值（包括选择价值、存在价值和遗赠价值），产生因为文化资本带来的经济价值，这个部分和作为物质资本带来的经济价值计算方法不同，如果计算该厂房的经济价值要把所有的资本所产生的经济价值相叠加②。

文化资本的经济学测算是间接的，戴维·思罗斯比在《经济学与文化》中说明了使用价值和非使用价值的特征，他举例说明金字塔有使用价值，比如吸引众多的旅游者，通过旅游收入可以考察经济价值，另外非使用价值可以运用条件支付法假设市场来计算，这个部分的经济价值是由文化遗产引起的，与物质资本的经济价值不同。和金字塔这样的纪念碑式的文化遗产比较，工业遗产最初是因为需要使用而建设的，所以其作为物质资本的经济价值从建设当时起就进入了市场。

工业遗产可以天津北洋水师大沽船坞为例。该船坞始建于1880年，其中的轮机车间保留了中国目前较为罕见的20米跨度的木屋架，采用了早期天津常用的灰砖墙，英式砌法。该船坞当时的功能是修船、造船、制造军火。现在除了甲坞，其他船坞和修船船台已被填埋，轮机车间歪闪，门窗破烂不堪，作为物质资本的经济价值可想而知。但是在中国，土地是十分特殊的，随着房地产业的发展，全国土地的价值不断飙升，工业用地从不能转变用地性质到有可能转变为商业用地，于是自2008年以来不断有各种因素从周边挤压船坞范围，使得船坞不断受到威胁。2013年船坞被列为全国重点文物保护单位以后为其保护加了一道防护墙。按照戴维·思罗斯比的理论，北洋水师大沽船坞可以用作旅游、博物馆，吸引人们参观，并且产生服务流，从这些活动中获得经济利益，同时也有非使用价值，即选择价值、存在价值和遗赠价值，这是潜在的价值。

目前中国很多工业遗产被拆除的原因是仅仅基于其物质资本的经济评估。和土地相比，厂房越是时间久远越是不值钱，相比之下土地出让是第一位的，从中华人民共和国成立以后到改革开放以前不存在土地出让，但是20世纪80年代之后土地出让等一系列政策使得土地所表现的经济价值和在土地之上的工业遗产的经济价值差距悬殊，这也是导致工业遗产难以

---

① THROSBY D. Economics and Culture[M]. Cambridge: Cambridge University Press, 2001: 279.
② 戴维·思罗斯比. 经济学与文化[M]. 王志标，等，译. 北京：中国人民大学出版社，2011.

保留的重要原因①。此外更忽视了文化价值评估。对文化资本的经济价值的理解是需要时间的，这和遗产化进程相关，在这个过程中价值观、权力、经济、制度建设等都在起作用，遗产化进程往往慢于经济发展的速度，因此很多新型的遗产更面临危机。

需要特别说明的是上述四种资本因为起源于不同的经济学家，所以内容上有重叠的部分，而我们认为工业遗产可以同时涵盖几个方面的资本价值，只是四种资本纳入同一个体系的时候，为了避免重复，我们将四种资本中可能属于文化资本的部分归纳到文化资本中。例如，可能属于人力资本的传统工匠技术可以被列入文化资本中。这种情况在手工业操作中比较多见，例如制作宣纸、湖笔、徽墨等很多濒危的手工制作技能都可以看作是非物质文化遗产而归类在文化资本中，随着大机器生产取代手工业生产，这种独特的非物质文化遗产逐渐减少。在工业遗产的评估中也应重视人的价值，重视如铁人王进喜这样创造了企业精神、为中国工业服务的劳动模范，他们都应属于文化资本的一部分。另外对于负面遗产，也需要像对待正面遗产一样，同等重视，因为历史都是有正面和负面的，特别是工业遗产在国际上涉及殖民地开拓的问题。

2.2 工业遗产的创意价值

2.2.1 创意价值的既往研究

戴维·思罗斯比在《经济学与文化》第六章中论述了创意经济，主要论述了当代艺术家的创意所产生的价值。为了对应"固有价值"，这里我们暂且称之为"创意价值"（creative value），界定为当代的创意所产生的价值。为了区别"固有价值"，我们将"创意价值"用B表示。和固有价值对应，我们可以用鸭蛋的蛋白来形象地描述创意价值的构架（图2-2-1）。

固有价值虽然并不固定，但是偏重于遗产本身产生的价值，即使是社会价值也是过去通过今天的社会反映。而创意价值则强调新附加的价值。创意价值可能不因为遗产而产生，例如利用旧工厂作为画室，创作的绘画作品的价值和工厂的固有价值没有关系；利用老工厂场地作为音乐工作室，创作的音乐和工厂的固有价值也没有关系。但是新的绘画作品或者音乐创作却有创意价值。

目前大体有两种研究方法涉及创意价值：一种是针对旧建筑改造评估的研究，另一种是针对文化创意产业的研究。前者主要由建筑学者完成，如西安建筑科技大学樊胜军（2008）

---

① 仲丹丹，徐苏斌，王琳，等. 划拨土地使用权制度影响下的工业遗产保护再利用——以北京、上海为例[J]. 建筑学报，2016（3）：24-28.

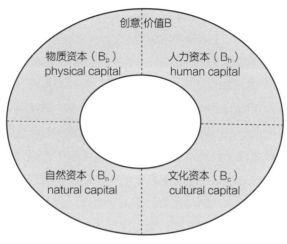

图2-2-1 创意价值构架模型

在《旧工业建筑（群）再生利用项目后评价体系的应用研究》中，将改造再利用后的评价指标分为四大类，即建设过程后评价、经济效益后评价、影响后评价（社会影响、环境影响）、可持续性后评价。其在另一篇合著论文《旧工业建筑再生利用项目可持续后评价研究》中，将可持续性后评价进一步展开为包含八个具体指标的子系统，即促进社会发展程度评价指标、促进经济发展程度评价指标、自然资源的利用评价指标、区域的环境质量评价指标、项目建设效果评价指标、项目经济效益评价指标、管理体制可持续性评价指标、协调度评价指标。在指标筛选方法上，主要应用德尔菲法、灰色关联度分析法。在权重分析上，应用主观赋权法、客观赋权法（因子分析法、熵值法、多目标规划法）。

西南交通大学李婧（2008）在《旧工业建筑再利用价值评价因子体系研究》中，从本征价值和功利价值两方面建立了旧工业建筑再利用潜力评价因子体系，其中本征价值包括历史价值、文化价值、科技价值、美学价值、使用价值、稀有价值；功利价值包括经济价值、社会价值、发展预期、传承能力，共十项评价准则，以及相应的38个具体评价因子（比如功利价值中的经济价值，包括建筑功能改造潜力、技术层面再利用可行性、技术层面维护的可能性、资源互补性、改造成本优势、对遗产地周边产业结构的影响力、设施可再利用潜力共七个具体评价因子）。

王铮（2013）在《工业遗产再生效应的系统研究》中，将工业遗产的再生效应分为物质效应、社会效应、经济效应、生态效应和文化效应。再生效应的影响因子包括经济因子、文化因子、社会因子、技术因子、生态因子、管理因子、其他因子。

西安建筑科技大学苟玲玲（2014）在《旧工业建筑（群）再生性评价研究》中，将旧工业建筑再生性评价要素分为：历史文化要素（建造年代、规模、历史贡献、人文价值、造型特色）、环境要素（城市形象、城市规划、周边配套、环境影响、交通影响）、安全性要素

（建筑结构检测、方案初评、基础设施鉴定、加固措施、设计复验、施工损害）、规划设计要素（整体规划、建筑设计、消防节能、施工难度、材料）、经济要素（容积率、建筑密度、成本造价、资源互补型、运营费用）。

田燕等（2016）在《工业遗产再生效应动态评估研究——以"汉阳造"广告创意产业园为例》中，参考樊胜军的论文，结合"汉阳造"的实例，将工业遗产再生后的评估指标分为六个大类，即：社会影响、资源环境、经济效益、管理体制、运营状况、历史文化。邀请专家进行调查问卷测试，运用层次分析法进行权重测定，并核算改造后不同年份的得分，得出动态的再生效应评估结果。

上述这些评估较好地关注了建筑的价值，但是并没有包括文化创意产业园的全面内容，针对文化创意产业的研究，多数是管理学研究者的研究成果。

张凤娟（2013）在《关于文化产业园绩效评估体系的探讨》[①]中将评估指标分为经济类指标、社会类评估指标。经济类指标包括文化产业园区的资产负债率、权益净利率、资产利润率和总资产周转率；社会类评估指标包括文化产业园区的生产总值、员工的收入增长率和社会贡献率。王双阳（2014）在《浅析文化产业园的绩效评估体系》[②]中又提出同样的观点。此外，孙丰英的《山东省文化创意产业发展评价研究》、李炜的《陕西省文化产业绩效评价研究》、李婕的《文化产业上市公司绩效评价体系研究》、吴琳萍与景秀艳的《福州文化产业绩效评价指标体系构建》、张家源的《基于DEA方法的文化创意产业绩效研究》都从不同角度进行了文化创意产业的评估。

在进一步的文化产业绩效评价研究方面，有研究应用DEA模型衡量产业绩效，该方法又称为数据包络分析法（Data Envelopment Analysis，简称DEA），是根据已知数据，分析决策单元（Decision Making Units，简称DMU）的投入与产出的综合比值，作为衡量效率的因素。最初在1978年由美国运筹学家Charne、Cooper和Rhodes提出，可以评估技术效率和规模效率。其最主要的优势在于可以处理多项投入、多项产出的复杂绩效的评估问题。

侯艳红（2008）运用DEA理论中的CCR（规模报酬不变）超效率模型及经济增加值法（Economic Value Added，简称EVA）对我国24个省市2006年的文化产业效率表现进行了分析[③]。DEA是以决策单元的投入、产出指标的权重系数为优化变量，借助数学规划将决策单元投影到DEA前沿面上，通过比较决策单元偏离DEA前沿面的程度来对决策单元的相对有效性做出综合评价。CCR模型（又称C2R模型）是DEA模型的一种，是固定规模报酬下多元投入多元产出的模型。CCR超效率模型分析相比传统DEA模型能够对处于技术前沿面的决策单元再进行效率排序，但是其最终结果同传统DEA模型一样并没有剔除环境因素和随机因素对样本效率的影响。

---

① 张凤娟. 关于文化产业园绩效评估体系的探讨[J]. 产业经济，2013（2）：158-159.
② 王双阳. 浅析文化产业园的绩效评估体系[J]. 企业改革与管理，2014（6）：152.
③ 侯艳红. 文化产业投入绩效评价研究[D]. 天津：天津工业大学，2008：31-36.

王家庭、张容（2009）利用三阶段DEA模型对2004年我国31个省市文化产业进行了效率评估分析[①]。三阶段DEA模型是由Fried等人于2002年提出的一种能够更好地评估DMU效率的方法。分别为第一阶段传统DEA模型，使用投入导向下的BCC模型（又称C2GS2模型），即在规模报酬可变的前提下评估技术效率模型，测算在产出不变的情况下达到投入最小化的效率评估；第二阶段相似SFA分析模型，可以测出环境因素、随机因素和管理效率对于投入/产出效果的影响；第三阶段调整后的DEA模型，再次使用BCC模型进行评估，所得结果即为剔除环境因素或随机因素的影响之后，更为精准的效率值。

贺军（2013）以DEA方法中的CCR模型方法评测我国中部地区文化产业发展的综合绩效。其选取我国中部地区6个省区作为DEA评价的决策单元，通过横向比较的方法，对该区域文化产业的绩效进行综合评估，进而得出该区域中不同省区文化产业发展的优势和劣势。在评价指标的选择上，他分别选取四个投入指标（文化单位数、产业内从业人员的数量、财政投入数、固定资产总额）及四个产出指标（产业增加值、总产出、生产税净额、营业盈余）[②]。此外，肖卫国、刘杰（2014）[③]运用DEA方法构建了反映文化产业发展和文化生活水平的指标体系，对我国中部地区2000～2010年文化产业的资源配置进行了绩效评价。William H. Alfonso Pina和Clara Ines Pardo Martinez（2016）[④]使用DEA模型评测城市可持续发展的有效性，将投入与产出因子分为环境、社会、经济三大部分，对哥伦比亚不同地区及不同年份中城市可持续发展的技术有效性进行了评估。

上述管理学研究者的研究成果与评估体系的优点是比较全面，并且从经济效益出发进行了量化计算，缺点是没有和遗产发生关系，不方便评估遗产利用的情况。

2.2.2　创意价值的思考

1）创意价值中的四种资本

创意价值中也包含了物质资本B_p、人力资本B_h、自然资本B_n和文化资本B_c，也可以理解为资本的状况都会随着时代的变化而发生改变。这个变化带来的价值已经不是文化遗产本身所具有的固有价值，而是通过改造和再利用，通过文化产业的发展所获得的价值。

物质资本B_p表示新增建的厂房或者新增加的设备等。对于历史建筑需要追加资金进行修复，越是历史久远的建筑或者设备，改造的时候所追加的资金可能越多。值得探讨的是维修应该属于固有价值还是创意价值？维修属于补偿由于时间因素而导致实体破败裂化的部

---

① 王家庭，张容. 基于三阶段DEA模型的中国31省市文化产业效率研究[J]. 中国软科学，2009（9）：75-82.
② 贺君. 基于数据包络分析的中部地区文化产业绩效综合评估[J]. 南洋理工学院学报，2013，5（5）：13-20.
③ 肖卫国，刘杰. 文化产业资源配置绩效评价研究——以中部地区为例[J]. 当代经济研究，2014（3）：61-66.
④ PINA W H A, MARTINEZ C I P. Development and Urban Sustainability: An Analysis of Efficiency Using Data Envelopment Analysis[J]. Sustainability, 2016(8): 148.

54　　　　　　　　　　　　　　　　　　　　　　　　第三卷　工业遗产价值评估研究

分，严格地说修复的过程也是创造的过程，但是和更新利用的创意是有区别的，例如利物浦船坞这样的世界遗产要求按照真实性、完整性的国际准则进行修复，而且是常年进行维护，笔者建议将这样的情况列为固有价值。而除了全国重点文物之外大部分工业遗产的改造都有适应性再利用部分，也是工业遗产保护和再利用研究探讨最多的部分，可以明确列入创意价值的部分。有的厂房状态完好，仍然继续使用，但是其作为文化资本的价值并不一定很高。我国很多地方喜欢改造20世纪70年代以后的厂房，就是因为这些较新厂房的物质资本的经济价值较高，改造时不用投资很多就可以使用。深圳的华侨城创意园就是20世纪80年代的厂房，几乎不用太大更新。如果从物质资本角度评估历史久远的厂房，其经济价值几乎为零，也正是因为这个原因历史久远的厂房大量被拆除。但是文化价值的第一条就是历史价值，往往历史越久远，作为文化资本的价值有可能越高。工业遗产有各种不同的类型，应该分别论述。

人力资本B_h为新的服务行业部分。一般的工业遗产是从第二产业转型到第三产业，这种情况比较容易区分属于固有价值的原工厂的人力资本和转型以后的第三产业的人力资本。比较困难的是被称为2.5产业的案例，即有一部分是第二产业，也有一部分是第三产业。例如笔者在青岛调研的14个项目中，有5个产业园的项目定位是集第二、三产业于一体，或者说是介于发展二、三产业之间的一种产业类型。2008年中联建业集团有限公司购得青岛显像管厂和青岛元通电子厂的用地及其上厂房。这些多层厂房建于20世纪60~80年代，主要为混凝土框架结构，建筑质量保持较好，空间规模适中，水电配套齐全[①]，最初的定位即将其作为与2.5产业相关的集研发和制造于一体的产业园。另外如日本长崎的三菱重工、福建的马尾造船厂都还有一部分在造船，而另有一部分成为博物馆，鞍钢也是一部分正在生产，一部分是博物馆，又或者像798艺术区那样变为文化产业。这种模式越来越多，由于都是继续生产，因此对于新型的2.5产业的人力资本计算需要有限定，可以归入创意产业中。

自然资本B_n表示自然资源储存，包括可再生资源，不可再生资源，支持和维护土地质量、空气和水质的生态系统，所维持的巨大基因库即生物多样性等。成为工业遗产一般意味着自然资源的减少或者生态系统的破坏，这是工业遗产的负面。不可再生资源是无法挽回的，但是有些生态系统则有可能改造，例如棕地的改造、空气质量的恢复、水质的改善、动植物生存环境的改善等都是目前工业遗产地的重大课题，通过改善可以增加价值，这部分价值可以列入创意价值。

土地是自然资源，在中国，土地出让金可以列入自然资本，其在固有价值部分也是同样分类的。资源枯竭的矿山从自然资本的角度来说已经没有价值，但其文化资本有可能增加，矿山公园就是将废弃的矿井或者露天矿场变为景观。这一点和物质资本的厂房建筑变为文化遗产是一个道理。例如上海佘山世贸深坑酒店就是利用抗日战争时期天马山采石场遗留

---

① 王子岩. 青岛中联创意广场[J]. 城市建筑，2012(3)：50-53.

下来的80多米的深坑建设的新景观和旅馆。本来石料资源枯竭表明自然资本消耗殆尽，但是这里的历史景观成为吸引游客的文化资本，而旅馆的建设又增加了新的物质资本，新的物质资本和文化资本在一定程度上弥补了自然资本的劣损。

文化资本B_c表示以艺术创造为核心的价值，主要还是来自文化产业。戴维·思罗斯比定义文化产业模型为：以产生创意思想的条件为核心，不断与其他投入要素结合，以涵盖不断扩大的产品范围，以此向外辐射[①]。1983年英国大伦敦议会首次对"文化产业"这一概念下了定义："在我们的社会中，那些借助文化生产和服务的商业形式，生产和传播各种信息符号的专业组织[②]。"另一个有代表意义的定义由日本学者日下公人提出："文化产业就是创造一个文化符号，然后销售这种文化符号的产业[③]。"

中国对于文化产业的定义是由全国政协与文化部所组成的文化产业联合调查组提出的："文化产业是指从事文化产品和提供文化服务的经营性行业。文化产业是文化建设的重要组成部分，文化产业和公益事业两者共同构成了文化建设的内容。"

这些定义都阐释了文化作为生产对象的特点，就是创造文化。因此文化产业是创意经济的主要力量。如果不生产文化那么文化产业就名存实亡了。

2）创意价值框架

从文化形态来看创意价值中也有文化价值，而且十分重要，其中也包含艺术价值、科学价值、社会价值、文化价值，艺术价值体现在创意设计上，科学价值是指创造新的科技园区（如动漫园区）所包含的价值，社会价值是指社会关系的创建或者社区营建的贡献，文化价值是指文化磁力，如果没有这些内容就会变成纯商业设施。但目前对这个部分的评估并不是文化产业的重点，更多的评估还是考虑经济方面的效益。不过文化资本也需要从经济学角度评估。戴维·思罗斯比在《文化政策经济学》中更为宏观地将文化产业描绘成了四个同心圆构造，这是关于文化产业的排序，他是按照创造性逐渐弱化的梯度排列的[④]：

第一层为中心的创造艺术，包括文学、音乐、表演艺术、视觉艺术；第二层是其他核心文化产业，包括电影、博物馆、美术馆、图书馆；第三层是广义的文化产业，包括遗产服务、出版和印刷媒体、录音、电视和电台、视频和电子游戏；第四层是相关产业，包括广告、建筑、设计、时装（图2-2-2）。

在以工业遗产为核心的文化产业中也包含了这样的内容，只是当我们对比固有价值的时候，我们可以认为上述四层中都存在物质资本、人力资本、自然资本和文化资本。例如

---

① 戴维·思罗斯比. 经济学与文化[M]. 王志标，等，译. 北京：中国人民大学出版社，2011：122.
② CASTELLS M. The Information Age: Economy, Society and Culture[M]. Oxford: Blackwell, 1996: 19-34.
③ 日下公人. 新文化産業論[M]. 東京：東洋経済新報社，1978.
④ 戴维·思罗斯比. 文化政策经济学[M]. 易昕，译. 大连：东北财经大学出版社，2013：99. 英文版在第92页，日文版在第105页。

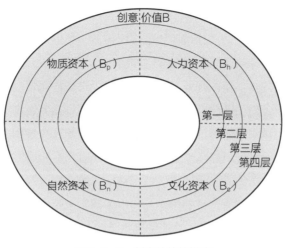

图2-2-2　创意价值的梯度

以798艺术区和751为例，第一层文学、音乐、表演艺术、视觉艺术的展示都是以工业遗产（物质资本）作为依托的，游客可以在历史建筑环境中享受艺术的大餐。也有进行艺术创作的艺术家和为展示服务的工作人员（人力资本），需要环境的改善（自然资本）和创造的艺术本身（文化资本）。第二层为工业遗产博物馆。最近将工业遗产改造成博物馆成为热点，博物馆具有物质资本、人力资本，不过创造经济价值的还是博物馆的收藏，例如故宫年营销收入10亿元。第三层包括遗产服务、媒体、出版等。

关于第四层相关产业，可能与戴维·思罗斯比解释的"设计"有不同的见解，因为设计中有创意，所以有些设计也应该放在第一层。但某些设计，诸如工业设计，其本质上是功能主义的，主要功能不是传播某种文化内涵。还有一些和商业开发有关，所以戴维·思罗斯比认为应该将其放在同心圆的外围，即减弱重要性。建筑也和某些设计一样被列在第四层。这里要十分注意创意性强弱是决定文化产业品质的重点，国内很多文化创意园区变为商业操作，失去了创意园区的意义。

戴维·思罗斯比所说的文化创意的宏观量化评估可以从《中国文化产业发展报告》中看到。《中国文化产业发展报告（2015～2016）》[①]报告了2013年19个"高度关注"的文化企业的主要利润率指标。从高到低的顺序是互联网信息服务、专业设计服务、广告服务、印刷复印服务、建筑设计服务、文化贸易代理与拍卖服务、文化软件服务、广播电视服务、版权服务、电影和影视录音服务、广播电视传播服务、发行服务、会展服务、出版服务、文艺创作与表演服务、增值电信服务、景区游览服务、娱乐休闲服务、新闻服务，其中互联网信息服

---

① 张晓明，王家新，章建刚. 中国文化产业发展报告（2015～2016）[M]. 北京：社会科学文献出版社，2016：77.

务达到50.9%。

通过比较戴维·思罗斯比的文化产业四个层次构造，我们发现上述文化企业大部分靠近偏外圈的部分，也就是说越是外围的产业效益越好。英国的Peacock A. T[①]提出了文化市场双重性的概念，即表演艺术、绘画等原创艺术属于一级市场，而有信息技术传播的复制艺术属于二级市场。这个概念对于文化产业十分重要，一级市场是二级市场的支持和来源，没有一级市场就没有二级市场，在中国这样的例子有很多，例如天津杨柳青年画的复制品比原创更容易赚钱，但是如果没有原创也就没有复制品。因此需要在制定政策时对一级市场给予支持，如果任由二级市场自由膨胀，园区将逐渐变质成为商业区。

难度比较大的是对微观创意价值的测试。在中国开始进行创意活动时，大多数情况下艺术家的改造不被认可。例如798艺术区原来是美术学院艺术家的工作室，由于艺术家的精心创意使得798艺术区被赋予了文化价值，之后的房租高升反映了文化资本中的经济价值逐渐被认识，并以价格的形式表现出来（房价上涨也包含了文化资本的价值），但是由于对文化资本的经济价值认识不足，因此也无法成为市场交易的对象，隐含在房租上涨中的文化价值虽然是由艺术家创造的，但是却无法通过市场补偿，艺术家最后因为租不起房子而不得不搬出文化产业园。

又如北京宋庄的艺术家很多都是由于租金上涨等原因被迫离开了原来"暖热"的园区，广州的红砖厂等也没有摆脱这样的模式。创意价值中的文化价值属于非市场价值，因此比较难于测试，可以和固有价值中的文化价值一样通过间接测试或者采用条件价值法（CVM）、使用后评估等方法进行评定，后文798艺术区的意愿支付调查就是尝试考察经济价值的一种方法。

创意价值并不一定依托固有价值存在，例如有的文化产业就没有历史建筑，可能是一个新开发的区域，如天津的"动漫城"。但是本研究所针对的对象是有遗产的文化创意产业，把历史建筑和文化产业结合，实现文化的传承和可持续发展是达到文化价值和经济价值最大化的最佳选择。所以B_c必须纳入对历史遗产（包括物质遗产和非物质遗产）的保护传承以及对新的创意水平的评价。

2.2.3 价值评估的动态性

人们对价值的认知是动态的。例如从1902年意大利学者里格尔对固有价值的认知，到1963年德国艺术史学者沃尔特提出对固有价值的新认知，再到1984年威廉姆（William D.

---

① Peacock A. T是英国经济学家，曾经在英国爱丁堡大学任教，也曾经在美国纽约大学任教并创建了该校经济学院。他出版过很多专著，在《Paying the Piper》（1993）中他运用经济学的方法来理解艺术；在《Anxious to do Good》（2010）中，他描述了他参与的公共政策，包括英国广播公司的融资等。

Lipe）提出历史纪念价值（包括科技、情感、年代、象征价值）、艺术价值和使用价值[①]。

　　不同的专业对于同一个词汇也有不同的定义。例如社会学家皮埃尔·布迪厄认为如果个人获得了融入社会上流文化的能力，那么可以认为他们拥有了文化资本。他认识到"文化资本最重要的状态与身体有关，并且预先设定了具体化内容，根据这一事实可以推断出文化资本的大多数特征。"戴维·思罗斯比认为："皮埃尔·布迪厄所论证的文化资本概念在其个人主义形式方面即使与经济学里的人力资本概念不完全相同，也是非常接近的[②]。"也就是说社会学中的"文化资本"与经济学中的"文化资本"并不相同。

　　对固有价值认知的动态性还在于同一位专家的认知也会有发展变化。例如2001年戴维·思罗斯比在《经济学与文化》（Economics and Culture）一书中提到文化价值包括审美价值、精神价值、社会价值、历史价值、象征价值与真实价值，而2010年他在《文化政策经济学》（The Economics of Cultural Policy）一书中则认为文化价值包括审美价值、精神价值、社会价值、历史价值、形象价值、真实价值，此外还有地点价值。在此戴维·思罗斯比新加入了地点价值，并将其解释为包括文化景观价值、集聚性价值、特定地理位置或发生过重要文化事件的地点。在这里经济学中的"文化资本"更具有社会学中的"文化资本"和"社会资本"之和的含义。社会学学者认为"社会资本"是指社会网络和社区内存在的关系。

　　在今天价值认识的视角出现了从静态到整体保护和活态利用，从纪念性，杰出性到日常性，从精英主义到开放和包容的综合价值观，从专业职责到社会福祉与遗产权利的人本主义价值观转变，因此价值框架也有可能不断变换内涵。

　　固有价值并非固定，越来越多的研究表明，对价值的认识不同时代、不同文化背景的人有不同的解读，我们不应该静态地看待固有价值。评判者有专家，也应该有公众参与。

2.3　外溢效应

　　在《经济学与文化》中戴维·思罗斯比还提到了外溢效应（positive spillovers），即影响其他经济人的收益外溢或成本外溢。位于市区的博物馆可以为周边企业和居民创造就业机会、收入机会及其他经济机会，这些效应在当地经济或者区域经济评估中可能是重要的，

①　William D Lipe. "Value and Meaning in Cultural Resources." In Approaches to the Archaeological Heritage: A Comparative Study of World Cultural Resource Management Systems. Cambridge: Cambridge University Press, 1984: 1–11.

②　戴维·思罗斯比. 经济学与文化[M]. 王志标，等，译. 北京：中国人民大学出版社，2011: 51.

但是这种计算却是很困难的①，例如交通、商业、旅馆经济等都是由于文化遗产而引起的，都要计算。

在《文化政策经济学》中戴维·思罗斯比再次提到外溢效应："文物建筑可以产生正面外溢效应，例如，如果路人通过其美学和历史性的观察而获得一种愉悦，那么文物建筑就产生了正面外溢效应；再如，人们行走在罗马和巴黎大街上可以享受到他们身临其中的历史建筑、古迹和广场所带来的视觉盛宴。理论上，外溢效应的经济价值可以估计到，但是它们是暂时性的，事实上对于个人来说，正面外溢效应可能是一个可识别的且具有重大价值的文物遗产②。"

外溢效应位于价值框架的什么地方？戴维·思罗斯比把文化资本的经济价值分为使用价值、非使用价值和外溢效应。笔者认为虽然戴维·思罗斯比所说的外溢效应是针对固有价值的，但是创意价值也会产生外溢效应，所以可以把外溢效应放在创意价值的外圈中表示（图2-3-1）。当然戴维·思罗斯比提到文化资本的外溢效应很难计算，在这里可能更难分别计算出固有价值的外溢效应和创意价值的外溢效应。我们可以考虑将外溢效应纳入工业遗产的价值体系中，相当于蛋壳部分。但是在计算创意价值的绩效时应该说明是否包括外溢效应，建议对其单独计算。应该说明的是外溢效应本来应该主要是由文化价值而产生的，画在四种资本的外围只是一个示意。另外，什么内容可以是外溢效应也要根据不同研究所定义的宽泛程度而定。

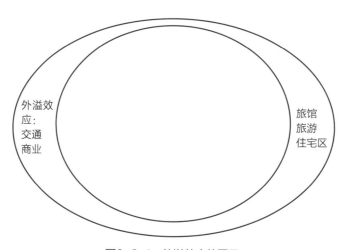

图2-3-1 外溢效应的图示

① 戴维·思罗斯比. 经济学与文化[M]. 王志标，等，译. 北京：中国人民大学出版社，2011：41-85.
　戴维·思罗斯比. 文化政策经济学[M]. 易昕，译. 大连：东北财经大学出版社，2013：120.
② 戴维·思罗斯比. 文化政策经济学[M]. 易昕，译. 大连：东北财经大学出版社，2013：121.

2.4 工业遗产的价值框架模型和"文化磁力"

2.4.1 价值框架模型

工业遗产的价值框架可以用模型表示（图2-4-1），假设整体的固有价值为A，固有价值中的物质资本为A_p、人力资本为A_h、自然资本为A_n、文化资本为A_c，那么$A=A_p+A_h+A_n+A_c$，固有价值是这个工业遗产价值的核心。这个部分的价值相对稳定，我们评估世界遗产、全国重点文物保护单位的价值就是评估固有价值的部分。当然世界遗产、全国重点文物保护单位的价值评估是关于文化价值的评估体系。

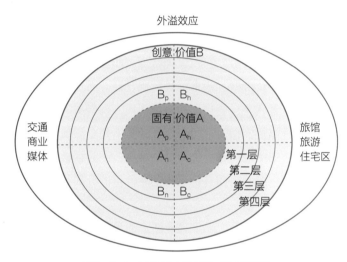

图2-4-1　工业遗产价值构成框架模型

在固有价值的外围是创意价值，用B表示，即表明遗产经过更新而新增的价值。创意价值也应该包含物质资本B_p、人力资本B_h、自然资本B_n、文化资本B_c，创意价值$B=B_p+B_h+B_n+B_c$。这里我们纳入了戴维·思罗斯比的四个同心圆构造，使得创意价值的层次更为精细。

整个模型好像一个鸭蛋：固有价值像蛋黄，创意价值像蛋清，而外溢效应像蛋皮。

固有价值、创意价值和外溢效应所产生的价值构成了工业遗产的经济价值的核心。对于一处历史遗产的物质资本、人力资本和自然资本的计算比较常见，对于文化学评估一般只是进行定性的评估，如世界遗产、全国重点文物保护单位等，并不进行经济核算。而对于创意产业则需要进行经济核算，所以对计算的文化创意产业经济价值指标要进行限定。其中物质资本、人力资本、自然资本都是可以计算的，唯独文化资本的经济学评估是通过间接计算得出的，一般采用旅行成本法（travel cost method，简称TCM）或者条件价值法（CVM）。当一个遗产没有完成公众对其认知的过程时旅行成本法并不适当，而多采用条件价值法。本课题组曾经对家喻户晓的北京798艺术区采用了旅行成本法和条件价值法，计算其使用价值和非使用价值，这个调查主要侧重文化资本的调查，而且是文化创意产业园的调查，严格地说这个文化资本包括固有价值中的文化资本和创意价值中的文化资本，见后文。

调查结果除了表明798艺术区的文化价值的使用价值部分，大部分旅游者还表明愿意支付798艺术区的非使用价值部分。研究结论可供决策部门参考[①]。由于旅游过度开发也会影响遗产的价值，因此应该注意防止过度商业化的影响，应该以不破坏遗产的固有价值为前提。

对于工业遗产的社会价值拟在下文进行深入讨论。社会价值是一种集体性的场所依恋（collective attachment to places），反映了人们与历史环境之间动态、迭代和具体的相互关系。[②]社会价值是跨越历史和现在的价值类型，社会价值中十分重要的概念"记忆"起源于历史学家皮埃尔·诺拉主编的《记忆之场》[③]，他提出了通过人们的记忆研究历史的新方法，通过记忆场所拯救残存的集体记忆，找回群体的认同感和归属感。这样的方法和传统的历史学不同，通过人对场所的记忆联系了现在和过去，在工业遗产中同样存在这样的社会价值。

社会价值是因遗产而产生的价值，存在多种特征，如重视日常、非物质、记忆、情感、精神的方面，与历史价值、科技价值、艺术价值形成互补。而且对于价值的认识方面也和专家的评价存在互补关系。笔者认为社会价值是通过现代人反射出的遗产的价值，因此具有过去和现在的互动性。社会价值是文化资本的一部分，并不完全归属于固有价值，也并不等同于创意价值。如何在价值框架中反映社会价值是个难点，因为社会价值有贯穿过去和现在的特征，在我们的框架图中用点线画出固有价值和创意价值的分界线，表示社会价值穿越历史和当代的特征。

对这个框架模型的研究有利于我们认识工业遗产的价值构成，有利于分解计算工业遗产的经济价值，进而为决策提供依据。对于物质资本、人力资本和自然资本的计算基本依托市场的计算方法，而对于文化资本的价值则需要精细分解，按照非市场的方法计算。

2.4.2　加强"文化磁力"

1）"文化磁力"

文化创意园区所创造的价值并不一定都是因为文化价值而获得的收益，比如有商业设施就有商业收益，在计算绩效的时候很难将商业收益和文化价值产生的收益分开，这一点需要

① 陈佳敏. 改造后工业遗产文化资本经济价值评估——以798艺术区为例[D]. 天津：天津大学，2017.
  阎梓怡. 中国工业遗产经济价值评估——以北洋水师大沽船坞为例[D]. 天津：天津大学，2017.
② JONES S. Wrestling with the Social Value of Heritage: Problems, Dilemmas and Opportunities[J]. Journal of Community Archaeology & Heritage, 2017, 4(1): 21–37.
③ Nora P. Laloidélamemoire[J]. Ledébat. 1994, 78(1).

特别说明。但是提升文化价值是保证文化创意产业的核心。

文化遗产具有一种磁力，这个磁力来自固有价值和创意价值的文化资本部分的魅力，日本学者石森秀三曾使用"文化磁力"来说明遗产旅游。"文化磁力"的强弱是保持遗产地旅游可持续发展的关键，也是区别于一般经贸区的关键。一个旅游地如果失去了可以参观的核心内容就失去了磁力。保护"文化磁力"的目的并不完全是为了旅游，但是旅游从受众的角度促进了"文化磁力"的维护。德国学者克里斯托弗·布鲁曼在《文化遗产与"遗产化"的批判性观照》中指出："一些学者将怀旧情绪认定为遗产化和遗产旅游后面的一股主要力量。'怀旧'实际上是一种转变的力量，而不是要保存物品[①]。"我们可以理解为遗产旅游可能是怀旧情绪所致，旅游也需要"文化磁力"，而保护固有价值和强化创意价值又是维护"文化磁力"的关键。但是同时也需要谨慎旅游可能带来的商业化。

如果考察上述模型中的固有价值，我们认为遗产地、历史街区、文物、历史建筑都是"文化磁力"的源泉，在工业遗产中老厂房、老设备、老园区都具有不同强度的"文化磁力"。依赖这些固有价值的文化产业应该更具有"文化磁力"。因此尽管固有价值一般是非市场价值，用市场价值的经济学测算具有难度，但是更应该保护好固有价值。目前我国的文物法等一系列法规为保护固有价值提供了法律依据，但是大部分工业建筑并没有列入文物名单，也就是开篇说到的"去遗产化"，笔者认为没有列入文物名单的遗存也不同程度地含有固有价值，比较文物而言，更需要谨慎地评估这些遗存。这个部分为很多建筑师所青睐，原因是生产创意价值的空间较大。

2）保持"文化磁力"的工业遗产改造

固有价值中的A_c和创意价值中的B_c都是文化资本，但是两者侧重点不同，前者侧重保护其真实性，后者侧重发挥创造性，在进行改造和再利用设计时应该遵循的原则是：既最大限度地保证真实性，又最大限度地发挥创造水平，相得益彰才是成功的设计或规划。在现实中不乏博物馆式的保护，也不乏以破坏真实性为代价的设计，值得注意。

缺乏设计和不尊重遗产的固有价值是目前中国改造和再利用中普遍存在的问题，那么评价工业遗产改造和再利用的标准是什么？笔者认为从历史环境到历史建筑，再到室内设计都应该以不损害文化遗产的固有价值，同时最大限度地提升创意价值为准绳，使固有价值+创意价值达到最高峰。

以图2-4-2进行说明，横轴的两个方向是固有价值和创意价值，纵轴表示强弱程度。横轴的左边表示固有价值，对于遗产来说固有价值随着文物等级的提高而逐渐加强，对于文物保护单位的真实性和完整性要求很高，而对于非文物而言相对较弱，不过我们认为非文物也有固有价值，要进行挖掘，最大限度地保留有价值的部分；横轴的右边表示创意价值，对于

---

① 克里斯托弗·布鲁曼. 文化遗产与"遗产化"的批判性观照[J]. 吴秀杰，译. 民族艺术，2017（1）：50.

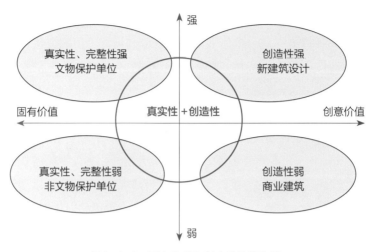

图2-4-2　固有价值和创意价值的和谐

图2-4-3　汉堡全新地标建筑易北爱乐音乐厅

新建筑而言创造性越强就越是优秀建筑，一般商业建筑的创造性就比较弱。比较复杂的是遗产的改造和再利用，既不能只强调创意不强调保护，也不能只强调保护而忽视创意。图中间的圆环表示最佳的改造设计范围，它兼顾了历史建筑的真实性和改造再利用的创造力。

例如汉堡著名的全新地标建筑易北爱乐音乐厅（图2-4-3、图2-4-4），其由赫尔佐格和德梅隆建筑事务所（Herzog & de

图2-4-4　汉堡全新地标建筑易北爱乐音乐厅
改造之前

Meuron）设计。该音乐厅是在汉堡仓库的基础上改造而成，原来的仓库是汉堡的地标建筑，设计者不但保留住了历史，同时加建了上部的音乐厅部分，既没有损害原有工业建筑的真实性，也最大限度地突出了设计的创意，使之再次成为汉堡的新地标。

易北爱乐音乐厅是公共广场，此公共广场作为音乐厅的观景平台距离地面37米，位于历史悠久的砖质地基与新建玻璃建筑之间。一段长达80米的扶梯可以带领游客通向大型全景窗口。游客再经过两段稍短扶梯和一段宽敞阶梯后，便可到达广场。围绕建筑的室外环游通道可令来宾领略汉堡城市与海港的无穷魅力。内部区域包括通向音乐厅的通道、酒店大堂、众多餐饮服务店铺及易北爱乐音乐厅礼品店[①]。这个建筑是音乐厅，可以上演多种音乐演出，音乐是核心的创造艺术，因此这样的设计一方面保留了原仓库的固有价值，同时也赋予了建筑创意价值，同时在这里演出创意价值极高的音乐剧，整体达到了价值的最大化。

另外一个例子是蔡茨非洲当代艺术博物馆（Zeitz MOCAA）。该建筑于2017年9月22日在开普敦V&A码头正式向公众开放，由国际知名的伦敦设计工作室Heatherwick Studio设计，是世界上最大的致力于非洲及其侨民当代艺术的博物馆。该博物馆坐落于9500平方米的空间内，跨越10层楼的高度，依附着历史悠久的Grain Silo Complex谷仓的体量而建。该谷仓于1990年停用，是开普敦工业历史中的一座丰碑，也曾一度是南非最高的建筑物。如今Heatherwick Studio的改造赋予其全新的面貌。这个位于非洲最负盛名的文化和历史中心的博物馆是非营利性的公共文化机构，以一个自然的海港为始，以最具标志性的桌山为背景，面向一览无遗的海景、城市地平线和如梦如幻的山顶。V&A码头每天的造访人数达到10万人次（图2-4-5、图2-4-6）。

图2-4-5　南非的开普敦谷仓与历史照片

---

① http://bbs.zhulong.com/101010_group_3000036/detail30411817.

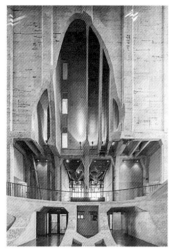

图2-4-6 南非的开普敦谷仓中庭部分不仅展示了谷仓的构造和材料的原有历史信息，
而且变为富有创意的新设计

建筑师Thomas Heatherwick将谷仓的固有价值很好地保护下来，谷仓改造为博物馆，六层以上是酒店。改造后的建筑立面和内部设计都注意保留了谷仓原有的历史信息。人们走进博物馆的门厅能看到谷仓内部的构造和材料，这里成为一个历史的展廊。同时，被称为鬼才的Thomas Heatherwick用减法鬼斧神工地切削出了动人的流线（有一种说法认为流线和原来储存的玉米造型有关），打造了一个视觉盛宴般的博物馆中庭，光线从大厅顶端泼洒下来，打在粗犷的透着历史沧桑的混凝土墙壁上，向人们讲述着谷仓的故事，也勾勒出一幅明暗相间的立体油画。六层以上的酒店设置了玻璃凸窗，可以尽享环绕港湾的美景。设计师完全将固有价值和创意价值提升到最高点，这个改造没有废笔，加上博物馆本身也是创意价值的一部分，更使得该建筑刚刚启用便享誉世界。

江苏省昆山市锦溪镇祝家甸村砖瓦厂改造方案就是一个保护了真实性并具有创造性的案例。该砖瓦厂曾是为紫禁城生产金砖的工厂，近代以来采用了德国霍夫曼窑的技术，20世纪80年代被废弃，目前为江苏省非物质文化遗产。设计师本着尊重其固有价值的精神基本完整地保护了砖窑及烟囱，对于砖窑进行基本的结构加固，一层改造为餐饮，二层改造为古砖窑文化馆，二层的屋顶用新结构穿插在老建筑中，在原来的砖楼梯上面加建了钢楼梯，这些新的结构做到最小限度介入，不仅保护了原有砖结构，也具有现代感（图2-4-7～图2-4-9）。

在活态遗产中往往会出现固有价值和创意价值边界模糊的现象。霍布斯鲍姆（Hobsbawm E）等在《传统的发明》（*The Innovation of Tradition*）中认为传统是不断被创造出来的。在工业遗产中，中国福建的马尾造船厂和日本的三菱造船厂都还正在使用，可能还会不断有技术革新出现。笔者认为这需要进行评估，尽管技术的革新可能是连续的，但是并不意味着所有的新技术都能列入工业遗产的固有价值，活态遗产也存在着不断被创造出来的创意价值。如何衡量创意产业的绩效将放在本卷第六章中讨论。

图2-4-7　砖瓦厂改造前后的一层餐饮

图2-4-8　砖瓦厂改造前后的二层屋顶采光

图2-4-9　钢楼梯直通二层古砖窑文化馆

第 **3** 章 ————————————————

关于工业遗产价值框架的
补充讨论

3.1 文化学视角和经济学视角并重

3.1.1 工业遗产的固有价值评估对象[①]

对于工业遗产的固有价值评估要根据整个工业遗产的价值构成思考（图3-1-1、图3-1-2）。

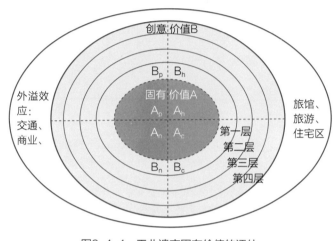

图3-1-1 工业遗产固有价值的评估
（深色区域为评估对象）

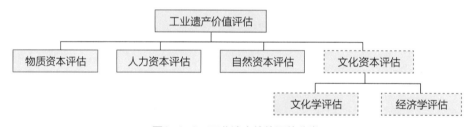

图3-1-2 工业遗产价值评估分类

3.1.2 既有的企业资本价值评估——物质资本、人力资本和自然资本

在我们进行调研的某国有企业煤矿中，对于物质资本、人力资本、自然资本三种资本有十分清楚的计算方法。该企业由于煤矿开采量逐渐减少，其所在城市正从枯竭型城市向文化产业型城市转型，它的资本可以直接转入创意资本，为未来的文化产业提供服务。这种类型是由企业自己实现转型的案例。以下是企业提供的有关计算方法。

[①] 本节执笔者：徐苏斌、青木信夫。

1）物资资本的计算

目前，该矿物资资本是按照当时取得物资的价格入账，厂房、建筑物是按照当时竣工结算的价格入账，机器设备亦是按照当时购入设备的价格入账。对于2008年以前的资产，该矿委托某资产评估有限责任公司进行重新评估，是按照评估后的价值入账，该矿固定资产折旧采用直线法计提，对于安全费用和维修费用形成的固定资产，是一次性计提折旧。

由于企业外部经济环境及市场有所变化，使得这些物资成本的实际价值也有所变化，厂房、建筑物应按照重置价值确定，即重新购置、建造或形成与评估对象完全相同或基本类似状态下的资产所需花费的全部费用。设备应按照成新率确定，对于报废的设备，不再确定其成新率，而是根据设备的类型、重量、材质及回收利用难易程度判断其变现价值，以其可变现价值确定。

2）人力资本计算内容及方法

人力资本主要包括招录新工人的费用、培训教育费用、工人薪酬、工人福利劳保费用、定比费。

（1）招录新工人的费用由集团公司统一组织、支付。

（2）对工人的培训教育费用包括：岗前、转岗、素质提升、资格证复训、职业技能鉴定等。按照工人工资总额的1.5%提取。

（3）工人薪酬测算过程：

①根据集团公司薪酬分配办法及相关规定，考虑该矿利润完成情况及人均工资、工资总额的增长与控制，确定全矿在岗人员工资水平。

②根据集团公司规定的分配比例关系确定分类人员工资水平。

③根据矿井生产衔接、劳动组织变化情况确定各岗位定员。

④根据以上确定的各岗位定员及工资水平计算各类人员工资总额。

⑤根据各类人员工资分配比例关系，确定计件工资与计时绩效的结算衔接，合理确定计件定额标准工资。

⑥根据以上测算数据，分单位、分队组进行模拟结算，根据模拟结算的结果进行适当修正。

（4）工人福利劳保费用包括：取暖费、劳动防护用品、井下工人班中餐等，福利劳保费用的标准按照省内及集团公司规定支付。

（5）定比费包括：养老保险、医疗保险、待业保险、工伤保险、工会经费、福利费、公积金等，为工资总额的40%左右。

3）储量及分类

矿井储量是指矿井井田范围内，通过地质手段查明的符合国家煤炭计算标准的全部储量，又称生产矿井总储量（地质储量）。

（1）资源储量类型确定

①资源储量类型

根据《固体矿产资源/储量分类》GB/T 17766—1999，固体矿产资源/储量分为可采储量、基础储量、资源量三大类十六种类型。对于三矿井田本次资源储量估算包含111b、122b、333三种类型。

②资源储量类型确定原则

根据《煤、泥炭地质勘查规范》DZ/T 0215—2002的规定，依据井田构造复杂程度类型和煤层的稳定程度类型来划分，按其中勘查难度最大的一个因素，选择钻探工程的基本线距。

③各种资源储量类型的划分方法

a. 探明的经济基础储量（111b）

稳定煤层：钻探或采矿工程见煤点线距达到500米（局部可以放大到550米），可行性研究证实资源储量经济可采且资源储量估算可信度高，则勘查工程见煤点连线以内划定为111b。

b. 控制经济基础储量（122b）

稳定煤层（3号、12号、15号）：勘查工程见煤点线距大于500米而小于1000米，预可行性研究表明资源储量经济可采且资源储量估算可信度较高，则勘查工程见煤点连线以内划定为122b。

不稳定煤层（6号、8上号、8号、9号、13号）：勘查工程见煤点线距达到250米，勘查工程见煤点连线以内划定为122b。

c. 推断的内蕴经济资源量（333）

稳定煤层（3号、12号、15号）：勘查工程见煤点线距大于1000米，虽然勘查工程线距达到探明或控制要求，但由于小构造发育（主要是挠曲和小断层）或陷落柱密集或者直接以推定的冲刷带边界或插入划定的煤层可采边界为边界，经济意义介于经济的至次边际经济的范围内，估算的资源储量可信度低的块段，根据勘查见煤点连线划定为333。

不稳定煤层（6号、8上号、8号、9号、13号）：勘查工程见煤点线距大于250米或直接以插入划定的煤层可采边界为边界，经济意义介于经济的至次边际经济的范围内，估算的资源储量可信度低的块段，根据勘查见煤点连线划定为333。

（2）储量分类

按对煤炭资源的研究程度、目前煤矿开采技术条件和可利用程度，将储量划分如下（图3-1-3）：

①地质储量。在井田技术边界范围内，经地质勘探和调查查明的符合国家能源政策规定的煤炭资源标准的储量，亦称生产矿井总储量。

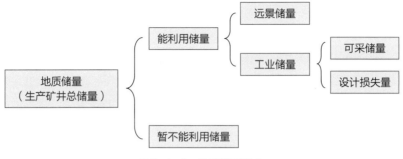

图3-1-3　地质储量划分

②能利用储量。是指地质储量中按照合理利用地下资源和保护环境及符合工业指标的要求，在现有的或已掌握的先进技术条件下，可以经济合理地利用的那部分储量。

③暂不能利用储量。是指地质储量中由于煤层厚度小、灰分高（或发热量低）、水文地质条件及其他开采技术特别复杂等原因，目前开采有困难，暂时不能利用的储量。

④工业储量。能利用储量中111b、122b级储量之和。

⑤远景储量。能利用储量中的333级储量，由于研究程度不够，有待于进一步勘探提高储量级别，只能作为地质勘探设计和矿区发展远景规划的依据。

⑥可采储量。工业储量中预计可采出的储量。

⑦设计损失量。为了保证采掘生产的安全进行，在矿井（或采区、工作面）设计中，根据国家技术政策规定，允许丢失在地下的能利用储量。它与煤层赋存条件、采煤方法等有关。

⑧探明储量和保有储量。根据煤炭储量动态统计分析的需要，煤炭储量又可分为探明储量和保有储量。探明储量：煤田地质勘探报告提交后经储量审批机关批准的能利用储量。保有储量：截至统计报告期，煤田、矿区、井田内实际拥有的探明储量。

4）资源储量估算方法选择与参数确定

（1）估算方法选择

由于井田范围内煤层为缓倾斜煤层，绝大部分区段煤层倾角平缓，煤层倾角均在15°以下，因此采用地质块段法估算保有资源储量，对采空区的已动用资源储量不进行估算。资源储量估算在1：5000煤层底板等高线及资源储量估算图上进行。

计算公式：$Q=S \times M \times D$（由于煤层倾角小于15°，故全井田统一采用水平面积和伪厚度估算资源储量）。

式中　Q——块段资源储量；

　　　S——块段面积；

　　　M——块段煤层平均厚度；

　　　D——煤层平均容重。

（2）参数确定

根据资源储量估算方法，估算参数确定选择如下：

①平均厚度：井田内煤层厚度变化不大，故采用算术平均法计算块段煤层平均厚度，生产区采用实测煤厚和钻孔煤厚，未采区采用钻孔煤厚和推断煤层最低可采边界0.8米（一般依据所采用的钻孔个数选择所取用的0.8米的个数，0.8米线长的地段可以适当增加选取0.8米厚度点的个数）。

②面积：在计算机上用1：5000煤层底板等高线及资源储量估算图几何求积方法求得。块段中如包括陷落柱和冲刷无煤区，则在块段面积中直接扣除其面积。

③容重：沿用原《本矿矿井地质报告》容重（表3-1-1）。

各煤层容重表 表3-1-1

煤层	3号	6号	8上号	8号	9号	12号	13号	15号
容重（吨/立方米）	1.40	1.35	1.52	1.52	1.49	1.45	1.48	1.435

5）块段划分方法

（1）划分各类型块段，原则上以达到相应控制程度的勘查线、主要构造线为边界，在生产过程中也有一些人工边界参与（主要包括井田边界、采区边界、开采边界、煤柱边界、可采边界等）。在块段内依据钻孔控制程度确定资源储量类型。

（2）小构造或陷落柱密集的地段，不划定探明的或控制的块段。探明的或控制的块段不直接以推定的老窑采空区边界、风化带边界或插入划定的煤层可采边界为边界。

（3）井田内断裂构造均为落差小于5米的小型断裂构造，两侧无伴生构造；陷落柱根据上部煤层揭露范围向下投影划定。断层、陷落柱及冲刷范围大部分为采掘工程揭露，边界范围较为准确，可靠程度高，故本次资源储量估算未在其外围外推划定推断级别的储量类型。

从以上案例可见物质资本、人力资本和自然资本的计算方法。对于不同类型的资本有不同的计算方法。这些资本在转型中也应该尽可能利用。工业遗产保护可以通过修复老旧厂房、植入新的使用功能、健全周边公共基础设施等方法，补偿遗产在时间发展和产业转移中劣化的物质资本价值。不过相对于老厂房，新建建筑的价值更能获得利益，因此很多厂房是被拆掉的，例如2012年天津碱厂搬迁以后老厂区全部拆掉，设备被当作废铜烂铁卖掉，重庆钢铁厂的设备也被拆掉变卖。

对于人力资本，原有的第二产业向第三产业转型中有多种情况，目前大部分企业的职工下岗，更新为新的人力资本。新的人力资本可通过评估教育投资、培训投资、人力资源迁移投资等方式评估资本价值。在增值方法上，可以通过保护濒危技术、传承老艺人的丰富经验等方式，增加人力资本的价值。同时随着遗产保护更新，引入新的使用功能而兴起的新服务业，亦可补偿因产业转型造成的工人失业、下岗等人力资本的劣化。通过教育投资等方式，在一定程度上可将人力资本转化为文化资本，同时带动地区整体经济发展及地域认同感。

在自然资本的评估方面，土地是一个重要资源。1996年1月21日，财政部以财综字〔1996〕1号印发《国有土地使用权出让金财政财务管理和会计核算暂行办法》（以下简称《办法》）。该《办法》分为总则、财政财务管理、会计核算、附则四部分共20条。由于后工业时代通常面临棕地、环境污染等问题，在评估方法上，可以借鉴由世界银行发起制定的 "财富核算和生态系统服务价值评估（Wealth Accounting and the Valuation of Ecosystem Services，简称WAVES）" [1]机制，该机制旨在弥补许多国家一贯重视国内生产总值，而忽视了自然资本对于可持续发展的影响，该生态系统服务价值评估将自然资本的评估核算纳入机制中，通过在相应国家建立土地账户、水资源账户等，制定生态系统核算方法。在评估方法上也可借鉴联合国制定的《环境经济核算体系中心框架》，该体系中心框架将水资源、矿物、能源、木材、土壤、土地、生态系统、污染、生产、消费和积累信息放在单一计量体系中，为每个领域制定一种具体而详细的计量方法，从而评估自然资本存量可获得性和可适用性，以及经济与环境之间的相互影响和作用[2]。在建立系统的核算体系基础上，通过开展专业团队的可再生资源修复及治理，针对废弃的矿山、污染的水体等开展综合环境营造，修复自然资本，并将其收益投入到物质资本和人力资本中，相互带动增长及良性循环。

3.1.3　文化资本的两面性[3]

在价值评估中比较特殊的是文化资本。文化资本最主要的特征是既具有物质资本、人力资本和自然资本所具有的经济学价值，同时也具有文化学价值，即具有两面性。

著名经济学家戴维·思罗斯比认为 "文化价值和经济价值代表了两种不同的概念，当在经济或社会中对文化商品与文化服务进行评估时，需要将它们分开考虑"。经济价值不应与文化价值形成竞争关系而应另作评估也是《巴拉宪章》的观点。

目前文化遗产研究者多研究文化价值，经济学者多研究经济价值，将其换算为货币的形式进行比对（表3-1-2～表3-1-4）。

从上述研究的综述可以清晰地看到这些研究都是关于文化遗产价值评估的重要组成部分，但是比较分散。在对国内工业遗产价值评估现状的研究中发现，多数对于价值框架的研究主要侧重于文化学价值评价，但是大多数学者也认为经济价值很重要，然而把经济价

---

① https://www.wavespartnership.org/.

② 联合国经济和社会事务部统计司. 2012年环境经济核算体系中心框架. 2014.

③ 本节执笔者：青木信夫、徐苏斌、于磊、王若然。

值和历史价值、科学价值、艺术价值并列是值得商讨的。如果经济价值包含了厂房、设备的经济价值那就更加混淆了文化资本和物质资本的关系。笔者认为工业遗产评估需要统筹在一个框架下，这是为什么本研究要提出工业遗产价值框架模型的原因。

　　本研究尝试把文化资本的评估分为两个部分：一个部分是文化学角度评估，另外一个部分是经济学角度评估。在本研究的后续研究中都是围绕着文化学角度和经济学角度评估的尝试。第4章是关于文化资本评估标准的讨论和案例，第5章是关于工业遗产文化资本中最核心的科技价值讨论，第6章是关于文化资本经济学角度的案例研究。

文化资本的文化学评价与经济学评价对比（外国学者的研究）　　表3-1-2

研究者	文化资本的文化学评价	文化资本的经济学评价
戴维·思罗斯比（经济学领域）	文化价值分为： 审美价值 精神价值 社会价值 历史价值 象征价值 真实价值	经济价值分为： （1）使用价值：分为直接使用价值与间接使用价值，指由项目产生的所有可使用的产品与服务的经济价值； （2）非使用价值：分为存在价值、选择价值、遗赠价值； （3）外部性价值：影响其他经济人的收益外溢或成本外溢
	无论评估文化价值的某一部分还是整体，都需借助社会科学和人文科学中的评估方法工具： 映射法 深度描述法 态度分析法 内容分析法 专家评估法	经济学评估方法工具： 直接市场评估法： 机会成本法 投资回收期法 收益成本比 内部回报率法 替代市场法： 享乐价格法 旅行成本法 条件价值法 选择模型法
伯纳德·费尔登和尤嘎·尤基莱托（建筑遗产保护领域）	文化价值： 文化认同的价值 艺术与技术价值 稀有性价值	社会和经济价值： 经济价值 功能价值 教育价值 社会价值 政治价值
		经济价值影响因子： 旅游业 商业 使用功能 基础设施
威廉姆（考古学领域）	审美价值 联想象征价值 信息价值	经济价值
		经济学潜在市场因素： 发展与保护的投入

文化资本的文化学评价与经济学评价对比（中国受到的影响）　　　表3-1-3

研究者	文化资本的文化学评价	文化资本的经济学评价
张艳华 （建筑学领域）	文化建成遗产（Cultural Built Heritage）的文化价值包括： 历史价值 科学价值 艺术价值	文化建成遗产的经济价值包括： （1）使用价值：分为直接使用价值和间接使用价值； （2）非使用价值：分为存在价值、选择价值、遗赠价值 评估方法工具： 替代市场法：包括资产价值法、旅行成本法、维护成本法 假想市场法：意愿调查法、选择模式的建立
吴美萍 （旅游管理学领域）	文化遗产普遍价值包括： 历史价值、艺术价值、科学价值、情感价值、社会价值、经济价值、使用价值、生态价值、环境价值	从经济学角度的价值认识： （1）使用价值：分为直接使用价值（DUV）和间接使用价值（IUV）； （2）非使用价值：分为存在价值（EV）、选择价值（OV）和遗赠价值（BV） 借鉴环境资源价值的评估方法工具： 市场价值法：包括生产率变动法、机会成本法和影子价值法； 替代市场法：包括旅行费用法和享乐价格法； 意愿调查法； 模糊数学理论的评估方法
顾江 （经济学领域）	情感维度：宗教膜拜价值、精神膜拜价值、惊奇价值、神秘感、趋同性、传承度、认同度； 社会文化维度：历史价值、考古价值、遗存价值、建筑美学价值、艺术价值、景观价值、生态价值、科学价值、教育价值、和谐价值	经济价值包括： 使用价值：分为直接使用价值（DUV）和间接使用价值（IUV）； 非使用价值：分为存在价值（EV）、选择价值（OV）和遗赠价值（BV） 使用价值评估方法：机会成本法和影子工程法； 非使用价值评估法：替代市场法、旅行成本法、条件价值法、影响研究法、享乐主义市场法和公民投票法
刘凤凌，褚冬竹 （建筑学领域）	内在价值： 历史文化价值 科学技术价值	可利用价值： 社会价值 环境及景观价值 再利用成本与收益对比性经济价值 组织一定数量的评估人员进行打分，回收有效表格，进行数据处理，进行分数段划分，比较今后在再利用以后一定时期内可能产生的社会效益和经济效益总价值，以获得综合效益的遗存再利用。
韩霄，贡小雷，徐凌玉 （建筑学领域）	本体价值： 历史价值 艺术、审美价值 教育和科技价值	经济价值： （1）使用价值（市场价值）； （2）非使用价值（非市场价值）：分为存在价值、选择价值、遗赠价值 机会成本法 影子工程法 旅行费用法 条件价值评估法
陈伯超	文化价值	经济价值

文化学评价方法	经济学评价方法
系统工程评价方法： 　层次分析法（AHP） 　评分法 　专家评议 　问卷调查法 　德尔菲法 　模糊综合评价 智能评价方法：人工神经网络评价法 （ANN）	运筹学方法： 　数据包络分析法（DEA） 　统计分析方法（如因子分析、聚类分析、主成分分析） 　灰色综合评价方法 　　模糊综合评价 　　投入—产出法 　　现行市价法 　　收益现值法 　重置成本法（市场价值法） 　　清算价格法 　条件价值模型法 　　选择模型法 　　享乐价格法 　　旅行成本分析法 　　多标准分析法 　　失效概率法 　　可靠性评估法

3.2　工业遗产的社会价值思考[①]

3.2.1　社会价值的理论

国际上的遗产保护理念近年在发生着深刻的变革，自《威尼斯宪章》颁布以来文化遗产的保护从仅仅关注物质遗产逐渐转向关注非物质遗产，从重视纪念碑式的遗产保护向"活遗产"（Living Heritage）保护转化，从"权威遗产话语"（authorized heritage discourse）[②]转向公众话语，从非日常性走向日常性。从历史的某个时间延长到当代，这样的转变暂且称为人本主义遗产保护，其最核心的问题是人逐渐走向遗产的核心。对于遗产保护正在思考一个核心的问题：为谁保护？

国际文化遗产保护机构也提供了指导性的文件。1987年6月由联合国教科文组织起草的《世界文化遗产公约》中列出建筑遗产的价值组成主要包括四个部分：历史真实性价值、情感价值、科学美学及文化价值和使用价值。[③]1979年澳大利亚ICOMOS颁布的《巴拉宪章》是另一部具有里程碑意义的章程。《巴拉宪章》提出文化意义是对过去、现在或将来的人具

[①] 本节执笔者：徐苏斌。主要参加调查及讨论者：青木信夫、徐苏斌、王雪、张晶玫、孙淑亭、郝博、陈恩强、薛冰琳、曾程等。

[②] SMITH L. Uses of Heritage[M]. London: Routledge, 2006：11.

[③] 《世界文化遗产公约》（1987年）。转引自陈蔚，侯博慧. 后现代性与当代中国城市文化遗产保护[J].重庆大学学报，2014（1）：165-170.

有美学、历史、科学或社会价值，它突破了国际遗产保护传统中公认的艺术、历史、科学三元价值模式，将社会价值置于与三大传统价值并列的地位。《巴拉宪章》指出，历史环境的文化意义不仅来自物质形态，也来自人的记忆以及人与地方之间的联系，价值标准不仅要涉及对物质形态的建筑学和考古学评估，还要结合人的经验、感觉与使用。1999年重新修订的《巴拉宪章》进一步指出遗产价值包括了美学、历史、科学、社会和精神价值①。

继《巴拉宪章》之后，1994年7月世界遗产中心会同ICOMOS举办了一次以"全球战略"为主题的专家会议，提出了"人类与大地共存"和"人类在社会中"两类指导世界遗产登录标准的战略，用更加开放的人类学视野评价遗产价值。价值标准的转型标志着文化遗产保护理念在全球范围内由实物纪念性向人本主义迈进。

1996年ICOMOS美洲国家委员会通过的《圣安东尼奥宣言》将社会价值纳入遗产真实性的范畴，指出"对物质形态的历史研究与调查不足以甄别出遗产地的完整意义，因为只有相关社区才与遗产地利害攸关，这些社区有助于理解和表达那些作为它们的文化认同根基的深层遗产价值"②。

20世纪80~90年代的遗产研究以身份认同和社区话语权为焦点展开激烈讨论，各国遗产保护组织也围绕着文化意义与遗产价值内涵进行了大量研究，全面扩展了对遗产价值构成的理解。例如，1997年英国遗产委员会的《维护历史环境：关于未来的新视角》是遗产管理理念向开放视野转变的一部重要文件，该文件意识到现行遗产管理框架中限定的保护对象与日常环境之间存在的差距，因此其中指出遗产甄别过程中"非专家价值观"的重要意义，承认社区所珍视的日常生活环境才是地方独特性与地方认同的关键所在。

2008年英格兰遗产委员会发布的《保护准则：历史环境可持续管理的政策与导则》（以下简称《保护准则》）③是目前英国遗产局用于指导该机构各项事务的一个纲领性文件，《保护准则》提供了英国遗产局对于历史环境价值的一个基本认识框架，作为指导遗产的认定、保护、管理维护、改变与开发等各项活动的基础。《保护准则》中将历史环境的价值界定为四大方面，成为英国对工业遗产价值构成理解的基本框架，包括了物证价值、历史价值、美学价值、共同价值。《保护准则》直接继承了《巴拉宪章》的价值思想，将宪章中提出的社会价值、精神价值和象征价值等无形价值统一归为"共同价值"（communal value），即"对于相关者、集体经验者及保有地方记忆者，地方所具有的价值"，《保护准则》认为这一价值类型是构成文化意义的关键要素，因此将社会参与纳入六大保护原则之一，明确提出"所

---

① 澳大利亚ICOMOS《巴拉宪章》（1999年）。

② ICOMOS National Committees of the Americas. The Declaration of San Antonio[EB/OL]. https://www.icomos.org/en/charters-and-texts/179-articles-en-francais/ressources/charters-and-standards/188-the-declaration-of-san-antonio, 1996 [2019-05-14].

③ English Heritage. Conservation Principles: Policies and Guidance for the Sustainable Management of the Historic Environment, 2008.

有人都应该有机会贡献自己关于地方价值的知识"①。

2008年欧洲理事会发布的《欧洲景观公约实施导则》中特别强调了对本土地方认同的尊重与捍卫，因此导则建议在景观管理与保护的实施过程中专业领域的价值分析与本土居民赋予景观的价值之间需要进行辩证对比，后者主要涉及社区对其居住环境在感官与情绪上的觉知以及对环境的历史文化独特性体认②。盖蒂保护研究所在1988年至2005年展开了一项遗产价值研究项目，致力于补充传统价值框架中被忽视的经济价值和社会价值，为未来实施基于价值的遗产管理方法创造一套全方位的评估体系。以社会价值为动机的社区参与政策逐渐成为国际社会遗产研究的必涉话题。

另一方面，场所（place）成为链接遗产和人的关键词。2008年第16届ICOMOS全体会议以"发现场所精神"为议题，围绕场所精神的内涵与特征、面临的威胁、当代环境下的保护与传承方法等问题展开探讨。会上颁布的《关于保护场所精神的魁北克宣言》（以下简称《魁北克宣言》）③指出，场所精神由物质性元素（包括场地、建筑、景观、路线、对象等）和非物质性元素（包括记忆、叙事、文字记录、节日、纪念、仪式、传统知识、价值观、文脉、色彩、气味等）共同组成；它的形成来源于人类对其社会需求的回应，并且在记忆实践的过程中不断再创造，满足了社区既保持延续性又富于变化的需要。宣言指出，居住在地方中的本土社区会在保护地方的记忆、活力、延续性和精神性的过程中与地方之间形成亲密的联系，因此最能真切地体会、也最有资格去捍卫场所精神。透过场所精神理解文化遗产可以获得更加丰富、动态和包容性的视野。

2011年11月28日第17届ICOMOS全体会议上正式发表了《关于历史城市、城镇和城区的维护与管理的瓦莱塔原则》（以下简称《瓦莱塔原则》）④。它强调保护区域与城市环境的经济、社会联系是新章程对《内罗毕建议》和《华盛顿宪章》的"整体性"逻辑的延续，而其最重要的突破在于对保护对象的界定不仅体现在对物的保存，还明确提出对人（即原住民）及与人相关的一切非物质性元素的维护，包括身份认同（identity）、场所精神（spirit of place）⑤、传统活动、文化参照、记忆、对历史景观的主观体验与感受等，要求一切干预都须尊重历史环境的物质、非物质价值以及本土居民的生活方式与生活质量，同时指出要警惕士绅化、大众旅游等社会环境变化对本土社区的冲击。这样便将保护和经济发展结合了起来。

---

① English Heritage. Conservation Principles, Policies and Guidance [M]. London: English Heritage, 2008: 7, 20.

② Council of Europe. Guidelines for the Implementation of the European Landscape Convention[EB/OL]. https://rm.coe.int/ CoERMPublicCommonSearchServices/DisplayDCTMContent?documentId=09000016802f80c9, 2008-02-06.

③ ICOMOS. Québec declaration on the preservation of the spirit of place[EB/OL]. https://www.icomos.org/quebec2008/ quebec_declaration/pdf/GA16_Quebec_Declaration_Final_EN.pdf, 2008-10-04.

④ 林源, 孟玉.《华盛顿宪章》的终结与新生——《关于历史城市、城镇和城区的维护与管理的瓦莱塔原则》解读[J]. 城市规划, 2016, 40（3）: 46-50. ICOMOS. The Valletta Principles for the Safeguarding and Management of Historic Cities, Towns and Urban Areas[EB/OL]. https://www.icomos.org/Paris2011/GA2011_CIVVIH_text_EN_FR_ final_20120110.pdf,2011-11-28.

⑤ 2011年《瓦莱塔原则》中将场所精神定义为：有形与无形、物质与精神的场所元素，这些元素赋予该地区独特的身份、意义、情感和神秘性，场所精神与空间是互相塑造的。

《瓦莱塔原则》承接了《魁北克宣言》的思想，由概念和立场表达转化为明确的指导纲领，对当代历史环境保护的人本方法论向普遍化、成熟化发展起到了有力的推动作用。

重温《下塔吉尔宪章》也可以找到关于工业遗产和人的关系。第一条："工业遗产是指工业文明的遗存，它们具有历史的、科技的、社会的、建筑的或科学的价值。这些遗存包括建筑、机械、车间、工厂、选矿和冶炼的矿场和矿区，货栈仓库，能源生产、输送和利用的场所，运输及基础设施，以及与工业相关的社会活动场所，如住宅、宗教和教育设施等。"第二条："这些价值是工业遗址本身、建筑物、构件、机器和装置所固有的，它存在于工业景观中，存在于成文档案中，也存在于一些无形记录，如人的记忆与习俗中。"该宪章指出价值存在于"人的记忆和习俗中"，肯定了工业遗产的记忆和习俗的价值。

社会价值到底是什么？从什么维度研究？1992年，在澳大利亚遗产委员会的工作报告讨论稿中，Chris Johnston首次对社会价值的含义进行了归纳：

"社会价值是集体的场所（place，也可翻译为地方）依恋，它体现了对社区的重要意义。这些场所通常是社区所共有的或公开的，或以其他方式'占用'到人们的日常生活中。这些意义是有别于其他价值的，例如历史或美学的价值，而这些意义在这个场所的结构体系中可能并不明显，也可能对不感兴趣的观察者不明显。然而，必须认识到，每个群体或社区都会选择自己的符号和参照点，而这些可能不符合上述类别（作者设想的若干场所）。"①

作者设想的有社会价值的地方是：②

（1）在过去和现在之间提供一种精神或传统的联系的场所；

（2）把过去和现在深情地联系在一起的场所；

（3）帮助一个被剥夺了权利的群体找回它的历史的场所；

（4）为社区的身份认同或自身的感觉（或历史基础）提供一个重要参考点的场所；

（5）在日常生活中显得尤为重要的场所；

（6）提供一个重要的社区功能，随着时间的推移，这种功能会发展成为一种超越效用价值的更深层次的联系的场所（例如维多利亚市场）；

（7）形成了社区行为或态度的某些方面的场所；

（8）城镇中的一座钟楼，或者一座建筑上的趣闻，因独有的特征赋予这个地方特殊意义的场所；

（9）向公众开放，具有重复使用的可能性，并为社区用户提供价值的场所；

（10）作为一个社区聚集和行动的地方，例如公共仪式场所、公众集会场所，以及非正式集会场所。

这些关于场所的提示告诉我们社会价值既和过去密切相关，也和现在的日常生活密切相

---

① JOHNSTON C. What is social value?[R]. Australian Heritage Commission, 1992: 10.

② JOHNSTON C. What is social value?[R]. Australian Heritage Commission, 1992: 7.

关，包括了历史和社会两个维度。Johnston指出，社会价值的生产过程就是社区为其生活的地方赋予特殊意义和身份的过程，因此是构成地方感必不可少的部分。英格兰遗产委员会在《保护原则、政策与指导》中对社会价值的描述基本延续了Johnston的观点，认为具有社会价值的地方能够让人们视其为身份认同（包括自我认同、社区认同及更大范围的地域认同和民族认同）、独特性、社会互动与凝聚力的来源，并且指出社会价值有时只有在地方受到潜在威胁时才会被人们清晰地意识到，也因此会驱使人们对失落之地进行再造[1]。基于这些观点，Siân Jones进一步明确了历史环境的社会价值的定义，即社会价值反映了人们与历史环境之间动态的、迭代的和具体的相互关系。[2]

Scannell和Gifford提出了一个由"人""心理过程""地方"构成的地方依恋的三个维度[3]，这是目前最具有综合性、最广受认可的概念框架，能够从多视角覆盖地方依恋的特征。第一个维度为依恋主体"人"，包括个人和群体两个层面。在个人层面，地方依恋的形成与个人经验、记忆、重大人生事件等相关，并且会影响自我概念与自我认同的建立；在群体层面，地方依恋与群体所共享的地方象征意义有关，例如共同的历史、共同的信仰等构成的共同体意识。第二个维度为地方依恋的"心理过程"，体现在情感（例如归属感、自豪感、地方之爱等）、认知（例如与地方相关的记忆、信仰、知识、价值观等，是地方认同的基础）与行为（例如亲地行为、地方破坏后的重建行为等）方面。第三个维度为依恋对象"地方"，即使人产生依恋感的地方特质，主要涉及地方物质特征（例如定居时间、所有权、地方规模、环境特质等）与社会特征（例如邻里纽带、社区氛围、熟人网络等）两个方面。

参照这些内容进行工业遗产的社会价值研究。

3.2.2　关注工业遗产社区

文化遗产的价值研究已经从重视物质层面的价值扩展到关注人文主义遗产保护。社会价值主要和人的记忆、感情等密切相关。

近年逐渐出现了对于工厂工人的关注。2009年由贾樟柯所著并由山东画报出版社、香港商务印书馆于内地与香港两地同步出版的《中国工人访谈录》记录了从东北转到成都的三线建设军工厂420厂的工人生活纪实，导演以敏锐的目光关注了工业转型后的人；王兵的《铁西区》以最原始的方式记录了1999年至2001年这个全国最大的重工业基地的工厂和工人劳动，这是在铁西区的工厂即将关闭前夕的记录，为后人留下了珍贵的记忆；学者也开始关注

---

① English Heritage, 2008: 32.

② JONES S, LEECH S. Valuing the historic environment: A critical review of existing approaches to social value[M]. Swindon: AHRC, 2015.

③ SCANNELL L, GIFFORD R. Defining place attachment: A tripartite organizing framework[J]. Journal of Environmental Psychology, 2010, 30(1): 1–10.

口述史，上海大学的徐有威教授承担国家社科重大课题"小三线建设资料的整理与研究"，进行了大量口述史记录；2014年同济大学、清华大学、天津大学、东南大学、哈尔滨工业大学的师生汇聚青海西宁大通县青海光明化工厂（原三线705厂），共同调查和思考保护工业遗产，调研成果《青海大通模式的探索与研究》[①]中收录了对曾经为中国重水生产贡献青春的技术人员、工人及后代的采访，等等。

关乎工业遗产的社会价值的问题比较多，包括情感、记忆、恋地情结、文化认同等方面。

在讨论社会价值的时候以往多关注企业在历史上的社会影响力，例如大庆油田的铁人精神。这个部分接近历史社会学研究的范畴，这与国际社会侧重当代人的记忆、情感、依恋并不相同。郝帅、刘伯英2016年发表的《工业遗产的社会价值》从个人、企业和社会三个角度讨论了社会价值。[②]这个探索有别于Chris Johnston的"集体的场所依恋"这个强调人地纽带的讨论，主要侧重非物质层面。笔者选择与人地纽带问题更为接近的社区问题作为讨论对象，并将工业遗产社区和原来的工业遗存合并思考。

笔者认为工业遗产社区是以工厂为组织原型的特殊形态的社区。在中华人民共和国成立以后以国有企业为主，每个企业几乎都以一个独立的生产单位+居住区的形式呈现。随着"退二进三"，工厂外迁，原有工厂生产区首先被改造和利用，工人居住区归社会管理，从工厂管理分离出来变为社区管理，这个部分是一个特殊的社区，虽然工厂被改造了，但是对于工厂的记忆和情感是社会价值的体现。工业遗产社区是一种特殊类型的历史文化街区，集中反映了中国产业转型中发生的遗产保护、社区建设、脱贫等遗产与人的关键问题，涉及如何看待工业遗产中人的价值问题。

目前就工业遗产社区的研究尚为数不多。[③]翁芳玲的《工业遗产社区转型建设发展之路——以南京江南水泥厂为例》是笔者所见较早的文章，发表于2009年。"工业遗产社区"并没有固定的定义，笔者认为是以工厂为组织原型的特殊形态的社区。工业遗产社区主要指工厂附设的住宅区，包括已经不生产的和正在生产的工厂附属住宅区，但是原则上不包括生产车间部分。这样的社区应该也是工业遗产研究的重要内容，这个问题具有普遍性，例如洛阳涧西工业遗产群、北京东郊棉纺厂的住宅也有同样的问题。在进行工业遗产再利用的案例研究中多见工业遗产被改造为文化创意产业，旅游成为文化创意产业的重点，而很少涉及原来的工人以及在房地产开发中出现的士绅化倾向。

本研究以天津第三棉纺织厂（以下简称"棉三"）为例，试图考察制度转型中工业遗产社区的现象。棉三和很多工厂一样包含了生产区和住宅区。大部分工业遗产的改造主要关

---

① 左琰，朱晓明，杨来申. 青海大通模式的探索与研究[M]. 北京：科学出版社，2017.
② 刘伯英. 中国工业遗产调查、研究与保护（七）[M]. 北京：清华大学出版社，2016.
③ 翁芳玲. 工业遗产社区转型建设发展之路——以南京江南水泥厂为例[J]. 华中建筑，2009，27（12）：63-65；何依，邓巍. 单位制视角下的工业遗产社区保护[J]. 山西建筑，2012，38（32）：6-7. 这两篇文章都曾经提到这个概念。但是这样的文章为数不多。

注生产区，棉三生产区被天津市规划局于2013年规划为一级工业遗产保护项目，在2013年天津住宅集团和河东区政府投融资公司共同组成天津新岸房地产开发有限公司主理棉三更新项目。天津市规划局于2016年把棉三降为二级工业遗产保护项目，并批准一期土地变性。棉三生产区的改造分为两期进行，一期改为沿着海河的商住区，二期是政府推进的文化创意产业园，产业园保留了原来的厂房。根据Chris Johnston对产生社会价值的场所的思考，棉三是一个典型的反映工业遗产社会价值的场所，也是集中体现工业遗产各种问题的场所。

研究采用的方法是采访和问卷相结合，课题组从2018年开始进行棉三文化创意产业园的调查，2019年扩展到周围社区。采访对象包括文化创意产业园的管理者、游客、社区的居民、商贩、街道办、居委会等相关人士。具体情况如表3-2-1所示。

棉三调查内容表　　　　　　　　　　　　　　表3-2-1

调研方法	调研对象	调查内容	获取数据
文献调查法	无	完成对2018年调研资料的整理和补充，完成对棉三创意街区基本资料的整理和对社会环境状况的进一步梳理。查阅与工业遗产和周边社区相关的论文	基础文献资料若干
实地考察法	棉三工业区	对棉三社区和周边物理环境进行实地勘测，主要对遗产数量、年代、保存情况、用途、居民意见建议、实际使用/利用方式进行收集整理	现状物质结构分析图若干
问卷调查法	居民	在社区中发放问卷，详细统计社区内住户类型、入住时间、休闲场所、居住优缺点分析等基本情况	64份
访谈法	居委会主任与居民	与社区负责人进行对接，获取棉三文化创意产业园及周边基础的人口和产业数据。并获取基层工作的开展模式和基本内容，获取全市最新的基层工作指导文件	10次深入访谈和73次简短访谈

本研究的目的是通过对工业遗产社区的研究，探讨文化遗产更新和再利用与老职工社区的相关性，如何思考记忆、情感、士绅化问题，并讨论工业遗产的人本主义保护问题。

3.2.3　从单位体制向社区制结构转型的现状

天津棉三位于天津市河东区，毗邻海河。近代天津利用海港和租界的贸易繁荣，连通中国腹地的棉花、煤电资源，迅速崛起成为华北地区的棉纺织产业中心，形成了以裕大、华新等六大纱厂及仁立、东亚等新型纺织企业为核心的纺织业规模。[①]1936年，六大纱厂中规模较大的裕大、宝成两厂合并为天津纺织公司。1945年，天津纺织公司由中纺公司接手并更名为中国纺织建设公司天津第三棉纺织厂，即为天津棉纺织三厂的前身。在2008年，棉纺织三厂所属的天津纺织集团由于产业调整整体搬迁，原有厂房闲置。在2013年天津住宅集团和河

---

① 闫觅. 以天津为中心的旧直隶工业遗产群研究[D]. 天津：天津大学, 2015.

东区政府投融资公司共同组成天津新岸房地产开发有限公司主理棉三更新项目。

从20世纪末开始棉三工业遗产社区从单位体制向社区制结构转型。棉三作为老旧国企的社区，在社区结构上也进行了转型。原有"国企单位"模式下，社区活动和生产活动紧密相连，"国企单位"模式不受外部因素影响，只有内部因素互相作用。企业基本承担了今天社区的职能，当时也有担当社区职能的街道，那时街道主要负责无职人员的相关工作。当时"国企单位"模式社区就是价值生产并循环的场所。社区的行政和生活高度集中于同一系统，导致生产的剩余价值可以迅速投入大范围的社会支出，进行劳动力再生产[①]，使社区居民可在短期内享受到资本的优待。这种将资本循环和社区物质循环捆绑在一起的"国企单位"模式很容易产出垄断效应，职工能成为一个"单位人"，在20世纪90年代之前都是值得骄傲的事。

从图3-2-1、图3-2-2可见棉三的工厂和住宅，这里的住宅过去被称为"棉三一五工房"（原来棉三有五个住宅区，称为工房，现在一工房到三工房合并为棉三宿舍，四工房距离较远，单独称谓）。退二进三以后，2000年成立了富民路街道，下属11个居委会，其中天鼎居委会（也称社区）是最大的一个，管辖的工业遗产社区也最大，包括了没有拆掉的一工房、二工房、四工房和在棉三生产区地皮上新建的两栋住宅楼"美岸名居"。天鼎居委会管辖范围基本上覆盖了原来的棉三住宅范围（图3-2-2中②），因此对天鼎社区的采访是重点。

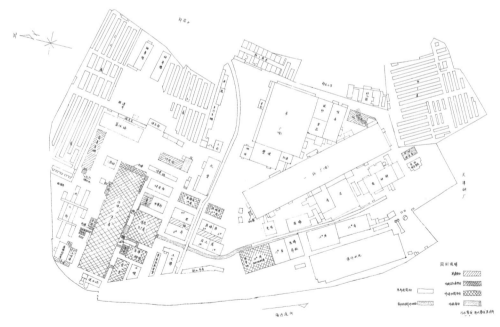

图3-2-1　1959年棉三工厂生产区周围是住宅区

---

① 马克思提出的资本的第三次循环，《资本论》第三卷，David Harvey进行改良。

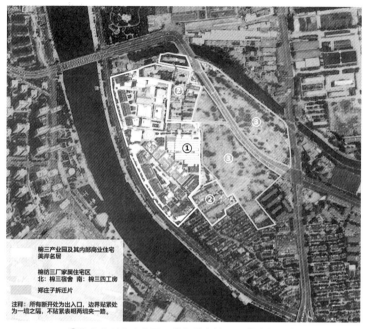

①为文化创意产业园；②为住宅社区；③为拆迁户

图3-2-2 棉三现状

随着企业的关闭棉三原来的幼儿园、学校、医院、浴室（图3-2-3）都关闭了，改为以社会福利的形式回馈居民，原有国企社区模式逐渐转化为社区模式，原来的企业责任分解到社会，原有工业系统设置了退休职工托管中心，负责老职工的遗留问题，社保进行医疗保险，准物业负责修理房屋（只负责公产，不包括已经被购买的房产），政府的管理体系由街道以及下属的居委会负责。但是街道的职能范围十分有限，没有办法协调上述各个社会职责，从表面上看都有很多机构，但是没有办法解决根本问题。

20世纪90年代房改政策[①]实施以后，一部分房屋卖给职工，也有依然租赁的房屋。天鼎社区管辖的棉三宿舍和棉三四工房居民共有1358户，实际居住人的户数为948户，共有2400人居住。新建筑"美岸名居"共有152户，实际住户50户。整个天鼎居委会管辖的有户籍的人口为4523人，其中60～79岁的有1504人，80岁以上的有318人，老人占40%。该数据包括了所有有户籍但是不一定在此居住的人口，实际上可以看到社区有更多的老人。

棉三宿舍2、4、6、8号楼是单身宿舍，应该是职工租赁的企业产房屋，不是商品房。10、12号楼作为托管中心更是企业产房屋。棉三四工房1～4号楼大部分是商品房，已经在20世纪90年代"房改"时以低廉员工价卖给员工；5号楼于20世纪90年代初盖成，据居民说是商品房，由自己购买所得。由于产权复杂带来管理的难度（表3-2-2，图3-2-4）。

---

① 房改房是1994年国务院发文实行的城镇住房制度改革的产物，是我国城镇住房由从前的单位分配转化为市场经济的一项过渡政策，现如今又可以叫作已购公有住房。

图3-2-3　国企时代的棉三家属浴室，现已经被封上

各建筑的产权　　　　　　　　　　　　　　表3-2-2

楼号	建造年份	用途	产权
2、4、6、8号	1969年	居民（8号单身公寓）	单身公寓企业产
10、12号	1989年	托管中心占用，作办公用	托管中心企业产
14、16号	1989年	已拆迁	托管中心企业产，私产
17、18、19、50号	1989年	居民	托管中心企业产，私产
棉三四工房	1989年	居民	托管中心企业产，私产

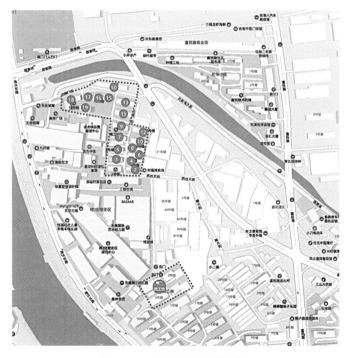

图3-2-4　调研区域及楼栋编号

针对物业等房屋管理问题由三方协同管理：民政局、房管局和街道办事处。

原本工厂有房管科或房管处，棉三社区的物业本应由工厂自身管理。但在企业倒闭后，托管中心未进行有效干预，而后托管中心将产权委托给房管局。房管局下设有物业办，主管其产权范围内的旧楼改造和维修修缮事项，其中修缮资金据街道办人员描述可能存在两条路径，一是职工公积金的补贴，而是国家相关规定的补贴。

民政局设有物业办，主管现今的准物业。2007年，天津市开展"创新创卫"活动，过去老居民区没有人管，所以商议成立一个准物业公司。现在棉三宿舍和棉三四工房所属的物业公司都是"准物业"，"准物业"也是由街道招标有资质的物业公司进行管理。管理棉三宿舍的物业公司是个体户执照，管理棉三四工房的是有限公司企业执照。据"准物业"管理的居民反映半年交50元物业费，棉三宿舍的物业费用为一户5元/月，包括了保洁人员和两门卫。保洁人员由物业公司负责指派，工作主要是进行楼道清洁和室外整洁，收费低廉，属于社会福利的一部分。四工房以前交过物业费，现在没有交。因此工业遗产社区的物业管理也处于一个不够健全的状态。若是自身有引入物业的（例如美岸名居）则归属于街道办事处的物业管理科。

针对人事等社区居民问题也是由街道办事处和工厂一起处理。在过去，工厂制定有工厂职工的各种保障制度，例如医疗报销、困难补助等都较为完善，所有的资金都来自于企业。但从1997年起，国家制定并推行了社会保障制度，成立了社保中心，居民除了可以从工厂获得相关补助外还通过参保获得相应的国家补助。

对于现今的老棉三内部退休工人、学生政审、大学生入党、档案和人事关系等都由托管中心负责，他们的关系仍然没有和工厂脱开。除了社会福利外，所有的事项仍然要通过托管中心处理。

而对于买断的退休工人，则完全与工厂脱节，若仍然居住在此，则所有居民事项仅与居委会相关。比较特殊的是，街道办事处作为政府派出机构与工厂一起管理社区的党建与党组织。居委会正逐步改革，天津市也在对其进行统一管理和财政支出。针对棉三社区，居委会只能负责社区民情。居民认为这样不能解决根本问题。

以上的分管情况也出现了很多问题。例如房子修理得不到很好的解决，造成了新的贫民区；房子内部电线隐患、公共厕所取消等（图3-2-5）；小区门口的树每年都会生虫子，居民苦不堪言。树所在的地产权是棉三，但是树是园林局种的，所以两方都认为不是自己的管理内容，因而每年居委会只能自费打药。相似的问题还有：出于居民出行考虑，拆迁办将拆迁地围起来，导致棉三四工房的唯一一条老路被堵住，而另外的路归文化创意产业园所有，常年停满车辆，影响车辆和行人通行，同时也增加了出行距离。道路宽度是4.1米，对于防灾十分不利。背后的原因为分管的独立导致了协调的困难。

课题组还采用问卷调查了棉三宿舍（原一工房、二工房）、四工房、文化创意产业园游客和上班族的就业状况，这三组调查分别反映了不同人群的实际情况。调查结果如图3-2-6所示。

图3-2-5　棉三宿舍的住房缺乏维修

单位来源

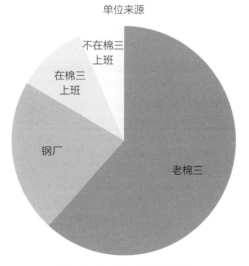

图3-2-6　棉三的就业状况

调查表明老棉三占了半数以上，说明在这里生活的人大部分都是棉三的职工。这个调查是针对文化创意产业园（简称棉三）和社区的关系的，分为入住时间、休闲场所、居此优点、居此缺点、拆迁改造、对棉三的看法、政府民众合资改造等项目（图3-2-7～图3-2-9）。

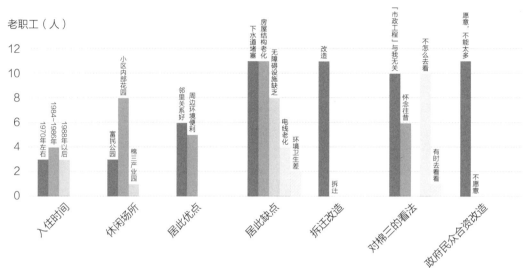

注：居民选择改造的原因：只够买到较远的城市边缘，不愿适应新环境。

图3-2-7　棉三宿舍的调查

这组调查反映了居住在棉三宿舍的12名老职工的情况（图3-2-7）。

入住时间：1970年左右，1984～1986年，1988年以后。

休闲场所：富民公园，小区内部花园，棉三产业园。

居此优点：邻里关系好，周边情况人员比较熟悉。

居此缺点：下水道问题，房屋支护结构（阳台、楼梯、墙壁、屋顶等）垮塌，利老设施缺乏，电线电路隐患，卫生环境较差。

拆迁改造：改造（多数因为买不起新房也不愿再适应新环境）。

对棉三的看法："市长工程和我们没有关系"，"很怀念之前上班的景象，但是已经改没了"；"不怎么去看"，有人表示"怀念往昔，经常去看看"。

政府民众合资改造：力所能及范围内愿意出钱，不愿意出钱0人。

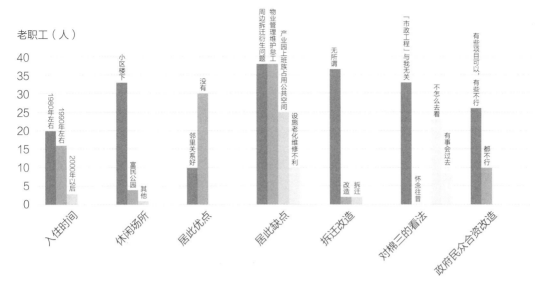

老职工（人）

注：政府民众合资改造里，采访者认为像连接小区的原有道路路灯拆除这种是政府的事情，不该出钱，小区内房子道路老化卫生维护可以出一点钱。

图3-2-8　棉三四工房的调查

这组调查反映了居住在棉三四工房的40名老职工的情况（图3-2-8）。

入住时间：1980年左右，1990年左右，2000年以后（2000年以后大部分是租客和回迁户，其他就是原来住工房平房，现在住楼房）。

休闲场所：小区楼下，富民公园，其他。

居此优点：邻里关系好。

居此缺点：市政拆迁带来的道路拥堵、道路缩窄、红绿灯拆掉等问题；小区物业不管理或乱管理带来的内部路面坑洼、晚上没有照明、垃圾不清扫、维修不利；棉三文化创意产业园车辆侵占小区道路和公共用地；适老设施缺乏等；设施老化、设施不合理、设施不维修等其他情况。

拆迁改造：无所谓，能保障基本生活安全就行；改造；拆迁（环境太差）。

对棉三的看法："市政工程和我们没有关系"，"很怀念之前上班的景象，但是已经改没了"；"不怎么去看，有事过去（遛狗、送孩子、抄近道、办事）没事不去"。

政府民众合资改造：有些可以，有些坚决不行（连接小区的原有道路路灯拆除是政府的事情，小区内房子道路老化卫生维护可以出一点钱）；无论如何都不出钱（老百姓没有钱改造，政府的钱没有用在老百姓最需要的地方）。

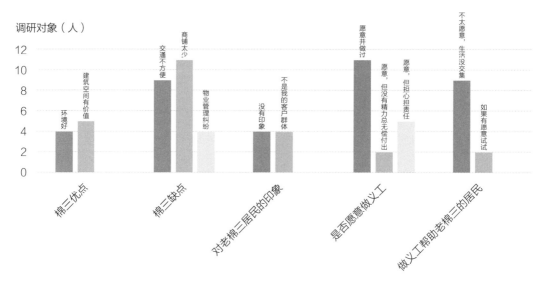

图3-2-9　文化创意产业园游客和上班族的调查

这组调查反映了文化创意产业园12名游客和上班族的情况（图3-2-9）。

棉三优点：环境好，建筑空间有特色，便于灵活改造。

棉三缺点：交通不方便；商铺太少不景气，吃饭和基本生活保障不了；产权带来的物业管理不好。

对老棉三居民的印象：没什么印象；不是客户消费群体。

是否愿意做义工：愿意并做过，支持但有安全责任隐患。

做义工帮助老棉三的居民：不太愿意，他们和我的生活事业没交集；如果有可以试试。

3.2.4　场所记忆、情感、身份认同、地方依恋

社会价值是集体的场所依恋。Scannell和Gifford提出了一个由"人""心理过程""地方"构成的场所依恋的三个维度[1]，参考这三个维度考察棉三的社会价值状况。

第一个维度为依恋主体"人"，包括个人和群体两个层面。在个人层面，地方依恋的形成与个人经验、记忆、重大人生事件等相关，并且会影响自我概念与自我认同的建立；在群体层面，地方依恋与群体所共享的地方象征意义有关，例如共同的历史、共同的信仰等构成的共同体意识。

法国历史学家皮埃尔·诺拉（Pierre Nora）主编了多卷的《记忆之场》（*Les Lieux de*

---

[1] SCANNELL L, GIFFORD R. Defining place attachment: A tripartite organizing framework[J]. Journal of Environmental Psychology, 2010, 30(1): 1-10.

Mémoire，1997）[①]，引起国际上对记忆之场问题的广泛关注。2018年联合国教科文组织世界遗产中心委托国际良知遗址联盟（International Coalition of Sites of Conscience）完成了《记忆之场的解释》（*Interpretation of Sites of Memory*）。该文件直接介绍了皮埃尔·诺拉的定义："Lieu de Mémoire"是指任何重要的实体，无论是物质的还是非物质的，由于人类意志或时间的作用，已经成为任何社区纪念遗产的象征性元素。他强调关注被遗忘的当下的"历史"——记忆之场（sites of memory），从记忆的角度研究历史问题，有别于以往的史学研究，更因为记忆之场涉及了心理学、社会学、遗产等多方面的问题，是多学科研究的聚焦点。他主张通过记忆场所的研究更好地拯救残存的集体记忆，找回群体的认同感和归属感。遗产的真实性为找回群体的认同感和归属感奠定了基础。

中国工业遗产的记忆是复杂的，作为中国近现代三大纺织基地之一，天津百年纺织曾是国民经济支柱，也是行业骄傲。然而在20世纪90年代，国家对纺织行业格局实施调控，天津纺织企业受到严重压缩，很多承载民族荣光的国营纺织大厂相继落伍、倒闭。一些老工人回顾传统纺织业的辉煌往事以及时代变迁中逐渐被淘汰的兴衰历程时，往往会表达出境遇巨变带来的落差感和挫败感。原天津市第二染整厂厂长清晰地记得所在厂的一幕一幕：[②]

"第二染整厂是全国第一家灯芯绒企业，技术、设备都居国内一流水平……厂子鼎盛的时候是在1958年，在这以前都是手工隔绒，那时候工人大概有800（人）左右。1958年设备换代，改成机器隔绒，又招进来400多名新人，包括技术人员、隔绒工人及负责设备维修的工人，厂子规模一下就大了，当时总共有1250名职工。自那之后有好几年，上海纺织局陆续派人来这儿参观学习，然后他们在上海办了全国第二家灯芯绒厂，紧接着常州也学天津，开办了第三家灯芯绒厂……20世纪70年代国家还在大力扶持纺织业，那时候天津的纺织业在全国来说是最集中的，厂子经常几个月不间断生产，很少有公休日，产品80%以上都出口到国外。到20世纪90年代经营就变差了，隔绒工序大部分都外包给了别的企业，因为隔绒程序最复杂，而且机器工作的时候必须有人守着，人走机器停。隔绒车间也就是从那时候开始裁员，从450人左右减到200多人。1999年3月工厂正式停产，转年大量解除劳动关系，当时全厂解除那一批就有675人……因为20世纪90年代以后，国家开始支持电子信息之类的新兴产业，不再支持纺织业了。那会儿对纺织企业来说，最难的是原料成本成倍上涨。而且设备老化，想更新设备，贷款又批不下来，厂子就跟不上时代了。后来天津市纺织业全面衰退，到现在就算是已经彻底的完了。"——原天津市第二染整厂厂长Y，男，1951年生人（2017年11月20日）

实际上每个工人对于厂房、住宅区都有个体的记忆，棉三宿舍的居民大部分是棉三某车间的工人，有一些是换房搬进来的，出租的不多。而所有曾经在这里工作的工人的合成就是

---

① 皮埃尔·诺拉. 记忆之场[M]. 黄艳红，等，译. 南京：南京大学出版社，2017. 中文翻译为"记忆之场"，也有翻译为"场所记忆"。

② 课题组王雪采访。

对棉三的集体记忆。中国工业遗产的集体记忆和乡村、城市历史街区的集体记忆是不同的，他们曾经是最骄傲的工人阶级，曾经享受着最好的国家福利，受到经济大潮冲击也最大，因此是特殊的人群，有特殊的集体记忆，是中国工业真实性的一部分。在采访中大部分人不愿意回忆过去，更多地希望帮助解决现实问题，因此可以看到现实问题在他们看来是比记忆、文化认同更重要的、关乎生存的问题。

第二个维度为地方依恋的"心理过程"，体现在情感（例如归属感、自豪感、地方之爱等）、认知（例如与地方相关的记忆、信仰、知识、价值观等，是地方认同的基础）与行为（例如亲地行为、地方破坏后的重建行为等）方面。在棉三这个具体的场所就是指老工厂。由于在开发中对老厂房改动大，改变了原来的格局（一期完全成为房地产开发，二期保留的部分变动也较大），被老职工拒绝承认这个场所带来的归属感，棉三宿舍的被访者半数表示怀念往昔，棉三四工房的被访者竟然没有人表示怀念往昔，之所以这么少人谈到记忆，是因为被访者认为："很怀念之前上班的景象，但是已经改没了"。在采访中还了解到棉三四工房被文化创意产业园堵住只剩下一条路，因此居民怨气很大，也许是因为这个原因干扰了原本的记忆。另外，采访中了解到房地产公司在建设文化创意产业园时将地面垫高，导致雨水流向住宅区，居民反映问题时被告知这是市长工程，于是棉三宿舍和棉三四工房被访者中均有83%的人认为"产业园是市长工程与我无关"。棉三宿舍被访者有83%表示"不怎么去看"，而棉三四工房被访者有58%表示"不怎么去看"。这反映了拒绝的情感，他们可能对过去的工厂有记忆、有感情，但是对于保留的地方认同的象征物——棉三文化创意产业园，居民没有归属感、自豪感。

从另一个角度来看，原来棉三生产区的产权发生了很大变化。2013年在棉三项目立项之前，原来拥有土地使用权者是天津纺织集团。政府与天津纺织集团通过土地置换将土地进行收储，而天津纺织集团进行了整体搬迁，而后政府委托天津住宅集团进行主导开发，多方共同成立了"天津新岸创意产业投资有限公司"作为项目开发公司。天津纺织集团作为棉三厂区的持有者，拥有棉三的土地使用权和所有厂房建筑的所有权。棉三的土地是由政府无偿划拨的划拨用地，因此政府可以依据其用地属性无偿收回使用权；而地上的建筑的所有权归属天津纺织集团，因此政府在收储一期土地时向原工业企业支付了一笔补偿费用。而后政府通过招拍挂的方式，将一期土地出让给天津住宅集团，获得土地出让金。二期的划拨用地并未改性，因此政府拥有二期划拨用地的所有权和使用权，与此同时天津纺织集团拥有二期保留地块上旧厂房的所有权和使用权。因此，在组建天津新岸创意产业投资有限公司时，天津市政府与河东区政府根据《天津市国有建设用地有偿使用办法》以国有建设用地的二期地块使用权作价出资的方式对棉三项目开发公司进行入股（市国资委背景的天津渤海国有资产经营管理有限公司占股17%，河东区政府背景的天津市嘉华城市建设发展公司占股3%），天津纺织集团以二期保留旧工业厂房的使用权进行作价出资入股占10%，天津住宅集团将一期新建建筑的使用权作价出资入股占70%，但是新建建筑的产权还是归属天津住宅集团。①

从这些关系可以看到原来棉三的上级企业天津纺织集团持有10%的股份后搬离棉三原址，事实上除了经济上的收入之外天津纺织集团和改造后的棉三文化创意产业园没有关系，因此已经和地方依恋没有任何关系。天津新岸创意产业投资有限公司是运营公司，主要负责棉三文化创意产业园的管理。他们从血脉上也和原来的棉三没有关系，也没有把棉三的职工和自己当作文化创意产业园的共同体。采访中了解到文化创意产业园认为老职工不买东西，言下之意没有必要让他们进来。天鼎居委会负责人告诉我们，文化创意产业园可以进去遛狗或者散步，但是有领导来检查的时候就不允许进入了。居民也不会去文化创意产业园活动，既因为付不起费用，也因为年龄较大。事实上居民的社区和文化创意产业园之间也有高高的围墙，文化创意产业园开发部门和物业管理部门说明对于原有住区和居民采取隔离的态度。

文化创意产业园内所有受访商家在采访中说明现在的营业结构中顾客多为外来白领，对文化艺术、自身提升有着浓厚的兴趣和消费意愿。文化创意产业园的游客和上班族对老棉三居民没什么印象；认为"不是我的客户消费群体"。问到是否愿意做义工：愿意并做过占多数。做义工帮助老棉三的居民：不太愿意，他们和我的生活事业没交集；如果有可以试试。

第三个维度为依恋对象"地方"，即使人产生依恋感的地方特质，主要涉及地方物质特征（例如定居时间、所有权、地方规模、环境特质等）与社会特征（例如邻里纽带、社区氛围、熟人网络等）两个方面。

关于地方依恋的"恋地情结"（topophilia）最早出现在1957年法国哲学家加斯东·巴什拉（Gaston Bachelard）的著作《空间的诗学》中②。此后，段义孚在《恋地情结：对环境感知、态度与价值观的研究》中对这一概念进行了系统发展③。在人文主义地理学视角下，地方是凝聚了意义的中心，地方意义是对一个地方的本质的理解，即"这是一个怎样的地方"。人们通过意义建构过程来阐释自己的世界，而意义是在人类与物质世界及社会成员的互动中创生的。

根据前文调查，邻里关系好反映了这个场所社会特征的吸引力，是地方依恋的来源。居委会告诉我们很多人搬走了，但是户口还留在这里，每年还来到这里烧纸，祭拜先人。另外，天鼎居委会积极组织各种丰富的活动，包括党组织活动，为建立共同体意识起到了促进作用。

但是居住条件和环境恶化带来的负面影响，影响了集体的地方依恋，不过调查显示棉三宿舍大部分人希望改造，没有人希望搬迁，可以看到尽管棉三宿舍房子老旧，但是居民

---

① 数据来源：https://www.tianyancha.com/company/213413992。
② BACHELARD G. The Poetics of Space[M]. Boston: Beacon Press, 1994.
③ 段义孚. 恋地情结：对环境感知、态度与价值观的研究[M]. 志丞，刘苏，译. 北京：商务印书馆，2018.

宁可改造也不愿搬走。棉三四工房因为是20世纪80~90年代的住宅，所以显示很多人对是否搬迁表示"无所谓"，很少一部分人明确希望改造或者搬迁，说明房子的质量影响了地方依恋。

棉三的情况说明目前工业遗产社区的归属感、情感、记忆等的关照还处于自由发展的原始状态，本来棉三文化创意产业园就是工业遗产，具有很好的历史基础，是一个凝聚集体记忆和培养身份认同的场所，但是实际上受到经济的影响使得文化创意产业园向着有利于经济获益的旅游、出租等方向发展。并没有特别关照身份认同、归属感等问题。而中国工人的身份认同普遍存在着极为特殊的变化。中国工人阶级在中华人民共和国成立以后一直是以国家主人公的身份出现，社会主义计划经济时期，我国社会阶层不以财产所有权划分，而是以政治身份和劳动分工为基本标准。在这种特殊的社会分层体制下，工人阶级首先在意识形态上具有领导阶级的政治地位，在经济上是国家福利制度的最大受益者，在社会地位方面能够获得比其他阶级更多的社会资源，也相应享有更多社会权利和声望，总之是享受着高保障、高福利的阶级。进入市场化改革时期以后，终身就业保障取消、实施"减员增效"战略等一系列改革政策使"单位人"身份在社会分配中赋予产业工人的优势全部被打破。经过国企改制以后，传统产业工人一部分转化为现代企业制度下的被雇佣者，在新的劳动关系中，企业管理层与职工的权利分化日益拉大，工人丧失了对企业管理的参与权；另一部分工人在下岗分流政策下成为失业者，他们构成了城市贫困人口和底层阶级的主体。[1]在这场社会变革中，工人阶级的身份地位和生活水平下降了，同时又失去了作为身份归属和社会生活主要来源的"单位制"，现在房地产公司经营的棉三文化创意产业园已经不是原来的单位，棉三的老职工无法从文化创意产业园获得原来的归属感。因此在短时间内承受了心理和物质层面的双重压力。今天中国工业遗产社区不同程度地面临着这些问题。

3.2.5 士绅化和拆迁引起的"失所"

《瓦莱塔原则》要求一切干预都须尊重历史环境的物质、非物质价值以及本土居民的生活方式与生活质量，同时指出要警惕士绅化、大众旅游等社会环境变化对本土社区的冲击。在工业遗产中比较突出地反映了士绅化问题。

在富民路街道管辖范围内有郑庄子（图3-2-2中③），郑庄子的历史比工厂的历史还早，在工厂建设以后很多工人也居住在郑庄子，郑庄子主要是平房。这片土地现在正在拆迁。中国的历史街区拆迁从20世纪末就开始了，拆迁不仅仅涉及产权问题，还要从人文主义地理学的角度考察"失所"。

1982年，Hartman等学者在其经典论著《失所：如何与之对抗》中将"失所"（displacement）

---

① 吴清军. 国企改制与传统产业工人的转型[D]. 北京：清华大学，2007.

定义为"由于不可抗外力致使家庭在某地继续生活变得不可能、有危险或负担不起"[1]。近年中国也出现少量相关研究。[2]"失所"的直接原因是士绅化（gentrification）。[3]

士绅化在棉三悄悄发生，首先是在文化创意产业园。2013年以后兴建了两期工程，第一期完全把工业建筑拆除，建设成为商住建筑。天鼎委员会所管辖的"美岸名居"就是典型，据实地调研数据表明，新建棉三文化创意产业园内居民平均月薪在4500元以上，其中天住领寓、棉三公寓和美岸名居住户月房租普遍在2500～3500元/间。而居住于老棉三宿舍的多数为棉纺三厂离退休员工，他们的养老金平均为2000～3000元/月，其中部分由于效益不好买断工龄的退休人员月收入更低。居住于拆改区的居民大多数为外来务工人员，人口流动性大，调研数据显示，他们的月薪分布差值较大，稳定性差，但平均月薪普遍没有突破4000元。

天津住宅集团棉三项目负责人表示：园区欢迎文化创意产业的入驻，包括新型设计产业、科技IT产业等，以形成特色新型的文化创意产业圈。在天津市统计局发布的2018年各行业平均工资中，文案策划、新媒体、平面设计、程序员等相关产业从业者人均收入排名位列前十。同时，棉三社区内部的天住领寓公寓规定：入住者须在40岁以下，无儿童、无宠物的单人或者双人家庭。这些实例都与士绅化人口结构特征高度契合。

租差现象：在与棉三文化创意产业园一墙之隔的老棉三宿舍，拆改棚户区内，由于资金撤离留下的棉纺三厂未善后的工业、住宅用地上聚集着无经济能力搬迁的退休职工和非法聚居的低收入群体，包括农民工、拾荒者、从事五金售卖和汽修的个体户。据他们叙述和线上交易平台佐证，这里的地租可低至150元/（平方米·年）（除去非法居住者）。而旁边新建的文化创意产业园内的天住领寓、棉三公寓和美岸名居住户房租普遍在2500～3500元/（间·月）。

士绅化逐渐蔓延到周边社区，同属于富民路街道的郑庄子2019年已经全部拆迁，其后的规划已经完成，可以看到主要是商住建筑（图3-2-10），但是规划并没有表明郑庄子的居民还可以回来原地居住，或者如果回来必须付出高额的房费。郑庄子的居民并不愿意搬迁，根据街道干部的讲述，他们大部分人把户口留在了富民路街道。据天鼎社区干部讲述，很多人离开了很多年还回来为故人烧纸，这反映了强烈的恋地情结。[4]

① HARTMAN C, KEATING D, LeGates R. Displacement: How to Fight It[M]. Berkeley: National Housing Law Project, 1982: 3.

② 刘颖，张平宇. 绅士化语境下的失所现象：概念溯源及研究综述[J]. 人文地理，2018（4）：1-7.

③ MARCUSE P. To control gentrification: Anti-displacement zoning and planning for stable residential districts[J]. Review of Law and Social Change, 1985, 13(4): 931-945.

④ 人文主义地理学名著有华裔地理学家段义孚的《恋地情结：对环境感知、态度与价值观的研究》，他对人的种种主观情绪与客观地理环境的丰富关系进行了充分的阐释。他研究地理学，但是注重人性、人情，被称为"人本主义地理学"。该书主要论述了人在情感上与环境的关联。段义孚说：我所能做的只是用一套有限的概念来构建恋地情结的主题。我所做的工作包括：（1）从不同层次来理解环境的感知和价值，包括种族、团体和个人。（2）把文化与环境、恋地情结与环境区分开来，以分析它们彼此对价值观形成的贡献。（3）简述欧洲17世纪出现的科学模型如何代替了中世纪的宇宙图景，从而反映人类思想的变化及这种变化对环境态度的影响。（4）以辩证的观点来检验把环境分为城市、郊区、乡村和荒野几个层次这样的做法。（5）区别不同类型的环境经验并描述其特征。

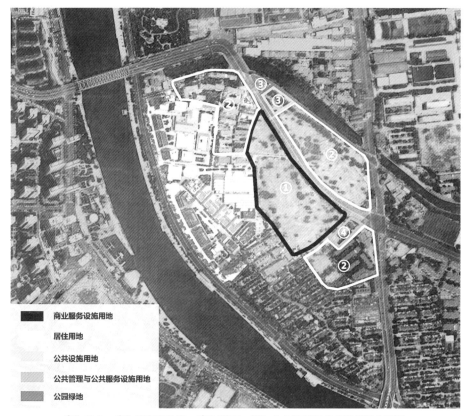

①为商业；②为新规划住宅；③为浴室；④为公共管理和公共服务设施用地

图3-2-10　棉三工业遗产社区未来的规划

商业服务设施用地

居住用地

公共设施用地

公共管理与公共服务设施用地

公园绿地

　　从实现方式上划分，失所可分为直接性失所和间接性失所。以往大多数学者对于失所现象的考察都是以人口的迁入和迁出情况以及人口构成变化作为判断依据，事实上，这只是直接性失所的方面。直接性失所指居民因其住所或周围环境受到某些条件的影响而被迫迁出[1]，它是中国旧城改造过程中失所发生的最常见形式，这里的"某些条件"通常就是政府对土地及房屋的征收行为，通过自上而下的拆迁项目，失所可以高效而合法地实现。这样的方式割断了人与地方的纽带。失所涵盖的意义绝不仅是物质性的失去住所，还有社会、情感和象征维度等更隐形方面的问题，这些不能直接观察到的心理的、情感的失所形式称为间接性失所。笔者认为保护工业遗产不仅要保护物质遗产，也要保护好人的记忆，同时也需要有满意的社区条件，能够解决多重问题的方案才是好的方案，拆迁并非总是最好的选择。

① GRIER G, GRIER E. Urban displacement: A reconnaissance[M]. Washington, DC: US Dept. of Housing and Urban Development, 1978: 8.

3.2.6 遗产保护与社区共建——为谁而保护工业遗产?

对于人的研究主要立足于重新思考工业遗产保护的根本问题——为谁而保护?

近年来工业遗产保护出现高潮很重要的原因是工业用地背后开发房地产和旅游的可能性,在发展经济的同时我们开始关注物质遗产的保护,前面探讨过在文化创意产业园中如何保护好工业遗产的真实性和完整性,但是随着我们对工业遗产认识的逐渐深化,我们认为与遗产相关的社区和人群应该受到同样的关注。《巴拉宪章》第十二条:"在遗产地保护、诠释和管理中,应当纳入那些与遗产地有特殊关系或对其有特殊意义的公众,或者对遗产地富有社会、精神或其他文化责任的人士。"[1]2015年《中国文物古迹保护准则》第三条也增补了"社会价值和文化价值"。[2]我们认为工业遗产也是同样,工业社区中人和人的记忆及情感都是构成工业遗产价值的一个部分,而且这个部分也是研究的薄弱环节,在今天工业遗产再利用中工业遗产社区或者被搁置,或者被置换为房地产。考虑工业遗产的价值需要将物质遗产和非物质遗产一起考虑。

笔者以天津棉三为对象陈述了从单位体制向社区制转型的工人住宅区的管理现状及居民的困境,讨论了社区和文化创意产业园之间在精神上、感情上的关系,笔者试图说明相对于探讨纯粹的物质文化遗产层面的价值来说对于人的评价更难。但是真正的意义正是在此。希望通过工业遗产社区的关注能进一步推进人文主义遗产研究。

3.3 关于工业遗产完整性的思考[3]

文化遗产的真实性和完整性是价值评估的标尺。最初的真实性原则对应于文化遗产,完整性原则对应于自然遗产,因此对文化遗产的真实性探讨比较多,而完整性探讨较少,特别是对新型文化遗产种类的工业遗产的完整性探讨较少。我国工业遗产数量多,面积大,在城市开发中难以全部保留,什么是工业遗产最应该保留的部分?依据是什么?这些有关完整性的探讨是本书探讨的重点。

3.3.1 完整性研究的国际背景

为了说明工业遗产的真实性和完整性的问题,首先回顾一下关于世界遗产的真实性和完

---

① 国际古迹遗址理事会(ICOMOS)澳大利亚国家委员会《巴拉宪章》第十二条,1999.
② 国际古迹遗址理事会(ICOMOS)中国国家委员会《中国文物古迹保护准则》第三条,2015.
③ 本节执笔者:徐苏斌、青木信夫。

整性的概念发展①。

自《威尼斯宪章》（1964）开始，真实性就一直是文物古迹保护和生态保护领域的基本内容。1972年《保护世界文化与自然遗产公约操作指南》（*Operational Guidelines for the Implementation of the World Heritage Convention*，以下简称《指南》）作为《保护世界文化与自然遗产公约》实施的纲领性文件，以真实性检验和完整性条件为依据，是世界遗产领域的基本性概念。至2019年，经历了24个版本的《指南》始终以真实性和完整性作为核心内容专门论述，不断补充。《指南》中对真实性和完整性的原则引用是有针对性的，真实性原则对应于文化遗产，完整性原则对应于自然遗产。

《指南》（1977年）指出"设计、材料、工艺和环境"是真实性检验的四个方面，以后又不断补充。例如《指南》（1980年）首次接受了一定条件下的重建；《指南》（1988年）首次提出了遗产地的完整性；《指南》（1994年）首次将具有"不同特征和组合的"文化景观纳入真实性检验范畴。

2007年在北京举小了"东亚地区文物建筑保护理念与实践国际研讨会"，研讨会围绕文物建筑保护和修复理念与实践，讨论了特定文化背景对文化遗产保护的影响。会议通过的《北京文件》强调了文物建筑及周边环境的完整性。2008年ICOMOS《文化遗产地解说与展示宪章》强调了解说和展示中尊重文化遗产地的真实性。

真实性也是针对不同类型的遗产而言，《佛罗伦萨宪章》（1982年）规定了历史园林和景观保护的真实性；《考古遗产保护欲管理章程》（1990年）体现了考古遗产真实性原则；《关于乡土建筑遗产的宪章》（1990年）实现了乡土建筑遗产真实性保护原则和指导方针；《建筑遗产分析、保护和结构修复原则》（2003年）提出了保护和修复的总原则；《西安宣言》（2005年）总结了遗产环境保护的重要性。此外，《关于历史地区的保护及其当代作用的建议（内罗毕建议）》（1976年）、《马丘比丘宪章》（1977年）、《保护历史城镇与城区宪章（华盛顿宪章）》（1987年）等文献提出了历史文化街区的真实性问题，以及保护和可持续发展问题。

另一方面就完整性问题而言，《指南》解释了完整性："所有申报《世界遗产名录》的遗产必须具有完整性。"②强调"完整性用来衡量自然和/或文化遗产及其特征的整体性和无缺憾性"③。对文化遗产的完整性界定如下："依据标准（ⅰ）至（ⅵ）申报的遗产，其物理构造和/或重要特征都必须保存完好，且侵蚀退化得到控制。能表现遗产全部价值，且绝大部分必要因素也要包括在内。文化景观、历史名镇或其他活遗产中体现其显著特征的种种关系和能动机制也应予保存。"④

---

① 张成渝. "真实性和完整性原则"与世界遗产保护[J]. 北京大学学报（哲学社会科学版），2003，40（2）：62-68；张成渝. 国内外世界遗产原真性与完整性研究综述[J]. 东南文化，2010（8）：30-36.

② Operational Guidelines for the Implementation of the World Heritage Convention, 2019, No. 87.

③ Operational Guidelines for the Implementation of the World Heritage Convention, 2019, No. 88.

④ Operational Guidelines for the Implementation of the World Heritage Convention, 2019, No. 89.

对自然遗产的完整性有如下界定："所有依据标准（vii）至（x）申报的遗产，其生物物理过程和地貌特征应该相对完整。当然，由于任何区域都不可能是完全天然的，且所有自然区域都在变动之中，某种程度上还会有人类的活动。包括传统社会和当地社区在内的人类活动常常发生在自然区域内。如果对当地的生态并无损害，这些活动就可被视为同自然区域突出的普遍价值一致。"①

但是《指南》更多地阐述了标准（vii）至（x）每项自然遗产的完整性问题，这对我们认识工业遗产的完整性有很大的启发：②

"No. 92依据标准（vii，绝妙的自然现象或具有罕见自然美的地区）申报的遗产应具备突出的普遍价值，且包括保持遗产美景的必要地区。"这一段界定了"遗产美景"（the beauty of the property）的完整性。

"No. 93依据标准（viii，是地球演化史中重要阶段的突出例证，包括生命记载和地貌演变中的地质过程或显著的地质或地貌特征）申报的遗产必须包括其自然关系中所有或大部分重要的相互联系、相互依存的因素。"这一段强调了"相互联系、相互依存"。

"No. 94依据标准（ix，突出代表了陆地、淡水、海岸和海洋生物系统及动植物群落演变、发展的生态和生理过程）申报的遗产必须具有足够大小，且包含能够展示长期保护其内部生态系统和生物多样性的重要过程的必要因素。"这一段强调了"生态和生理过程"。

"No. 95依据标准（x，是生物多样性原地保护的最重要的自然栖息地，包括从科学和保护角度看具有突出的普遍价值的濒危物种栖息地）申报的遗产必须是生物多样性保护的至关重要的价值。只有最具生物多样性和/或代表性的申报遗产才有可能满足该标准。遗产必须包括某生物区或生态系统内最具多样性的动植物特征的栖息地。"

不论是自然遗产还是文化遗产完整性是必不可少的。在世界遗产"突出的普遍价值"评价标准的演变中，真实性与完整性逐步统一，"真实性检验中考察的要素已经被大大拓展，完整性条件则容纳了人类活动，它们都是相对而非绝对的概念"。③

2007年的《北京文件》强调了文物建筑及周边环境的完整性，提出了"对一座文物建筑，它的完整性应定义为与其结构、油饰彩画、屋顶、地面等内在要素的关系"。这是对木构造建筑的完整性提出的国际文件。

2015年《中国文物古迹保护准则》第十一条："完整性：文物古迹的保护是对其价值、价值载体及其环境等体现文物古迹价值的各个要素的完整保护。文物古迹在历史演化过程中形成的包括各个时代特征、具有价值的物质遗存都应得到尊重。"④

---

① Operational Guidelines for the Implementation of the World Heritage Convention, 2019, No. 90.
② Operational Guidelines for the Implementation of the World Heritage Convention, 2019, No. 92~95.
③ 史晨暄. 世界遗产"突出的普遍价值"评价标准的演变[D]. 北京：清华大学，2008：175.
④ 国际古迹遗址理事会（ICOMOS）中国国家委员会《中国文物古迹保护准则》第十一条，2015.

工业遗产作为文化遗产的一部分，对于其完整性问题也存在和其他文化遗产一样的问题。而且在发展中国家，经济的发展和工业遗产的完整性矛盾更为突出。国际工业遗址保护协会2003年颁布的《下塔吉尔宪章》中提出了工业遗产的价值构成，即：

"（1）工业遗产是工业活动的见证，这些活动一直对后世产生着深远的影响。保护工业遗产的动机在于这些历史证据的普遍价值，而不仅仅是那些独特遗址的唯一性。

（2）工业遗产作为普通人们生活记录的一部分，提供了重要的可识别性感受，因而具有社会价值。工业遗产在生产、工程、建筑方面具有技术和科学的价值，也可能因其建筑设计和规划方面的品质而具有重要的美学价值。

（3）这些价值是工业遗址本身、建筑物、构件、机器和装置所固有的，它存在于工业景观中，存在于成文档案中，也存在于一些无形记录，如人的记忆与习俗中。

（4）由特殊生产过程的残存、遗址的类型或景观产生的稀缺性增加了其特别的价值，应当被慎重地评价。早期和最先出现的例子更具有特殊的价值。"

其中有关工业遗产价值的有第（1）（2）（4）条，说明工业遗产包含了历史价值、社会价值、科学技术价值、美学价值、稀缺性价值和时间长久所产生的价值。

工业遗产的完整性应该和第（3）条相关，即工业遗产的完整性包括工业遗址、建筑物、构件、机器，不仅如此，这个宪章已经把最近的关于真实性和完整性逐渐演变的特点反映其中，工业景观、档案记录、无形记忆也成为工业遗产不可缺少的部分。但是并没有明确地定义工业遗产的完整性。

2011年的《都柏林原则》也有关于完整性的描述："研究和记录工业遗产的遗址和建（构）筑物必须掌握其历史、技术和社会经济规模来为保护和管理提供一个完整的基础。它需要一个跨学科的研究方法来支持，通过各学科间的研究和方案来鉴定工业遗产遗址或建（构）筑物的重要性。它将受益于专业知识和信息来源的多样性，包括实地考察和记录、历史和考古学的调查研究、材料，以及景观分析、公开的口述历史或研究、企业或个人资料等方面。应该鼓励对历史文献记录、企业档案、建筑设计以及工业产品样本的研究和保存。文献的评价和评估工作应该由业内合适的专家来主持，他们与遗产价值的判定息息相关。社会团体及其他利益相关者的参与同样是这个实践不可分割的一部分。对地区、国家或世界上与之相关的其他地方的工业和社会经济史的透彻了解，对于理解工业遗产遗址或建（构）筑物的重要性是必要的。单一的行业背景下，类型学或地域性研究与比较，目的在于强调工业领域或技术对于认识遗产个体的遗址、建（构）筑物、区域或景观的价值是很有帮助的。"

笔者认为关于完整性还需要就各国的具体问题进行深入的讨论。我国工业遗产数量多、面积大，目前又处于快速产业结构转型和城市大力度开发的过程中，在这样的背景之下工业遗产难以全部保留，需要尽快判断什么是最具有核心价值的工业遗产边界，因此笔者认为讨论工业遗产完整性问题是目前中国工业遗产价值评估的核心问题之一。

3.3.2　确保完整性的中国工业遗产保护规划

完整性需要通过保护规划体现。中国的保护规划开始比较晚。1982年开始历史文化名城的制度，1995年底，由资源紧缺引发文物保护问题，将文物保护规划的目标推向更为综合的、系统的资源保护方向。20世纪90年代末，伴随《中国文物古迹保护准则》的制定，国际保护规划理念的引入直接影响了文物规划探索。

历史文化名城体系的早期探索分为名城保护规划、街区规划、历史建筑三个层次。中国历史文化名城保护规划自1982年公布第一批历史文化名城后就开始了早期探索，林林在《中国历史文化名城保护规划的体系演进与反思》中将其分为20世纪80年代的探索期、20世纪90年代的成形期、2000年以后的深化期，关键文件为1983年城乡建设环境保护部的《关于加强历史文化名城规划工作的几点意见》，该文件明确了保护规划编制的要求。2000年以后在历史文化名城体系中增加了名镇、名村、传统村落等。在《历史文化名城名镇名村保护规划编制要求》体系下，各城市风貌区、历史建筑、传统风貌建筑保护规划的要求和规定逐步完善。

世界遗产关注工业遗产并将其纳入遗产名录促使中国工业遗产的申遗及管理规划编制。中国的世界遗产的工业遗产为都江堰（2000年，全称为青城山都江堰水利灌溉系统）[①]，其属于古代遗产范畴（第二批全国重点文物保护单位，类型为古建筑）。目前近现代范畴申遗的为2012年纳入中国预备名录的黄石矿工业遗产，同年编制了《黄石矿工业遗产——申报世界文化遗产预备名录文本》。

《全国重点文物保护单位保护规划编制要求》的公布及修订使得文物保护规划从上至下开始发展，在这个过程中，工业遗产成为新型文化遗产的关注类型，其保护规划发展得以促进。2004年国家文物局公布的《全国重点文物保护单位保护规划编制要求》将中国文物保护规划的探索期带至规范期。2006年《无锡建议》发布后，国家文物局开始关注工业遗产，由上至下带动工业遗产的相关发展，包括各级文物保护单位的认定及其保护规划，如2007年上海江南造船厂编制的文物保护规划（区保）[②]、2009年启动的华新水泥厂保护规划（2013年公布为全国重点文物保护单位）。随着新类型的出现，遗产在既有保护规划体系下探索或创新，如在《全国重点文物保护单位保护规划编制要求》体系下创新的《大遗址保护规划编制要求》《长城保护规划编制指导意见（征求意见稿）》。目前工业遗产依托既有保护规划体系发展。

3.3.3　对工业遗产完整性的思考

保证工业遗产的完整性首先是进行普查。普查保护规划是保护规划的基础。

---

① 单霁翔、刘伯英、王晶等学者的相关研究均将都江堰列为工业遗产。
② 吕舟. 文化遗产保护100[M]. 北京：清华大学出版社，2011：272.

以天津为例，从2010年天津大学中国文化遗产保护国际研究中心正式开始天津滨海新区工业遗产普查工作，2011年初天津市规划局与天津市文物局、天津大学合作开展全市范围内的工业遗产普查。普查工作是作为天津市城市总体保护规划的基础而进行的，2012年普查工作结束，进入工业遗产保护规划阶段。在普查中发现有一些遗产已经灭失，但是同时也发现了一些虽然没有列入第三次文物普查名录却符合工业遗产标准的新增遗产，也有一部分遗产经过调查确定不属于工业遗产范畴将之从名单中剔除，最终确定的遗产点为121处。滨海新区最终确定了29处遗产点，其中塘沽区有24处，汉沽区有2处，大港区有3处。表3-3-1为滨海新区工业遗产名录。

滨海新区工业遗产名录

表3-3-1

编号	名称	时间	地址	文物保护级别
1	北洋水师大沽船坞	1880年	塘沽区大沽坞路27号	塘沽区
2	大沽代水公司	1869年	塘沽区儿童世界西侧	三普新发现
3	大沽灯塔	1971年	塘沽区大沽口锚地	三普新发现
4	日本大沽工场	1939年	塘沽区兴化路1号	三普新发现
5	海河防潮闸	1958年	塘沽区海河干流入海口	三普新发现
6	黄海化学工业研究社旧址	1922年	塘沽区解放路338号	天津市
7	日本新港港湾局办公厅旧址	1940年	塘沽区办医街20号	三普新发现
8	塘沽火车站	1888年	塘沽区新华路128号	塘沽区
9	永利碱厂旧址	1916年	塘沽区新华路7号	三普新发现
10	新港船厂	1940年	塘沽区机厂街1号	三普新发现
11	新港船闸	1942年	塘沽区海河入海口北岸	三普新发现
12	新河船厂	1916年	塘沽区海河北岸新月路8号	三普新发现
13	新河铁路材料厂遗址	1903年	塘沽区碧海鸿庭小区西侧	三普新发现
14	亚细亚火油公司旧址	1915年	塘沽区三槐路	三普新发现
15	扬水站	1975年	塘沽区白砂头村	三普新发现
16	四十五作业组	1945年后	塘沽区海河南岸滩区	三普新发现
17	久大精盐公司码头	1939年	塘沽区海河北岸外滩公园东段	三普新发现
18	开滦矿务局塘沽码头	1895年	塘沽区海河北岸水线原天津港埠三公司作业区内	三普新发现
19	启新洋灰公司塘沽码头	1906年	塘沽区永泰路中段	三普新发现
20	日本大沽坨地码头	1939年	塘沽区于家堡河段	三普新发现

编号	名称	时间	地址	文物保护级别
21	日本三井公司塘沽码头	1942年	塘沽区海门大桥东侧	三普新发现
22	水线渡口	1878年	塘沽区于家堡河段北岸	三普新发现
23	英国太古洋行塘沽码头	1899年	塘沽区永泰路天津港集团公司轮驳队院内	三普新发现
24	日本塘沽三菱油库旧址	1940年	塘沽区水线路1270号	三普新发现
25	汉沽铁路桥遗址	1887年	汉沽区火车站上行1000米处	三普新发现
26	东洋化学工业株式会社汉沽工厂旧址	1938年	汉沽区新开南路东侧	不可移动
27	大港油田港五井	1945年后	大港区马棚口村北	三普新发现
28	天津石油化纤总厂化工分厂	1945年后	大港区上古林村西	三普新发现
29	洋闸遗址	民国初年	大港区中塘镇赵连庄村	三普新发现

尽管我们已经完成了普查工作，但是普查带给我们很多需要思考的问题。不同的遗产有不同的完整性指标，上述《北京文件》强调了文物建筑及周边环境的完整性，提出了"对一座文物建筑，它的完整性应定义为与其结构、油饰彩画、屋顶、地面等内在要素的关系"。那么工业遗产的完整性是什么？

在普查中我们注意到有单体建筑，也有厂区，有涉及一系列的相关遗产，甚至涉及其他地区的遗产。例如表3-3-1中3、5、7、8、15、17~23、25、27、29都是独立型工业遗产，1、9、10、14、26、28等都涉及厂区的问题。而且厂区和部分单体建筑也涉及生产线的问题，从类型上看综合了军事海防类、海洋化工类、交通运输类等多个种类，涉及产业链的问题，甚至跨越行政区域的界限。如何思考完整性基本单元？

我们可以从《指南》获得启示：No. 92强调了"遗产美景"，在工业遗产上可以理解为工业景观的完整性；No. 93强调了依存关系，在工业遗产中住宅、学校、研究所等附属设施和工业遗产有很强的依附关系，因此是完整性的一部分；No. 94强调了"生态和生理过程"，工业遗产的"生产线"就是最重要的"生理过程"，因此生产线也是完整性的典型；No. 95强调了"生物区或生态系统内最具多样性的动植物特征的栖息地"，工业遗产的"产业链"也是一个"生态系统"，它反映了多样性的工业遗产内在的不可分割的关系，因此也应该视为完整性的内容。

笔者试图把上述有关工业遗产完整性的认识体现在三种基本的工业遗产单元中，即：对"点"（遗产点）、"线"（生产线）、"面"（产业链）三种基本单元的理解。

第一种基本单元是"点"。按照《下塔吉尔宪章》的规定，"点"可为：工业遗址本身、建筑物、构件、机器和装置。在滨海新区有大沽船坞遗址、洋闸（水利设施）、日本塘沽三

菱油库、码头等，这些单独的点可
以具有独立的功能。"点"的完整
性还应该包括围绕这个"点"的工
业景观、环境以及与其相关的档案
和记忆等非物质内容。

图3-3-1 "东亚第一高楼"永利碱厂

第二种基本单元是"线"。生
产线是构成工业生产的最基本的单
元，极具工业遗产的特征。生产线
不同于街区，它的表现形式可能很
像街区，但是它不是以地理边界限
定的，而是根据生产的流程决定建筑物或者设备或者构件的设置。例如天津永利碱厂是个比
较典型的例子。永利碱厂于1919年破土动工，其中制碱的核心生产厂房——蒸吸厂房（老北
楼）共11层，高47米，当时被称为"东亚第一高楼"（图3-3-1）。

1920年永利碱厂在农商部注册为"永利制碱公司"。1921年侯德榜毕业回国并被范旭东
聘为永利制碱公司工程师，和美国机械师G.T·李共同主持工厂建设。1923年永利碱厂大部
分机器设备安装就绪，次年永利碱厂正式开始生产，但是碱色红黑相间，无法销售。侯德榜
和G.T·李对氨碱法制碱技术和设备进行不断改进和调整，先后将半圆型干燥锅换为圆筒型
干燥锅，用加少许硫化钠的方法防止出色碱，改进了锅炉加煤机，改革了化盐设备，灰窑下
灰改为自动化等，终于在1926年6月29日生产出雪白的纯碱，范旭东将其定为"红三角"牌
商标。

永利碱厂从筹划建厂到生产出雪白的纯碱，历经九年，经历了多次的失败，终于打破了
苏尔维集团的垄断，第一次在垄断范围之外成功生产出纯碱，而且是我国第一条氨碱法生产
线，在我国是开创性的。氨碱法应用期在生产工艺上以氨碱法生产纯碱，生产出来的"红三
角"牌纯碱产品在1926年8月美国费城举办的万国博览会上获最高荣誉金质奖章，1930年荣
获比利时工商博览会金奖。两次国际性大奖，充分肯定了永利碱厂的生产工艺。永利碱厂氨
碱法生产线在我国化学工业史和世界化学工业史上都具有重要的价值。图3-3-2中左侧是氨
碱法生产线。

之后又开发了联合制碱法的生产线。"侯氏制碱法"虽然是在永利川厂试验成功，但并
不是最早应用于永利碱厂。直至1968年，永利碱厂才准备建联碱工程以实现侯氏制碱法，期
间因故停工，于1970年3月再次破土兴建，至1978年底联碱工程建成并投产。至此，永利碱
厂氨碱、联碱两大产区形成，使得永利碱厂的发展迈上一个新的台阶。图3-3-2中右侧是联
合制碱法生产线。

在讨论生产线完整性的同时也包含了真实性的问题，氨碱法生产线本身是真实的历史见
证，相对其他生产线或者附属设施更占据核心地位。根据真实性和完整性的判定可以将氨

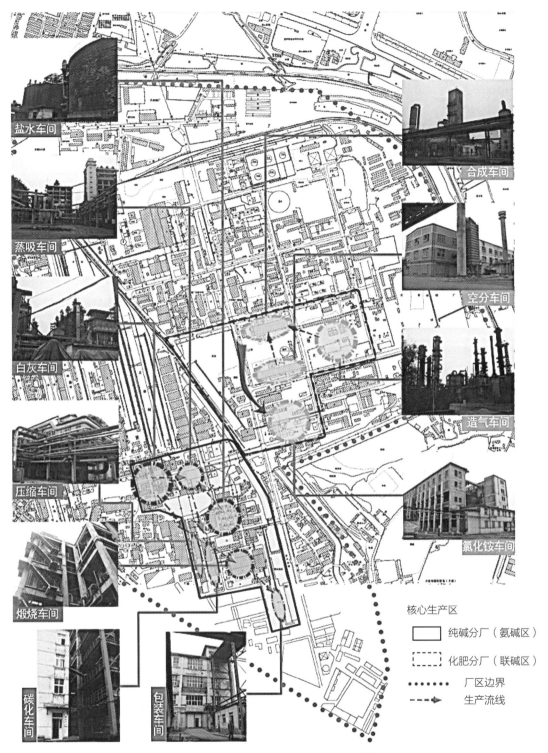

盐水车间

蒸吸车间

白灰车间

压缩车间

煅烧车间

碳化车间

包装车间

合成车间

空分车间

造气车间

氯化铵车间

核心生产区

纯碱分厂（氨碱区）

化肥分厂（联碱区）

厂区边界

生产流线

图3-3-2　永利碱厂生产线与遗产的完整性

碱、联碱两大生产线分级，把氨碱法生产线放在最重要的级别。总之，我们认为生产线是工业遗产完整性评价很重要的指标，可以以生产线为核心限定区域的边界。

第三种基本单元是"面"。在世界遗产中和完整性概念相关的有系列提名（serial nomination）、跨境遗产（trans boundary porperty）、跨国遗产（trans national property）等，著名的丝绸之路就是跨国遗产。系列提名强调的是遗产内在的联系性，这个就是本书所说的"面"。工业遗产也存在这样的有机联系。例如洋务工业开发矿山，为了运输煤炭所以开辟铁路和港口；因为有海盐资源，所以建设了碱厂、化工厂，而这些更带动了交通的发达。这样的内在关联性构成了一个完整的"产业链"，这个"产业链"讲述了中国在国际背景下近代化发展过程的故事。只要存在有机联系都应该认为属于第三种基本单元。

日本明治产业革命遗产是个典型的工业遗产群。日本称为"群"，在海港位置沿河发展，以煤炭能源类、钢铁冶炼类以及造船类工业为主，其包括的遗产点均与日本近代化历史有一定的关联性，它们之间存在着一定的故事性。该遗产在初期设定为九州、山口产业遗产，之后将整个日本明治产业革命的内容包容进来。2015年改名为"日本明治产业革命遗产——钢铁、造船和煤矿遗产"（Sites of Japan's Meiji Industrial Revolution: Iron and Steel，Shipbuilding and Coal Mining）（图3-3-3）。

我们通常所说的线性工业遗产也是一个有机的整体，如唐胥铁路、中东铁路、大运河包含一个完整的运输流程；唐山煤矿铁路连接不同矿区，构成采煤系统的完整性（图3-3-4），线性工业遗产还可能是跨境、跨国遗产。

在同一个厂区还应该考虑附属配套设施，例如黄海化学工业研究社旧址是永利碱厂的配套研究所，还有一些住宅，这些都是有机的整体。因此完整性是有多种解释的。

"点""线""面"也是一个相对的关系。"点""线""面"三者有覆盖的关系，"面"可能包括了很多生产线和"点"，生产线可能由"点"构成。记忆和故事是因人而异的，因此也是相对的。

关于完整性的认识是在不断变化的，《下塔吉尔宪章》已经把非物质遗产的内容放进完整性判断要点之内，即"这些价值是工业遗址本身、建筑物、构件、机器和装置所固有的，它存在于工业景观中，存在于成文档案中，也存在于一些无形记录，如人的记忆与习俗中"。这里工业遗产的完整性可以理解为物质遗产和非物质遗产相叠加的内容。

据此，我们提出的"点""线""面"的概念与历史文化街区或者类似街区的厂区最重要的不同点在于我们所说的工业遗产的完整性不完全是以物质边界为依据的完整性，而是以"生产线""产业链"这样的非物质遗产为主要线索，整合与其相关的工业遗址本身、建筑物、构件、机器和装置、景观和档案以及非物质遗产等内容。

工业遗产群在不同时期也会有不同的构成，因此是个活态遗产。特别是现在还有一些工业建筑依然在使用，例如滨海新区大部分工业遗产已经搬迁或者正在搬迁，但是大沽船坞甲坞则还在使用，洛阳西洞工业区也是典型案例，因此还要思考活态遗产的问题[①]。

在实际评估中一般对"点"的分级问题考虑比较充分，例如2012年9月天津市规划局编制的《天津市工业遗产管理办法》将工业遗产分为四类。2013年天津市规划局与天津市城市规划设计研究院编制的《工业遗产保护与利用规划》将工业遗产分为三类：重点保护建筑；特色建筑或者特色元素、设备；一般建（构）筑物。规划还把建筑分为不等区域，即分为保护体系和协调控制区。不同工业遗产分别有对应的政策（表3-3-2）。

保护区中的工业遗产分类   表3-3-2

编号	工业遗产建（构）筑物保护级别		定义	保护规划控制要求	保护与更新策略
I	不可移动文物		包括认定的文物保护单位、尚未核定公布为文物保护单位的不可移动文物、符合条件但尚未核定为不可移动文物的工业遗产建（构）筑物（也可称为"拟定不可移动文物"）	按《中华人民共和国文物保护法》的有关规定执行	整体保护
II	暂定文物（或生产线或设备）	A保护型	指具有一定历史、科学、艺术价值的，反映城市工业发展历史风貌和地方特色的建（构）筑物	应予以维修和再利用。确需拆除时，必须进行详细的建筑测绘，并应在原址原样复建，复建中应当利用原有的有特色的建筑构件	整体保护或部分保护
	暂定文物（或生产线或设备）	B改造型	指具有较高建筑美学价值、建筑空间与结构具有可利用性的工业建（构）筑物	可以扩建或改建，但应当与所处的工业遗产地块、历史文化街区的传统风貌相协调	整体保护或部分保护
III	一般建筑物（或生产线，或设备）		指各方面价值不足以进行保留，可以拆除，为城市更新留有空间的建（构）筑物	原则上都可以拆除更新，但要结合具体工业遗产更新策划方案	拆除或部分保护

对于"线"的完整性和"面"的完整性考虑相对较少。笔者认为生产线是工业遗产完整性的核心，也应该分级处理，例如永利碱厂，氨碱区相比联碱区历史悠久，是"红三角"牌纯碱的生产线，具有重要的历史价值，因此应该优先保护。这样可以把氨碱区定为一级，把联碱区定为二级。但是十分遗憾2012年在没有评估的情况下将其拆毁了。

对于"面"的评估更加复杂，如果是厂区就要优先保护价值较高的建筑，如果某个遗产在产业链上十分重要，即使是残垣断壁也应该保留。如果存在工厂的主体建筑和附属建筑，虽然附属建筑从完整性角度考察十分重要，但是和工业主体建筑相比应该排在后面。

目前中国的保护规划在实施过程中有很大阻力，这些价值评估和分级可以帮助我们合理处理保护和利用的关系。

---

① 温淑萍. 世界文化遗产完整性分析——兼谈沈阳故宫保护与管理[D]吉林：吉林大学，2008：22-28.

第4章

文化资本的文化学评估
——《中国工业遗产价值评价导则（试行）》的研究①

① 本章执笔者：徐苏斌、青木信夫、张蕾、于磊、闫觅。

4.1 制定导则的意义

文化资本的评估是我们关注的重点。如何评价文化资本？我们认为文化资本的评估有两个方面：一个是文化学评估，另外一个是经济学评估。就文化资本的文化学评估有几个方面值得探讨：第一是要动态地、多元地考察对文化资本的认识；第二是对文化资本的分层级评估；第三是文化学评估关注的因子的筛选。

前面章节我们探讨了整个工业遗产的价值框架，在固有价值中文化资本的价值探讨是本研究的核心（图4-1-1），这是工业遗产研究中相对缺乏的内容，例如在工业厂区或者矿山资源进行招拍挂的时候往往考虑物质资本、人力资本、自然资本的价值，但是较少考虑文化资本的价值。近年开始逐渐出现较多的探讨，我们结合国际、国内的相关文献，以及各个城市的实践、研究者的研究进行总结，总结出目前国内基本认同的因子，作为考察中国工业遗产的重要参考，一方面为遴选工业遗产对象提供依据，另一方面也为评估工业遗产的文化价值提供参考。

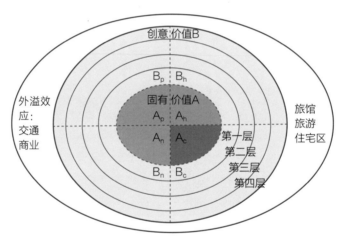

图4-1-1　固有价值中文化资本是工业遗产价值研究的关键问题

中国近百年的文化遗产保护经历了从以使用为目的的修缮到以价值为核心的保护的渐变过程。这反映了"遗产化"的过程。遗产化（heritagisation）是指将物体、地方和实践转化为文化遗产，因为这些物体、地方和实践附加了价值观，本质上将遗产描述为一个过程。2013年Rodney Harrison在《思辨的途径》（*Heritage: Critical Approaches*）一书中将遗产化定义为"物品和场所从功能性的'物品'转化为展示和展示的物品的过程"，之后遗产化的问题也开始引起关注。

在国际文化遗产保护的大背景下，中国对于文化遗产的价值认识也在逐渐深化，其结果是文化遗产种类不断增加，工业遗产就是其中较新型的遗产类型。在中国，古代建筑先于近代遗产完成了"遗产化"的过程，但是近代遗产尚处于"遗产化"的中间阶段，即很多人已经认为近代遗产具有价值，应该保护，但是还没有完全进入到"遗产化"的最后阶段，即法律保护阶段。这个时期的近代遗产十分脆弱。由于我国城镇化和产业转型的快速推进，近代遗产特别是集中反映了近代化价值的近代工业遗产面临着严峻的挑战。加速推进对工业遗产价值共识的进程迫在眉睫。

如何推进价值共识？《中华人民共和国文物保护法》（2002年）明确了"历史、艺术、科学价值"的基本框架。《中国文物古迹保护准则》（2015年）又把"文化价值""社会价值"补充进来。目前，特别需要进一步针对不同类型遗产的选定导则，为了进一步推进普查，提高共识，本课题组进行了《中国工业遗产价值评价导则（试行）》的研究。该研究包括了研究中国既有的评估方法、英国的评估方法以及问卷调查，最终确定评价指标。中国文物学会工业遗产委员会、中国建筑学会工业建筑遗产学术委员会、中国历史文化名城委员会工业遗产学部提供了良好的平台，为制定导则奠定了基础。

4.2 评估指标的遴选过程

4.2.1 工业遗产价值体系的国内以往研究

近年来，国内较多学者对工业遗产价值进行了研究，主要研究方向有：①工业遗产价值构成（林崇熙，2012；季宏 等，2012；寇怀云 等，2010；汤昭 等，2010；姜振寰，2009；邢怀滨 等，2009；李向北 等，2008；郝珺 等，2008）；②工业遗产价值评估体系（刘翠云 等，2012；刘洋，2012；张健 等，2011；李先逵 等，2011；张健 等，2010；刘翔，2009；刘伯英 等，2008；齐奕 等，2008；张毅杉 等，2008）；③工业遗产价值评价方法（刘瀚熙，2011；崔卫华 等，2011；谭超，2009；刘伯英 等，2006）；④单方面价值研究包括技术价值、社会价值和消费经济价值（季宏 等，2012；唐魁玉，2011；谭超，2009；靳小钊，2009；寇怀云，2007）；⑤工业遗产个例的价值评估（李和平 等，2012；刘凤凌 等，2011；季宏 等，2011；姚迪，2009；闫波 等，2009；吕舟，2007）等。

4.2.2 英国的工业遗产认定评价标准

英国国家层面的文化遗产保护体系中，与工业遗产相关的为"在册古迹"和"登录建筑"。前者主要针对的是考古遗址及自然或自然与人工共同构成的景观，涉及工业遗产的为

"工业遗址"；后者主要针对历史建筑和构筑物，涉及工业遗产的为"工业构筑物"。两类保护体系都有详细的认定标准，其中与工业遗产相关的认定标准文件主要包括四个：

（1）《"在册古迹"的总体认定标准》，2010年3月由英国文化、媒体与体育部颁布；

（2）《"在册古迹"中的工业遗址认定导则》，2013年3月由英国遗产局颁布；

（3）《"登录建筑"的总体认定标准》，2010年3月由英国文化、媒体与体育部颁布；

（4）《"登录建筑"中的工业建（构）筑物认定导则》，2011年4月由英国遗产局颁布。

表1-2-1汇总了上述文件中提出的一系列与工业遗址和建（构）筑物相关的评价认定标准。可以看出在文化遗产认定评价的通用原则基础上，"英国遗产"制定了对工业遗产来说更有针对性的、可操作性更强的专门性标准，并在此基础上提出了细化到各个行业部门的更为详细的细则。

英国是工业革命最早的国家，在导则制定方面值得借鉴。在英国（英格兰）的遗产体系中和工业遗产相关的主要有在册古迹和登录建筑。在早期的保护中工业建筑并不在保护名单中，只有少数工业遗产如铁桥被列入"在册古迹"。1950年开始实行登录制度，当时也只有少数工业遗产被列入"登录建筑"。2007年英国遗产局（English Heritage）发布了登录建筑分类标准，包括了工业遗产。2011年4月出版了《"登录建筑"中的工业建（构）筑物认定导则》，2013年3月又发布了《"在册古迹"中的工业遗址认定导则》，后面又有更新的版本。这些成为迄今全球范围对于工业遗产指定工作最详细的文件。

上述标准中，围绕工业遗产科技和建筑价值的界定、工业遗产的完整性与群体价值、工业遗产重建修复所产生的真实性问题、稀缺性和代表性、脆弱性、文献记录状况、潜力等方面提出了更加全面和针对性的标准，为国内标准的制定提供了重要参考。

4.2.3 课题组问卷调查

我们课题组做了两个部分的工作：第一个部分是关于一级指标的制定，这个过程是在2012年哈尔滨工业大学举办的工业遗产大会上进行的[①]。第二个部分是关于二级指标的制定，这个过程是从2013年开始的，坚持在每一年的工业遗产大会期间进行专家问卷[②]。

2012年，课题组在对国内外既往研究成果调查的基础上发放了三轮针对一级指标研究的问卷（图4-2-1，此处只列出了一位专家的三轮问卷）。课题组选取了30位专家，进行德尔菲问卷调查，通过三天三轮问卷，基本上确定了一级指标为历史价值、艺术价值、科技价值及社会文化价值。也有专家提出增补"经济价值"，这个问题我们通过不断深入研究和探讨，将本课题组的见解写入第3章"3.1 文化学视角和经济学视角并重"中。

---

① 参加者有徐苏斌、青木信夫、闫觅、孙跃杰。

② 参加者有徐苏斌、青木信夫、于磊、闫觅、赖世贤、李江等。

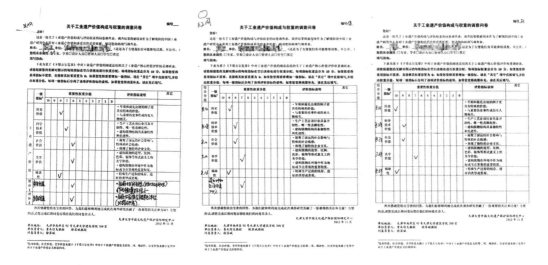

图4-2-1　一级指标的三轮调查问卷

图4-2-2　二级指标的第一轮调查问卷

随着课题组研究的深入，尤其是对英国的工业遗产价值评定标准进行了深入研究后获得启发，发现价值评估仅仅只有一级指标是不够的，需要有二级指标，一级指标对于不同类型的工业遗产来说过于笼统，于是课题组又开始了二级指标的研究，从2013年开始又进行了三轮问卷调查与专家评议。二级指标的第一轮专家问卷如图4-2-2所示（此处只列出了一位专家调查的单页），这次问卷调查与专家评议旨在筛选出合适的二级指标，并尝试确定每项指标的权重分值。该轮问卷以基本价值构成与价值影响因子组成，问卷将指标体系分成了两个层级，通过专家调查来确定是否选用这些指标，并按0～10个重要等级给每个指标赋予权重分值。

第一轮问卷回收的结果发现专家们对上述指标的选用没有太大争议，几乎都认为上述指标是合理的，但对于指标权重的争议很大。于是在武汉召开的第四届工业建筑遗产学术研讨会上继续发放了第二轮问卷，这次问卷简化了权重（表4-2-1，此处只列出了调查的单页），并举行了一次专家会议讨论，专家们对此发表了各自的意见（表4-2-2），提出了很多宝贵的建议。

标准名称		重要性等级			备注
一级标准	二级标准	非常重要	重要	不重要	
基本价值构成	1）历史价值	1-1）年代				
		1-2）与历史人物、历史事件、重要社团或机构的相关度及重要度				
		1-3）物证价值				
		新增：				
	2）科技价值	2-1）工业设备、生产工艺、生产方式的先进性、重要性				
		2-2）建筑结构、材料、建造工艺、规划设计等的先进性、重要性				
		2-3）与著名技师、工程师、建筑师等的相关度、重要度				
		新增：				
	3）美学价值	3-1）工业建（构）筑物、工业景观的视觉美学品质				
		3-2）与某一风格流派、设计师等的相关度、重要度				
		新增：				
	4）社会文化价值	4-1）精神文化价值				
		4-2）社会价值				
		新增：				
价值影响因子	5）真实性	5-1）重建和修复状况				
		5-2）保存状况				
		新增：				
	6）完整性和群体价值	6-1）地域产业链、产业集群的完整性				
		6-2）生产线［机器设备和建（构）筑物］、厂区的完整性				
		新增：				
	7）代表性					
	8）稀缺性					
	9）脆弱性					
	10）多样性					
	11）文献记录状况					
	12）潜在价值					
	新增：					

专家	专家意见
专家1	（1）价值构成和价值影响因子的关系是平行关系吗？ （2）物证价值不做二级指标，二级指标不应再用"价值"两字，如精神文化价值和社会价值，用价值解释价值不合适
专家2	（1）要分类，要分为厂区、建（构）筑物等。 （2）社会是外围价值，社会价值不好操作。 （3）二级指标要便于操作赋值。但真实性与多样性不容易赋值。脆弱性还可以。 （4）指标要简单，具有指导性，好操作，指标的包容性和覆盖性要强。 （5）要以学会名义，提出工业遗产提名名录（推荐名录）、濒危名录，要公布，扩大学术委员会的社会影响力和号召力。 （6）做过普查的省市，学会认定，推荐给地方政府，但我们要有认定标准
专家3	（1）单个项目的价值评价成为个案。 （2）明晰标准的目的，一些定量的结果也是定性的认定，要划定保护和改造利用的界限，界限一定要清楚。 （3）评价标准的权威性强，导则或指南的权威性弱，缺乏约束力，要到规范层次，甚至强制性规范。 （4）导则试行，可推荐给文物局，然后成为法规
专家4	（1）工业遗产的概念要明晰，"建筑"的提法是否合适？要不限于建筑学/规划学，要包含其他专业。 （2）遗产和文物在国内有区别，要明确遗产的定义/与文物的关系，评估标准的出发点是什么？保护。 （3）工业遗产的保护和既有建筑的改造，在中国近代化过程中工业遗产的价值，如技术史中的标志性要素，产品/技术中的第一次，国家级/地区/城市/行业。 （4）近代/现代的问题。 （5）一级指标按文物局规定，二级指标要解释，解释要通俗/要举例，如何填表/计量
专家5	（1）定性与定量，定性比定量重要，一票成立，价值绝对性。 （2）已经进入国保的现行评价标准与此的关系
专家6	（1）专家打分法，大量数据能够进行数量化计算，无这种数据则用德尔菲法。 （2）要有对比，从大量事例中做选择。 （3）特别优秀的遗产（金色地带），采用常识判定。难判断的灰色地带才打分。目前更重要的事情是要迅速判定工业遗产的保护名录。 （4）先抓金色地带，即先抓关键的遗产
专家7	（1）这个导则应尽快出台，因为目前很多都是仅凭经验判断。 （2）20世纪遗产很重要，工业遗产是其中的重要部分。 （3）非物质遗产近年提出的概念，很快建立了三级申报体系，借鉴三级申报体系建立了三级目录，国家级/省级/市县级（文化部/国家文物局）。 （4）重视民生工业，如第一个面粉厂/纺织厂，对地方影响很大
专家8	（1）首先明确导则的使用对象是谁，然后根据使用对象确定导则的语言与写法。若导则的使用对象是大众，语言要通俗易懂。 （2）基本价值构成/价值影响因子的划分不明确，代表性和稀缺性会混淆。 （3）完整性目前没有考虑景观因素（landscape），要加入景观/自然条件。 （4）"多样性"这个指标，是否可以放在"完整性"这样的指标中？ （5）"文献记录状况"这个指标，是否可以放在"完整性"这样的指标中？ （6）社会文化价值目前较弱，文学/音乐等放在何处？要体现。群众参与也应纳入，目前仍是专家视角
专家9	（1）Johnson：NPS遴选规则。 （2）定性评估重于定量评估。 （3）建立推荐名录，公开即有约束力。 （4）国保里的工业遗产先明确。 （5）Icomos和Ticcih，有行业评估标准——运河/桥梁/铁路。 （6）分类探讨，分类型/分尺度

专家	专家意见
专家10	（1）要明确导则的使用对象。 （2）认定/调查记录/管理，优秀**建筑+登记**建筑（上海的保护体系）
专家11	（1）2005历史文化名城规范。 （2）分类不清楚，如文物（文物法）、保护建筑（地方法规保护）、历史建筑/优秀历史建筑、优秀近现代保护建筑。 （3）工业遗产与中国背景下的"文物"不同
专家12	（1）确定使用对象：专家、专业人士（相关的规划设计、管理人员)? （2）目的：遗产鉴定、认定则是对工业遗产价值认识的一个完整框架。专家有各自的研究领域，实际工作易考虑不周，需要完整的判定框架。有时候，遗产仅凭一项突出价值即入选，但不是其他价值就不重要，其他价值也有其意义，既需要首先判断出遗产的突出价值，也需要把遗产的价值完整地判别出来。所以专家、专业人士也需要一个完整的判定框架。 （3）绝不是给非专业人士的，遗产鉴定本来就不应该由非专业人士来做。也不是说专家就不需要标准，专家都有自己的领域局限
专家13	细化二级指标，尤其是社会文化价值、审美价值，要举例说明。历史价值、科技价值国内已经公认了

　　这次问卷调查与专家评议反映出来的问题主要有以下几点：（1）指标体系的内在逻辑和框架问题。按价值构成（四大价值）+价值影响因子，缺点是重点不突出。可从价值构成与价值影响因子中提取出核心内容，按照一条条阐述，如年代、创新性（具体体现，如何看待机器、技术革新、建筑技术）、重建和修复、完整性（遗产构成和遗产群）、代表性和稀缺性等。这个框架也是见仁见智，关键是一条条的导则标准最重要。（2）对指标的解释要细化，每个价值指标的含义、溯源、概括、举例要清晰。（3）在指标的定性与定量问题上，定性评估应重于定量评估，有一票成立制，导则中的指标是否需要给予定量权重，多数专家认为没必要。

　　2014年在上述两轮问卷调查与专家评议的基础上，继续开展研究工作，在对第二轮的意见进行整理后，对指标体系结构进行了调整，并将指标进行了明晰、细化与凝练，归纳提出了12项评价指标，即：（1）年代；（2）历史重要性；（3）工业设备与技术；（4）建筑设计与建造技术；（5）文化与情感认同、精神激励；（6）推动地方社会发展；（7）重建、修复及保存状况；（8）地域产业链、厂区或生产线的完整性；（9）代表性和稀缺性；（10）脆弱性；（11）文献记录状况；（12）潜在价值。这是在前述工作的基础上，更能直接体现工业遗产特征的，较为全面覆盖工业遗产价值认识的完整框架的指标体系，更具易读和操作性。《中华人民共和国文物保护法》中的历史、科学与艺术价值相当于一级指标，而目前我们国家还没有二级指标和行业分类，课题组的初衷是先制定二级指标，二级指标是一级指标（历史、科学、艺术、社会文化价值）更为细化具体的解释，并取消了指标权重的调查，课题组的目的是建立对工业遗产价值认知的全面框架。同年向建筑学会工业建筑遗产委员会专家库的专家们发放了第三轮问卷（表4-2-3，此处只列出了调查的单页），基本得到了专家们的共识。

指标名称		是否选用	备注
历史价值	1）年代	√	时间
	2）历史重要性	√	历史地位
科技价值 美学价值	3）工业设备与技术	√	
	4）建筑设计与建造技术	√	美学价值改为艺术价值
社会文化价值	5）文化与情感认同、精神激励	√	
	6）推动地方社会发展	√	
真实性	7）重建、修复及保存状况	√	历史原貌
完整性	8）地域产业链、厂区或生产线的完整性	√	历史格局的完整性
9）代表性和稀缺性		√	两者最好分开
10）脆弱性		√	
11）文献记录状况		√	突出档案文献
12）潜在价值		√	
新增指标			

填写指南：

（1）凡决定采用的指标请在《初选指标遴选表》的"是否选用"栏中打√，凡不予采用的指标，请在"是否选用"栏中打×。

（2）如果您认为"预选指标"不理想或仍不够用，可以根据您的经验提出新的指标，填在"新增指标"中，并注明增加指标的原因及对指标的解释，所有说明请写在遴选表的"备注"栏中。

（3）在"预选指标"中未被选用的指标请说明未选的原因，所有说明请写在遴选表的"备注"栏中。

第三轮问卷调查与专家评议的反馈情况如下：在12项指标中，争议最大的是"脆弱性"指标，其余指标基本得到了大家的公认和认可（表4-2-4）。一部分专家认为"脆弱性"与"重建、修复及保存状况"指标重复，还有一部分专家认为脆弱性与工业遗产本身的价值无关。另外，对于"潜在价值"指标，一部分专家认为难以衡量，现实中不好操作。但参考英国的导则，根据专家们的综合意见还是对这两项指标予以保留。此外，这次专家评议的意见中建议首先开展我国近代早期工业遗产价值评价与保护的研究，呼吁保护清末洋务运动时期的工业遗产，尤其是这一时期的重工业遗产在中国非常稀有，价值也是相对较高的。

不同遗产类型的价值评估应该分类进行，前述有关工业遗产价值框架研究中的二级指标就是针对不同类型遗产分门别类评估的具体指标，是专门针对工业遗产的评估指标。英国在册古迹和登录建筑都有详细的分类，工业遗址是18种在册古迹之一，工业建（构）筑物（Industrial Structure）是20种登录建筑之一，每一种分类都有针对性的导则[1]。英国对整体遗产体系进行了层次划分，针对每个层次制定的导则是值得中国借鉴的。本书仅仅论述工业遗

---

[1] 青木信夫，徐苏斌，张蕾，等. 工业遗产评价认定标准研究——以英国为例[J]. 工业建筑，2014，9(44)：33-36.

产的导则，但是笔者建议其他类型的遗产也应该制定相应的导则。

专家对于12项指标的认可度

表4-2-4

年代	历史重要性	工业设备与技术	建筑设计与建造技术	文化与情感认同、精神激励	推动地方社会发展	重建、修复及保存状况	地域产业链、厂区或生产线的完整性	代表性和稀缺性	脆弱性	文献记录状况	潜在价值
96%	98%	100%	96%	98%	92%	100%	96%	98%	65%	88%	70%

4.2.4 工业遗产价值评价指标的初步遴选

在2013年的第四届工业建筑遗产学术研讨会上，课题组在综合国内学者的既往研究成果，并参考英国工业遗产价值认定标准的基础上，归纳提出了中国工业遗产价值评价的初选指标（表4-2-5）。分为两个部分，首先是围绕四大价值构成因子进行深化并提炼，其次参照英国导则和国内研究增加了真实性、完整性、代表性、稀缺性、脆弱性、多样性、文献记录状况、潜在价值等其他影响遗产价值的评价因子，其与国外以往研究和英国导则之间的关系见表4-2-5。与会专家学者围绕该导则草案进行了热烈讨论，提出了一系列修改意见。

英国工业遗产价值认定指标、国内既往工业遗产价值评价研究与
本次初选指标的关系

表4-2-5

英国工业遗产价值认定指标汇总	国内工业遗产价值评价指标研究汇总	本次初选的工业遗产价值评价指标
物证价值 历史价值 （含建筑价值和科技价值） ·年代 ·历史重要性 ·建筑价值 ·技术革新	历史价值 ·时间久远 ·时间跨度 ·与历史人物的相关度及重要度 ·与历史事件的相关度及重要度 ·与重要社团或机构的相关度及重要度 ·在中国城市产业史上的重要度 科技价值 ·行业开创性 ·生产工艺的先进性 ·建筑技术的先进性 ·营造模式的先进性	历史价值 ·年代 ·与历史人物、历史事件、重要社团或机构的相关度及重要度 ·物证价值 科技价值 ·工业设备、生产工艺、生产方式的先进性、重要性 ·建筑结构、材料、建造工艺、规划设计等的先进性、重要性 ·与著名技师、工程师、建筑师等的相关度、重要度
美学价值	美学价值 ·产业风貌 ·建筑风格特征 ·空间布局 ·建筑设计水平	美学价值 ·工业建（构）筑物及景观的视觉美学品质 ·与某风格流派、设计师等的相关度、重要度
共有价值 ·纪念和象征价值 ·社会价值 ·精神价值	社会文化价值 ·归属感 ·推动当地经济社会发展 ·与居民的生活相关度 ·企业文化 精神情感价值 ·精神激励 ·情感认同 生态环境价值 ·自然环境 ·景观现状 ·人文环境	社会文化价值 ·精神文化价值 ·社会价值

英国工业遗产价值认定指标汇总	国内工业遗产价值评价指标研究汇总	本次初选的工业遗产价值评价指标
真实性 ·重建和修复 ·现存状况	真实性	真实性 ·重建和修复状况 ·保存状况
完整性 ·更广泛的产业文脉 群体价值 ·完整的厂址 ·机器	完整性	完整性和 ·地域产业链、产业集 群体价值 价值群的完整性 ·厂区完整性
代表性 ·国家价值 ·地域因素		代表性
稀缺性 脆弱性 多样性 文献记录状况 潜力	独特性 稀缺性、唯一性 濒危性、脆弱性	稀缺性 脆弱性 多样性 文献记录状况 潜在价值

注：英国工业遗产价值认定指标是在表1-2-1基础上整理而成，并参照《Conservation Principle》（2008年）中的"英国遗产"对于文化遗产价值的基本定义；国内工业遗产价值评价各条标准的提出人及文献来源参见表1-3-1。

4.3 评估指标的遴选原则

（1）兼顾指标的完备性和精炼性的原则

完备性就是要求内容要全面。工业遗产价值评估所涵盖的内容较为广泛，其指标会涉及工业遗产的方方面面，因此在指标选择上不应遗漏重要方面，应力求涵盖全面一些。但需要注意的是，我们不能单纯通过增加指标的数量来实现指标体系的完备性，因为如果指标数量过多则会加大运行成本，降低运行效率，甚至无法操作。因此还必须遵循精炼性原则。精炼性就是要求指标要少而精，尽量选择那些最具有代表性的指标。但是指标数量也不宜过少，过少则不便于检查问题所在，从而减弱指标体系的分析功能。

（2）兼顾客观性指标和主观性指标的原则

主观性指标是与客观性指标相对而言的，它是用来反映人们的主观感受及人们对工业遗产的直接体验和主观感觉的标志。它是通过对人们的心理状态、情绪、意愿、满意度等进行测量而获得的。研究证明，客观性指标与主观性指标两者常发生不一致的情况：客观的肯定性指标的上升（如收入水平的提高）并不等于人们满意程度的提高。一方面，在相同的客观性指标下往往会掩盖着不同的主观态度；另一方面，在不相同的客观性指标下也会掩盖相同的主观态度。

（3）兼顾科学研究与实际工作需要的原则

科学研究的直接目的是探索事物的内在规律性，实现其学术认识价值；实际工作的目的是要解决某种现实问题，实现其社会功利价值。本课题作为国家社科基金项目，首先是一项科学研究活动，但不能为学术而学术，为评估而评估，必须要考虑到这套指标体系将来在实际工作中的应用问题。所以在选择指标时，应该充分注意它们与实际工作联系的程度，以及相关职能部门在实际工作中使用上的便利性。

（4）兼顾国际标准和中国实际的原则

国际标准是国际上（主要是指西方社会）通用的一些评价工业遗产价值的指标，如完整性、真实性、稀缺性等。在当代全球一体化的大趋势下，我们在指标的选择上应当尽可能地与国际接轨。但是也要看到，我们和西方社会在政治制度、经济发展水平和文化传统等方面都有很多不同之处。其中有些指标并不能准确说明中国的问题，因此应当根据中国的实际情况加以灵活变通。

4.4 《中国工业遗产价值评价导则（试行）》

工业遗产固有价值中文化学视角评估的12项二级指标：

1）年代

【解释】

根据《下塔吉尔宪章》，"从18世纪下半叶工业革命开始直到今天都是需要特别关注的历史时期，同时也会研究前工业阶段和主要工业阶段的渊源"。对于中国工业遗产而言，大致可以分为三个主要的历史时期：①1840年以前，涵盖古代的手工业和早期工业遗存；②1840～1949年，中国近代机器工业萌芽和发展时期；③1949年至今，中国工业化进程全面发展的时期。

同手段（如手工业或者机器工业）、同类型（如棉纺织业）工业遗产的年代越早，越倾向于提升遗产的价值，同时如果遗产所跨越的时代较多，也可作为评判其历史价值的依据。

【举例】

1867年创办的天津机器局（图4-4-1）是清末北方兴办的第一座军工产业，这些工业遗产都因其年代早，而使其历史价值得到提升。

2）历史重要性

【解释】

指工业遗产与某种历史要素的相关性，如历史人物、历史事件、重要社团或机构等，工业遗产能够反映或证实上述要素的历史状况。同时，这些历史要素具有一定的重要性。

【举例】

1906年袁世凯于天津大沽口船坞创办了宪兵学堂，同年开办了北洋劝业铁工厂，设分厂

图4-4-1 1867年创办的天津机器局

于大沽船坞，大沽船坞改名为"北洋劝业铁工厂大沽分厂"，委托周学熙为总办。1937年，日本发动全面侵华战争，国民党爱国将领张自忠将军调224团2营进驻大沽口，7连守卫大沽造船厂。后被日本人占领，大沽造船厂变成"军事劳工监狱"。日本人先后成立了塘沽运输公司、天津船舶运输会社等机构。因其与重要的历史事件相关，而使其历史价值得到提升。大沽船坞工业遗存见图4-4-2。

图4-4-2 大沽船坞甲坞

3）工业设备与技术

【解释】

指工业遗产的生产设备和构筑物、工艺流程、生产方式、工业景观等所具有的科技价值和工业美学价值。

其中科技价值指工业遗产在该行业发展中所处的地位，是否具有革新性或重要性。如工业遗产率先使用某种设备，或使用了某类重要的生产工艺流程、技术或工厂系统等；此外，与该行业重要人物，如著名技师、工程师等，或重要科学研究机构组织等相关，亦能提升遗产的价值。

工业设备、构筑物、工业景观同时可能具有独特的工业美学价值，可以从产业风貌、规划设计、空间布局、体量造型、材料质感、色彩搭配、细部节点等角度评价视觉美学，也可进一步包括与工业遗产地及其功能相关的气味、声音等其他视觉以外的感官品质。

【举例】

1878年开滦煤矿成立初期从英国引进大维式抽水机（亦称往复式水泵），这是我国引进的第一台水泵；1906年开滦煤矿从比利时引进一台1000千瓦的万达往复式双引擎交流发电机和两台直流发电机，这是中国近代煤矿用电的开端；1910年开滦马家沟矿从德国引进两台电力驱动的开普尔通风机，这是中国引进的第一台电力通风机。以上都因其率先使用了某种先进的设备，而使开滦煤矿的科技价值得到提升。

1917年创建的天津永利碱厂与我国近代著名化工学家侯德榜、实业家范旭东，以及科研机构"黄海化学工业研究社"密切相关。1923年由侯德榜所主持建设完成的永利碱厂是我国第一条苏尔维法制碱生产线，打破了国外的技术垄断。天津永利碱厂工业遗存见图4-4-3。

图4-4-3　天津永利碱厂生产纯碱的重要设备白灰窑

4）建筑设计与建造技术

【解释】

工业遗产中的建筑设计、建筑材料使用、建筑结构和建造工艺本身，也可能具有重要的科技价值和美学价值。如早期的防火技术、金属框架、特殊的材料使用等，有助于提升工业遗产的科技价值。

同时，一些工业建（构）筑物具有特定的建筑美学价值，如是著名建筑师的作品或代表了某一近代建筑流派，因此体现了近代建筑艺术风格的发展，有助于提升工业建筑的建筑美学价值；同时，亦可从产业风貌、规划设计、空间布局、体量造型、材料质感、色彩搭配、细部节点等角度评价工业建筑本身的视觉美学品质。

【举例】

天津津浦路西沽机厂（图4-4-4）始建于1909年，由清政府借款，德国人承建并代管，时称津浦铁路局天津机厂；1937年改称华北交通株式会社天津铁道工厂；1949年改称平津铁路管理局天津工厂。它是表现主义建筑样式在中国传播的典型代表，采用砖结构。

图4-4-4　天津津浦路西沽机厂

5）文化与情感认同、精神激励

【解释】

指工业遗产与某种地方性、地域性、民族性或企业本身的认同、归属感、情感联系、集体记忆等相关，或与其他某种精神或信仰相关。

一些大型工业企业在中国近代史中占有重要地位，尤其是近代中国人自主创办的民族工业，往往承载着强烈的民族认同和地域归属感。同时，近代工业企业（包括外国企业）所树立的企业文化，如科学的管理模式、经营理念和团体精神等，存在于企业职工、地方居民的集体记忆之中，成为当地居民和社区的情感归属。

【举例】

天津永利碱厂打破了西方百年来的技术垄断，研制出我国第一条苏尔维法制碱生产线，永利氨碱法生产线在我国化学工业史乃至世界化学工业史上都具有重要价值，凝聚着国人实业救国、奋发图强的精神，激发今人的民族自尊心、爱国心和勤奋学习的精神。1914年天津永利碱厂董事合影见图4-4-5。

北洋水师大沽船坞是中国重要的民族教育和爱国主义教育基地。大沽船坞是中国近代史上中华民族不畏强暴、抵御帝国主义入侵的重要场所，具有振兴民族、发奋图强的教育意

图4-4-5　1914年天津永利碱厂董事合影

义。大沽船坞是中国近代工业的摇篮，展示了杰出的工业技术成果，有助于激发爱国热情与民族自豪感，对社会主义精神文明建设具有重要意义。

6）推动地方社会发展

【解释】

指工业遗产在当代城市发展中对于地方居民社会所发挥的作用，如历史教育、文化旅游等，以及与居民生活的相关度，如就业、工作、居住、教育、医疗等。

【举例】

开滦煤矿始建于1878年，是洋务运动中兴办最为成功的企业之一，它在中国百年工业史上具有里程碑意义，堪称中国近代工业的活化石。因开滦煤矿的发展而兴起了两座城市——唐山因煤兴市、秦皇岛因煤建港。开滦煤矿的发展带动了唐山水陆交通的发展，使唐山逐步形成了完整的交通体系，先进的工业与发达的交通刺激唐山商品经济的迅猛发展，吸引大量人员的集聚，使唐山从一座小村庄发展为一座近代化城镇。

7）重建、修复及保存状况

【解释】

工业遗产保存状况越好，其价值会相对得到提升，当遗产的劣化和残损达到某种程度时，会影响其所传递信息的真实性，进而影响到遗产价值的高低。对工业遗产的改造应具有可逆性，并且其影响应保持在最小限度内。通常，改建和重建的程度越高，越会对遗产的真实性造成影响，但是对于工业建（构）筑物，部分的重建和修复常常与其生产流程相关，其改变有可能与某个技术变革相关，因而本身就具有要加以保护的价值，需要谨慎加以评判。

【举例】

津唐铁路中最为重要的铁路桥当属汉沽铁桥，它是中国最早的铁桥，也是当时最大的铁桥，而且使用了旋开桥的形式。此桥经历了4次重建，分别是：最初建于1887年，次年建成，1900年八国联军侵华时毁坏；1901～1904年，德国工兵架设临时木桥，这是汉沽铁桥的第二次修建；第三次修建是1904年起重新修建的汉沽铁桥，日本技师曲尾辰二郎从1905年7月到11月负责监督了汉沽铁桥的架设，由曲尾辰二郎监督架设的汉沽铁桥为单轨铁桥，1943年在距离汉沽铁桥90米远又加设了一条单轨曲线钢桥；1906年、1943年相继建成的两座汉沽铁桥在1976年唐山大地震后桥墩发生了倾斜，之后陆续拆除并架设新桥，现存钢桥建成于1981年（图4-4-6）。目前1906年、1943年建成的两座汉沽铁桥的桥墩依然保存完好。因其改建和重建的程度较高，降低了汉沽铁桥的真实性。

图4-4-6　汉沽铁桥遗址和新桥

8）地域产业链、厂区或生产线的完整性

【解释】

工业生产不是孤立的生产过程，而是各类生产部门之间互为原料、相互交叉，因此工业遗产应把更大区域的产业链纳入工业遗产价值评价的考虑范围，如原材料的运输、生产和加工、储存、分发等；同时，工业生产在历史上还可能形成一系列类似产业组成的地域集群，

也应被考察。以上这种地域产业链、产业集群的完整性能够赋予遗产群整体及其中单件遗产以群体价值，即一处遗产单独看价值可能不一定很高，但能够与地域的产业群相关，则其自身的价值有可能获得极大提升；如果能够保护完整的遗产群体，那么其以群体面貌呈现的价值也将获得极大提升。

【举例】

开滦煤矿的运输基础设施有淡水水路运输（运煤河）、海路运输、铁路运输等，联系了整个华北地区，形成了广泛的工业环境，其直接导致了中国第一条自主修建的铁路——唐胥铁路的产生。开滦煤矿的工业遗产群（图4-4-7）分布在唐山、开平、古冶等地，拥有唐山矿、马家沟矿、赵各庄矿、林西矿等。随着开滦煤矿的发展，也促进了一些其他类型工业的产生与发展，如其附属生产的工厂就有机修厂、水泥厂、砖厂、采石厂、焦炭厂，其中唐山矿机修厂是中国近代煤矿史上的第一个机修厂，启新水泥厂是国内最早的机械水泥制造生产企业，马家沟砖厂是国内第一个原料粉碎机械化、烧成采用倒焰式窑炉的耐火材料企业。

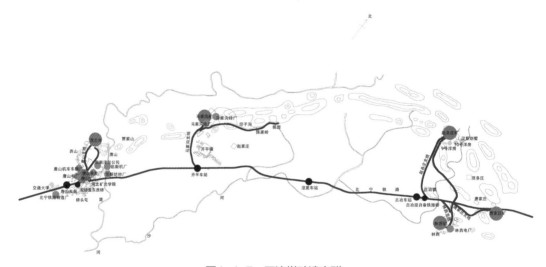

图4-4-7　开滦煤矿遗产群

【解释】

生产线是体现工业生产逻辑关联性基本单元的概念，遵循工业生产逻辑性是体现其价值的要点。工业厂区是个地理范围的概念，但是由于生产线往往包含在厂区中，也因为厂区可以包括从生产到职工福利设施等一系列功能组群，因此以生产线和厂区表现完整性。完整性是工业遗产价值评价的重要方面。在考虑完整性时需要详细考察体现完整生产流程的工业建（构）筑物、机器设备、基础设施、储运交通设施等，同时还应考察企业的相关配套设施，如住宅、学校、医院、职工俱乐部等福利设施，它们也是反映工业遗产价值的一部分。包含上述一系列生产线或生产及其相关活动的厂址，比那些仅存一部分生产流程的厂址更加具有重要性；而在一个相对不完整的厂址上，孤立存在的建（构）筑物价值会受到重要影响，除非其自身具有足够的重要性。另外，随着交通的发达有可能出现跨地区的生产线形式，在界定完整性时应该优先考虑工业遗产的内在逻辑关联。

【举例】

1915年始建的久大精盐公司，就包含了从生产到职工福利设施等一系列功能组群，包括：主要生产车间，如搅拌池、碳酸镁沉淀室与干燥车间；衍生生产车间，如碳酸镁仓库与碳酸镁干燥室；辅助用房，如水池、库房与办公等；此外还包括图书馆（即从事科研的黄海化学研究社）、宿舍、医院、浴室等服务用房（图4-4-8）。

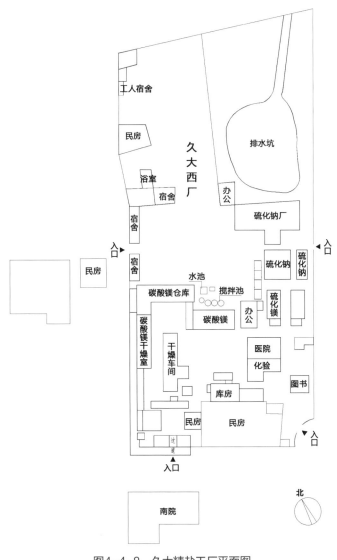

图4-4-8　久大精盐工厂平面图

9）代表性和稀缺性

【解释】

代表性指一处遗产能够覆盖和代表广泛类型的遗产，在与同类型的遗产相比较时其具有更高的价值和重要性，尤其是对于比较常见的遗址类型或构筑物，代表性是评判其价值高低的重要原则。同时还应考虑各种类型的均衡性，代表性应能够覆盖不同时期、不同类型、不同地域的工业遗产，尤其是在全国范围内影响广泛的产业类型，其代表性遗产会具备更高的价值。

同时，如某项遗产是该类型遗产的罕见或唯一的实例，则具有更高的价值，有必要在区域或国家范围内对该类型的所有遗产加以比较和遴选。通常，既稀缺又具有代表性的遗产具有更高的价值。

【举例】

中东铁路是19世纪末20世纪初中国境内修筑的最长铁路，见证了中国 20 世纪早期工业化、近代化、城市化的社会经济发展历程。中东铁路跨越多个省份、多样化的自然地理区域，涉及多个遗产类型、多种文化要素，是一个规模庞大、体系复杂的线性工业遗产系统，遗产的完整性和系统性在全国具有代表性和唯一性，因而需要受到重点保护。

北洋水师大沽船坞位于天津市滨海新区中心商务区，中心商务区的交通干道中央大道穿过遗址，原来的方案要开挖基坑然后回填，这样将破坏所有的船坞遗址，包括各个时期的有代表性的木屋架轮机车间、混凝土坞、木坞、泥坞。轮机车间木屋架（图4-4-9）是中国现存为数不多的洋务运动时期的遗构。大沽船坞是洋务运动时期中国北方具有代表性的遗构。

图4-4-9　大沽船坞轮机车间内部木屋架

10）脆弱性

【解释】

作为一项辅助性的价值评价标准，是指某些遗产特别容易受到改变或损坏，如一些结构形式特殊或复杂的建（构）筑物，其价值极有可能因疏忽对待而严重降低，因而特别需要受到谨慎精心的保护，从而提升其值得受到保护的价值。

【举例】

上述北洋水师大沽船坞同样具有脆弱性。

11）文献记录状况

【解释】

《下塔吉尔宪章》在工业遗产的维护和保护中指出："鼓励对存档记录、公司档案、建筑物规划及工业产品的试验样本进行保存。"如果一个工业遗产有着良好的文献记录，包括遗产同时代的历史文献（如历史地图、照片或记录档案）或当代文献（如考古调查发掘等），都可能提高该遗产的价值。

【举例】

青岛啤酒厂早期建筑工业遗产，主要是指始建于1903年保存至今的办公楼、宿舍楼和糖化大楼，它们共同构成了啤酒博物馆的主要馆舍。建筑由德国汉堡阿尔托纳区施密特公司施工兴建。现已将啤酒厂办公楼和宿舍楼置换为功能相近的百年历史文化陈列区，该区以丰富翔实的历史图片或文字史料展现了青岛啤酒悠久的历史、所获荣誉、青岛国际啤酒节以及国内外知名人士参观访问的盛况。原本用作啤酒生产的糖化大楼则相应置换为生产工艺陈列区，该区展示的是青岛啤酒厂的老建筑物、老设备及车间环境与生产场景。该工业遗产有着良好的文献记录，提高了该遗产的价值。

12）潜在价值

【解释】

《下塔吉尔宪章》中指出："要能够保护好机器设备、地下基础、固定构筑物、建筑综合体和复合体以及产业景观。对废弃的工业区，在考虑其生态价值的同时也要重视其潜在的历史研究价值。"

潜在价值是指遗产含有一些潜在历史信息，具备未来可能获得提升或拓展的价值。如某些遗产由于时代久远、埋藏于地下，只能使用考古调查技术才能发现其潜在的信息和价值。或一些近代由于技术保密而未能留下很多档案的遗产，未来可通过对其产品、生产过程中产生的废渣及场地中的遗留物的深入分析，得出一些未知的信息。如果能够证明一处工业遗产具有这类潜力，则能够提升遗产的价值。

【举例】

北洋水师大沽船坞的"乙"坞、"丙"坞、"丁"坞、"戊"坞、"已"坞和蚊钉船坞都被
埋藏于地下（图4-4-10），等进一步的考古挖掘研究之后，或许可以发现潜在的信息如早期
的船坞建筑技术等内容，从而提高大沽船坞的价值。

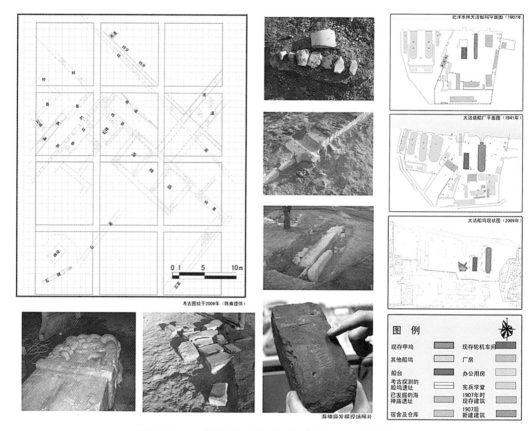

图4-4-10　北洋水师大沽船坞海神庙遗址考古挖掘

4.5　文化资本文化学评价案例研究：以开滦煤矿价值评估为例①

由于开滦煤矿在中国近代煤矿史上的地位，以及保有20世纪以来较完整的企业原始档
案，因此关于开滦煤矿的研究一直是近代史、企业史、工业史、经济史等领域中的热点。其
中从近代史、企业史角度对开滦煤矿的研究主要包括其自身的创办发展演变过程、辐射影响

---

① 本节执笔者：郝帅、徐苏斌。

作用，以及与唐廷枢、李鸿章、洋务运动的关系。南开大学经济研究所针对开滦矿权的演变进行了一系列相关研究，复旦大学经济研究所的陈绛从经济角度论述了开滦煤矿的交通运输、成本利润、营销管理等内容。关于开滦煤矿技术史部分的研究相对缺乏，主要有陈真的《中国近代工业史资料》第四辑、《开滦煤矿志》第二卷、《中国近代煤矿史》及《开平煤矿近代化进程简论》。此外，虽然关于工业遗产的研究已有相当多成果，但关于矿山类工业遗产的研究并不多，且研究重点在于如何保护利用，而对于唐山工业遗产的研究情况亦是如此。

可见对开滦煤矿技术史的探讨少有涉及，且基于技术史对其工业遗产价值的评估及遗产群的分析基本处于空白。天津大学中国文化遗产保护国际研究中心国家社科重大课题组提交"中国第四届工业建筑遗产学术研讨会"（2013年11月，武汉）内部讨论用的《工业遗产价值评价标准体系研究专家调查问卷》征求意见稿，经进一步修改，于2014年5月29日在中国文物学会工业遗产委员会成立大会上发表《中国工业遗产价值评价导则（试行）》（以下简称《导则》），成为在历史、科技、艺术价值大框架下针对工业遗产价值认定的第一个分类遗产导则。笔者以《导则》为基础，在深入研究开滦煤矿技术史的基础上，探讨开滦煤矿工业遗产的价值。目的除了深入挖掘技术史外，以开滦煤矿为案例，讨论《导则》的可行性。笔者没有使用定量评估进行文化学评估，因为文化学评估中使用定量评估（权重的方法）在进行不同遗产的比对时有效，当只进行一个遗产的阐述时主要评估其价值所在，这样的评估同世界遗产评估。

图4-5-1为开滦煤矿技术史，主要包含两大部分：自身引进的技术与设备以及辐射影响作用。

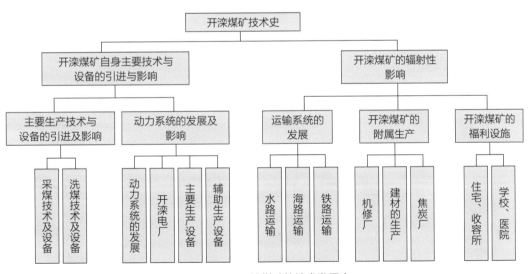

图4-5-1　开滦煤矿的技术发展史

4.5.1 开滦煤矿工业遗产历史价值的认定

工业遗产历史价值标准为年代和历史重要性。年代越早越倾向于提升遗产的价值，同时如果遗产所跨越的时代较多，也可作为评判其历史价值的依据。历史重要性指工业遗产与某种历史要素的相关性。

依据上述评价标准对开滦煤矿历史价值进行分析（表4-5-1）。从表中可以看出，开滦煤矿的历史价值主要体现在年代较久远、时代跨度较大，且其历史发展过程不仅涉及多个国内外不同行业的重要历史人物，同时所发生事件也是当时政治、经济上的重大事件。

开滦煤矿最具代表性的设备

表4-5-1

设备类型	国家	时间	数量	型号	意义	备注
动力设备	比利时	1906年	3	万达往复式双引擎发电机	中国近代煤矿用电的开端	
洗选设备					中国第一台洗煤机	无记载
提升设备		1881年	3	150马力蒸汽绞车	中国第一台蒸汽绞车	反映了中国近代煤矿使用提升机的历史
	英国	1908年	1	1000马力蒸汽绞车	当时中国近代煤矿中马力最大的蒸汽绞车	
		1920年	4	75马力电绞车	中国第一台电绞车	
	英国	1926年	1	1340马力电绞车	当时中国近代煤矿中最好的电绞车	
通风设备	德国	1910年	2	Cappell电力驱动150马力，255马力	1910年从德国引进，最早使用的电力驱动通风机	
排水设备	英国	1878年	1	大维式抽水机	中国第一台水泵	
照明设备		1884年		Joris lamp里斯灯	中国首次使用安全灯，反映了整个中国近代煤矿照明设备的发展历史	
	比利时			Dufrane-Castiau lamp		
	英国			Cremer lamp克雷默灯		

4.5.2 开滦煤矿工业遗产科技价值的认定

工业遗产科技价值标准为工业设备与技术，建筑设计与建造技术。工业遗产的科技价值指工业遗产在该行业发展中所处地位是否具有革新性或重要性。工业遗产中的建筑设计、建筑材料使用、建筑结构和建造工艺本身，也可能具有重要的科技价值。

就开滦煤矿而言具体体现在：①煤炭生产工艺及设备部分、社会福利部分；②铁路沿线、运煤河沿线遗存以及房屋建筑部分。

煤炭生产工艺及设备部分的价值载体分为三类：一是非物质遗产，即林西矿1921年曾使用的煤炭洗选技术；二是现已不存在的但在中国近代煤炭史中占有重要地位的生产设备；三是现存的生产设备即唐山矿1号矿井和马家沟矿井。

林西矿1921年所使用的煤炭洗选技术：由于开滦煤矿自身特点，世界上当时已有的洗选技术均不能满足其要求，这促使开滦煤矿寻找最优解决办法。据1920年总矿师年报记载，开滦煤矿将Draper公司的Beetlestone系统与Mineral Separation公司的Major Tullis系统进行了创造性的结合，独创了符合自身的一套洗选煤技术。当时负责建设洗煤厂的Beetlestone先生在洗煤厂报告中提到："若能解决这些难题，同时将涉及的所有机器融为一体，我们的洗煤厂将成为世界采煤业的模范！[1]"而事实上开滦煤矿也确实做到了。虽然伴随科技的发展，它的价值载体已不复存在，但此项技术所具有的价值是毋庸置疑的。

开滦煤矿各环节的生产设备：各环节的生产设备作为其科技价值的重要载体见表4-5-1。现存生产设备：唐山矿1号矿井历经130多年，虽然井架已不是最初的木结构，但井的位置不曾改变，更难得的是1号井仍在生产中。马家沟矿矿井于1976年唐山大地震遭到破坏，震后恢复井架为钢结构、砖基础，目前保存完好。它们的存在不仅见证了开滦煤矿的发展史，也是西方采煤技术传入中国的早期见证。

社会福利设施主要是开滦医院。开滦医院是唐山第一所医院，最先引进一系列世界先进医疗设备和伦敦医院办院之法。据1926～1927年总矿师年报记载："新上任的医师Bertram Muir名声在外，以至于天津很多人都慕名而来[2]。"1925～1926年总矿师年报记载："唐山的医院可与欧洲大企业的附属医院相媲美[3]。"

建筑结构、材料、建造工艺、规划设计等的先进性、重要性部分涉及的价值载体：铁路线的相关遗存、铁路沿线车站和桥梁，以及运煤河沿线遗存、房屋建筑。其中铁路线部分遗存包括：唐胥铁路线、开马铁路线。唐胥铁路与开马铁路均采用国际标准轨距建设，唐胥铁路是中国第一条自主修建的标准轨距铁路，无论在中国近代煤炭史还是铁路史中都是重彩浓墨的一笔，是中国近代化最早采用机械运煤的见证；开马铁路为马家沟煤炭外运发挥了重要作用，见证了马家沟矿的兴衰。两条铁路线经历多次修缮，至今仍在使用，保存较好。为修建铁路线，沿线建设了一系列铁路桥，现存的有百年达道、双桥里东桥、古冶段自备铁路桥、滦河铁路大桥。其中科技价值最为突出的属滦河铁路大桥，它在经过多个外国技师建设未果的情况下，詹天佑采用压气沉箱法顺利完成建设，滦河铁路大桥历经一个多世纪，见证了中国铁路建设的历史，同时也是中国技师铁路桥梁建设技术的见证。此外，古冶段自备铁路桥为钢梁结构，铁轨铺于钢枕之上，值得说明的是它所用钢材是由山海关桥梁厂生产的，这是中国采用本国生产钢材进行铁路桥建设的历史证明。百年达道为拱型砌券式隧洞结构，建设方法据推断应为爆破式大揭盖开凿，然后砌券建设，达道从地基到券顶全部为条型料石券拱而成，十分坚固，历经唐山大地震丝毫无损，时至今日，下面仍在通行火车，上面行驶汽车。双桥里东桥是目前仍在使用的中国建设最早的铁路公路立交桥。唐山南

①　开滦煤矿档案2462[A]. 总矿师年报. 开滦煤矿档案馆藏，1920-1921：96-101.
②　开滦煤矿档案2472[A]. 总矿师年报. 开滦煤矿档案馆藏，1926-1927：48.
③　开滦煤矿档案2471[A]. 总矿师年报. 开滦煤矿档案馆藏，1925-1926：45.

站旧址是七滦线上的一等货运站，担负着繁忙的货物运输业务，配有专用线35条，专用铁道3户。它是我国历史上唐胥铁路起点的第一个火车站，也是中国铁路史上第一个火车站。它与唐胥铁路一同见证了西方铁路建设和运输管理的技术。

运煤河沿线的工业遗产点较少，有闫庄老闸口和运煤河河道。运煤河是中国第一条运输煤炭的河道，是开滦煤矿最初煤炭运输的唯一渠道。由于煤运河的打通，拉开了汉沽、丰南近代文明的序幕。在闫庄老闸口遗址处仍保留有当年导引船只过闸用的大铁环，它的位置不曾改变。只是这个老闸口上的建筑和船闸设施已不复存在，现已成为蓟运河河堤道路的一部分。

房屋建筑主要有赵各庄9号住宅、10号住宅、汉斯别墅、河北矿业学院的图书馆震后遗存。据《开滦煤矿志》记载，这些住宅建筑材料大如钢管、水泥、木料，小如玻璃、钉子，就连窗帘都是从国外运来的，其图纸设计也是聘用外国建筑师。它们是西方住宅建设技术在中国应用的历史证据。

4.5.3 开滦煤矿工业遗产社会文化价值的认定

社会文化价值包括文化与情感认同、精神激励；推动地方社会发展。前者指工业遗产与某种地方性、地域性、民族性或企业本身的认同、归属感、情感联系、集体记忆等相关，或与其他某种精神或信仰相关。后者指工业遗产在推动地方经济发展方面所起的历史作用，以及与居民生活的相关度。

开滦煤矿的社会文化价值主要体现在技术史中的辐射影响部分（表4-5-2、图4-5-2）。

开滦煤矿自身引进的技术与设备   表4-5-2

	采煤技术	洗选技术	生产设备					
			提升设备	提升辅助	通风设备	排水设备	照明设备	动力设备
时间	1920年	1927年	1881~1926年	1914年	1910年	1878年	1878~1927年	1885~1932年

	开滦煤矿的辐射影响								
	水路	铁路	附属生产					福利设施		
	运煤河	唐胥铁路	机修厂	水泥厂	砖厂	采石厂	焦炭厂	学校	医院	住宅
时间	1881年	1881年	1879年	1889年	1924年	1908年	1881年	1905年	1901年	创办初期

历史重要性	（1）1878年李鸿章、唐廷枢组织开办开平矿务局。1875~1895年期间，开平矿务局是中国近代唯一取得成功的新式煤矿
	（2）1898年在张翼督办期间，聘用胡佛（美国第31任总统）为开平矿山工程师
	（3）1901年张翼将开平矿务局出卖给英比两国，英比开平矿务有限公司成立
	（4）1902年"龙旗事件"爆发，引发袁世凯三次参奏张翼盗卖开平矿务局
	（5）1907年为与英比欺占的开平矿物有限公司抗衡，袁世凯、周学熙创办了北洋滦州官矿有限公司
	（6）1912年北洋官矿有限公司被开平矿务有限公司吞并，正式成立开滦矿务总局

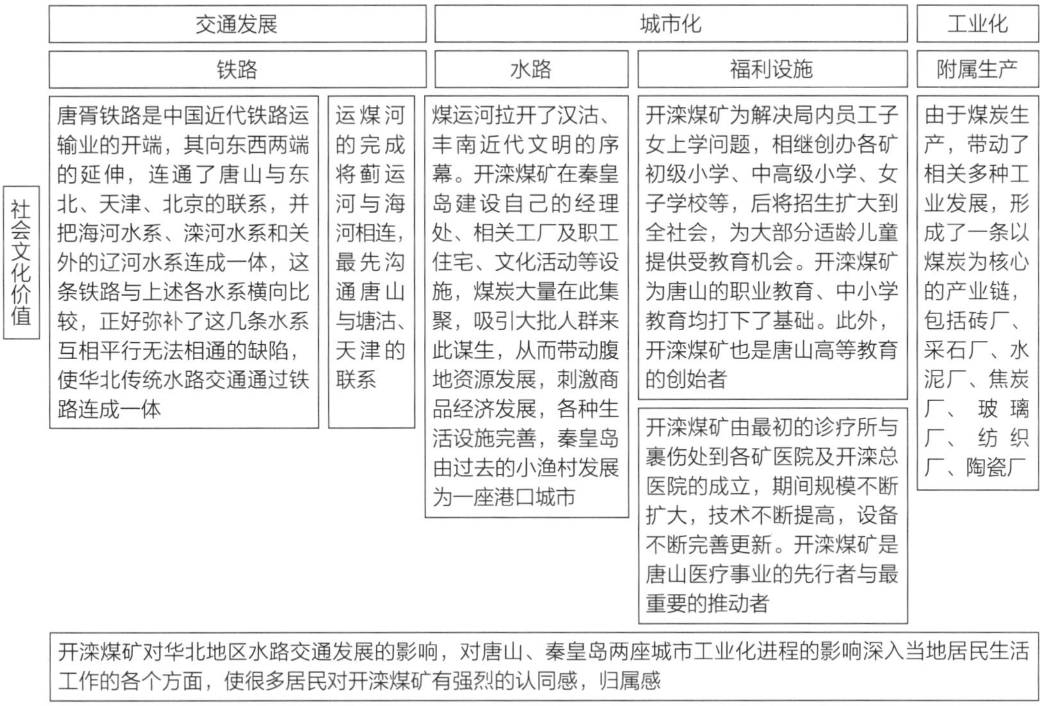

交通发展			城市化		工业化
铁路		水路	福利设施		附属生产
社会文化价值 唐胥铁路是中国近代铁路运输业的开端,其向东西两端的延伸,连通了唐山与东北、天津、北京的联系,并把海河水系、滦河水系和关外的辽河水系连成一体,这条铁路与上述各水系横向比较,正好弥补了这几条水系互相平行无法相通的缺陷,使华北传统水路交通通过铁路连成一体	运煤河的完成将蓟运河与海河相连,最先沟通唐山与塘沽、天津的联系	煤运河拉开了汉沽、丰南近代文明的序幕。开滦煤矿在秦皇岛建设自己的经理处、相关工厂及职工住宅、文化活动等设施,煤炭大量在此集聚,吸引大批人群来此谋生,从而带动腹地资源发展,刺激商品经济发展,各种生活设施完善,秦皇岛由过去的小渔村发展为一座港口城市	开滦煤矿为解决局内员工子女上学问题,相继创办各矿初级小学、中高级小学、女子学校等,后将招生扩大到全社会,为大部分适龄儿童提供受教育机会。开滦煤矿为唐山的职业教育、中小学教育均打下了基础。此外,开滦煤矿也是唐山高等教育的创始者	由于煤炭生产,带动了相关多种工业发展,形成了一条以煤炭为核心的产业链,包括砖厂、采石厂、水泥厂、焦炭厂、玻璃厂、纺织厂、陶瓷厂	
			开滦煤矿由最初的诊疗所与裹伤处到各矿医院及开滦总医院的成立,期间规模不断扩大,技术不断提高,设备不断完善更新。开滦煤矿是唐山医疗事业的先行者与最重要的推动者		

开滦煤矿对华北地区水路交通发展的影响,对唐山、秦皇岛两座城市工业化进程的影响深入当地居民生活工作的各个方面,使很多居民对开滦煤矿有强烈的认同感,归属感

图4-5-2　社会文化价值分析

4.5.4　开滦煤矿工业遗产的真实性

真实性的标准:重建和修复状况;保存状况。开滦煤矿工业遗产科技价值的真实性是本节的重点。从生产流程来看,生产流程仅仅反映了采矿业的生产顺序,因而其科技价值的真实性并不在此,而在于各个环节的生产设备。但从单个采煤生产环节来讲,开滦煤矿的洗选技术又属于有工艺流程且直接反映了该工业类型的核心技术,则其科技价值的真实性主要反映在工艺流程上。因此综合来讲,矿山类工业遗产科技价值的真实性需要依据生产环节进行整体与局部的单独分析,进行综合判定。

4.5.5　开滦煤矿工业遗产的完整性和群体价值

完整性和群体价值的标准:地域产业链、厂区或生产线的完整性。工业生产不是孤立的,而是各类生产部门互为原料、相互交叉。因此工业遗产应把更大区域的产业链纳入价值评价的考虑范围。这种地域产业链、产业集群的完整性能够赋予遗产整体及内在个体群体价值。

工业遗产群是一种有机体,在我们的研究中看似不相干的一系列遗产实际具有内在的关

联性①。开滦煤矿则是以其自身的技术发展史为
"故事"叙述线索，将各个遗产点串联成遗产群：
因为有煤炭资源，所以建设开滦煤矿；为解决
内部所需机械，降低设备进口成本，陆续在各
矿建机修厂；为提供机械化采煤所需的能源动
力，建设电厂；为解决煤炭的运输，建设铁
路、修筑运煤河，组建船队，建设多处码头港
口；为解决开滦煤矿员工技术及员工子女教育
问题、保障员工安全及身体健康、提高开滦煤矿
企业形象，几乎同步建设了学校、技校、医院、
收容所等。此外，煤炭的生产带动了相关的多种
工业发展，形成了一条以煤炭为核心的产业链，
包括砖厂、采石厂、水泥厂、焦炭厂、玻璃厂、
纺织厂、陶瓷厂等。通过上述各点之间的联系，
对开滦煤矿工业遗产群进行解析。

　　图4-5-3所展示的关系网络中心是开滦煤矿
包含的六大矿，即唐山矿、西北井、林西矿、
赵各庄矿、马家沟矿、唐家庄矿。它们不仅是
整个遗产群中最重要的遗产点，同时又形成了
各自的"子遗产群"。以马家沟矿为例（图4-5-
4），依据其生产生活的需要，矿区内包含采煤工
作区、居住区、服务设施及矿区内运输铁路。
不难看出，矿区内部已形成了一个完整的"子
遗产群"。同样，其余五矿在各自矿区内部也有
自己的"子遗产群"。因此，开滦煤矿遗产群包
含六个"子遗产群"。涉及的价值载体类型有工
厂、设备、机械、仓库、车间、学校、医院、
铁路线、桥梁等。

图4-5-3　开滦煤矿工业遗产群的内在联系图

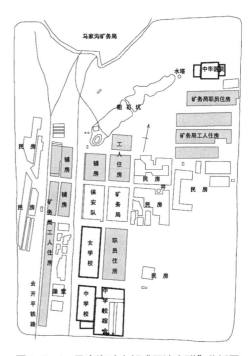

图4-5-4　马家沟矿内部"子遗产群"分析图

　　那么开滦煤矿整个大的遗产群又是靠什么串联的？答案是铁路、运河及内在的工业生产
关系。开滦煤矿内部共有七条铁路线，称"七滦线"。包括：唐山矿到林西矿（唐胥铁路的
一部分）；西北井支线，即唐山矿到西北井所用"达道"；马家沟矿至开平车站支线，即"开
马铁路"；赵各庄矿支线；唐家庄矿至古冶车站的支线；启新水泥公司支线；赵各庄矿到林

①　徐苏斌，青木信夫. 关于工业遗产的完整性思考[C]//2012年中国第三届工业建筑遗产学术研讨会论文集，2012.

西矿的支线。七条内部铁路线依据运输的需要将六大煤矿连接，涉及的价值载体类型主要有铁路线、桥梁、车站等。运河主要是在铁路建成之前发挥运输煤炭的作用的，自铁路建成后其影响力减弱，其主要涉及的价值载体类型有闸口、河道等。

最后一个串联依据是工业生产关系，它涉及的内容相对复杂，包括机修厂、电厂、砖厂、水泥厂、焦炭厂等。本节仅从各工业类型与开滦煤矿的关系加以讨论。其中，采石厂为各矿的生产提供石料；电厂为各矿机械设备的正常运转及日常生活提供所需电力；机修厂是对开滦煤矿机械设备进行维护检修，同时通过学习引进的先进设备，进行适合开滦煤矿自身使用的机械研制；焦炭厂是对各矿所产煤进行再加工；砖厂、水泥厂、陶瓷厂、纺织厂、玻璃厂等主要将煤作为生产的动力。上述各工业类型所涉及的价值载体类型主要有厂房、车间、机器设备等。现存遗产点包括：唐山机修厂于1882年从英国引进的0-2-0号小型机车，开滦中央电厂汽机间，马家沟砖厂的压砖机、车间主厂房、大象转铺地，启新水泥厂的旋转窑、1号窑厂房、2号窑厂房、凉水塔。

综上所述，开滦煤矿的工业遗产群（图4-4-7）主要包括：开滦六矿矿区内部、铁路沿线、运河沿线、与开滦煤矿具有生产联系的工业企业。

4.5.6 开滦煤矿工业遗产的代表性与稀缺性

代表性指能够覆盖和代表广泛类型的遗产，在与同类型的遗产相比较时其具有更高的价值和重要性。稀缺性指某个遗产如果是此类型遗产中罕见的或唯一的实例，则具有更高的价值。

开滦煤矿的代表性主要体现在科技价值载体上，即开滦煤矿各生产环节的设备。其年代、保存状况以及在遗产完整性中所具有的重要意义可代表同类遗产，且较为罕见。因此在具有代表性的同时又具有稀缺性，遗产价值更高。

4.5.7 开滦煤矿工业遗产的脆弱性

脆弱性作为一项辅助性价值评价标准，指某些遗产特别容易受到改变或损坏，其价值有可能因疏忽对待而严重降低，因而需要受到谨慎精心的保护，从而提升其值得受到保护的价值。开滦煤矿的脆弱性指其价值载体因科技的发展在不断变化，加之最初的建造材质多为木质，不易保存。

4.5.8 开滦煤矿工业遗产的文献记录状况与潜在价值

文献记录状况作为辅助评价标准指如果一个工业遗产有着良好的文献记录，包括遗产同时代的历史文献或当代文献，都可能提高该遗产的价值。潜在价值指遗产含有一些潜在历史信息，具备未来可能获得提升或拓展的价值。

开滦煤矿保有20世纪建矿以来的完整档案，因此一直是相关领域的研究重点。本研究的切入点即是开滦煤矿所存1912～1936年的总矿师年报。开滦煤矿所涉及的未能保存下来的遗产我们只能通过其相关文献记载进行解析。因此，保存良好的文献记录进一步提高了开滦煤矿的遗产价值。由于技术、安全等保密条件的限制，未能进行充分的现场调研，只能通过文献记录对开滦煤矿的工业遗产群进行分析，而现状中一些具有价值的载体可能会有遗漏。因而它同样具有潜在价值。

4.5.9   结语

中国工业史研究过去主要从经济史角度出发，但如果论及工业遗产的价值还需要在《下塔吉尔宪章》精神指导下重新思考。对产业链、生产线、附属设施、设备这些工业遗产独特的方面要深入挖掘。《导则》的制定就是为了推进这样的重新思考，建议在审视工业遗产价值的时候应该关注的方面。

本节在研究开滦煤矿工业与技术发展史的基础上依据《导则》强调的12个方面重新审视了开滦煤矿的工业遗产价值。通过讨论，我们认为《导则》的覆盖面较全面，基本反映了像开滦煤矿这样复杂的大型工业遗产的价值。

另外，从开滦煤矿的案例来看工业遗产的科技价值相对其他类型遗产有更为丰富的内容，其中设备技术占有十分重要的地位。因此在工业遗产价值评估中不仅要重视建（构）筑物的建造技术，还需要特别重视设备技术。

工业遗产的完整性是十分值得强调的，通过开滦煤矿工业遗产群案例分析可以看到产业链的逻辑关系，这一点在价值认定中容易被忽视，工业遗产调查往往注重单体，甚至丢弃主要生产部分而以附属建筑部分取代整个工业遗产，这都是不可取的。

在现实遗产保护中并非所有被认定的价值都能够完整地保护下来，但是保护或改造再利用都应该遵循"价值"而不是其他。《导则》反映了我国现阶段的认识水平，在目前工业遗产面临紧迫局面时可以暂时作为我国工业遗产价值认定的参考。

第 **5** 章 ————————————

解读工业遗产核心价值
——不同行业的科技价值①

① 本章执笔者：于磊、青木信夫、徐苏斌。

英国针对工业遗产将工业建（构）筑物分为采掘业（extraction）、加工与制造业（processing and manufacturing）、仓储与配送业（storage and distribution）三大门类。采掘业又分为：①煤炭、耐火土、盐和一些建筑石材；②铁矿石和其他所有金属矿石（铅矿、铜矿和锡矿等）；③露天采矿。加工与制造业又分为：石灰水泥、玉米制造（corn mills）、纺织、漂白印刷、金属加工、饮料与食品加工、酿酒、汽车制造等。仓储与配送业主要就是仓库构筑物。每个行业都有自己鲜明的特点，每个行业的年代分期、工业设备与技术、地域产业链和生产线等都不同。但是在英国的分类反映了英国的特点，例如英国有和工业遗产并列的交通遗址（收费站、铁路、运河）、海事建筑（码头、仓库）以及乡村建筑（工人住房）的导则[1]，这些在中国都被列入工业遗产。在中国工业遗产包含了比英国工业建（构）筑物更为众多的行业门类，为了便于评估需要进行分类，建议将机器大工业遗产分为：①采矿（包括煤矿、金属矿、采石业等）；②制造（纺织业、化工业、机器及金属制品、建筑材料业、饮食品工业、日用品工业和印刷业）；③运输通信（包括铁路、公路遗产）；④基础设施（下水道、自来水管道等）；⑤仓储（如仓库、中转仓库及堆场）；⑥水利海事（水坝、电站）。还有另外一种分类方法是分为重工业[2]、轻工业[3]与化工业，本研究将从重工业（采煤业、钢铁冶炼业、船舶修造业）、轻工业（棉纺织业、棉印染业、麻纺织业、毛纺织业、丝绸业）和化工业（水泥业、硫酸业）分行业解读工业遗产的核心科技价值。

5.1　采煤业

5.1.1　年代

近代采煤业的发展大致经历了四个历史时期：

（1）1875～1894年为初创阶段。此期间先后筹划开办了16个近代煤矿企业，其中使用机器且规模较大者只有基隆煤矿和开平煤矿，其余煤矿大都规模小，机器设备简陋或仍以手工为主。台湾基隆煤矿是近代第一所使用机器的新式煤矿，1878年建成投产，选购英国机器，雇佣英国矿师，日产高出当时一般手工煤窑的几十倍。1884年法国侵犯台湾，基隆煤矿遭到

---

① 《Transport Sites Designation Scheduling Selection Guide》《Maritime and Naval Buildings Listing Selection Guide》《Domestic 1: Vernacular Houses Listing Selection Guide》。

② 重工业包括钢铁、冶金、机械、能源（电力、石油、煤炭、天然气等）、化学、材料等工业。它为国民经济各部门（包括工业本身）提供原材料、动力、技术装备等劳动资料和劳动对象，是实现社会再生产和扩大再生产的物质基础。

③ 轻工业，与重工业相对，主要是指生产生活资料的工业部门。如食品、纺织、家具、造纸、印刷、日用化工、文具、文化用品、体育用品等工业。轻工业是城乡居民生活消费资料的主要来源，按其所使用原料的不同可分为两类：以农产品为原料的轻工业和以非农产品为原料的轻工业。

图5-1-1　基隆煤矿遗址

严重破坏，中法战争后煤矿的恢复工作也举步维艰，后因经营不善日渐衰落。如今基隆煤矿仍存有多处矿井遗址（图5-1-1，在一处通风井遗址上建立了"清国井遗址"的纪念碑）。开平煤矿在近代发展较好，起着机器采煤的带头示范作用，成为近代新式煤矿的代表，1881年正式投产，雇佣英国矿师工匠，向国外订购机器，机修设备较为可观。

（2）1895~1936年为渐次发展阶段。甲午战争后各国取得在华设厂采矿的权利，外资乘机掠夺中国的煤炭资源，这段时期外资或合资煤矿企业有32个，其产煤量约占全国总产煤量的一半以上，其中规模大技术先进者9个。民资在该时期亦先后开办了几十个新式煤矿，但大都规模较小技术落后，其中规模相对较大者9个（图5-1-2）。这段时期年产5万吨以上的近代煤矿共有61个，其中年产曾经达到60万吨以上的煤矿有10个，分别是：开滦、抚顺、中兴、中福、鲁大、井陉、本溪湖、西安、萍乡和六河沟煤矿。

（3）1937~1945年为抗日战争时期。当时的国民政府在西南各省开办了一批中、小型煤矿，大都设备简陋管理较落后，浓厚地保留着旧式煤窑的色彩。

（4）1946~1949年为战后回收时期。原沦陷区的煤矿多被国民政府接收，这些煤矿在经受了战争破坏之后又受到不稳定政局的影响，多数处于停产或半停产状态，能够维持正常生产的矿井寥寥无几，大都破落不堪。

5.1.2　历史重要性

通过对近代采煤业发展历程的梳理，并对历史线索中的工业遗存现状进行调查研究，整理出历史与社会文化价值突出的近代采煤业工业遗产（表5-1-1）。

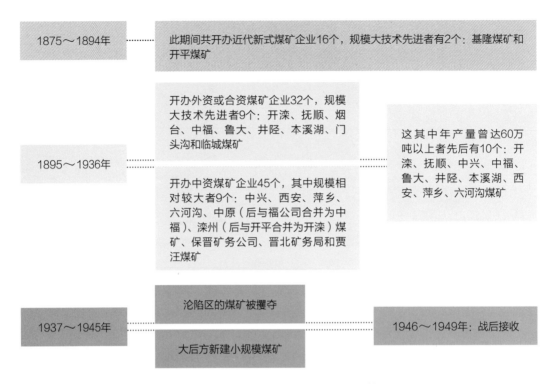

图5-1-2 近代采煤业发展历程梳理

5.1.3 工业设备与技术

近代采煤工艺分为矿井开采和露天开采。矿井开采包括了开拓系统、采煤系统，以及辅助的矿井提升与运输系统、通风系统、排水系统、动力供给系统，另外大型的煤矿还包括洗选煤系统（图5-1-3）。近代煤炭开采技术比以往手工煤窑的进步之处在于其掘进与回采有了区分，矿井的开拓、巷道的掘进与煤的回采设计上更为复杂，形成了不同的近代采煤方法。

1）开拓系统

开拓与掘进的内容包括了井、硐的形式、数目、尺寸大小及布置方式等。矿井开拓是地下采煤的第一步，近代矿井开拓方式主要有立井开拓、斜井开拓和平硐开拓三种方式（图5-1-4），此外，还增加了盲立井、盲斜井、斜坡道和石门等，设计更为复杂，开拓系统有了明确的阶段和采区划分。

2）采煤系统

近代采煤方法由"残柱法""落垛法"逐渐发展到"长壁法"（图5-1-5）。应用最早和最广的是残柱式、落垛式采煤法（图5-1-6），其回采率低且极不安全，资源浪费严重，

表5-1-1

历史与社会文化价值突出的近代采煤厂梳理

名称	开办时间	地点	意义或特点	技术特点	备注
台湾基隆煤矿	1875年筹建，1878年正式投产	台湾	中国近代第一个新式煤矿	雇佣英国矿师翟萨（David Tyzack），选购英国机器	1892年停办，后为日本占领
开滦煤矿	1877年李鸿章，唐廷枢筹建开平煤矿。1907年袁世凯成立滦州煤矿公司。1912年开平、滦州两矿"创"联合，1934年两矿合并	开平滦州	由开平和滦州煤矿组成。开平煤矿是中国大陆第一所近代机械化煤矿，建设了中国第一条标准轨距铁路，制造了中国第一台蒸汽机车。1906年开平和西冶煤矿"创建"中国近代最早的火力发电厂	开平煤矿促进了中国近代机器采矿业和铁路运输业的进程。开滦煤矿被英商骗取后，是外资在我国经营的最大煤矿之一，1922年以前，开滦煤矿年产量居全国第一，1923年以后仅次于抚顺煤矿。开滦煤矿的提升、通风与排水等设备均由蒸汽动力发展为电动力，配有发电、机修、洗煤和炼焦等厂，并结合自身特点独创了一套先进的洗选设备技术，矿场地面设备齐全。开滦煤矿提升机的更新换代，基本上反映了中国近代煤矿使用提升机的历史	今开滦煤矿早期工业遗存已被列为第七批全国重点文物保护单位，包括1878年开凿的1号井、百年达道、唐胥铁路和部分井巷等遗迹
抚顺煤矿	1904年日本非法设立抚顺采炭所	辽宁抚顺县	为新中国的建设作出了巨大贡献，抚顺也因煤矿而兴发展成煤都	1923年以后，抚顺煤矿产量超过开滦煤矿，成为当时近代中国第一大矿。抚顺煤矿设备齐全，还兼有制油、化学、制钢、窖业、水泥、火药、灯泡、安全灯等工业	2011年由抚顺矿业集团筹资兴建的抚顺煤矿博物馆成开馆，介绍了抚顺煤矿的发展历史
中兴煤矿	1878年山东峄县中兴矿局成立，1899年改称华德中兴矿股份有限公司，1908年取消"华德"字样，改为商办山东峄县中兴煤矿股份有限公司	山东峄县	是我国民族资本投资煤矿最多者，虽发展过程曲折，但总体发展迅速，快成为中国近代第三大煤矿（仅次于抚顺、开滦煤矿）	发展过程虽曲折艰难，但总体发展迅速，聘用煤矿专家，技术不断革新，1913年、1922年分别建成采用机械提升的三个大井，安装了当时德国最新的电动提升机，各井下主要石门均安装无极绳循环系，还期有电动割煤机、簸运机等	中兴煤矿遗址上建立了枣中兴煤矿国家矿山公园
中福煤矿	1898~1913年为英商福公司独办时期。1915~1925年为福、中原两公司联合经营时期。1929~1937年拆正为止，为中原、福两公司合办时期	河南焦作	生产规模大，是当时中国有限的几个大矿之一	从1898年至1937年，福公司先后三次易名。抗日战争爆发后，福公司的机器被日军占领，中原公司的机器运迁至湖南、四川等地，对战时煤炭供应起到了重要作用	今焦作煤矿遗址保留有1902年建造的1号井井架、2号井井架及井台、竖井井架、3号井井架及井筒、发电机房与卷扬机房，1910年建造的加工车间等

名称	开办时间	地点	意义或特点	技术特点	备注
鲁大煤矿	1899年德国设立华德矿务公司，1922年成立鲁大公司	山东淄川、坊子和博山	其生产规模仅次于抚顺，开滦煤矿，是当时中国有限的几个大矿之一	技术设备先进，矿井产煤量已达到相当高的水平	现淄博矿业集团日建筑群已被列为全国重点文物保护单位。坊子炭矿留有百年的竖井、井下巷道和多处德日式建（构）筑物
井陉煤矿	1898年开采，1908设立井陉矿务局	河北井陉县	当时中国有限的几个大矿之一	是近代华北地区最大的采煤厂，引进德国设备，采用国外先进的煤矿管理经验	今有百余年历史的南井井架依然矗立在原地，并留有中西风格合璧建筑群等
本溪湖煤矿	1905年日商大仓喜八郎侵占本溪矿产山。1910年成立中日商办本溪湖煤矿有限公司。1911年改名为中日商办本溪湖煤铁有限公司	辽宁本溪	是大规模的近代化煤矿	产能大，技术设备先进，1914年建发电厂，此后矿区开始改用电动力	现本溪湖工业遗产群已被列为全国重点文物保护单位，现存有本溪煤矿中央大斜井、彩屯煤矿竖井与本溪湖煤铁公司事务所旧址等
西安煤矿	1927成立西安煤矿公司	吉林辽源	当时中国有限的几个大矿之一	1931年西安煤矿公司并入东北矿务局，改名为"东北矿务局西安矿务公司"	1955年因西安县改名为辽源市，西安矿务局更名为辽源矿务局，2005年辽源矿业（集团）有限责任公司，现仍在生产
萍乡煤矿	1898成立"萍乡等处煤矿总局"	江西萍乡县	当时中国有限的几个大矿之一，煤炭的洗选能力在当时的亚洲也是首屈一指	开办之初向德国购买了大量机器设备，聘德国矿师与技师。运煤总平巷，铺设了双轨电车道，其洗煤台、炼焦炉、煤砖炉，是近代中属于首创的佼佼者	1908年萍乡煤矿与汉冶萍铁厂、大冶铁矿合组成汉冶萍公司
六河沟煤矿	1904年定名为"六河沟官煤矿"，1907年改称六河沟煤矿股份有限公司	河南安阳县	中国近代的主要煤矿之一	除开采煤炭之外，还设有铁厂，从事小规模的制铁冶炼	中华人民共和国成立后，建立了峰峰矿务局

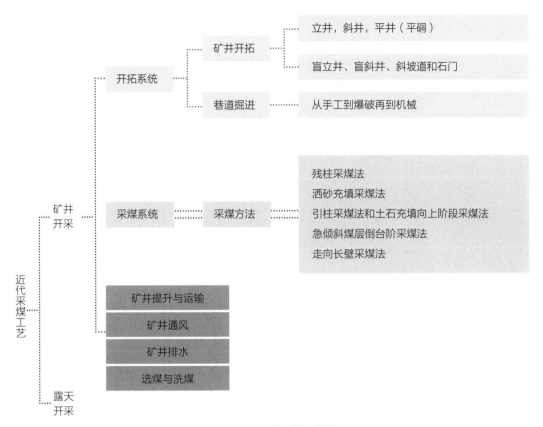

图5-1-3　近代采煤工艺简图

图5-1-4　立井、斜井、平井（平硐）展示模型

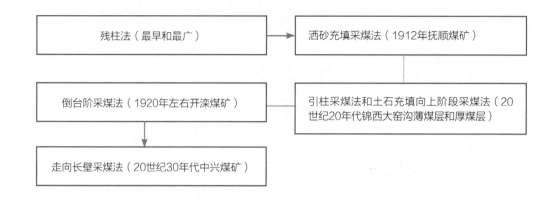

图5-1-5　近代采煤方法发展

图5-1-6　残柱式、落垛式采煤法

基本靠围岩本身的稳固性支撑采空区。之后又出现了充填采煤法，1912年抚顺煤矿采用"洒砂充填采煤法（注砂填坑采煤法）"，20世纪20年代锦西大窑沟薄煤层和厚煤层采用"引柱采煤法和土石充填向上阶段采煤法"，充填采煤法通过向采空区充填碎砂石等材料或使用支架来维护采空区。20世纪30年代中兴煤矿开始采用"走向长壁采煤法"。近代煤矿除极个别使用割煤机（图5-1-7）、电钻或风钻打眼放炮外，绝大多数仍为手工回采。

3）矿井提升与运输

近代的矿井提升大致经历了辘轳提升—蒸汽绞车提升（图5-1-8）—电动提升机，开滦煤矿提升机的使用基本上反映了近代煤矿提升机的使用历史[①]。近代煤矿的井下运输和井口

[①] 1881年最先引进近代煤矿第一台蒸汽绞车（150马力），1891年改装为500马力蒸汽绞车，1908年开滦林西矿安装1000马力蒸汽绞车，这是1906年英国的最新产品，也是近代中国煤矿中马力最大的蒸汽绞车。1920年开滦赵各庄煤矿4号井安装了75马力电动绞车，1922年又安装了1175马力电动绞车，1926年1号井安装了1340马力电动绞车，1936年唐山矿和林西矿各自安装了一台3000马力电动绞车。

地面运输基本全靠人力或畜力，仅有几个大型煤矿在主要巷道和地面使用了机械运输。1931年中兴煤矿使用过簸运机；抚顺煤矿和中兴煤矿分别在1926年和1930年在主要大巷中使用过无极绳（当时叫循环索）（图5-1-9）；只有萍乡煤矿在运输大巷中使用过架线式电机车；仅抚顺煤矿1914年以前在井口地面运输中使用蒸汽机车，1914年开始最先使用电机车；阳泉第五矿于1919年、京西房山矿于1925年使用了架空索道。

图5-1-7　割煤机、电钻打眼放炮

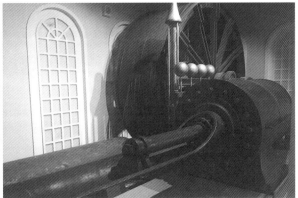

图5-1-8　开平唐山矿1899年从德国西门子公司引进的蒸汽绞车与绞车实物模型

图5-1-9　坊子炭矿遗留的无极绳

4）矿井通风和排水

从19世纪70年代开始，中国引入了西方的通风和排水技术，通风和排水设备初期使用蒸汽动力，20世纪20年代以后逐渐使用电动力。在20世纪二三十年代时，矿井已广泛使用风桥、风门、风墙和风席，局部通风机也逐渐使用。通风机有抽出式和压入式，近代煤矿多采用抽出式。抚顺煤矿的通风能力是近代煤矿之冠。近代涌水量最大的煤矿是焦作煤矿，曾安装有世界上最大、最古老的"Hathom Davey水泵"。引进水泵最早的则是开平煤矿的"大维式抽水机"（图5-1-10）。近代矿井排水时一般先把井下各处的水集中到井底水仓，然后再用水泵排至地面。

图5-1-10　中国第一台蒸汽水泵

5）选煤与洗煤

从矿井中开采出来的原煤，并不是一种单一物质，而是一种夹杂着矸石与杂质的复合物，原煤中的有机物、挥发物和固定碳等是我们所需要的，而其他组成部分如硫分、灰分、水分和磷分等则是有害的。选（洗）煤，就是将原煤经过洗选和分级等加工处理，去除掉大部分的矸石和有害杂质，分选出符合后续使用与质量要求的煤，例如冶炼钢铁时需要低硫分、低灰分的煤炭，若灰分高，则焦炭消耗量增大，高炉生产量降低，且硫分燃烧时成为二氧化硫，这种气体溶于水变成亚硫酸，腐蚀性特别强，能侵蚀炉中的金属配件。近代煤矿的洗选设备大都十分简陋，绝大多数仍旧采用手工选煤，利用煤和矸石在颜色、密度、光泽及形状等方面的差异，在水池、水槽、皮带或翻板上用人力从煤里拣出矸石、木屑、铁器及其他杂物（图5-1-11）。到20世纪40年代时全国只有9座洗煤厂，这些洗煤厂主要采用流槽和跳汰法洗煤。

图5-1-11　手工洗煤与跳汰法洗煤

6）照明、动力及露天采矿

近代矿井照明大致经历了明火灯—安全灯—蓄电池灯或电灯。露天机械采矿主要包括采掘、运输和排卸三个环节。抚顺煤矿的露天采煤是近代露天机械开采技术的缩影，其规模在当时的东亚也首屈一指。露天机械采掘过程是先用穿孔机打眼装药放炮松动岩石或煤层，再用蒸汽铲或电铲把剥离物装入车中，分别将煤和矸石运往洗煤厂和排土场。抚顺煤矿在20世纪二三十年代主要用蒸汽铲，20世纪40年代蒸汽铲、电铲并用，经采掘的露天坑有若干台阶（称采掘段），台阶高约9米，每一台阶均铺设运输铁轨（图5-1-12）。

图5-1-12　爆破、每一台阶铺设铁轨、抚顺露天矿形成的台阶

7）近代采煤业所用设备

采煤业中用到的各类机器设备包括提升设备、运输设备、采掘设备、通风设备、排水设备、照明设备、洗选设备、炼焦与动力设备等。笔者将近代煤矿中使用的各类机器设备整理如表5-1-2所示。

分类		设备名称及应用
运输设备	井下运输	簸运机 [仅中兴煤矿（1931年）]、无极绳 [当时称循环索，仅抚顺煤矿（1926年）和中兴煤矿（1930年）]、架线式电机车 [仅萍乡煤矿（1907年），且拥有36台]
	地面运输	蒸汽机车、电机车 [仅抚顺煤矿（1914年）]、架空索道 [仅阳泉第五矿（1919年）和京西房山矿（1925年）]
采掘设备		割煤机 [阳泉矿最早引进（1921年，蒸汽动力），中兴煤矿最早应用（1931年，电动力）]、电钻 [中兴煤矿最早应用（1914年）]、风钻 [萍乡煤矿最早应用（1905年）]
提升设备		蒸汽绞车 [又称高车或卷扬机，近代最大马力（1000马力）蒸汽绞车于1908年安装于开平煤矿]、电动提升机 [近代最大马力（5395马力）电动提升机于1936年安装于抚顺煤矿]、井架
通风设备		蒸汽动力通风机（抽出式和压入式）、电动力通风机（抚顺煤矿设备的通风能力为近代煤矿之冠）
排水设备		蒸汽动力的汽泵（开平煤矿引进近代第一台水泵"大维式抽水机"）、电动力的电动泵
照明设备		安全灯（抚顺煤矿的安全灯类多量大）、蓄电池灯（阳泉第二矿于1918年最早使用）、电灯（抚顺煤矿于1909年最先使用）
洗选设备		选煤机 [萍乡和开滦煤矿的机械洗选能力较强，最早开平煤矿于1880年引进近代第一台汽动选煤机；萍乡煤矿（震动式洗煤机）的洗选能力在当时的亚洲也首屈一指，开滦煤矿的设备最先进（鲍姆式和追波式）]
炼焦等加工设备		炼焦炉
动力设备		蒸汽机、发电机（最早开平煤矿于1905年安装发电机，最大者应在抚顺煤矿）

5.1.4 地域产业链、厂区或生产线的完整性

从科技价值角度分析，需要特别保护采煤业中的开拓与回采、提升与运输、通风与排水、照明与洗煤工艺的核心实物载体，在采煤厂的地面建（构）筑物中，保护可分为以下几个层次：

（1）第一种是十分理想的情况，完整地保护采煤业的核心生产区，以及采煤业辐射影响的下游产业与附属的生活用房，包括核心采煤区、动力系统用房，辅助的仓储、机修与办公建（构）筑物，因运煤而建的铁路、车站、运煤河及沿线建（构）筑物，附属的因矿区而建的学校、住宅、医院等配套生活用房，以及下游的焦炭厂、砖厂、钢铁厂等整个产业链的完整性。

（2）第二种情况是要重点保护采煤业本身工业的完整性，包括核心工艺（开拓与回采、提升与运输、排水与通风、动力）与辅助生产（仓储、机修与办公等）的实物物证。

（3）若上述两种情况在现实中依旧无法保留时，那么应保护采煤业中最核心的开拓与

回采（井坑、平巷等遗留）、提升与运输（吊车与用房、运输轨道等遗留）、排水与通风（锅炉房、泵房、烟道）等建（构）筑物及设备。

下面以近代萍乡煤矿的完整性保护为例来说明。

萍乡煤矿工业建筑群布局如图5-1-13所示。

萍乡煤矿核心的井口、井口用房与设备如图5-1-14所示。

萍乡煤矿下游产业中的炼焦厂与砖厂如图5-1-15所示。

图5-1-13 萍乡煤矿工业建（构）筑物分布图

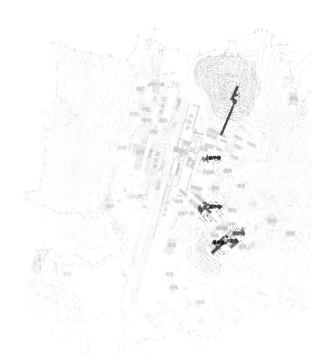

图5-1-14　萍乡煤矿核心的井口、井口用房与设备

图5-1-15　萍乡煤矿下游产业中的炼焦厂与砖厂

　　有些小型煤矿只有采煤，没有洗选与炼焦设备，大型的采煤厂内部设有洗选与炼焦设备，因此在大型采煤厂的保护中，洗选与炼焦设备属于核心生产工艺中的一环，不属于下游

产业，需重点保护。

萍乡煤矿动力系统用房与辅助的机修、仓储、办公用房及运输轨道如图5-1-16所示。

萍乡煤矿附属的学校、银行、住宅与警局等建筑群如图5-1-17所示。

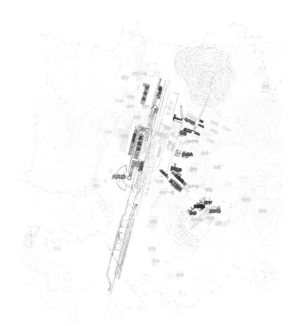

图5-1-16　萍乡煤矿动力系统用房与辅助的机修、仓储、办公用房及运输轨道

图5-1-17　萍乡煤矿附属的学校、银行、住宅与警局等建筑群

5.2 钢铁冶炼业

5.2.1 年代

近代钢铁冶炼业的发展大致经历了四个历史时期:

(1) 1885~1911年为初创时期。该时期采用新法冶炼钢铁的工厂或车间主要有4家[1]: 贵州青溪铁厂、江南制造局炼钢厂、天津机器局炼钢厂和汉阳铁厂。贵州青溪铁厂是近代中国第一家新式钢铁冶炼厂。天津机器局与江南制造局所属炼钢厂规模均较小,只炼钢没有采矿与炼铁工序。该时期规模最大、最为重要的钢铁厂为汉阳铁厂,它的成立开创了近代钢铁冶炼业的新时代,在近代钢铁史上占有重要地位,具有重要意义。

(2) 1912~1936年为渐次发展时期。该时期陆续发展起一批采用新法冶炼钢铁的企业,大致可分为三类:炼铁厂、炼钢厂和钢铁冶炼厂,其中一些钢铁厂的规模、设备和技术在当时达到了世界先进水平。该时期历史重要性相对突出的代表性钢铁厂主要有10家(图5-2-1):汉冶萍公司、鞍山制铁所(昭和制钢所)、本溪湖煤铁公司、龙烟公司、扬子机器厂炼铁厂(六河沟铁厂)、保晋铁厂、太原育才钢厂、上海和兴钢铁厂、上海炼钢厂(原江南制造局炼钢厂)和河南新乡宏豫公司,此外还有4座附属于其他兵工厂或水泥厂的小型炼钢炉,分别是启新洋灰公司、江南造船厂、沈阳奉天兵工厂与河南巩县兵工厂的炼钢炉[2],但这些炼钢炉产能都较小。

(3) 1937~1945年为抗日战争时期。日本的侵略对刚刚起步的钢铁冶炼业造成沉重打击,沦陷区的钢铁厂要么被侵占掠夺,要么毁于战火。该时期为支援抗战和适应战时需要国民政府在大后方新建或重组了一批钢铁厂,其中稍具规模的有12家[3],规模较大者且留有厂址遗迹的主要有重庆大渡口钢铁厂、二十四兵工厂、中国兴业公司和云南钢铁厂。重庆大渡口钢铁厂是战时大后方最重要的钢铁厂,二十四兵工厂是西南地区最早的炼钢厂,中国兴业公司在大后方规模仅次于重庆大渡口钢铁厂,云南钢铁厂于1941年始建,是今昆明钢铁集团的前身。其他规模较大的资渝钢铁厂和渝鑫钢铁厂等已无厂址遗迹。

(4) 1946~1949年为战后回收时期。日本投降后,其侵占的钢铁厂被接收,但由于国民政府的腐败统治,在不到四年的时间里中国的钢铁冶炼业陷入崩溃境地,尤其是战时大后方

---

[1] 李海涛. 近代中国钢铁工业发展研究(1840~1927) [D].苏州:苏州大学,2010.

[2] 方一兵. 汉冶萍公司与中国近代钢铁技术移植[M]. 北京:科学出版社,2011.

[3] 刘萍. 抗战时期西部钢铁工业兴衰评述[C]//中国社会科学院近代史研究所. 中国社会科学院近代史研究所青年学术论坛2003年卷. 北京:社会科学文献出版社,2005:270-288.
　　大致可分为四类:(1)兵工署主办,如钢铁厂迁建委员会(重庆大渡口钢铁厂,今重庆钢铁公司的前身)、二十四兵工厂(西南最早的炼钢厂,今重庆特殊钢厂前身)、二十八兵工厂(1946年停办,归并二十四兵工厂);(2)资源委员会主办,如资蜀钢铁厂、资渝钢铁厂、云南钢铁厂、电化冶炼厂、威远铁厂、昆明炼钢厂和彭县铜矿等;(3)官商合办或独资经营,如渝鑫钢铁厂、中国兴业公司、中国制钢公司等;(4)民营的小型钢铁厂。

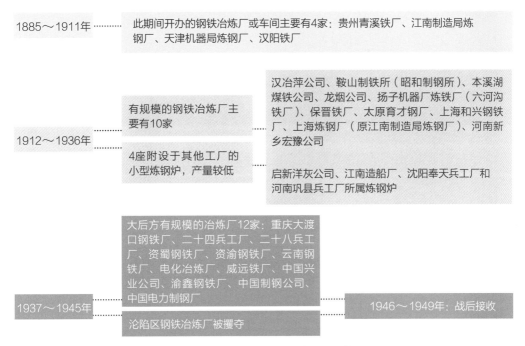

| 1885～1911年 | ········· | 此期间开办的钢铁冶炼厂或车间主要有4家：贵州青溪铁厂、江南制造局炼钢厂、天津机器局炼钢厂、汉阳铁厂 |

| 1912～1936年 | ········· | 有规模的钢铁冶炼厂主要有10家 | ········· | 汉冶萍公司、鞍山制铁所（昭和制钢所）、本溪湖煤铁公司、龙烟公司、扬子机器厂炼铁厂（六河沟铁厂）、保晋铁厂、太原育才钢厂、上海和兴钢铁厂、上海炼钢厂（原江南制造局炼钢厂）、河南新乡宏豫公司 |
| | | 4座附设于其他工厂的小型炼钢炉，产量较低 | ········· | 启新洋灰公司、江南造船厂、沈阳奉天兵工厂和河南巩县兵工厂所属炼钢炉 |

| 1937～1945年 | ········· | 大后方有规模的冶炼厂12家：重庆大渡口钢铁厂、二十四兵工厂、二十八兵工厂、资蜀钢铁厂、资渝钢铁厂、云南钢铁厂、电化冶炼厂、威远铁厂、中国兴业公司、渝鑫钢铁厂、中国制钢公司、中国电力制钢厂 | | 1946～1949年：战后接收 |
| | | 沦陷区钢铁冶炼厂被攫夺 | | |

图5-2-1　近代钢铁冶炼业发展历程梳理

新兴的钢铁厂大量倒闭，直到中华人民共和国成立后，钢铁冶炼业才得以重获新生。

5.2.2　历史重要性

通过对近代钢铁冶炼业发展历程的梳理，并对历史线索中的工业遗存现状进行调查研究，笔者整理出历史与社会文化价值突出的近代钢铁冶炼业工业遗产（表5-2-1）。

5.2.3　工业设备与技术

近代钢铁冶炼的完整工艺主要包括以下几个环节（图5-2-2）：选矿、炼焦、炼铁、炼钢与钢铁加工，此外还包括耐火材料制造、机件修造与动力提供等环节。以近代重庆大渡口钢铁厂和鞍山钢铁厂为例，大型钢铁厂区自成一套系统，重庆大渡口钢铁厂有七个制造所（表5-2-2），鞍山钢铁厂的规模更庞大，各工序一应俱全，其炼焦、炼铁、炼钢与钢铁加工形成一系列联串作业（图5-2-3）。保护应注意保留整个冶炼工艺的完整性，同时重点保护核心工艺与生产线中的关键技术载体。通过研究分析，钢铁冶炼业的核心工艺与生产线有三条：炼铁、炼钢和钢铁加工，此外应注意上、下游的产业，如煤炭炼焦生产线、耐火材料制造等也很重要。

表5-2-1

历史与社会文化价值突出的近代钢铁冶炼厂梳理

名称	开办时间	地点	意义或特点	近代设备及特点	备注
贵州青溪铁厂	1885年筹建	贵州	近代中国第一家新式钢铁冶炼厂	设备引自英国谛塞德公司（Tees-side Engine Co.），1890年出铁	后由于缺乏冶炼技术支持而于1893年失败停产，现仅剩河岸边的泊船码头、原有房屋与机器设备等均已毁，所幸保留有一块"天字一号"熟铁锭，是铁厂生产时的一批铁锭中的一块
鞍山制铁所	1917动工，1918年正式成立	辽宁鞍山	拥有近代最大和最先进的高炉冶炼设备	炼铁设备：日产350吨高炉1座；日产400吨高炉1座；日产500吨高炉1座；日产600吨高炉1座。炼钢设备：150吨平炉2座；100吨平炉4座；600吨混铁炉1座；300吨预备精炼炉3座。1919年1号高炉投产；1921年2号高炉投产；1930年建成3号高炉并入昭和制钢所	中华人民共和国成立后集中全国力量首先建设鞍山钢铁，是"156"的重点项目之一，2005年建成于1919年的1号高炉熄火停产。现鞍钢集团利用旧厂二烧车间旧厂房改造建成"鞍钢集团展览馆"，并将1919年建成的1号高炉移迁至展览馆新址，与展览馆展示合为一体，展览馆展示与收藏了数钢的百年历史
汉冶萍公司	1908年	湖北	近代中国第一家大型钢铁联营企业，远东第一流的钢铁企业	炼铁设备：（汉阳铁厂）日产250吨高炉2座；日产75吨高炉2座。（大冶铁厂）日产450吨高炉2座。炼钢设备：日产60吨马丁炉7座	1889~1904年是汉阳铁厂的初创期；1904~1908年是汉冶萍厂技术改造和第二期建设期；1908~1919年是汉冶萍发展的黄金期；1919~1928年为衰落期。今汉冶萍煤铁厂矿旧址已被列为第六批全国重点文物保护单位，遗留下了两座化铁炉、高炉栈桥、卸矿机、瞭望塔、天主教堂和日欧式建筑群等
龙烟公司	1919年成立	北京石景山	近代华北地区最早的钢铁厂之一，标志着北京近代钢铁冶炼的起步，今首钢的前身	炼铁设备：日产250吨高炉1座。高炉的设计及其附属设施在当时亚洲称得上是最佳的，设计和建造精良	设备引自美国，聘用美国技术人员，但战前数百万投入没有炼出一吨铁，抗日战争时期被日军占领后才强制开工炼铁，改名石景山制铁所，1945年时国民政府接收更名为石景山钢铁厂，直到1948年石景山才得以解放。2010年为保护环境首钢完成搬迁，厂区留下了大量工业遗产，第一蓄水池等近代建设区域已被列为工业遗产保护区，厂区南侧的六个筒仓也被改造成创意办公场所

名称	开办时间	地点	意义或特点	近代设备及特点	备注
本溪湖煤铁公司	1905年筹办，1912年改称"本溪湖商办煤铁有限公司"	辽宁本溪湖	近代中国东北第一家大型钢铁企业，它的建成投产结束了汉冶萍公司作为中国唯一的一家钢铁联合企业的历史	炼铁设备：日产140吨高炉2座；日产20吨小炼铁炉2座。炼钢设备：电炉。1915年电炉1号钢开始试生产；1917年2号高炉投产；1941年和1942年分别建成了3号、4号高炉。	经营范围包括采煤、采矿和制铁事业。中华人民共和国成立后本溪钢铁是"156"的重点项目之一，为新中国的建设作出了重要贡献。今本溪钢一铁厂旧址，存有本钢一铁厂旧址、本溪煤矿中央大斜井、彩屯煤矿事务所旧址等，其中本钢一铁厂的遗存有1915年投产的1号高炉与本溪湖煤铁公司坚井与1915年高炉与热风炉、1930年建成的2号黑田武媒田式焦炉厂局部、1935年建成的炼结车间等
扬子机器厂炼铁厂	1907年	湖北汉口	兴建时间早，后续发展时间长	炼铁设备：日产100吨高炉1座	1919年建有日产约百吨的炼铁高炉一座，高炉由美国公司设计，1920年出铁。1923年由六河沟煤矿公司接办。抗战时期高炉已迁至大渡口
宏豫公司	1911年	河南	河南地区最早最大的新式炼铁厂	初期从美国购买设备，有日产约25吨的炼铁炉一座	其烟囱等构筑物沿用至中华人民共和国成立后的新乡市线材厂
保晋铁厂	1917年	山西阳泉	山西地区第一家大型民资炼铁厂	炼铁设备：日产20吨高炉1座	隶属于保晋公司。主要以制炼生熟铁为主，今保晋铁厂旧址已建立起保晋文化园
上海和兴钢铁厂	1917年	上海浦东	近代少数几个民资炼铁厂之一。是中华人民共和国成立后上海第三钢铁厂的前身	炼铁设备：日产12吨高炉1座；日产35吨高炉1座。炼钢设备：10吨碱性平炉2座	初期从德国购买10吨和25吨两座炼铁炉，1922年后该厂转思路，又添置了两座碱性炼钢平炉，成为集炼铁、炼钢与轧钢于一体的工厂
太原育才钢厂	1932年	山西太原	山西省育才炼钢之先河	炼钢设备：日产20吨炼钢炉1座	中华人民共和国成立后太原钢铁部分改建，太钢前身原为太原矿厂山机器厂
上海炼钢厂	原江南制造局炼钢厂部分改建	上海	兴建时间早，后续发展时间长	炼钢设备：平炉2座，每日共产约30吨	系就江南制造局中炼钢车部分改建，后迁入大渡口。近代期间曾几次易名并隶属不同的企业（如上海钢铁机器股份有限公司，上海炼钢厂，重庆大渡口钢铁厂等），最初规模较小，发展至重庆大渡口钢厂时有马丁平炉两座，抗战时期该厂的部分设备迁至重庆大渡口，留在上海的两座平炉被废弃

续表

名称	开办时间	地点	意义或特点	近代设备及特点	备注
钢铁厂迁建委员会（重庆大渡口钢铁厂）	1938年	重庆大渡口	战时后方最大钢铁厂和最重要的钢铁企业，今重钢的前身	炼铁设备：日产20吨高炉1座；日产100吨高炉1座。炼钢设备：10吨碱性平炉2座；3吨电炉1座；1.5吨电炉1座；3吨贝塞麦炉1座	由汉阳铁厂、大冶铁厂，上海炼钢厂和六河沟铁厂的机器和设备迁至重庆大渡口建立，其100吨高炉为六河沟铁厂的百吨高炉迁建，炼钢和轧钢设备由汉阳铁厂设备改造，中国第一座自行设计的平炉也在这里诞生。2010年重钢整体搬迁，厂区留下大量的工业遗存，中华人民共和国成立前的轧钢车间厂房和锻造车间等
二十四兵工厂	1919年	重庆	西南地区最早的炼钢厂，中华人民共和国成立后重庆特钢厂的前身	炼铁设备：100吨炼铁炉1座。炼钢设备：3吨莫尔电转炉2座；10吨欧炉1座；3吨西门子电炉3座	2013年包括二十四兵工厂旧址在内的重庆抗战兵器工业旧址群被列入第七批全国重点文物保护单位，保存有抗战时期的厂房和地下工事等
中国兴业公司	1939年	四川	抗战时期在大后方规模仅次于重庆大渡口钢铁厂	炼铁设备：30吨高炉1座；5吨高炉1座；15吨高炉1座。炼钢设备：1～10吨炼钢炉3座	中华人民共和国成立后重钢第三钢铁厂的前身
云南钢铁厂	1941年	昆明	云南地区早期的新式钢铁厂	炼铁设备：50吨高炉1座。炼钢设备：1吨贝塞麦炉	今昆明钢铁集团的前身

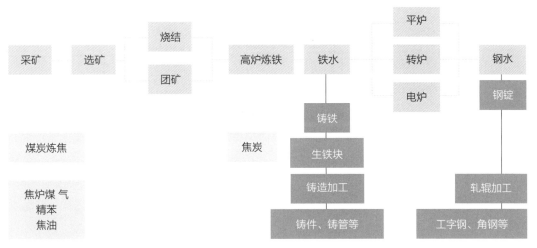

图5-2-2　近代钢铁冶炼完整工艺流程简图

<table>
<tr><td colspan="2" align="center">重庆大渡口钢铁厂七个制造所</td><td align="right">表5-2-2</td></tr>
</table>

第一制造所	动力厂	蒸汽透平交流发电机2座；水管式锅炉7座；抽水机5座；水塔1座
第二制造所	生铁冶炼厂	100吨炼铁高炉1座；20吨高炉1座
第三制造所	炼钢和铸造厂	炼钢设备：10吨碱性平炉2座；附属煤气发生炉3座；3吨和1吨半电炉各1座；3吨贝塞麦炉1座。 铸铁设备：4吨半熔铁炉4座；1吨半熔铁炉1座。 此外有30吨、15吨及10吨吊车各1部
第四制造所	钢条厂	设有钢条轧机，动力设备有400马力蒸汽机1部及其锅炉配备。主要产品为各种钢条、轻钢轨角钢及钢轨
	钢轨钢板厂	设有三四寸二重三联式钢轨轧机和30寸二层三联式钢板轧机1套，并附设冷却床及连续式再热炉2座，动力设备有6500马力蒸汽机1部，并配有锅炉5座
	钓钉厂	钓钉厂设备有螺钉机、钓钉机十余部
第五制造所	高温炼焦	废气式炼焦炉五室一组，以及副产品吸收装置
第六制造所	耐火材料、水泥	以制造耐火材料、水泥为主，后第六制造所撤销，耐火砖归第三制造所，水泥部分归第二制造所管辖
第七制造所	修造机件	以修造机件、锉刀、洋钉五金及兵工器材为主，设有车钻刨工作机数十部、蒸汽锤3部、制钉机及制锉机各2部

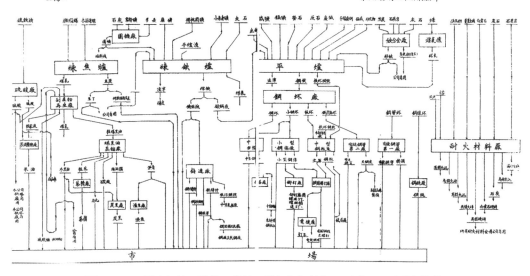

图5-2-3 鞍山钢铁厂炼焦、炼铁、炼钢与钢铁加工形成一系列联串作业

1）近代炼铁工艺及其关键技术物证

炼铁工艺流程：对原料[①]进行化学分析，计算出装炉的比例，然后称重装入炉中。预热后的空气在一定气压下由风管送入炉中，炉内原料燃烧并发生化学反应，产生的铁液与炉渣下降集于炉缸内，铁液从炉中流出后经沙槽流入模具中，待凝结后即为生铁块。开炉后除非遇到大的修补，高炉一般连续出铁不停炉，出铁的同时会产生炉渣及煤气。

关键技术物证：近代炼铁工艺对应的关键技术物证有炼铁高炉、热风炉、装料运输装置（装料机、吊车等）、渣铁运送装置及附属建（构）筑物等，其中炼铁高炉是核心。可从近代高炉的产能判断其先进程度，近代高炉产能低者日产仅数吨，高者日产可达600吨。

近代炼铁高炉一般为直立圆筒状，外围有钢壳，内砌有耐火砖，大致分为炉身、炉腰和炉缸，一般用数对钢柱支持（图5-2-4、图5-2-5）。炉缸位于炉的下端，用以收集铁液与炉渣，出铁口较出渣口位置低，便于铁液流出。风管绕炉装置位于炉腰与炉缸之间，空气由其送入炉中，风管的位置需高于炉渣的水平面。炉腰部分是全炉最热之处，为了防止炉墙过热，在耐火砖中安装冷却管道，管中装有冷水吸收热量，然后流入环绕炉身外围的水槽中。炉顶有漏斗与钟形分布器，既防止煤气漏出，又使原料均匀分布于炉中[②]。炼铁高炉内的煤气

---

① 原料有：（1）铁矿石（如磁铁矿、赤铁矿、褐铁矿与菱铁矿等），根据含铁元素的高低分为富矿和贫矿。（2）煤炭，需先将其炼成焦炭去除烟煤所含的挥发物、水分及杂质等。（3）熔解剂（如石灰石、白云石和萤石），使杂质留于炉渣中，同时增进炉渣的流动性。（4）耐火材料，耐高温高热，是炼炉和锅炉必需的建造材料，可分为中性（如耐火黏土和铬矿）、酸性（如矽酸质耐火材料）及碱性（如菱苦土和白云石）三种。
② 原料装入吊车送至炉顶，倾入漏斗中，小分布器放低，使原料坠于大分布器上，小分布器归原位，再放低大分布器，使原料坠于炉中，欲使原料分布均匀，漏斗与小分布器皆能转动，随意倾泻原料于炉内任何部分。

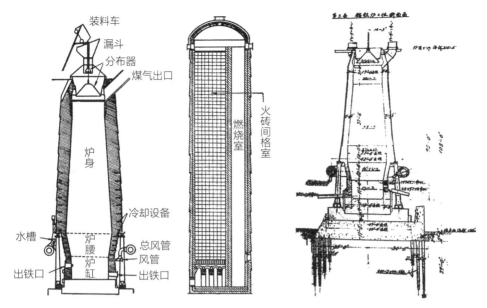

图5-2-4　近代高炉和热风炉剖面

图5-2-5　鞍山钢铁厂1919年投产的老1号高炉与热风炉

由炉顶煤气管流出，经去灰器去灰，再经过洗净器等净化，然后送至热风炉作为燃料，过多的煤气可作为锅炉或内燃机的燃料。

热风炉配置于高炉旁，因高炉炼铁需有极高的热度，为了节省成本，吹入高炉的空气需先经过预热。近代热风炉为圆柱形，高度较炼铁高炉低，外有钢壳，内砌有耐火砖，炉内有燃烧室与火砖间格室（图5-2-4），煤气在燃烧室燃烧后，自上而下经过火砖间格，所含热量被火砖间格吸收，将煤气关闭，并将空气导入炉内，自下而上经过火砖间格，预热空气。

2）近代炼钢工艺及其关键技术物证

（1）炼钢工艺流程

近代炼钢工艺大致可分为转炉炼钢、平炉炼钢、电炉炼钢及它们的组合使用。

①转炉炼钢不需外源加热，以液态生铁为原料，将炼铁高炉所炼铁液装入转炉中，从风管吹入受压空气，空气经过熔融铁液以发生化学反应，氧化铁水中的碳和其他杂质，这时会有火焰从炉口吹出，待火焰停止炭烧完后将风门关闭，倾入钢液桶中，为使炭量适中，还可加入矽铁等调节炭量，然后再将钢液倾入模具中，待凝结后即成钢锭。

②平炉炼钢工艺流程：需要有外源加热[①]，将生铁、废钢、铁矿砂和石灰石等入炉，在燃烧火焰直接加热状态下，通入空气与煤气，将原料熔化并精炼成钢液。熔炼过程中废钢与生铁受氧化，其所含的矽、锰等杂质转入炉渣。铁矿砂受氧化，硫变为气体流出，磷与石灰石化合成磷酸钙转入炉渣。石灰石受氧化分解成石灰与二氧化碳。最后待矽、锰、磷等杂质除去后即速出钢，可在钢液桶中加入矽铁或焦煤等调节钢的含碳量，最后将钢液倾入模具中，铸为钢锭。

值得一提的是近代转炉和平炉都有酸性和碱性之分，酸性不能除磷，S. G. 托马斯（S. G. Thomas）发明了通过改变炉壁材料，用碱性炉衬和碱性溶剂可以去磷的方法后，碱性的转炉和平炉都可以除磷。

③电炉炼钢工艺流程：电炉的热度及炉内的氧化或提炼能控制，且无燃料所含的杂质混入炉中，有充分的去硫、去磷、去杂质及吸收气体的功用。近代电炉分为弧光式和感应式。弧光式电炉多用于炼制合金钢，炼制工艺为将废钢、石灰石与氧化铁入炉，熔炼时炉内温度先不使过高，磷元素氧化后成为黑渣，将黑渣扒出以免磷质还原，重新加石灰石、焦煤末及萤石炼出白渣，再提高热度，可以去硫，并使氧化物还原，也可以加入矽铁或锰铁调节炭量。感应式电炉利用感应产生的电流发热，多用于熔炼纯洁原料，不需十分提炼便可得到精纯的钢，产品多为工具钢与高速工具钢。

④组合使用的方法：酸性转炉与碱性平炉联用，高矽、高硫或高磷的生铁亦可炼钢。如可先用酸性转炉吹去矽、锰等杂质，再转入平炉去磷炼钢。三种炉子联用，先用酸性转炉吹去杂质，再用碱性平炉去磷和去硫，最后用弧光式电炉精炼等。

（2）关键技术物证

炼钢工艺中用到的关键设备有转炉、平炉、电炉、装料运输装置及附属建（构）筑物等，其中三种炼钢炉是核心。近代的平炉产能最高、应用最广，电炉多用于炼制精纯钢，出现时间较平炉、转炉晚。平炉和转炉可从产能来判断其先进程度，近代产能低者日产仅数吨，高者可达百吨。

①贝塞麦炉（Bessemer Converter Furnace）

贝塞麦炉，多用酸性转炉，近代酸性转炉为梨形直口状，外有钢壳，内砌有酸性耐火砖，炉身置于钢架上，高压空气从一侧进入炉底下端的风箱，然后通过炉底上端装有的风管入炉，风管之间填塞耐火材料，炉底因受强烈的侵蚀与摩擦需经常更换。碱性转炉除炉口偏

---

① 加热燃料可用天然煤气、发生炉煤气或炼焦炉煤气等。

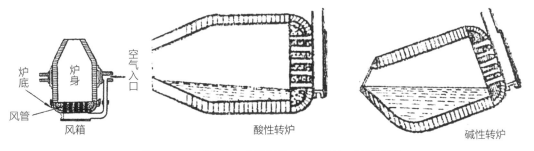

图5-2-6 酸性贝塞麦炉剖面、酸性转炉、碱性转炉

侧外，其他构造与酸性转炉相同，但炉墙与炉底等皆用碱性耐火材料，装炉时将石灰石与铁液同时加入，熔炼时能去除酸性转炉不能去除的磷（图5-2-6）。

②平炉（Siemens-Martin Open Hearth Furnace）

平炉多用碱性平炉，容量自数吨至数百吨，近代碱性平炉的产钢量所占比例最大。平炉的炉缸为长方形（图5-2-7、图5-2-8），每炉有用来装料的炉门三个或五个，装料时用装料机提起装有原料的钢盒，由炉门送入后倾倒原料于炉中。炉侧的出钢口位置较低，为使钢液

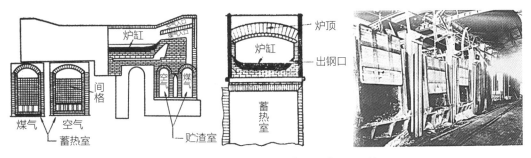

图5-2-7 平炉剖面与汉阳铁厂30吨马丁平炉

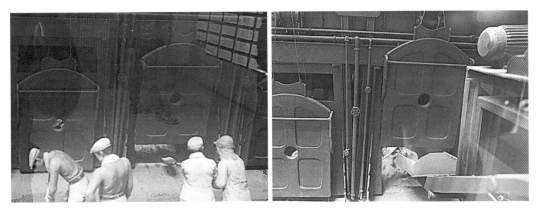

图5-2-8 鞍山钢铁厂炼钢平炉

能全部流出。平炉的两端各有两个入口，预热的空气与煤气由此送入炉中，空气入口在上，煤气入口在下。炉下的蓄热室对入炉的空气与煤气进行预热，蓄热室砌有火砖间格，一端通炉内，一端通烟囱，炉中燃烧后的气体交替流经左右两侧的蓄热室，其热量被火砖间格吸收，冷空气与煤气也是交替经过左右两侧的蓄热室，吸收火砖间格的热量预热后通入炉中燃烧。碱性平炉较酸性平炉炼钢好，其原因是能去磷和去除一部分硫，酸性平炉不能去硫磷，故对原料要求高，酸性平炉的构造与碱性平炉相同，炉缸采用砂砌筑。

③电炉（Electric Furnace）

近代电炉分为弧光式电炉（Arc Furnace）与感应式电炉（Induction Furnace）。弧光式电炉外有钢壳，内砌有耐火砖，炉后有装料门，炉前有出钢口（图5-2-9、图5-2-10），电流采用三相交流电，由炉顶的炭精电极流入炉中发生弧热火花热度高，电极距炉渣的高度能精确控制，能维持规定距离而得以控制热度。感应式电炉的炉身为一圆形高缸，缸内盛钢液，缸外用铜丝缠绕，以高压低流电流通于铜丝线圈，缸内的钢液感应发生电流，感应式电炉的炉缸会有出钢口与倾倒设备。

3）近代钢铁加工工艺及其关键技术物证

各炼钢炉所产的钢，须经过机械轧制成各色钢料，再经热处理才能获得较佳的物理性能。钢铁加工工艺包括轧、辊、拉、锻、压等，其关键技术载体为各类加工机器，包括轧钢机类、冷拉机类、锻炼机类及压制机类等（图5-2-11）。轧钢机种类很多，轧辊各异，由电或水力提供动力，钢锭烧红后置于对向转动的轧辊装置中轧制，最普通的为钢条机，轧制形状（圆形和方形）和大小不等的钢条，钢轨机专门轧制铁路用的各种钢轨，钢板机轧制各种大小和厚度的钢板。冷拉机类，如钢丝机以电力拉钢条穿过模具使其成钢丝。锻炼机类，用

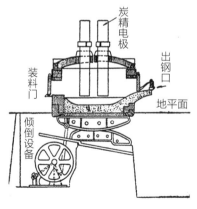

图5-2-9 弧光式电炉剖面

图5-2-10 1912年启新洋灰水泥厂引进的电力炼钢炉

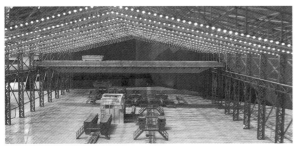

图5-2-11 鞍钢集团展览馆早期钢材加工设备模型展示

落锤下坠冲击烧红的钢，钢经锻炼可制成各种钢件。压制机类与锻炼机类原理相似，用水或电作为动力使用模具压制大件钢料。钢铁加工工艺设备较多，这些设备集中体现了当时的加工工艺水平，须重点保护。此外，工厂的加工车间等建筑的设计、材料、结构和建造工艺本身也可能具有重要的科学价值。

从科学重要性角度分析，体现钢铁冶炼核心生产工艺的技术物证载体包括了高炉、转炉、平炉、电炉、各轧制加工设备以及具有良好建筑设计和建造技艺的建（构）筑物等，这些技术物证在钢铁冶炼类工业遗产的评价与保护中需加以重视，重点保留。近代钢铁冶炼厂的核心设备见表5-2-3。

近代钢铁冶炼厂的核心设备整理　　　　　　　　　　　　　　　　表5-2-3

名称	特点	名称	特点	名称	特点
鞍山制铁所（鞍钢前身）	炼铁设备： 日产350吨高炉1座； 日产400吨高炉1座； 日产500吨高炉1座； 日产600吨高炉1座。 炼钢设备： 150吨平炉2座； 100吨平炉4座； 600吨混炼炉1座； 300吨预备精炼炉3座	汉冶萍公司	炼铁设备： （汉阳铁厂） 日产250吨高炉2座； 日产75吨高炉2座。 （大冶铁厂） 日产450吨高炉2座。 炼钢设备： 日产60吨西门子马丁炼钢平炉7座	龙烟公司（首钢前身）	炼铁设备： 日产250吨高炉1座
				扬子机器厂炼铁厂（六河沟铁厂）	炼铁设备： 日产100吨高炉1座
				保晋铁厂	炼铁设备： 日产20吨高炉1座
				宏豫公司	炼铁设备： 日产25吨高炉1座
本溪湖煤铁公司（本钢前身）	炼铁设备： 日产140吨高炉2座； 日产20吨小炼铁炉2座。 炼钢设备： 电炉	上海和兴钢铁厂	炼铁设备： 日产12吨高炉1座 日产33吨高炉1座 炼钢设备： 10吨碱性平炉2座，每日共产约80吨	上海炼钢厂（重钢前身）	炼钢设备： 平炉2座，每日共产约30吨
				太原育才钢厂	炼钢设备： 日产20吨炼钢炉1座

名称	特点	名称	特点	名称	特点
钢铁厂迁建委员会	炼铁设备： 日产20吨高炉1座； 日产100吨高炉1座。 炼钢设备： 10吨碱性平炉2座； 3吨电炉1座； 1.5吨电炉1座； 3吨贝塞麦炉1座	二十四兵工厂①	炼铁设备： 100吨炼铁炉。 炼钢设备： 3吨莫尔电转炉2座； 10吨欧炉1座； 3吨西门子电炉3座	资渝钢铁厂	炼铁设备： 20吨高炉1座。 炼钢设备： 1.5吨转炉5座
				云南钢铁厂	炼铁设备： 50吨高炉1座。 炼钢设备： 1吨贝塞麦炉 （数量不详）
电化冶炼厂	炼铁设备： 3吨高炉1座。 炼钢设备： 200kVA高周波感应电炉1座； 35kVA高周波感应电炉1座； 电炉2具； 15吨平炉1座（战时后方最大）	渝鑫钢铁厂②	炼铁设备： 3吨熔铁炉5座。 炼钢设备： 5吨平炉1座； 1吨电炉2座； 1吨贝塞麦炉2座	中国兴业公司	炼铁设备： 30吨高炉1座； 5吨高炉1座； 15吨高炉1座。 炼钢设备： 1～10吨炼钢炉3座

除了核心生产工艺的关键技术物证外，从完整性角度考虑，因运输材料而兴建的铁路、运河及其相关的建筑，如仓库、河桥、机车、站台等沿线遗迹，因提供机器动力的设备与建（构）筑物，如锅炉房、蒸汽机、发电机及其厂房等遗迹，因钢铁冶炼的辐射影响，依靠钢铁冶炼厂而兴建的居住、商业、娱乐、教育、医疗服务等建筑，如职员住宅、职工医院、办公、学校等配套建筑，都是保护完整性中应注意保留的遗迹。与钢铁冶炼相关的上游产业如炼焦厂、耐火材料厂，下游产业如机修厂等也需要注意。

5.2.4　地域产业链、厂区或生产线的完整性

从科技价值角度分析，需要特别保护体现钢铁冶炼核心生产工艺的技术物证载体，包括高炉、转炉、平炉、电炉、各轧制加工设备以及具有良好建筑设计和建造技艺的建（构）筑物等，这些技术物证在钢铁冶炼类工业遗产的评价与保护中需加以重视，重点保留。从科技价值角度分析，地面上的建（构）筑物保护可分为以下几个层次：

（1）第一种是十分理想的情况，保护钢铁冶炼工业及其上游产业、下游产业与其中衍生产业的完整性，保护整个产业链的完整性。

（2）第二种情况是在无法完全保护整条产业链时，要重点保护钢铁冶炼业本身工业的完

---

① 赵勇. 抗战时期重庆钢铁产业的曲折发展研究[D]. 北京：北京工商大学，2010：20.
② 刘萍. 抗战时期西部钢铁工业兴衰评述[C]//中国社会科学院近代史研究所. 中国社会科学院近代史研究所青年学术论坛2003年卷. 北京：社会科学文献出版社，2005：270-288.

整性，包括核心工艺（炼铁—炼钢—钢铁加工）与辅助生产（仓储、机修与办公等）的实物物证。

（3）若上述两种情况在现实中依旧无法保留时，那么应保护钢铁冶炼中最核心、最重要的生产线——炼铁、炼钢与钢铁加工工艺，保护这些关键生产工艺中的核心实物载体高炉、转炉、平炉、电炉、各轧制设备及其生产车间和构筑物等。

下面以近代鞍山钢铁厂的完整性保护为例来说明。

鞍山钢铁有限公司工业建筑群如图5-2-12、图5-2-13所示。

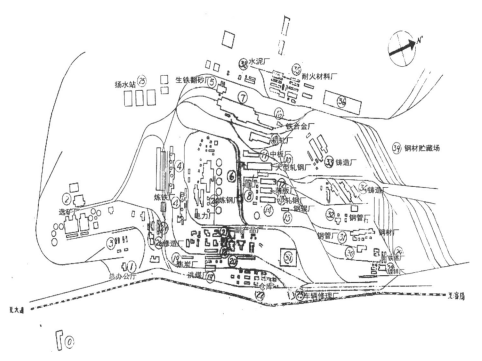

图5-2-12　近代鞍钢工业建（构）筑物分布图

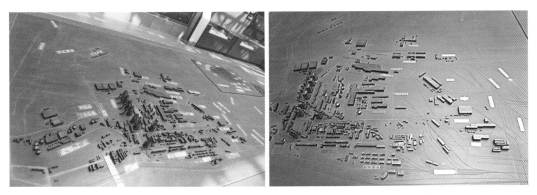

图5-2-13　鞍钢博物馆中布展的"1948年鞍山钢铁有限公司沙盘"

鞍山钢铁厂炼铁—炼钢—钢铁加工核心工艺实物物证如图5-2-14所示。

鞍山钢铁厂能源动力与仓储、机修、办公等辅助建筑群如图5-2-15所示。

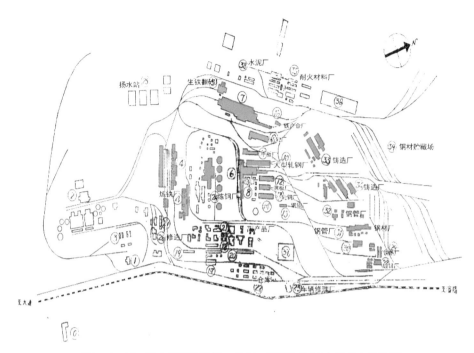

图5-2-14 鞍山钢铁厂炼铁—炼钢—钢铁加工核心工艺实物物证

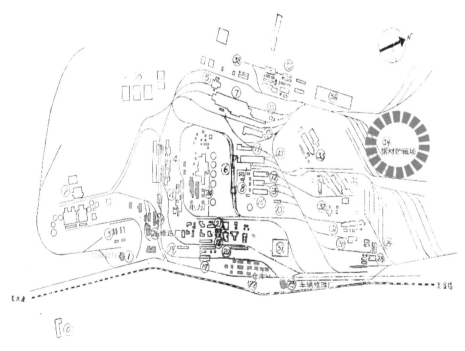

图5-2-15 鞍山钢铁厂能源动力与仓储、机修、办公等辅助建筑群

鞍山钢铁厂钢铁冶炼核心工艺上游产业——选矿厂、耐火材料厂、焦炭厂如图5-2-16所示。

鞍山钢铁厂核心工艺上游产业中的衍生产业——耐火材料—水泥厂、焦炭厂—焦炭副产品如图5-2-17所示。

鞍山钢铁厂各建筑群间的内部工艺关系图如图5-2-18所示。

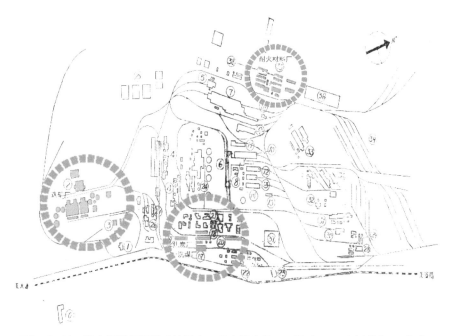

图5-2-16 鞍山钢铁厂钢铁冶炼核心工艺上游产业——选矿厂、耐火材料厂、焦炭厂

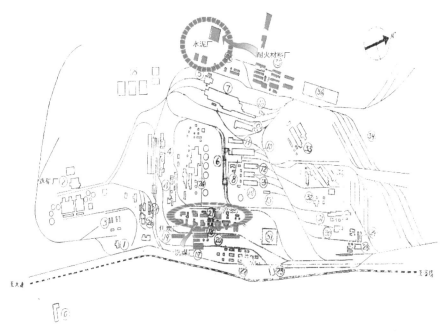

图5-2-17 鞍山钢铁厂核心工艺上游产业中的衍生产业——耐火材料—水泥厂、焦炭厂—焦炭副产品

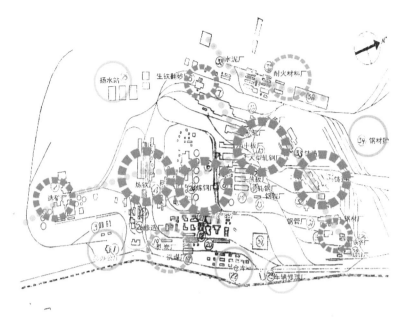

图5-2-18　鞍山钢铁厂各建筑群间的内部工艺关系图

5.3　船舶修造业

5.3.1　年代

近代船舶修造业的发展大致经历了四个历史时期（图5-3-1）：

（1）1840～1865年为初创阶段。这一时期主要是一些外国"冒险家"以来华尽快发财为目的，获得暴利后就卷钱走人，无心长期经营，该时期建立的外资船厂大多规模小，设备简陋，

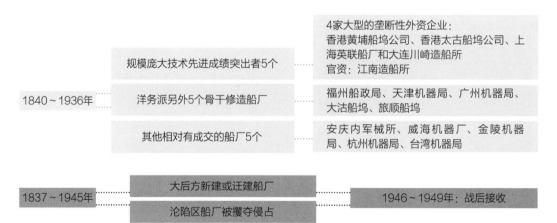

		4家大型的垄断性外资企业： 香港黄埔船坞公司、香港太古船坞公司、上海英联船厂和大连川崎造船所 官资：江南造船所
	规模庞大技术先进成绩突出者5个	
1840～1936年	洋务派另外5个骨干修造船厂	福州船政、天津机器局、广州机器局、大沽船坞、旅顺船坞
	其他相对有成交的船厂5个	安庆内军械所、威海机器厂、金陵机器局、杭州机器局、台湾机器局
1837～1945年	大后方新建或迁建船厂	1946～1949年：战后接收
	沦陷区船厂被攫夺侵占	

图5-3-1　近代船舶修造业发展历程梳理

时兴时关，其中有几家外资船厂经过锐意经营渐渐发展壮大，主要集中在香港、广州和上海。

1843年左右在香港开办的榄文船厂是外资在中国建立的第一个工业企业，拥有三座船坞①。1845年开办的柯拜船厂是外资在广州建立的第一个船厂，发展至1863年时已有四座船坞②。1863年香港黄埔船坞公司成立，1864年于仁船厂在广州黄埔成立，榄文、柯拜及于仁船厂在后来的发展中都被香港黄埔船坞公司收购。

1852年美商杜那普在上海虹口江岸经营了一座简陋的泥坞，当时叫作"新船澳"，1856年英商霍金斯在其附近筹建了一座新船厂，名为祥安顺船厂，后这两个船坞合并为一家公司，1862年更名为上海船坞公司③。1853年苏格兰人在上海浦东成立董家渡船坞④，董家渡船坞被称为当时远东最好的船坞，中华人民共和国成立后归中华造船厂使用。

（2）1866~1936年为发展兼并阶段。该时期官资船厂开始兴建，主要为洋务运动在各地方兴办的机器局，典型的为"四局二坞⑤"，其中规模大技术先进者有福州船政局和江南造船所。一些民资船厂在该时期也有发展，但规模与设备远不能与官资和外资船厂相比。该时期外资除继续新建规模较大的船厂外，各船厂间也展开激烈竞争，出现了兼并和垄断，形成了四家大型的垄断性企业：上海英联船厂、大连川崎造船所、香港黄埔船坞公司和太古船坞公司，这四家外资船厂在1901年至1936年间几乎垄断了近代中国的造船业，1919年后江南造船所发展较快，成绩显著。抗日战争前这五家大型船厂在规模、技术、设备与产量上都是极为突出的，另外该时期还有5家船厂也较有规模或是制造了一些较有意义的船舰（图5-3-1）。近代的船舶修造业在该时期形成了一定的规模。

（3）1937~1945年为抗日战争时期。战争对船舶修造业造成严重破坏，该时期沦陷区的船厂被日军攫夺或毁于战火，而大后方迁建或新建船厂的生产能力和规模均较小，但值得一提的是该时期建造出了能适应本土长江水域的船只。

（4）1946~1949年为战后回收时期。日本投降后，其侵占的船厂或被国民政府接收或由苏军接管，直到中华人民共和国成立后，船舶修造业才得以重新发展。

5.3.2　历史重要性

通过对近代船舶修造业发展历程的梳理，并对历史线索中的工业遗存现状进行调查研究，整理出历史与社会文化价值突出的近代船舶修造业工业遗产（表5-3-1）。

---

① 榄文船坞、阿白丁石船坞与何伯石船坞。

② 一座石坞、一座木坞和两座泥坞。

③ 1861年英商霍金斯接办了杜那普的船坞，此后杜那普船坞被称为老船坞，祥安顺船厂的船坞被称为新船坞，这两个船坞合并为一家公司后，1862年更名为上海船坞公司，新老船坞后分别被1865年成立的耶松船厂和1862年成立的祥生船厂租用。

④ 其名字经历过多次变更，如浦东炼铁机器造船厂、浦东船坞公司等，该公司不直接经营修造船业务，也租给耶松船厂使用，董家渡船坞被称为当时远东最好的船坞，配备4台蒸汽动力抽水机，中华人民共和国成立后归中华造船厂使用，经多次修复，修船吨位曾达到7000吨。今基于整体保护的原则，计划在这块已有150多年历史的董家渡船坞旧址上建设船坞主题公园。

⑤ 指的是"江南机器制造总局、福州船政局、天津机器局、广州机器局、旅顺船坞、大沽船坞"。

表5-3-1

历史与社会文化价值突出的近代船舶修造厂梳理

名称	开办时间	地点	意义或特点	近代船坞数量及特点	备注
榄文船坞	1843年	香港	外资在中国建立的第一个船厂	船坞1座（榄文）	榄文与德忌利士轮船公司老板拿蒲那那又合资建立了一座石坞，设在香港南端的阿白丁。1865年被香港黄埔船坞公司收购
榄文东角及阿白丁船坞	1857年	香港		石坞1座（阿白丁）；船坞1座（阿伯）	
柯拜船厂	1845年	广州黄埔	外资在广州开设的第一个船厂	木坞1座；石坞1座；泥坞2座	英国人柯拜在黄埔建立了一个修船厂，即为柯拜船厂。1861年，小柯拜在黄埔继承父业，修复船坞，并扩充设备，成立柯拜船坞公司。1863年被香港黄埔船坞公司收购。1876年售给清朝政府。
香港黄埔船坞公司	1863年	香港和黄埔	近代香港规模宏大设备完善的大型垄断性船厂，是当时香港设备最完善的，直到20世纪60年代都是远东最大的修造船公司之一	香港地区：榄文船厂的3座船坞（榄文、阿白丁、何伯）。赛球公司的2座船坞（赛球、三水铺）。桑兹船厂的2座船坞。1880年后新建的2座船坞（海军、九龙）。广州黄埔地区：柯拜船坞公司的5座船坞。干仁船坞的4座船坞	收购了榄文和柯拜，合并了干仁、桑兹、赛球等公司，垄断港九地区的船舶修造业这数十年之一。它的各个船坞已采用浮箱式闸门和蒸汽抽水机，机械设备包括了各种刨、剪、冲、旋、压穿、截断、螺丝等机床，可以进行大规模的修造作业，并且机械都已使用蒸汽动力，还有大型的起重设备可提升船炉，比如锅炉、桅杆等。1876年将其黄埔的坞厂售给刘坤一，集中力量经营其在港的企业。今香港黄埔船坞公司在广州部分遗留有1862年建留的柯拜船坞遗址，香港部分在船坞关闭原址开发为房地产项目，但当地人至今还保留着对这段造船历史与文化的记忆
英商祥生船厂	1862年	上海	近代大型垄断性造船厂之一	设备齐全，建造过多货轮、客轮、拖轮、货驳、炮艇等各种船舶	1901年与耶松船厂合并。1865~1900年的35年间，上海的船舶修造业是祥生船厂和耶松船厂互争雄长的时期，在此期间间的其他外资船厂都不足与这两大船厂匹敌，最后或被兼并，或作艰难挣扎
英商耶松船厂	1865年	上海	近代大型垄断性船厂，为英帝国在中国工业投资的最大企业之一	几乎囊括了上海所有大船坞，拥有机器制造厂及仓库等各种附属设备，有木工厂、铁工厂、锅炉厂，油漆厂等，各有专司，设备齐全	1884年曾建造了一艘"源和"号，船长280英尺（85.344米），载重2522吨，这艘船当时被称作为远东所造的最大商船。1901年两家船厂正式合并，组成耶松船厂有限公司。1906年公司整顿财务，重新注册，改名为耶松船坞有限公司。后又继续垄断上海船舶造业30余年
英商瑞镕船厂	1900年	上海	近代大型垄断性船厂	工厂专造浅水船、拖船、驳船，并在制造空心船尾的浅水拖船方面很成功。生产能力相当可观	1912年兼并英商万隆铁工厂，之后端镕与耶松船厂合并，至此英联船厂，之后1936年，两家船坞、耶松、祥生、端镕船厂和万隆铁工厂、董家渡船坞，发展为今天由的上海船厂。中华人民共和国成立后英联船厂主体搬迁至今岛。这一百余年老厂的旧址上建起展览中心和"船厂1862"艺术中心，2005年上海船厂主体搬迁保留了原万吨轮下水用的船台和一处老厂房，船台遗址改造成陆家嘴展览中心，船厂昔日的厂房改造成"船厂1862"艺术中心

续表

名称	开办时间	地点	意义或特点	近代船坞数量及特点	备注
川崎造船所所出张所工场	1908年	大连	近代大型垄断性船厂	其在近代规模宏大设备齐全，修造船的能力十分可观	1922年川崎大连船渠与旅顺船渠合并，改称满洲船渠株式会社。1931年又改称为大连汽船会社船渠部，1935年改称为大连船渠铁工株式会社。1957年更名为大连造船厂，2005年发展为大连船舶重工集团有限公司。现如今船厂继续生产，一些历经了百年的船厂等建（构）筑物经过不断改进，具有重要的价值
太古船坞机器股份有限公司	1900年筹建	香港	规模庞大、设备齐全，隶属太古洋行，为英国在华的最大垄断企业之一、资金雄厚	拥有当时远东最大的船坞，船坞全长787英尺（约240米），底长750英尺（228.6米），水深39英尺（约12米）	1972年香港太古船坞公司与香港黄埔船坞公司合并成立香港联合船坞集团。自20世纪70年代后，太古船坞搬迁，原来的太古船坞遗址已改建为商业住宅区
安庆内军械所	1861年	安庆	自行设计制造了我国第一艘轮船	1865年，我国自行设计制造的第一艘轮船"黄鹄"号成功	
江南制造局	1865年	上海	其目的在于制造军火，但后来分出为我国最著名的江南船坞	机器设备规模虽大，但成效甚小。1865～1905年，40年来耗资巨大，但仅仅建造了8艘轮船，7只小艇，只修理了11艘船舶	
江南船坞	1905年		其生产能力和工厂规模在近代名列全国前茅。拥有近代大吨位船坞，对今川江中尺寸最大的轮船和大吨位轮船的建造都有研究，其造船能力与技术水平已接近当时的国际先进水平	有轮船厂、锅炉厂、抽水厂、锯木工场、样板楼、船坞数座，大小办公室住房，各马力汽机，钻、剪、刨等机械设备。有全国华厂中最大的船坞，长255.2米	1905年江南制造局和江南船坞分立，有1905～1937年的32年间共造船各种船舰716艘，其中外国船舶376艘，中国舰船340艘。1911年建造"江华"号，是当时上海所造吨位最大的双桨汽轮长江客货船；1921年建造长江浅水型钢质船，是川江汽轮船制造的一大创新；这四艘万吨级远洋货船是中华人民共和国成立前所造最大吨位的船舶。1918～1922年建造了美国定制的四艘万吨级远洋货船"大来喜"号，反映了当时的造船技术已经接近国际先进水平，这四艘万吨级远洋货轮是中华人民共和国成立前所造最大吨位的船舶。1931年造船所开始试制水上飞机，制成侦察机两架；1932年制成水上教练机两架；1933年制造舰载飞机，制成国首艘飞机一架；1946年建造了我国首艘万吨级江客轮。1953年造船工艺改成功，为双螺旋蒸汽机钢质江客轮。上海世博会申办成功后，根据上海市规划要求，江南造船厂整体搬迁至长兴岛，利用遗留的140余年的老厂房改造成世博会的会场，2002年上海世博会浦西园区这一工业遗迹改造成为世博老厂房，许多老厂房被改造成世博会的会场，如中国船舶馆

名称	开办时间	地点	意义或特点	近代船坞数量及特点	备注
福州船政局	1866年	福建	是中国造船工业的先驱，是国人第一所真正以造船为目的的创设的工厂	福州船政局的规模设备与生产能力在当时非常可观，有铁厂、锅炉厂、铸铁厂、轮机厂、铸铁厂、钟表厂、船台四座等	其对西方工业科技和教育的引进，对本土人才的培养也贡献巨大，其前学堂即为我国第一所造船学校。从福州船政局开办到1907年停办共建造了44艘船，这其中不乏有当时较为先进的轮船或舰艇（如"建威""建安"号），但可惜的是1884年中法战争，福州船政局的生产能力在当时非常可观，但船厂一蹶不振渐至倒闭。1926年改称海军马尾造船所，但发展也较不顺利。今福建船政建筑已被列为全国重点文物保护单位，厂址遗留有轮机厂、绘事院、1号船坞、官厅池和钟楼等
天津机器局	1867年		是一兵工厂，兼修轮船，造船数量很少，但曾制造了几艘特殊的轮船	1880年建造了我国第一艘潜水艇。1880年建造了一套船坞。1874年还造成了一艘挖泥船	遭庚子之役（1900年），东南两局毁于兵火，扫地无存
大沽船坞	1880年		主要目的是修理舰艇，也建造了一些小型船只	有轮机厂房、马力房、抽水机房、机床20余台、卧形锅炉、扇水机、大木厂及码头、起重架、绘图楼兼办公房，以及船坞五座等	甲午战争前共建成小型船舶10艘，民国初曾建造轮船15艘，修理军舰商轮200余艘。中华人民共和国成立后历经新河修船厂、新河船舶修造厂和天津市船厂。现今大沽船坞遗址已被列为全国重点文物保护单位，遗有轮机车间、甲坞和海神庙遗址等
旅顺船坞	1880年筹建，1890年竣工		其大船坞号称当时东亚第一大坞，装备充善，可称得上是当时东方第一流的修船基地	旅顺船坞规模较大，石阶、铁梯、滑道俱全。坞边修船厂九座。有锅炉厂、机器厂、木作厂、吸水厂、打铁厂、铸铁厂、铜匠厂、吸水机器厂、水作厂等。还建有丁字形大石坞，修小轮船的小铁码头一座，以及各处照明电灯46座和全套自来水供水系统	旅大地区第一个船舰修理基地，也是中国第一个较完备的军港，其自来水供水系统是中国最早使用的自来水设施，至今仍在继续使用过建水船坞，该船历经百年仍在维修，现属大连辽南船厂，期间由于生产技术的进步经历过增建维修，现已被列为大连市文物保护单位，除了船坞外，保留下来的还有建于清末的早房与泵房

5.3.3 工业设备与技术

近代由木质轮船发展到金属船的过程中，在建造初期还仿照木船的结构与构造做法（如用"以铁架装船皮"的"扎灯笼"式的造船方法），在逐渐生产铁、钢等金属船的过程中，木船装配的一些工艺程序也依然长期使用。近代造船的完整工艺主要包括以下几个环节（图5-3-2），每个环节的作业都非常繁复。

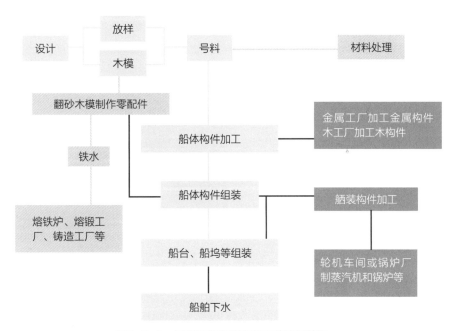

图5-3-2 近代船舶制造完整工艺流程简图

（1）船体与构件等的设计、船体型线图的放样。

（2）材料的处理与船体构件的号料：对木、铁或钢材料进行预处理，型材矫正与表面除锈等，后进行号料工作。

（3）船体构件的制作与加工：对构件进行边缘加工、成形加工以及舾装件的加工等。

（4）船体构件的安装与组装：近代构件组装工艺主要分为两种，即铆接工艺和焊接工艺，焊接工艺在近代后期才逐渐有所应用发展。铆接工艺中船体构件通过铆钉连接，焊接工艺中船体构件通过电焊连接。

（5）船台船坞装配：在船台船坞上将各分部接合及组装，大型分段及总段组装。

（6）船舶下水：根据船舶大小、船台和船坞的不同形式，船舶下水的方式与方法也不同，可大致分为漂浮下水、重力下水与机械化下水。

以天津船厂为例，其工艺流程大致为：设计—放样—下料（数控操作，船体构件和外板等所有的钢板切割，在下料时也涂一层底漆，用于防锈）—分段装配（在船台，根据吊车的起重能力分为4~5个段）—合拢（在船台）—涂装（上漆）和舾装（舾装就是船体设备的安装，最重要的是船体动力设备，另外还可分为木舾装和铁舾装，木舾装如船体木家具，铁舾装如铁构件与设备底座等）—下水—各种试验（如航行试验等）。

在近代早期，由于造船数量较少且缺乏起重设备，因此把每一个构件都直接送去船台或船坞装配（图5-3-3）。之后随着造船数量的增加以及大型起重设备的出现与应用，才渐渐采用构件部分装配后再送去船台组装，如平行流水分段建造法（图5-3-4），分为初步装配、分部装配、船台或车间装配[①]，各分部的装配工作可以同时进行，缩短了建造周期，提高了生产效率，生产工段需要大量的运输起重设备。随着技术的进步发展，起重设备可提升的组装构件重量也随之增大，后期焊接技术的发展使得原本构件装配所占用的多个车间或场地也可联合成单一的装配焊接车间。

图5-3-3 构件在船台或船坞装配；大型装配车间

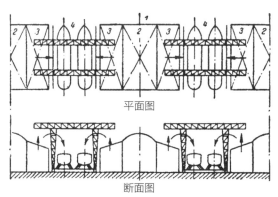

平面图

断面图

1—中间仓库；2—初步装配；3—分部装配；4—船台

图5-3-4 平行流水分段之侧向供应生产程序图

---

① 如近代后期学习并应用苏联的平行流水分段建造法：（1）加工过的钢料先做平面部件的装配（初步装配）；（2）由平面部件和各单独的构件再进行平面分部、半立体分部和立体分部的装配（分部装配）；（3）在立体分部完成装配工作后，这些立体分部称为分段；（4）把各个分部送到船台上（或者船体建造车间里）连接，进行船台装配。船体上的分部可大致分为：船底外钣平面分部；舱壁平面分部；舷侧平面分部；甲板平面分部；双重底立体分部；轴队立体分部；主机、辅机、机锅座的立体分部；艏尖舱及艉尖舱立体分部；整个船体的环形分部；上层建筑立体分部。

船舶修造业的构件加工与组装所需机械设备种类甚多，较分散，但还是可根据与核心生产工艺的关联，以及设备的年代、效率与技术进步节点等进行筛选，近代船舶修造业所保留下来的设备已很少，急需保护。

1）船体构件加工与装配设备

这类设备种类甚多，包括各类机床：剪、刨、削、钻、钳、压、冲、锤、锻、卷铁和螺丝床等（图5-3-5），到了电焊阶段为焊接结构构件加工机床。

2）起重运输设备

造船厂中起重设备与装置（图5-3-6、图5-3-7）的应用、多少与升举能力对船厂意义重大，不仅影响船厂的整个操作流程，还影响厂房、船台等的布局，不同船台上不同的工作方法对起重设备也有不同的要求。另外，船厂中的铁路、车辆或拖船等运输设施也非常重要。

图5-3-5　大沽船坞冲剪设备

图5-3-6　江南造船厂船台起重机　　　　图5-3-7　大沽船坞船台起重机

3）船台与船坞

船台和船坞主要用来进行船体或分部的装配并使船舶下水，船坞由最初简陋的泥坞、木坞发展到后来的石坞、混凝土坞，建造越坚固，可容纳船舶的吨位也越大。船台与船坞因其特殊的建造形式，较之地面建筑容易遗存下来，也是近代造船厂中遗址或遗留物较多的实物（图5-3-8）。

船舶下水的方式与船台的类型相关，大致可分为：漂浮下水，如浅坞、造船坞和灌水坞；重力下水，如纵向船坞和横向船坞；机械化下水，如曳引滑道等。早期多为简单的漂浮下水，后逐渐发展为机械化下水。

（1）浅坞。浅坞是最简单的一种船台，建于滨水地势较低地带，依靠河海涨潮水位升高时将船舶浮起下水，定期被水淹没。浅坞根据船舶下水所吃水量将所需场地加固，并安装有建筑架、起重设备与设备路轨等，浅坞一般吃水较少。

（2）造船坞。造船坞可以利用中间船渠而不必依赖河海的水位高度而使船舶漂浮下水。河海通过坞门或其他设备与中间船渠连接（图5-3-9），通过调节中间船渠的水量而使船舶漂浮起来，也可将船舶由河海拖进坞内修理。

（3）灌水坞。灌水坞是介于浅坞和造船坞之间的一种船台，船台地面比河海最低水位低，在两个船台之间引入水渠，用浮闸箱把水渠与河海相隔，待船舶下水时将水汲入坞内，此时水渠仍用浮闸箱关闭着，直到水的高度将船舶浮起，把船舶从船台移到引水渠内，后继续待到水渠水位超出河海水位，从水渠宣泄出时，浮闸箱即行开启，将船舶拖出。

（4）纵向与横向船台。这种船台的下水方式指船舶（一般为中型和大型船舶）依靠自身重量的作用，从纵向船台或横向船台的坡道上滑下去而下水，船台有一定坡度（图5-3-10），船舶下水时需要在滑道的下水架上涂油脂。

图5-3-8　大沽船坞船台

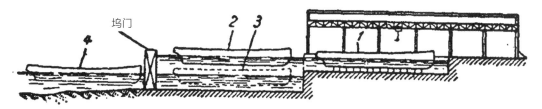

图5-3-9　船舶从造船坞里出坞简图

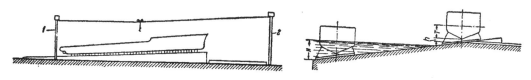

图5-3-10　纵向船台与横向船台下水

（5）机械化下水。还有一些船舶下水的方式是机械化的，采用机械设备使船舶下水，如曳引滑道，用绞车和起重机等设备来实施，将船舶移动至下水滑道后将其滑下坡道下水。

5.3.4　地域产业链、厂区或生产线的完整性

从科技价值角度分析，需要特别保护船舶修造工艺的核心实物载体，地面建（构）筑物保护可分为以下几个层次：

（1）船舶修造业本身的完整性，包括核心工艺（绘图放样—号料—构件加工—构件组装—船台组装与舾装）与辅助生产（仓储、办公与住宅等）的关键实物物证。

（2）若上述情况在现实中无法保留时，那么应保护船舶修造业的核心工艺：绘图放样—号料—构件加工—构件组装—船台组装与舾装，其中最核心、最重要的是构件加工、组装与舾装工艺，保护这些关键生产工艺中的核心实物载体——木工车间、铁工车间、组装车间、船台船坞及相关的机器设备、起重机架等。

下面以马尾船政和天津市船厂的完整性保护为例来说明。

1）马尾船政工业建筑群

马尾船政的核心工艺包括绘事（在二楼）、木模厂翻砂制作零配件，木工所制作船体木构件，铁肋厂、拉铁厂、锻铁厂、铸铁厂等制作船体金属构件，轮机厂、水缸厂制作蒸汽机与锅炉等舾装构件，再加上一些辅助的帆缆、钟表制作，然后将这些构件在船台组装，也有一小部分组装在合拢车间进行。除了核心的生产区外，还包括了仓储、办公等辅助生产建筑，此外还有附属的宿舍、学堂、宗教、娱乐与兵营等建筑（图5-3-11）。

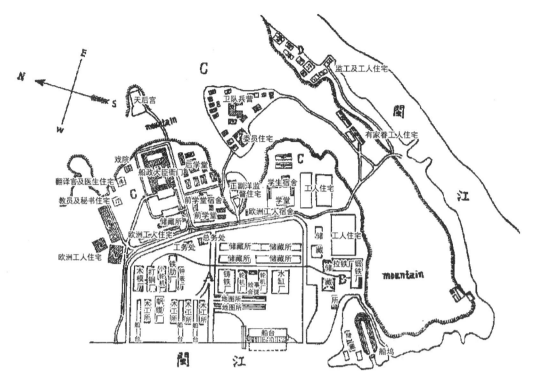

图5-3-11 清末福建马尾船政局工业建（构）筑物分布图

绘事楼设计的图纸、放样模型等送去各木模厂、木工所与金属加工厂，分别制作船体所需的零配件、木构件与金属构件（图5-3-12）。

以其中的一个船台为例，木模厂翻砂制作零配件、木工厂制作木构件、铁工厂制作金属构件、轮机厂制作舾装构件，都送至船台进行船体组装（图5-3-13）。

马尾船政辅助的仓储与办公建筑群以及附属的住宅、学堂、宗教、娱乐与兵营建筑群如图5-3-14所示。

2）天津市船厂工业建筑群

以20世纪90年代的天津市船厂工业建筑群的保护为例，其工业建（构）筑物包括核心工艺关键物证和辅助生产的仓储、机修办公用房以及附属的宿舍、食堂、浴室等生活用房（图5-3-15）。其中核心工艺关键物证包括：放样、数控（设计绘图放样）；木工、锻工、铸工、轮机等船体构件与船体动力设备制造；船体组装、船台、船坞等构件组装与舾装的建（构）筑物与设备。

核心工艺流线与用房：放样、数控车间，木工车间、锻工车间、铸工车间，轮机车间，船体组装车间，船台船坞（图5-3-16）。

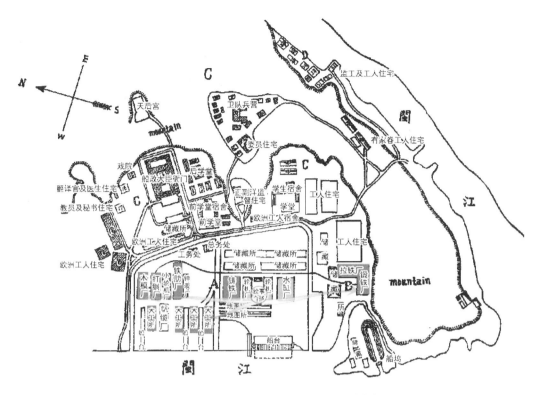

图5-3-12　设计—号料—金属构件、木构件的加工

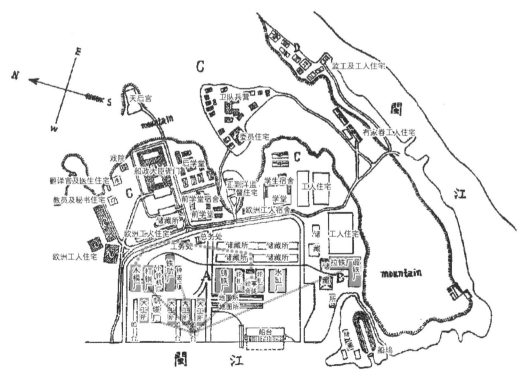

图5-3-13　木构件、金属构件、舾装的船台装配

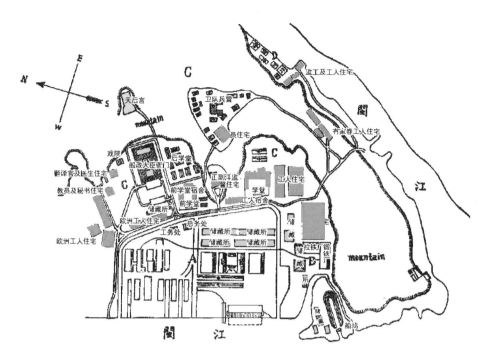

图5-3-14　马尾船政辅助的仓储与办公建筑群以及附属的住宅、学堂、宗教、娱乐与兵营建筑

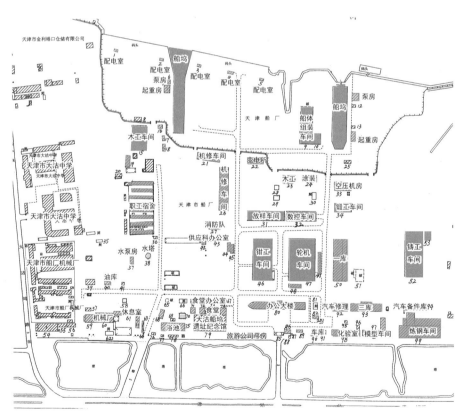

图5-3-15　天津市船厂工业建（构）筑物分布图

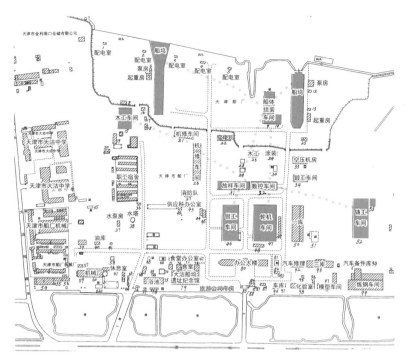

图5-3-16 天津市船厂核心工艺流线与用房

天津市船厂动力系统用房与辅助的机修、仓储、办公等用房如图5-3-17所示。

天津市船厂附属的宿舍、食堂、浴室等生活用房如图5-3-18所示。

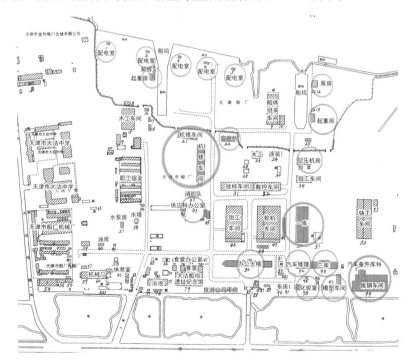

图5-3-17 天津市船厂动力系统用房与辅助的机修、仓储、办公等用房

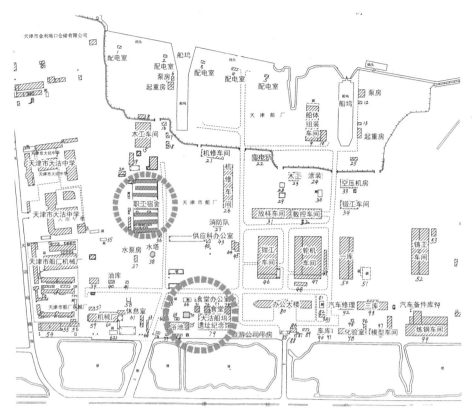

图5-3-18 天津市船厂附属的宿舍、食堂、浴室等生活用房

5.4 棉纺织业

5.4.1 年代

近代棉纺织业的发展大致经历了五个历史时期：

（1）1890～1913年为初创时期。该时期洋务派开始着手创办动力机器纺织厂，1890年至1913年期间，华资或中外合资先后开办了棉纺织企业26家[1]（表5-4-1、表5-4-2）。该时期以1895年为一个时间节点，《马关条约》签订后外资大规模来华设厂[2]，外资纺织厂资金雄厚，技术力量强，对华资工厂构成了极大威胁，影响最大的是后来居上的日资纺织厂。

① 《中国近代纺织史》编辑委员会. 中国近代纺织史(下卷) [M]. 北京: 中国纺织出版社, 1997: 11-13.
② 至1913年外资棉纺织公司就有8家集中于上海，先后开设了10个棉纺织厂（8家公司是英商：老公茂纱厂、怡和纱厂、公益纱厂；日商：上海纺纱公司、日信、内外棉公司；美商鸿源纱厂；德商瑞记纱厂）。

开车年份	工厂名称	沿革与发展情况
1890年	上海机器织布局	近代中国第一家棉纺织厂。1878年由李鸿章等人筹办，从英美进口设备，1889年试车，1893年被焚
1891年	上海华新纺织新局	1891年创立，后几经易名，1894年改组为复泰纱厂，后又改为恒丰纱厂
1892年	武昌湖北织布局	1888年由张之洞筹设，1892年底开车，后由于所订机器较多，便在织布局旁兴建南北两厂，北厂即湖北纺纱官局于1898年开车，装纱锭5万枚。南厂未建成
1894年	上海华盛纺织总厂	在被焚的上海机器织布局原址上建立，后经多次易名，最后于1931年将设备卖给申新，安装在申新纺织第九厂
1894年	上海裕源纱厂	1894年创办，1918年经营失败后售予日商内外棉公司
1895年	上海裕晋纱厂	1897年改组为协隆纺织局，1901年又改组为兴泰纱厂，1902年售予日商
1895年	上海纯纱厂	1906年售予日商，改称三泰纱厂
1896年	宁波通久源纱厂	1917年毁于火灾
1897年	无锡业勤纱厂	1909年、1913年、1916年、1929年及1936年先后被复兴、同益、福成及振业公司租办
1897年	杭州通益公纱厂	1911年停工，1914年改组为鼎新纱厂，1928年售予三友实业社
1897年	苏州苏纶纱厂	最初为清商务局所办，由张之洞委派陆润庠创建，1897年开车，有纱锭1.82万枚，经营失败后改为商办，后几经易名和波折，1936年由振业公司租办
1898年	武昌纺纱官局	张之洞在湖北织布局旁兴建南北两厂，北厂即是湖北纺纱官局。1902年租给应昌公司经营，1911～1938年又先后被大维、楚兴、楚安、开明、福源和民生实业等公司经营，1938年由湖北省政府收回官办，并将部分机器迁往宝鸡，其余机器厂房被日军破坏
1898年	上海裕通纱厂	1917年改名宝丰纱厂，1920年毁于火灾
1899年	南通大生纱厂	最初为清商务局所办，由张謇筹办，利用张之洞未建成的湖北纺纱官局南厂设备，大生纱厂于1899年建成投产，后称大生一厂
1899年	萧山通惠公纱厂	先称通惠公纺织局，后改为通惠公纺织公司
1905年	常熟裕泰纱厂	先后由多家公司租办，曾改称顺记纺纱公司利泰第二厂，1934年改组并恢复原名
1906年	太仓济泰纱厂	先后被多家公司租办，1924年租予莘记改名太仓纱厂，1930年改名利泰纱厂
1906年	宁波和丰纱厂	1911年停工，次年复工
1906年	无锡振新纱厂	1937年被上海银行接管
1907年	崇明大生第二纱厂	1935年倒闭，由中国、交通两银行取得所有权后将机器售予大隆铁厂做试验之用
1907年	上海振华纱厂	中英合资，1909年归并华商，1937年改号合记
1907年	上海九成纱厂	中日合资，1908年归并日商，1916年由华商购回，1917年由申新承购改称申新二厂，1937年被中国银行和上海银行接管

开车年份	工厂名称	沿革与发展情况
1908年	上海同昌纱厂	经历多次出租，1937年出租时改名天生
1908年	江阴利用纱厂	1909年租予苏州厚生公司，改称厚生纱厂，1915年收回
1909年	安阳广益纱厂	1928年改名豫新纺织公司，1935年恢复原名
1910年	上海公益纱厂	先为华资，后为合资，1913年售予英商

1890～1913年期间在上海开设的外资工厂及其开办过程　　　　　表5-4-2

开设年份	开办过程
1897年	1897年外资在上海开设了4家大厂（英商老公茂纱厂、怡和纱厂，美商鸿源纱厂和德商瑞记纱厂），接办了1家华资纱厂（由英商接办华商裕晋纱厂，成立了协隆纱厂）
1902～1913年	1902年日商收买原裕晋纱厂（1897年由英商接办改组为协隆纺织局，1901年又改组为兴泰纱厂，1902年售予日商），改组为兴泰纱厂（此为日资进入中国棉纺织业之始）； 1906年日商收买上海大纯纱厂，改称三泰纱厂； 1908年日商将兴泰纱厂与三泰纱厂合并，成立上海纺纱公司（此为日商在华自立纺织公司之始）
	1907年中日合资的上海九成纱厂开业不久就归并日商，改名日信
	1909年日本内外棉公司来华筹办上海第三厂，1913年又在上海开办了第四厂
	1913年上海公益纱厂售予英商

（2）1914～1931年为发展时期。第一次世界大战爆发后，欧洲各国无暇东顾，为中国棉纺织业的发展带来了机遇，华资纱厂掀起建、扩厂的高潮。1914～1922年纯民资纺织厂建有49家，分属于40个公司，其中1920～1922年就建有39家，上海、无锡、南通、天津和武汉等地的棉纺织业发展迅猛。至1922年，全国有113家棉纺织厂，其中民资为76家[1]。1922年后棉纺织业转向萧条，长期不景气，经营不善的华资纱厂被外资和少数大型华资厂兼并，在近代的民资棉纺织业中形成了几个大型的纺织企业集团，包括申新系、永安系、大生系、大成系、恒丰系、华新系、裕大华系和诚孚公司。第一次世界大战也给日资以良机，1914～1931年日本以上海、天津、青岛和东北为基地，趁机扩张在华资本，纺织业获得迅速发展[2]。

---

① 《中国近代纺织史》编辑委员会. 中国近代纺织史（下卷）[M].北京：中国纺织出版社，1997：16.

② 第一次世界大战期间日商内外棉公司增设了3个新厂，并收买华商旧厂1家；上海纺绩公司（华名上海纱厂）增设纱厂、布厂各1家；上海日华纺织公司收买美商鸿源纱厂1家。1921年和1922年是日商来华设厂的高潮，日商在上海和青岛设立了东华、公大（上海绢丝制造公司）、丰田、大康、同兴、裕丰、隆兴、富士、东华第二、上海纺第三、日华第三、内外棉第十二、内外棉第十三等众多公司，形成强固的基础。1923年日商在青岛有长崎纺织公司设宝来纱厂，在钟渊纺织公司设钟渊纱厂，日华在上海增设第四厂，内外棉增设第十四、第十五厂。1924年日本棉花公司在汉口建泰安纱厂，满铁会同富士煤气公司在沈阳设立满洲纺织厂。1925年又在大连建成满洲福纺，内外棉也在金州开设分公司。此外，日资还对华资工厂进行了吞并和收买，像上海的裕晋、大纯、裕源、宝成第一和第二、华丰，天津的华新、裕元第一和第二、裕大等公司均被日资兼并或收买。

1930年全国纺织厂共有130家，其中华资82家，日资45家，英资3家[①]。

（3）1932～1936年为调整时期。1931年后由于中国出口价格下落，长江流域又发生了60年未遇的大水灾导致棉田减产，日本侵占东北三省致使东北棉纺织品销路断绝等一系列因素使棉纺织业开始陷入逆境。1932年后华资纱厂停工减工现象普遍，出租、改组和出售也极为频繁。这段时期日资纱厂凭借政治和军事优势，在侵占东北后，又在华北形成了青岛和天津两大纺织中心，发展迅速[②]。调整时期的华资棉纺织厂虽然处境艰难，但整个行业还是在曲折中调整前进，1936年比1931年在棉纺织设备和产量上都有所增长（尤其是线锭和织机）。这个时期重要的华资企业是裕大华系，由裕华、大兴和大华3家纺织公司于1936年联合组成。

（4）1937～1945年为抗日战争时期。抗战时期棉纺织业遭受了严重破坏，沦陷区没有内迁的工厂被摧毁掠夺，战争中的损失实难统计[③]。日军对棉纺织业采取了多种形式的掠夺，除了控制东北地区发展植棉业外，日本还成立了华北开发公司和华中振兴公司，垄断华北和华中企业。抗战时期租界内的棉纺织业曾在短时期内（1937～1941年）获得畸形的繁荣[④]，为满足战时大后方的物资需要起到了重要作用，太平洋战争爆发后，电力和原料供应困难，日伪又实行产品管制，租界的孤岛繁荣也结束了，在苏南靠近产棉区的农村一带兴起了一批小型的棉纺厂[⑤]，对战时人民的生活作出了一定的贡献。1937年国民政府成立中央迁移监督委员会，督促战区及沿海沿江重要工厂内迁。战时在大后方只有少量工厂和机器迁入[⑥]。四川在战前并无动力棉纺织厂，经过内迁，至1943年仅重庆就有棉纺织厂13家[⑦]。申四厂迁到四川后于1939年在重庆开车，是四川建成的第一个棉纺织厂，定名为庆新纺织厂[⑧]。豫丰厂迁到重庆后于1941年建成厂房，并在合川建支厂，1942年租用西安雍兴公司纱锭，至1943年共有纱锭5.5万枚，是内地规模最大的纺织厂。

---

① 《中国近代纺织史》编辑委员会. 中国近代纺织史（下卷）[M]. 北京: 中国纺织出版社, 1997: 18.

② 以日本在华最大的棉纺织企业集团日本内外棉公司为例，1911～1937年其在华共设立了15个纺织厂和2个印染厂。1936年在华日资棉纺织厂共有纱锭213.5万枚，布机28915台，主要棉纺织厂有19家，这些棉纺织厂包括东洋棉花（上海纺绩）、内外棉、钟渊纺绩（上海绢丝制造）、东洋纺织（同兴纺织、裕丰纺织）、日清纺织、大日本纺绩、丰田织物、福岛纺绩（满洲福岛）、长崎纺织、东华纺绩、日华纺织、泰安纺织、大福公司、满洲纺织和日本棉花、伊藤忠商事、东洋拓殖、东亚兴业、富士煤气等。

③ 据陈真《中国近代工业史资料》统计，战时被掠的设备有纱锭156.75万枚、线锭10.50万枚、织机16764台，分别占战前民资设备的58.3%、60.7%及68.4%；完全被毁设备分别为纱锭28.86万枚、线锭2万余枚、织机4649台，相当于全国华商总设备的20%以上。

④ 战时由于租界相对稳定的环境和大后方的物品需求，从1937年至1941年（太平洋战争爆发日军进入租界而止）租界内的纱厂获得暂时的暴利和畸形发展，1938～1941年，租界新建11个棉纺织厂，加上原来的10个老厂，到1941年底租界内华商共有21个厂。

⑤ 其动力多以柴油机为主，很少使用蒸汽机，用天轴带动全厂，有的附有小发电机供应夜间照明。

⑥ 由于纺织设备吨位大、多工序又多机台，交通运输极为困难，先后迁到四川的纱锭约有11.78万枚、织机500台，连同迁陕设备、战前的国外订货和内地原有棉纺设备合计约30万枚。江苏仅庆丰、大成、苏纶和申新所属公益铁工厂等迁出少量机器。河南、湖北等地，如郑州的豫丰、武汉的裕华、申四、震寰和沙市等厂的部分设备迁至大后方，为抗战做出了巨大贡献。此外迁至重庆的还有泰安纱厂，泰安纱厂由军政部接收后以军纺厂迁至重庆。

⑦ 纱锭16万枚，占整个大后方的52%。重庆最大的3家纱厂为裕华、豫丰和申新。

⑧ 后又建立了第二工厂，并在成都设分厂。

（5）1946～1949年为战后回收时期。抗日战争胜利后国民政府成立了中国纺织建设公司（中纺公司）负责接收和整顿日伪棉纺织厂，该官办垄断企业接管了日本在上海、天津、青岛和东北等地经营的38家棉纺织厂[①]，凭借其特殊的政治地位和之前日本人的管理技术基础，生产效率较高，下设85个工厂，是战后最大的公司。民营棉纺织业如申新系、永安系、大成系、裕大华系、震寰和沙市纱厂等都在战后有所复工并获得了短暂的利润，但随后由于国民政府的各项苛捐杂税、债券和花纱布管制等腐败统治，棉纺织业迅速走向下坡，普遍陷入危机。直到新中国成立后，棉纺织业才重新焕发新的生机。据统计，1949年末时棉纺织业拥有纱锭516万枚，84%集中在辽宁、山东、江苏三省和天津、上海两市[②]。

5.4.2 历史重要性

通过对近代棉纺织业发展历程的梳理，并对历史线索中的工业遗存现状进行调查研究，整理出历史与社会文化价值突出的近代棉纺织业工业遗产（表5-4-3）。与重工行业不同，由于近代棉纺织厂数量众多，工业遗存数量也较多，且很多工厂经历了停办、改组、转卖、租赁、兼并等，历史发展错综复杂，因此在从历史与社会文化价值角度进行梳理时，重点梳理近代整个棉纺织业发展历程中，在行业范畴里规模和影响都较大的工厂企业，它们或具有行业开创与"第一"，历史年代久远，或工厂规模较大技术较先进，或与重要的历史要素（人物、事件、社团机构或成就等）相关，或对当地社会发展有重要影响，或对某一团体有重要的归属感或情感联系，对公众有重要的教育和展示意义。不同于近代重工企业的数量有限，对于轻纺工业的总结不能如重工业那样全面，在此重点梳理华资轻纺企业。

历史与社会文化价值突出的近代棉纺织厂 表5-4-3

名称	开办时间	创办人	地点	意义或特点	设备与技术特点	备注
上海机器织布局	1889年	李鸿章	上海	近代中国第一家动力机器棉纺织厂	向英、美引进机器，厂房为三层楼房	1893年毁于火灾，1894年在旧址上建新厂，并改名华盛纺织总厂，其后华盛又几经易名，最后于1931年将其设备卖给申新，安装在申新纺织第九厂
湖北织布局	1892年	张之洞	湖北	近代中国早期动力机器棉纺织厂之一	初置设备有布机千台、纱锭3万余枚	织布局北厂1898年完工开车，即湖北纺纱官局。南厂则始终没有建成，机器最后由张謇带入南通大生纱厂

---

① 包括内外棉、日华、同兴、裕丰、大康、丰田、上海、公大等八大系统。
② 《中国近代纺织史》编辑委员会. 中国近代纺织史（下卷）[M].北京：中国纺织出版社，1997：5.

名称	开办时间	创办人	地点	意义或特点	设备与技术特点	备注
申新系统：申新纺织公司	1915年	荣宗敬、荣德生兄弟	无锡、汉口、上海	近代民族资本中规模最大、发展最快的纺织企业集团，技术先进，是民资企业中的佼佼者	从1915年申新纺织第一厂建成开工，到1931年开办申新纺织第九厂，形成了一个庞大的民族资本集团	1915年申新一厂投产，1919年买下恒昌源纱厂，改为申新二厂，申新三厂投产时就有纱锭5万枚，后又陆续成立六个工厂，此外申新集团还经营面粉等其他工业，是近代中国最大的民族资本集团
永安系统：上海永安棉纺织公司	1922年	澳大利亚华侨郭乐、郭顺兄弟	上海	民族资本大型棉纺织集团之一，规模大、技术先进，是民资企业中的佼佼者	至1932年时，永安公司的纱锭扩大到25万枚，布机1600台	至1928年永安已发展为永安一厂、二厂、三厂。后又新建永安四厂，兼并了伟通纱厂
大生系统：大生纱厂	1895年筹建	张謇	南通	近代"地方自治"的样板，民族资本大型棉纺织集团之一，规模大、技术先进，是民资企业中的佼佼者	至1923年时四个厂共有纱锭16.04万枚、布机1342台。此外，大生集团还兴办高等学校，培养纺织技术人才	1899年建成大生一厂，1906年建成大生二厂，1921年建成大生三厂，1923年建成大生副厂（隶属一厂，故名副厂）。一厂在南通唐家闸，二厂在崇明北沙，三厂在海门，副厂在南通城南
大成系统：广益织布厂	1918年	刘国钧	常州	常州最大的织布厂，在国内首先使用筒子纱代替旧式盘头纱，聘请日本技师安装当时很少见的空调设备和大牵伸设备。民族资本大型棉纺织集团之一	1918～1937年，大成公司已拥有4家纱厂。积极引进新设备和新技术，规模大、技术先进	1918年开办广益一厂，1922年创办广益二厂，1927年刘国钧将一厂停歇，全力经营二厂，1930年接盘大纶久记纺织厂，改名大成纺织染公司
恒丰系统：恒丰纱厂	1909年	聂缉椝	上海	创办最早的棉纺工厂之一，仅迟于上海机器织布局1年，其前身是华新纺织局	有恒丰一厂、二厂、三厂、华丰纱厂、大中华纱厂	1909年开办恒丰一厂，1919年开办恒丰二厂，1930年开办恒丰三厂，1920年开办华丰纱厂，1922年开办大中华纱厂
华新系统：华新纱厂	1914年	周学熙	天津	民族资本大型棉纺织集团之一，规模大、技术先进，是民资企业中的佼佼者	有天津华新纱厂、青岛华新纱厂、唐山纱厂和卫辉纱厂	官商合办企业集团，民资以周学熙为主
诚孚公司	1925年	—	天津	民族资本大型棉纺织集团之一，规模大、技术先进，是民资企业中的佼佼者	公司实行技术人员全权管理，并成立了诚孚高级职员养成所，培养大批技术人才	原是一家信托公司，先后接办了天津恒源、北洋两厂及上海新裕一厂、二厂
裕大华系	1936年	—	武汉、石家庄、西安	民族资本大型棉纺织集团之一，规模大、技术先进，是民资企业中的佼佼者	由武汉裕华纱厂、石家庄大兴纱厂和西安大华纱厂3家纺织公司于1936年联合组成	该集团还兼营煤矿
中国纺织建设公司（中纺公司）	1945年	官办	重庆	规模庞大的官办垄断性企业集团	中纺公司拥有85个工厂，这个庞大的集团从事花纱布的控制、配售、生产与外贸活动，且拥有众多技术人才。依仗政治势力，资金雄厚，享有特权，获利丰厚	中纺公司汇编了中国第一部比较全面的纺织技术资料《工务辑要》

5.4.3　工业设备与技术

近代棉纺织工艺包括了棉纺和棉织两部分，棉纺工艺是指把棉纤维加工成棉纱和棉线的纺纱工艺，棉织工艺是将棉型纱线作为经、纬纱制成各种织物的工艺。保留和展示体现棉纺织工业生产流程的建（构）筑物与设备载体，是保护工业遗产科技价值品质的关键。近代棉纺织的完整工艺流程见图5-4-1。

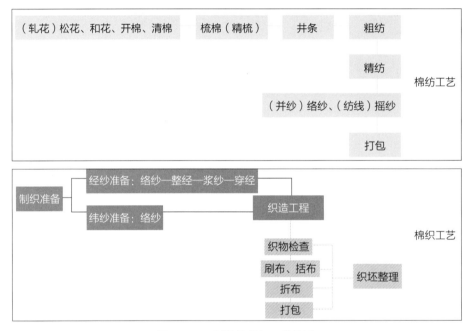

图5-4-1　近代棉纺织工艺简图

1）棉纺工艺

据成希文所著《纺纱学》[①]，纱厂用棉花纺成棉纱，其工程的繁简视纱之粗细而有不同，以粗号纱线为标准，说明纺纱工程顺序如下：

（1）轧花：除去棉籽，剥取棉绒，此项工程多在棉产地施行。

（2）松花：展松包装时压缩之棉，使其恢复天然之状。

（3）和花：混合各种棉花，藉成价廉质美之纱。

（4）开棉：展开纤维，除去杂物。

（5）弹花：弹松纤维，除去杂物，制成花卷。

松花即松棉，和花即混棉，开棉即解棉，弹花即弹棉、打棉，虽然叫法不同，但实为一

---

① 成希文. 纺纱学[M]. 上海：商务印书馆，1948：9-10.

个意思，"松棉、混棉、解棉与弹棉"这四项合起来又可统称为清花。

（6）梳棉：分梳纤维，除去轻微杂物，制成棉条。

（7）并条：合并棉条，施行牵伸，以期整理纤维方向，平均棉条直径。

（8）头道粗纺：又名初纺，抽长棉条，施以适当捻度（twist），使其成细小条纱。

（9）二道粗纺：又名次纺，合并两根初纺纱条并抽长之，且施以适当捻度。

（10）三道粗纺：又名三纺，其作用与次纺相同。

（11）精纺：抽长粗纱，施以相当捻度，使其成为直径均匀、强力充足之纱。

（12）摇纱：将纺成之纱绕于周围一码半（1码约合0.91米）之摇纱车上；使其成小绞，计长一百二十码，合七小绞而成，其长为八百四十码，普通以十绞为一团，以为包装之预备。

（13）打包：取适当纱团（如为十六支纱，则用十六团；如为二十支纱，则用二十团）打成小包，其每包重量自十磅（1磅约合0.45千克）至十磅半不等，再由水压机集合四十小包打成大包。

2）棉织工艺

近代棉纺织业中棉织规模远小于棉纺，毛织、麻织与丝织也存在类似情况。据朱升芹的《纺织》[①]，布由经、纬两种纱线组成，织物长之方向（纵之方向）者为经，多用反手纱线，织物幅之方向（横之方向）者为纬，多用顺手纱线。纬纱有时直接将精纺机制成的纱管插入梭子使用，经纱则需经过相当多的工序后才能使用，因此棉织工艺包括了制织准备、织造工程和织坯整理三个部分（图5-4-2）。

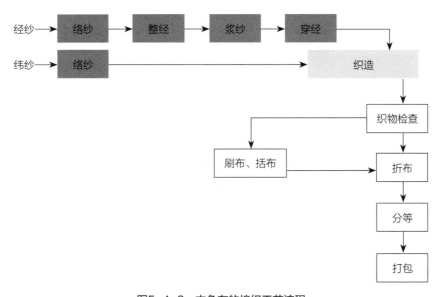

图5-4-2　本色布的棉织工艺流程

① 朱升芹. 纺织[M]. 上海：商务印书馆，1933.

（1）制织准备

①经纱准备

经纱准备的目的有三个，一是可以平均各纱线的张力，并卷附于经纱轴上，这样在制织的时候不至于缠线凌乱；二是根据织布所需的幅阔与密度来确定纱的根数；三是可以增加纱的强力弹性和软滑性。

本色布经纱的制织准备顺序为：经纱络筒—整经（牵经）—浆纱—穿经。

颜色布经纱的制织准备顺序为：漂白及染色—经纱络筒—整经—浆纱—穿经。

格子布经纱的制织准备顺序为：漂白及染色—经纱络筒—部分整经—浆纱—穿经。

a. 络纱：将精纺机纺成的纱管，或摇纱机摇成的纱绞，或已经染色的纱管、纱绞等卷络于整经用的筒子上。这样可以在筒子上卷络上更多量的纱，也可以均齐纱线的张力，使纱线更坚实，还可以除去纱线上附着的杂物和品质不良的纱，以便整经之用。

b. 整经：将织物经纱的总根数或其约数，以及所需长度，用同一张力平均卷于一定幅阔的经纱轴上。这项工作对以后的浆纱、穿经与织造工程关系密切，应务求完善。

c. 浆纱：经纱上浆是制织准备工序中最重要的环节，其作用主要有四个方面，一是可以增加纱的强度；二是可以增加纱的滑度，减少摩擦；三是可以增加纱的重量；四是可以使制成之布的外观及手感更好。

调浆所用的材料种类较多，最常用的主要有黏着性材料、柔软性材料、增量性材料、防腐性材料、吸湿性材料和调色性材料等。和浆的要领在于煮法及调合成分，浆料的调合需要根据纱线性质、支数、织成重量、厂中湿度、布的使用目的等而定。

d. 穿经：浆纱机出来的织机轴，依纱的支数及经纱根数，必须经穿篦或连结工作。将经纱穿过所需综线及篦，或将新旧连结，以便制织。

②纬纱准备

纬纱准备的目的也有三个，一是平均纬纱的张力，以便于制织工作，并使布面平整；二是可以除去纬纱上附着的杂物及不良的纱，以便于制织工作，并使布面光洁；三是可以卷取更多量的纬纱（纬纱筒子变大），以利于织造时减少停车换梭的时间。有些工厂内有纬纱精纺机，在织造本色布时，可以直接将精纺机制成的纱管插入梭子，直接用来织布。有些工厂是从外厂购买纬纱，则需要先经过纬纱络管机络纱后，或者要制织颜色或格子布的，还要经过漂白染色、再经纬纱络管机络纱后才可使用。

（2）织造工程

织造就是组合经、纬纱以成织物。经过制织准备工序后，经、纬纱线已做成适合织造用的织轴和纡子（或筒子）。织造是在织机上使经纱和纬纱按照织物上机图样相互交织构成织物。

（3）织坯整理

从织机上卸下的布，或直接用于销售，或再加工整理，根据制品的目的与用途而定。不需要后期加工整理的织坯整理过程一般包括织物检查、清刷布面尘屑与断纱等附着物（刷布、括布）、折布、打包等环节（需要后期练漂、印染等加工整理的，笔者将在"棉印染行业"中具体论述）。

3）近代棉纺织机具

（1）轧花机具（图5-4-3）。轧花机：使籽棉的纤维与核完全分离，同时除去不纯杂物。近代采用动力机器的轧棉厂，俗称火机轧花厂[①]。早期轧花机的动力由蒸汽机和锅炉提供，20世纪20年代以后，许多轧花厂采用内燃机或电动机为动力。近代手工轧棉仍是主体，但所用的轧棉机是经改良的铁机，机器轧棉主要采用小型的皮辊轧棉机，而先进的适于大规模生产的锯齿轧棉机（saw gin）[②]数量很少。

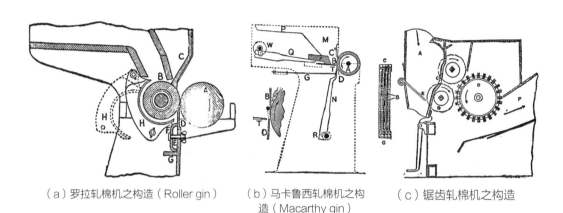

（a）罗拉轧棉机之构造（Roller gin）　（b）马卡鲁西轧棉机之构造（Macarthy gin）　（c）锯齿轧棉机之构造

图5-4-3　近代轧花机的种类与构造

（2）松花机具（图5-4-4）。松花机：从棉产地运来的棉花因受挤压，多呈块状，所以在和花和开棉之前要展松压缩之棉，使棉花恢复天然之状。根据原料的不同（如美棉、印度棉）选用不同的松花机。

（3）和花机具。①空气吸棉箱：将棉花由松花机运送至和花仓，同时还起到除尘的作用。②自动喂棉机（hopper feeder）：棉经混合后，在送入开棉机之前，通常要经过自动喂棉机，可以开展纤维、除去尘埃并调节送入开棉机的棉量，使之均匀，为送入开棉机做准备。

---

① 据《中国实业志（江苏省）》记载中国最早的动力机器轧花厂为"奉贤县之程恒昌"，此厂建于光绪元年（1875～1876年）。之后较著名的有宁波通久机器轧花局，于1887年集资筹建，设备从日本大阪订购，包括锅炉和大型蒸汽机发动的轧花机，聘请日本技师，厂房分成不同的机器间，有轧花间、打包间、晾干间以及办公用房等，采用蒸汽动力驱动轧花机轧出的棉花质地好。轧制之前先将棉花在晾干间里完全晾干，轧制之前需进行拣棉，将籽棉上所有的垃圾泥垢都拣净，轧制时用轧棉机将棉花从棉籽上拉下来。

② 锯齿轧棉机由美国工程师惠特尼于1793年发明，该机单机产量高，适宜大规模生产，但由于锯齿式轧花机庞大，附属设备多，建厂投资大，技术复杂不易掌握，且轧出的皮棉中杂质多，故很久没有传入中国。直到20世纪30年代始有锯齿式轧花机的引入，其中有南通大生纱厂和无锡申新厂，但均未能及时投产。

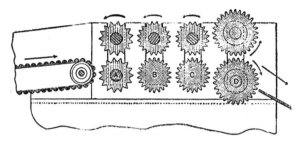

（a）普通松花机之构造（ordinary bale breaker）

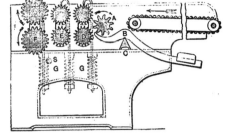

（b）曲杆松花机之构造（pedal bale breaker）

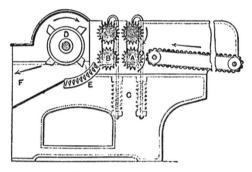

（c）豪猪形松花机之构造（porcupine bale breaker）

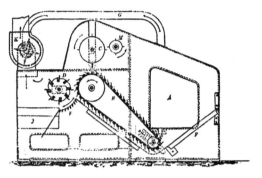

（d）积棉箱松花机之构造（hopper bale breaker）

图5-4-4　近代松花机的种类与构造

（4）开棉机具。开棉机：用于舒展纤维，去除杂物，为弹花做准备。开棉机种类较多，例如库来顿开棉机（直立开棉机，crighton opener or vertical beater opener）、卧式库来顿开棉机（horizonal conical beater opener）、排气开棉机、单式开棉机（single opener）与圆筒开棉机（buckley opener）等（图5-4-5）。

（5）弹花机具。弹棉机（有时也称清棉机）：经过开棉机之后的棉，有些含有杂物或难以充分舒展，或有厚有薄，需要经过弹棉机（其实类似于之前的开棉操作），而后可成为清洁、均匀且不损害棉梳工序的棉花。近代早期的弹花工程有反复施行多次的，如二道弹花机、三道弹花机，而对于开棉机，有时则直接称为头道弹花机。近代后期，较新式的纱厂大都采用单程的方法了，即将早期的二次或三次者，改进为开棉机或弹花机一次制成，弹花机无论是二道还是三道，构造大致相同。20世纪30年代以后有些工厂又引进了当时欧美制造出的单程清棉机，将松花、给棉、开棉、清棉等工序联合成一部机器[1]（图5-4-6）。

（6）梳棉机具（图5-4-7）。梳棉机：棉花经过清花后，虽已松展干净，但棉花纤维纷乱无序，且可能还会有一些小砂子等细微杂物存留，因此需要梳棉机梳理纤维，并除去清花工序未能去除的细微杂物，最后制成具有一定重量的棉条（生条）。梳棉机种类较多，近

① 《中国近代纺织史》编辑委员会. 中国近代纺织史（上卷）[M]. 北京：中国纺织出版社，1997：109.

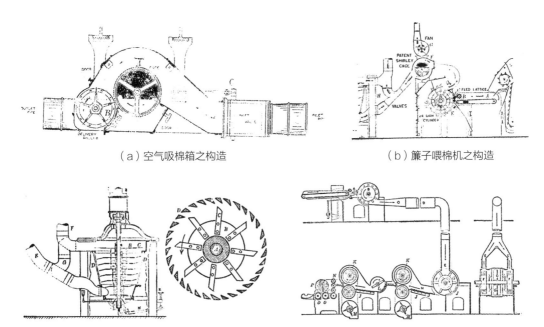

（a）空气吸棉箱之构造

（b）簸子喂棉机之构造

（c）库来顿开棉机之构造

（d）单式开棉机之构造

图5-4-5　近代和花机与开棉机的种类与构造

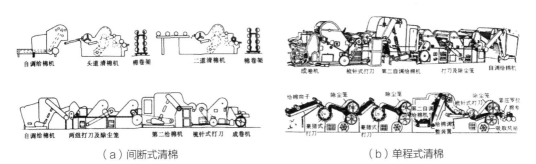

（a）间断式清棉

（b）单程式清棉

图5-4-6　间断式清棉与单程式清棉

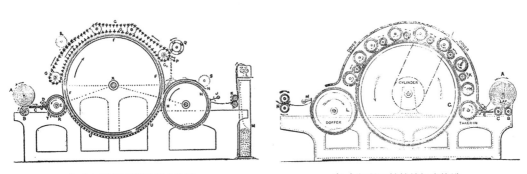

（a）回转针簸梳棉机之构造

（b）钢丝罗拉梳棉机之构造

图5-4-7　近代梳棉机的种类与构造

代大致分为四类：回转针簾梳棉机（revoluing flat card）、钢丝罗拉梳棉机（roller and clearer card）、固定针簾梳棉机（fixed flat card）、混合梳棉机（combination card）。近代后期使用回转针簾梳棉机后，逐渐淘汰了固定针簾梳棉机和混合梳棉机，钢丝罗拉梳棉机作用极为激烈，仅适用于专纺废花之厂。

（7）并条机具（图5-4-8）。并条机：将梳棉机或精梳机制成的棉条抽长整齐，在抽长牵伸过程中使纤维伸直平行，合并棉条均齐重量，制成均量、清洁、整齐的棉条。并条工序一般有2～4道，并条后的棉条俗称熟条，其与生条相似，但结构有差异。并条机种类也较多，可根据棉花及出纱粗细的不同、工厂规模和排列布置方式来选择。有二段并条机，即将全机分为两段，梳棉条用六条合并，由左端经过第一段，施行并条后，再以六条合并，送至第二段处理，从而形成所需的棉条，适于十支以下粗纱的并条；三段并条机，即将全机分为三段，使棉条反复受三次并条作用，适于二十支以上四十支以下中纱的并条；四段并条机，即将全机分为四段，使棉条反复受四次并条作用，适于四十支以上纱的并条。

（8）粗纺机具（图5-4-8）。粗纺机：能将并条机制成的棉条抽长引细，使之成为条纱，并能平整纤维、均齐重量，同时予以适当捻回，使其强韧。粗纺机的种类视所纺纱线支数而异[1]。近代早期的牵伸机构还很粗陋，牵伸能力很小，需要经过多道粗纺，按道数的不同可分为头道粗纺机、二道粗纺机与三道粗纺机等，名称虽然不同，但构造与应用则大致相同。近代后期，粗纱机牵伸机构经过改进、细纱机也扩大了牵伸能力后，粗纱机的道数才开始减少，毛纺、麻纺、绢纺一般采用两道粗纱机，棉纺大多以一道粗纱机后直接供应大牵伸细纱机，20世纪30年代有些工厂引进了当时欧美制造的单程粗纱机。

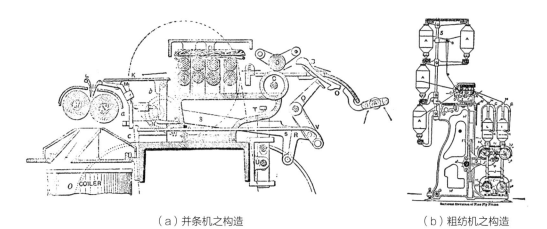

（a）并条机之构造　　　　　　　　　（b）粗纺机之构造

图5-4-8　近代并条机与粗纺机的构造

---

① 18世纪末翼锭细纱机问世后，由于细纱机牵伸倍数有限，要先纺成粗纱才能纺成细纱，因而在19世纪初出现了粗纱机，这种粗纱机类似于翼锭细纱机。19世纪末，牵伸机构还很粗陋，牵伸能力很小，粗纱工序长期采用2～4道。

（9）精纺机具（图5-4-9）。精纺机：将粗纺机制成的粗纱抽长拉细成所需细度，并予以一定捻度，使纱线的强度、光泽等符合制品的要求。近代精纺机[①]大致有四类：环锭精纺机（ring spinning frame），适于百支以内各种棉纱的精纺，因产额较丰，发明后近代采用最广；走锭精纺机（self-acting spinning frame），适于百支以上细纱及各种毛丝纺绩的精纺；翼锭精纺机（flyer spinning frame），自环锭精纺机发明以来，此机因产额过少已逐渐被淘汰；大牵伸精纺机（high draft spinning frame），既可应用于环锭精纺机，亦可应用于走锭精纺机，是将前面精纺机的牵伸罗拉加以改良，以减少粗纺道数，改善出纱品质。20世纪30年代有些工厂引进当时欧美制造的大牵伸与超大牵伸细纱机。近代精纺机具的发展为走锭—环锭—气流纺—喷气纺，其中气流纺和喷气纺是中华人民共和国成立后发展的新技术。[②]

（10）摇纱机具。络纱机（摇纱机）：把精纺机纺成的细纱重新卷绕成规定重量的绞纱，可形成体积小而坚固的包装，有利于运输和贮存，同时也可减少纱线受气候变化的影响。近代络纱所用设备的种类也较多，通常有筒子络纱机、合股络纱机和高速络纱机等。

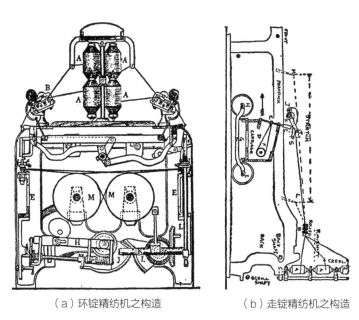

（a）环锭精纺机之构造　　　　　　（b）走锭精纺机之构造

图5-4-9　近代精纺机的种类与构造

---

① 英国产业革命后，1769年出现了利用水力拖动的翼锭细纱机，1779年S.克朗普顿根据手工纺车原理发明了走锭细纱机，这是早期的两种细纱机。1825年R.罗伯茨又将走锭细纱机改进为自动作用的走锭细纱机，这种形式的机器在19世纪和20世纪初期获得了广泛的应用。1828年出现了帽锭细纱机，同年，J.索普创造了环锭细纱机，当时钢丝圈是由纺纱工用手工制成，1830年以后才开始正式制造钢丝圈。环锭细纱机可连续作用，而且纺纱速度较高，因而逐渐被广泛采用，代替了绝大部分走锭细纱机。
大牵伸精纺机（high draft spinning frame）是1912年发明的装置，既可应用于环锭精纺机，亦可应用于走锭精纺机，是将前面精纺机的牵伸罗拉加以改良，以减少粗纺道数，改善出纱品质。大牵伸装置种类极多，如皮圈式大牵伸装置、三列罗拉式大牵伸装置、四列罗拉式大牵伸装置、联合牵伸装置，各装置各有优劣，适用情况不同。20世纪30年代有些工厂引进当时欧美制造的大牵伸与超大牵伸细纱机。
② 吴熙敬. 中国近现代技术史（下卷）[M]. 北京：科学出版社，2000：1033.

（11）络纱机具（图5-4-10）。①经纱络筒机：将精纺机纺成的纱管，或摇纱机摇成的纱绞，或已经染色的纱管、纱绞等卷络于整经用的筒子上。可以在筒子上卷络更多量的纱，以便于整经，也可以均齐纱线的张力并除去纱线上附着的杂物等。近代经纱络筒机种类较多，如竖式锭子络筒机（vertical or upright spindle winding）、圆墙络筒机（drum winding）、绫形络筒机（cheese winding）、光滑络筒机（slip winding）、球形络筒机（ball-warp winding）等。②纬纱络管机：给予纱管、纱绞或漂染的纱以适当张力，卷络于小木管或纸管上，并使其强韧坚实，以方便织造工作。近代纬纱络管机可分为杯状络管机（pirm cup winding）、水平锭子络管机（horizontal spindle pirm cup winding）、圆盆络管机（pirm disc winding）、圆锥络管机（pirm cone winding）、环状络管机（circular pirm winding）、万能络管机（universal pirm winding）六类。

（12）整经机具（图5-4-11）。整经机：将经纱用同一张力平均卷于一定幅阔的经纱轴上。近代整经机大致有四类：球带整经机（ball or sliver warper）、全幅整经机（beam warper）、部分整经机（section warper）、水平部分整经机（horizontal section warper），其中全幅整经机和部分整经机使用最多。

（13）浆纱机具（图5-4-11）。浆纱机：近代浆纱机大致有五种，即绞纱浆纱机（hank sizer），适用于染色经纱上浆；带经浆纱机（ball warp sizer），适用于较短经纱上浆；斯拉斜浆纱机（slasher sizer），适用于粗中纱支经纱上浆；热气干燥浆纱机（hot air sizer）与电气干燥浆纱机（electric dry sizer），适用于细美经纱上浆。

（14）穿经机具（图5-4-11）。自动经纱连结机（warp tying machine）：将经纱穿过所需综线及蔻，或将新旧连结起来。

| （a）圆墙络筒机 | （b）环状络管机 | （c）万能络管机 |

图5-4-10　近代络纱机

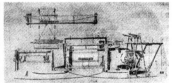

| （a）全幅整经机 | （b）斯拉斜浆纱机 | （c）自动经纱连结机 |

图5-4-11　近代整经机、浆纱机、穿经机

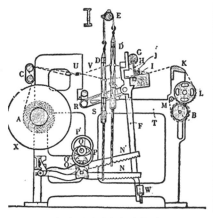

（a）踏盘力织机之构造　　　　　　　　（b）提综力织机

（c）换梭式丰田自动织机　　　　　（d）换管式阪本自动织机

图5-4-12　近代织机

（15）织造机具（图5-4-12）。织机：组合经纬纱以成织物。近代的机械织机可分为足踏织机与力织机，力织机是利用汽力、电力、水力等动力的机器[1]，近代有踏盘力织机（tappet loom）、提综力织机（dobby loom）与提花力织机（jacquard loom）。普通力织机在纬纱断头或用完时，必须停机，取换梭子或纬管，后来在普通力织机上添加了经纱断头自停装置和纬纱自动补给装置，添加这两个装置后，可实现不停机而自动补充纬纱，经纱断头也容易发现，可及时接上，这种织机又称自动织机。自动织机有换梭式和换管式，西欧在1895年发明自动换梭，后被日本仿造并改进，成为广泛使用于在华日资厂的"阪本式"织机，1926年日本人又发明了自动换梭的"丰田式"织机，并逐步淘汰了"阪本式"织机。[2]

（16）织物检查机具（图5-4-13）。织物检查机：检查自织机取下的布品质是否符合标准要求，还有无另加修理的需要。刷布机：可去除布面上附着的尘屑、断纱等，使布面光洁而增加美感。括布机：去除布面上附着的断纱等杂物。

---

① 力织机的原型于1735年由英国人厄德曼·卡特棘特（Edmand Cartright）所发明，后经重重改良。
② 吴熙敬. 中国近现代技术史（下卷）[M]. 北京：科学出版社，2000：1028.

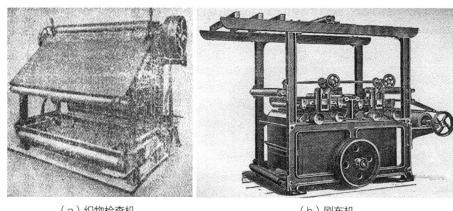

（a）织物检查机	（b）刷布机

 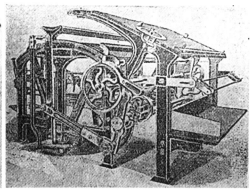

（c）括布机	（d）折布机

图5-4-13　近代刷布机、括布机、折布机

（17）折布机具。折布机：经过检查、刷布、括布等工序后将布折成一定长度和层次，以便成包（图5-4-13）。

（18）打包机具。小包机与大包机：摇成绞纱后经小包机打成小包，再打成大包，整列纱团，压成一定形状打包。

5.4.4　地域产业链、厂区或生产线的完整性

从科技价值角度分析，棉纺织厂的建（构）筑物保护可分为以下几个层次：

（1）第一种是十分理想的情况，保护完整的棉纺织厂生产区域及附属生活用房，包括核心工艺的纺纱与织布车间（清花、梳棉、并条、粗纺、精纺、络纱、整经、浆纱、穿经、织布、打包等的用房）、动力用房，辅助生产的仓储、机修、办公等建（构）筑物，附属的住宅、宿舍、学校、食堂、俱乐部等生活用房，此外由于纺纱需要大量用水，取水水塔、运河以及运输所用的铁路轨道与运河桥等沿线建（构）筑物也要注意保护。

（2）第二种情况是在无法完整保护时，要重点保护棉纺织业本身工业的完整性，包括核心工艺的纺纱与织布车间（清花、梳棉、并条、粗纺、精纺、络纱、整经、浆纱、穿经、织布、打包等的用房）、动力用房，辅助生产的仓储、机修、办公等建（构）筑物。

（3）若上述两种情况在现实中依旧无法保留时，那么应保护棉纺织业中最核心、最重要的生产线——纺纱工艺与织布工艺的用房等。

下面以近代中纺公司天津第一纺织厂和石家庄大兴纺织染厂工业建筑群的完整性保护为例来说明。

1）中纺公司天津第一纺织厂

中纺公司天津第一纺织厂建筑分布图与纺织车间中各功能分区图如图5-4-14所示。

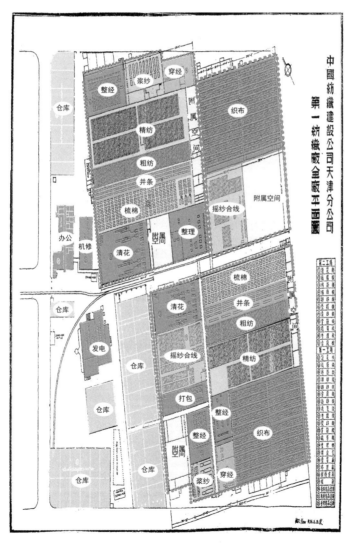

图5-4-14 中纺公司天津第一纺织厂建筑分布图与纺织车间中各功能分区图

中纺公司天津第一纺织厂核心的纺织工艺流程建筑分布图如图5-4-15所示。

中纺公司天津第一纺织厂动力用房与辅助的机修、办公、仓储建筑如图5-4-16所示。

2）石家庄大兴纺织染厂

石家庄大兴纺织染厂建筑分布图如图5-4-17所示。

石家庄大兴纺织染厂核心的纺纱、织布、漂染用房如图5-4-18所示。

石家庄大兴纺织染厂动力用房与辅助生产的仓储、办公、机修用房及运输铁轨如图5-4-19所示。

石家庄大兴纺织染厂附属的宿舍、住宅、食堂、学校、俱乐部、合作社建筑如图5-4-20所示。

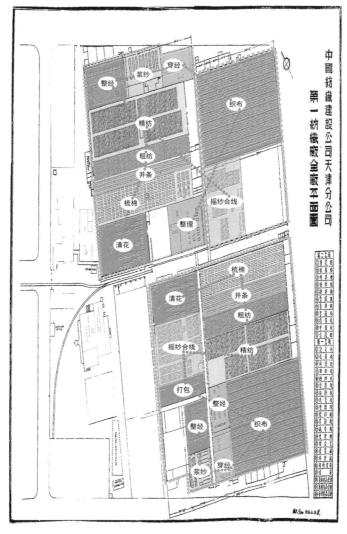

图5-4-15 中纺公司天津第一纺织厂核心的纺织工艺流程建筑分布图

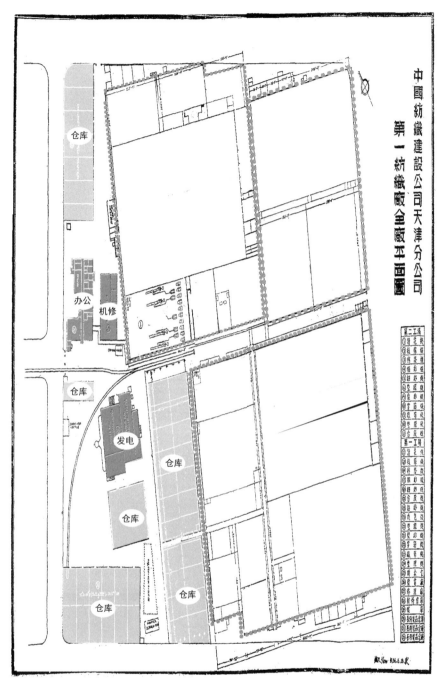

图5-4-16　中纺公司天津第一纺织厂动力用房与辅助的机修、办公、仓储建筑

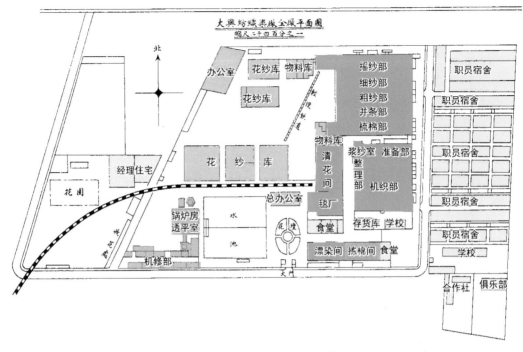

图5-4-17　石家庄大兴纺织染厂建筑分布图

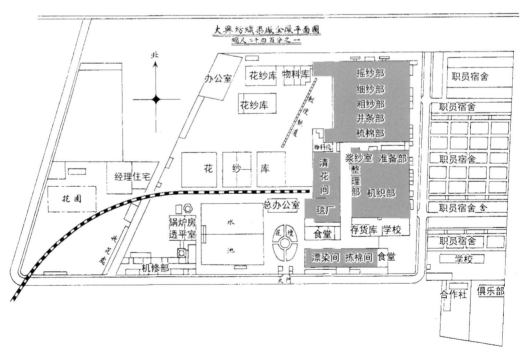

图5-4-18　石家庄大兴纺织染厂核心的纺纱、织布、漂染用房

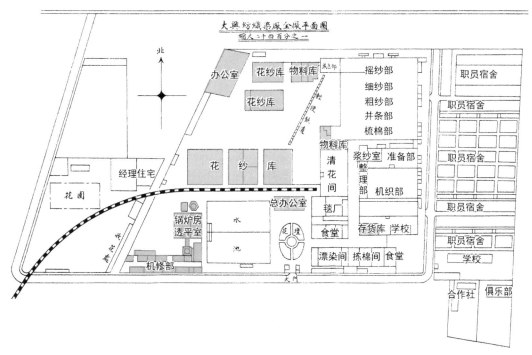

图5-4-19　石家庄大兴纺织染厂动力用房与辅助生产的仓储、办公、机修用房及运输铁轨

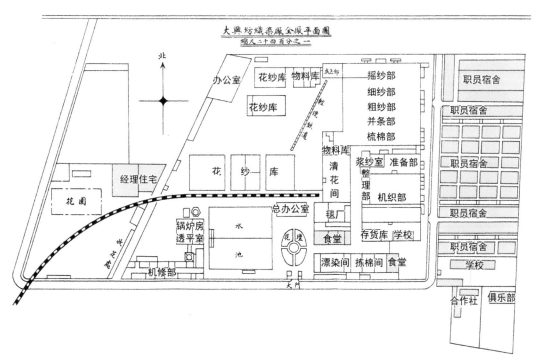

图5-4-20　石家庄大兴纺织染厂附属的宿舍、住宅、食堂、学校、俱乐部、合作社建筑

5.5 棉印染业

5.5.1 年代

近代的机器棉印染业相较棉丝毛麻纺产业的规模较小，发展也较晚，大致可分为以下几个历史时期：

（1）1912～1936年为初创发展时期。在国人染整业中，染纱最先使用动力机器，然后是棉布的染色，纱线与棉布采用机器印染后既可生产色织布又可生产染色布。棉布的机器印花（即辊筒印花）比棉布染色稍迟，因为其所需资金大技术多。20世纪20年代机器印染还处于萌芽阶段，开设工厂的数量有限[①]。1930年至1937年战前是我国机器棉印染业发展的重要阶段，在短短六七年时间里开设了60多家工厂，且规模和技术设备都有一定提高，战前全国各地印染厂已有百余家，这一时期的印染厂见表5-5-1。

1912～1936年初创发展时期的印染厂　　　　　　　　　　表5-5-1

地区	情况
上海地区	有50家，其中华资工厂包括达丰、光中、上海印染、仁丰、鸿章、光华、大华（即永安）等，日产能力2000匹以上的民资工厂只有达丰、鸿章和大华（永安），拥有印花设备的有达丰、光中、恒丰、天一和大华。 外资工厂中英商怡和纱厂最先采用动力染整机器。1925年英商纶昌印染厂开始生产印花棉布。继英商后，日本内外棉公司上海第一、二加工厂[②]开始生产各种精元布、漂色布和印花布，印染设备齐全，规模宏大。此后日资又相继开办了美华印染厂、瑞丰染厂等。 生产能力较强者首推日商内外棉公司和英商纶昌印染厂
湖北地区	汉口有福兴、东华、隆昌等20家。抗日战争前全省有7家机器染厂，规模均较小，其中福兴漂染厂、东华染整厂和隆昌染厂规模相对较大
天津地区	有20家，包括华纶、同聚和、久兴、义同泰、同顺和、北大、福元、敦义、万新、博明、正丰等。天津地区第一家机器染整厂为华纶染厂
山东地区	济南有东元盛、仁丰等5家。 青岛有阳本（今青岛第三印染厂）、华新纱厂增设的印染车间（今青岛第二印染厂）和日商瑞丰等。 潍坊有信丰印染公司（今潍坊第一印染厂）等
江苏地区	无锡有丽新、庆丰、美恒3家，其中丽新厂战前印染设备生产能力已达日产8000匹。 常州战前有4家，规模较大的有大成纺织染股份有限公司大成二厂（今东风印染厂，1936年时日产5000匹左右）、九丰机器织厂（今常州灯芯绒印染厂）、恒丰盛染织厂（今常州第四印染厂）和民丰纱厂（今常州国棉二厂）。 宁波有恒丰一家
湖南地区	长沙有福星等两家，湖南省的棉布机器染色比例甚小
广东地区	有泰盛（至1936年该厂发展成华南地区最大的染整厂）、万昌隆、宝兴隆等染厂

[①] 上海10多个，江苏、天津、湖南、广东各1个，山东2个，湖南3个。
　　《中国近代纺织史》编辑委员会. 中国近代纺织史（下卷）[M]. 北京：中国纺织出版社，1997：61.
[②] 1932年开工，今上海第一印染厂前身。

（2）1937～1945年为抗日战争时期。抗日战争时期沦陷区内的棉印染业被破坏严重，有些棉印染工厂迁入上海和天津的租界内得以短暂喘息和发展，租界内的棉印染业获得短暂的畸形繁荣。至1945年时上海和天津的机器印染业有所恢复，可达到战前水平，但其他地区由于战争破坏，几近停顿。抗战开始后部分工厂内迁，战时四川省的主要机器染整厂约有10家[1]。战时日资也趁机扩张，通过强占、迫使企业出售或实行合并合营等迫使华资工厂就范。在东北沦陷区内日商先后开办了6家较大的机器印染厂[2]。

（3）1946～1949年为战后接收时期。抗日战争胜利后，中纺公司添设了印染室并接收和整顿了日伪棉印染厂[3]，中纺公司所属印染厂共有12家（上海7家、青岛1家、东北4家），其中以上海第一印染厂规模最大。战后的民营印染厂在上海、天津、江苏、山东等地有所发展[4]，行业总体生产能力有所提高，但不久就陷入停滞，直到中华人民共和国成立后印染行业才重获新生。

5.5.2 历史重要性

由于近代棉印染厂数量较多，工业遗存数量也较多，且很多工厂经历了停办、改组、转卖、租赁、兼并等，历史发展错综复杂，因此在从历史与社会文化价值角度进行梳理时，重点梳理近代整个棉印染业发展历程中，在行业范畴里规模和影响都较大的工厂企业，它们或具有行业开创与"第一"，历史年代久远，或工厂规模较大技术较先进，或与重要的历史要素（人物、事件、社团机构或成就等）相关，或对当地社会发展有重要影响，或对某一团体有重要的归属感或情感联系，对公众有重要的教育和展示意义。不同于近代重工企业的数量有限，对于轻纺工业的总结不能如重工业那样全面，在此重点梳理华资轻纺企业（表5-5-2）。

历史与社会文化价值突出的近代棉印染厂　　　　　　表5-5-2

名称	开办时间	地点	意义	特点
上海启明染织厂	1912年	上海	近代华资动力机器染纱之始	用机器新法仿效西方生产各种颜色的丝光纱线
济南东元盛漂染厂	1908年	济南	华资动力机器染棉布的首创，是近代华资动力机器染布之始	1918年用机器新法染各色棉布

---

① 大明染织厂、军政部重庆染整厂、和兴染整厂、西南麻织厂染厂、东禾染整厂、中国纺织公司染厂、新兴化学练染厂、渝德机器染厂、宝兴第二染厂、新华印染厂。

② 营口染绩公司奉天工厂、钟渊纺绩公司所属康德染色公司、满蒙染织公司、满洲内外棉公司、德和染色厂、协和染织公司。

③ 中纺公司接收和整顿了日伪棉印染厂，在上海设置了上海第一至第七印染厂，如日商中华染色整练公司被中纺公司接收整顿后改称上海第二印染厂（今上海第四漂染厂），此外还包括上海第四印染厂（今上海第五印染厂）为接收日商美华印染厂，上海第六印染厂（今元通漂染厂）为接收日商一达漂染厂，上海第七印染厂（今上海第二印染厂）为接收日商公大纱厂印染厂，第一针织厂印染部（今上海针织厂印染部）为接收日商康泰绒布厂等。

④ 上海的申新、永安、达丰、信孚等，无锡的丽新，常州的九丰、大成、恒丰盛，青岛的阳本、华新，济南的东元盛，湖南第一棉纺织厂漂染部等有所发展。

名称	开办时间	地点	意义	特点
上海达丰染织厂	1913年	上海	原布染色、上光、整理、印花，是华资工厂中最早能自纺、自织、自染整的棉纺织染全能厂	棉布机器印花（即辊筒印花）的起步比染色稍迟，这与机器印花所需资金较大、技术难度较高和管理不易有关。1927年达丰染织厂首先引进一台日本产四色辊筒印花机及附属设备
丽新染织厂	1920年	无锡	有织造、漂染、整理、印花等部门，是一家全能型大规模企业	1933年购置瑞士精梳机，是近代国内最早拥有精梳机的工厂
中国纺织建设公司上海第一印染厂	1930年	上海	抗日战争前上海地区棉布印染生产能力最大	第一加工厂以生产各种精元布为主，第二加工厂生产各种漂色布和印花布，设备齐全，规模宏大
英商纶昌印染厂	1925年	上海	抗日战争前上海地区棉布印染生产能力较大者之一	1925年开始生产印花棉布
大成二厂的染部	1932年	常州	日产能力曾达到5000匹左右，产能较大	今东风印染厂
大华（永安）印染厂	1933年	上海	日产能力曾达到2000匹以上，产能较大	
华新纱厂的染部	1935年	青岛	是华新纱厂增设的印染车间，产能较大	今青岛第二印染厂

5.5.3　工业设备与技术

织物整理以发挥纤维的天性、改善织物外观及质地为目的。可随使用者的需要将构成纤维的天性完全发挥出来，或只使其发挥一部分，也可矫正纤维的自然属性，增加织物光泽或消去织物色艳，使其刚硬或柔软，使织物的内质外观均满足需求。

根据布的性质与用途，织物整理方法可按处理手法不同分为化学整理与机械整理两种。化学整理使织物的纤维因药品作用而起化学变化，主要有漂白、染色、印染（印花）等。机械整理是指使用机械处理，让布面平坦光滑，或上浆增重，或烧毛、括出丝绒等，主要有烧毛、起毛、刷毛、蒸布、上浆、压光、揉布、轧光、拉幅、干燥、耐水、耐火、上腊、压榨、折布等多种处理方法[①]（图5-5-1）。20世纪20年代机器染整技术及设备在国内逐步推广。织物整理按照不同的工序又可分练漂工程、染印工程和整理工程[②]。虽然分类方法不同，但实质都是一样的，下面具体分析之。

---

① 朱升芹. 纺织[M]. 上海：商务印书馆，1933：259-261.
② 蒋乃镛. 纺织染工程手册[M]. 上海：中国文化事业社，1950.

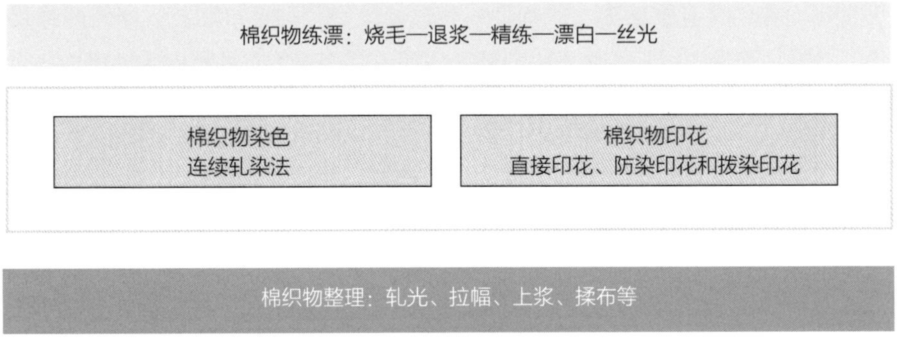

棉织物练漂：烧毛—退浆—精练—漂白—丝光

棉织物染色 连续轧染法	棉织物印花 直接印花、防染印花和拔染印花

棉织物整理：轧光、拉幅、上浆、揉布等

图5-5-1　近代棉印染工艺简图

1）练漂

棉织物的练漂工程，需要经过烧毛、退浆、精练、漂白与丝光等几个步骤。

（1）烧毛：除去织物表面的绒毛。

（2）退浆：将织物所附浆料及油污等洗净，经烧毛后的布用退浆剂溶液润湿透，使浆料溶解或发酵后用水洗。退浆剂要根据浆料而定，有单用热水的，也有用烧碱或酸液的，还有用各类浆粉的。

（3）精练（煮练）：精练的练液，早期多用石灰，后改用进口的烧碱、纯碱等，用碱液除去棉织物中的蛋白质棉籽壳屑、脂蜡等杂质。

（4）漂白：去除棉纤维上留有的色素，棉织物用的漂白剂主要是漂白粉[①]。

（5）丝光：棉织物用烧碱溶液处理并施加张力，在张紧状态下洗去碱液以获得耐久的光泽。

2）染色

机器染整厂使用的染料有直接染料、盐基染料、硫化染料、蒽醌还原染料等。直接染料简单方便，棉布染色、烘干、水洗后去浮色即可。盐基染料，棉布需要先经过单宁媒染，然后染料的色素再与媒染体结合着色。近代后期逐步流行硫化与还原染料，如用硫化黑染料或阿尼林黑来染黑色棉布，用海昌蓝染料（属硫化还原染料）染蓝色布，用纳夫妥染料染红棕色棉布等。

3）印花

棉布印花的方法有直接印花、防染印花和拔染印花。

[①] 漂白方法有两种：一为淋漂法，将布匹堆于木制或水泥制漂箱中，漂箱下有贮漂液池，池中漂液由泵抽出淋于箱中织物上，循环往复；二为轧漂法，将布匹在洗布机中浸透漂粉液后，露天堆置若干小时，漂后再水洗、酸中和。早期以淋漂法用得较多，后来逐渐采用轧漂机漂白，轧漂机类似普通绳洗机。个别工厂采用连续漂白水洗烘布机，布匹在平幅状态下轧漂后连续酸洗、水洗、烘干，节省了人力。

（1）直接印花，有直接染料、盐基染料和还原染料等的直接印花，印花时经烘燥、汽蒸、氧化、皂洗、水洗即成。有些染料印就的布匹不需经过汽蒸即可在水洗机中显色。

（2）防染印花，将防染糊印于织物上，棉布经过染色时，防染糊之处不固色，后再通过烘干或显色与水洗等处理。

（3）拔染印花，织物先经过染料染色后，再印制还原性拔白糊或者还原染料色拔糊，后再经汽蒸等后处理。

4）整理

根据棉织物的用途与需要，其整理的方式较多，包括轧光，可使布匹具有美艳光泽；拉幅，可使织物前后幅阔一致；上浆，可使棉布柔软、增重、固色、防腐等。20世纪40年代后期，上浆整理非常普遍，除了各种简单的上浆机外，许多工厂有热风上浆拉幅机，可使上浆和拉幅一次完成。

5）近代棉印染机具

（1）练漂机器

①烧毛机：除去织物表面的绒毛。近代烧毛设备早期一般采用铜板烧毛机，后发展至气体烧毛机（图5-5-2），再后来有电阻烧毛机。铜板烧毛机上有紫铜板，布匹快速通过经火烧红后的紫铜板可除去绒毛。气体烧毛机比铜板烧毛机的烧毛效果好，无论平整或凹凸的布皆能均匀去毛。电阻烧毛机近代采用不多。

②水洗机：除去织物所附着的浆料和油污等。近代水洗机分为绳状水洗机（图5-5-2）和平幅水洗机，绳状水洗机装有两个大木辊筒与小木辊筒，布成绳状后，多次经过大木辊筒至小木辊筒以达到洗净目的。平幅水洗机有多格水箱，每一格都装有辊筒，可连续不断工作。

③煮布锅：用碱液除去棉织物中的蛋白质棉籽壳屑等杂质。近代早期采用开口煮布锅，

（a）煤气烧毛机　　　　　　　　　　（b）绳状水洗机

图5-5-2　近代烧毛机与水洗机

（a）棉布精练车间　　　　　　　　　　（b）染色车间

图5-5-3　棉布精练车间的高压煮布锅与染色车间的卷染机

造价较廉，但耗汽低效。后期采用高压煮布锅（图5-5-3），织物入锅后密闭煮练，效果较好，有立式、卧式和卷轴平幅式高压煮布锅。

④轧漂机：类似普通绳洗机，布成绳状浸轧数次出机，个别大型工厂采用连续漂白水洗烘布机，布匹在轧漂后可连续酸洗、水洗、烘干，节省了人力。

⑤丝光（轧光）机：使布显出美艳光泽。近代丝光机最早式样为布铗式，后来发明了弯辊式，薄布可采用弯辊丝光机，厚布多采用布铗丝光机。

（2）染色机器

近代棉布染色的设备为卷染机，早期卷染机效率低下，机身占地面积大，染色麻烦，20世纪40年代后期逐渐开始使用连续染色机，如阿尼林染机已能够全部国产，但近代的连续轧染法尚处在萌芽阶段。

（3）印花机器

近代棉布印花采用辊筒印花机，与印花机相辅助的设备还有蒸布机（图5-5-4）、干燥机与水洗机等。20世纪40年代后期，随着技术的进步，印花厂普遍采用快速蒸布机蒸化，提高了印花品质。

（a）印花车间　　　　　　　　　　（b）印花铜辊雕刻室

图5-5-4　近代印花机器

（4）整理机器（图5-5-5）

①干燥机（drying machine）：布经水洗机后须除去所含水分，使其干燥。

②拉幅机（stretching machine）：由干燥机出来的布，再喷蒸汽，使布柔软的同时拉阔其幅。

③揉布机（spiral roller breaking machine）：将布质打软。

④上浆机（starching machine）：上浆于布匹，并干燥。

⑤丝光（轧光）机（calender）：使布显出美艳光泽。

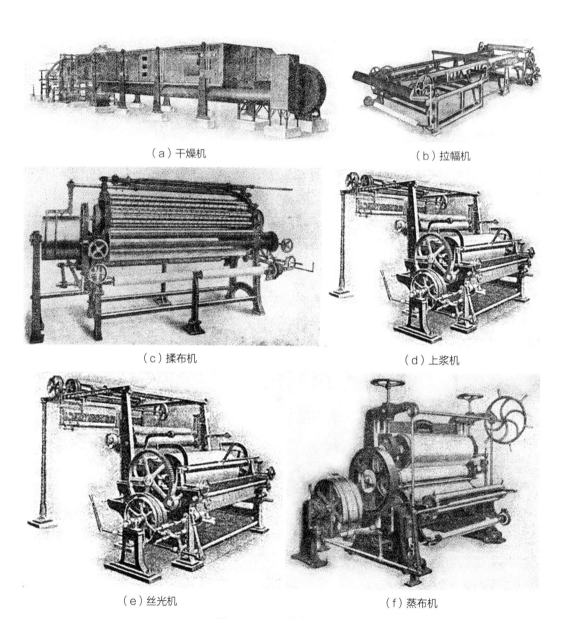

（a）干燥机　　　　　　　　　　　　　　　（b）拉幅机

（c）揉布机　　　　　　　　　　　　　　　（d）上浆机

（e）丝光机　　　　　　　　　　　　　　　（f）蒸布机

图5-5-5　近代整理机器

5.5.4 地域产业链、厂区或生产线的完整性

从科技价值角度分析，棉印染厂的建（构）筑物保护[①]可分为以下几个层次：

（1）第一种是十分理想的情况，保护完整的棉印染厂生产区域及附属生活用房，包括核心工艺的练漂、染色、印花与整理车间（烧毛、退浆、精练、漂白、丝光、染色、印花、拉幅、轧光、打包等的用房）、动力用房，辅助生产的仓储、机修、办公等建（构）筑物，附属的住宅、宿舍、学校、食堂、俱乐部等生活用房，此外由于印染需要大量用水，取水水塔、运河以及运输所用的铁路轨道与运河桥等沿线建（构）筑物也要注意保护。

（2）第二种情况是在无法完整保护时，要重点保护棉印染业本身工业的完整性，包括核心工艺的练漂、染色、印花与整理车间（烧毛、退浆、精练、漂白、丝光、染色、印花、拉幅、轧光、打包等的用房）、动力用房，辅助生产的仓储、机修、办公等建（构）筑物。

（3）若上述两种情况在现实中依旧无法保留时，那么应保护棉印染业中最核心的练漂、染色、印花与整理工艺的用房等。

下面以近代中纺公司上海第三印染厂和上海第四印染厂工业建筑群的完整性保护为例来说明。

1）中纺公司上海第三印染厂

中纺公司上海第三印染厂建筑与印染功能分区图如图5-5-6所示。

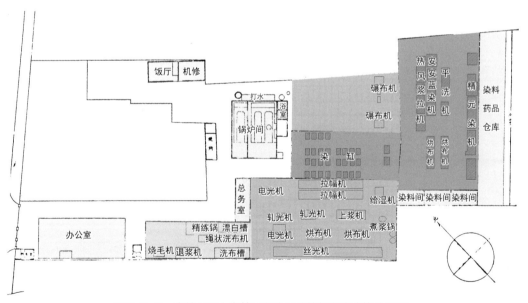

图5-5-6　中纺公司上海第三印染厂建筑与印染功能分区图

---

① 体现工艺生产流程的室内纺织机械设备也十分重要，在案例的讨论中重点分析地面建（构）筑物的保护，相应的室内机器也应保护，在此先暂不讨论。

中纺公司上海第三印染厂核心的练漂（烧毛、退浆、精练、漂白、丝光）、染色与整理用房如图5-5-7所示。

中纺公司上海第三印染厂动力用房与辅助的仓储、办公、机修等用房如图5-5-8所示。

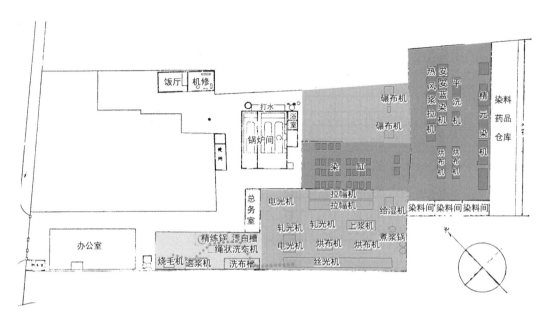

图5-5-7 中纺公司上海第三印染厂核心的练漂（烧毛、退浆、精练、漂白、丝光）、染色与整理用房

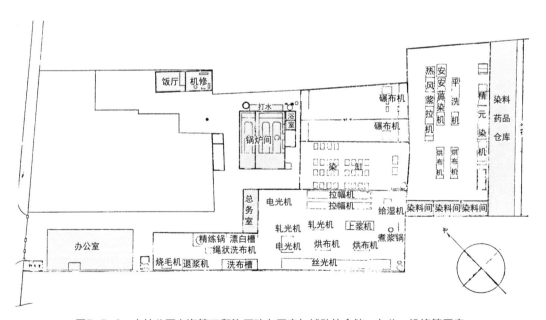

图5-5-8 中纺公司上海第三印染厂动力用房与辅助的仓储、办公、机修等用房

2）中纺公司上海第四印染厂

中纺公司上海第四印染厂第一工厂建筑分布图与印染车间中各功能分区图如图5-5-9所示。

中纺公司上海第四印染厂第二工厂建筑分布图与印染车间中各功能分区图如图5-5-10所示。

中纺公司上海第四印染厂核心的练漂（烧毛、退浆、精练、漂白、丝光）、染色与整理用房如图5-5-11所示。

中纺公司上海第四印染厂动力用房与辅助的仓储、办公、机修等用房如图5-5-12所示。

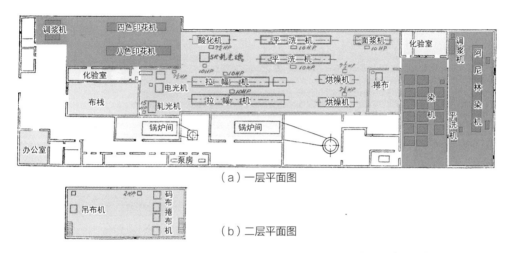

图5-5-9　中纺公司上海第四印染厂第一工厂建筑分布图与印染车间中各功能分区图

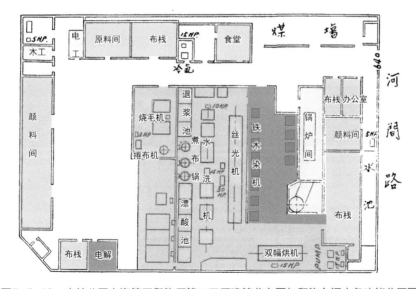

图5-5-10　中纺公司上海第四印染厂第二工厂建筑分布图与印染车间中各功能分区图

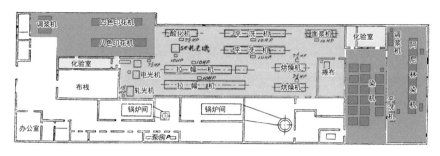
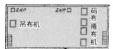

（a）第一工厂

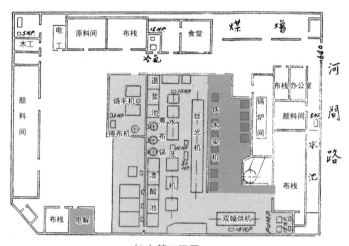

（b）第二工厂

图5-5-11　中纺公司上海第四印染厂核心的练漂（烧毛、退浆、精练、漂白、丝光）、
染色与整理用房

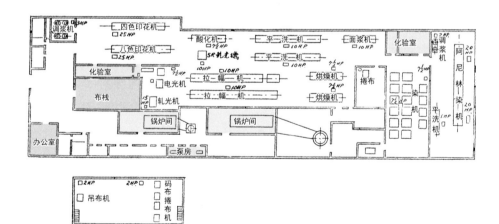

（a）第一工厂

图5-5-12　中纺公司上海第四印染厂动力用房与辅助的仓储、办公、机修等用房

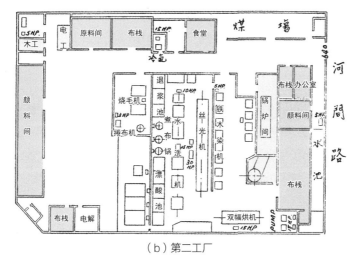

（b）第二工厂

图5-5-12　中纺公司上海第四印染厂动力用房与辅助的仓储、办公、机修等用房（续）

5.6　毛纺织业

5.6.1　年代

近代毛纺织业的发展大致经历了三个历史时期：

（1）1870～1913年为初创时期。这段时期主要有4家粗纺厂（甘肃织呢局、日晖织呢商厂、清河溥利呢革公司、湖北毡呢局）和一些小厂，但存在时间都不长。甘肃织呢局由左宗棠于1876年筹划，从德国购买粗纺设备，1880年建成开工，所购买机器经长途运输而损毁严重，工厂产量不高，销路也不佳，1883年发生锅炉爆炸而停工，在其停工后的25年里，没有出现过新的华资毛纺织厂，1908年甘肃织呢局筹备复工，改名兰州织呢厂，1915年又停闭。日晖织呢商厂1909年开工，1910年停工，厂房每种机器隔为一室，拣毛、洗毛、染毛、烘毛、和毛、梳毛、纺纱、织呢、缩呢、刷呢、染呢、修呢各成一间，设备有三联式梳毛机、粗纺锭、毛织机、染整机器全套。清河溥利呢革公司1909年开工，1913年停工，从英国购入粗纺锭、毛织机及配套发动机和染整机。湖北毡呢局由张之洞于1908年筹办，从德国购买粗纺细纱锭、毛织机和染整机器全套，1910年开工，1913年倒闭。其他一些小厂也都是昙花一现，如北京新华呢绒公司、北京工艺局、天津北洋实习工厂、万益制毡公司等。这段时期毛纺织业整体薄弱，产量很小。

（2）1914～1936年为渐次发展时期。第一次世界大战期间西方各国输华的呢绒和绒线减少，毛纺织品价格上涨，华资毛纺织厂逐渐恢复生产，日资毛纺织厂也开始兴办。这段时间先后有3家粗纺厂恢复生产，但十几年后又均停闭。清河溥利呢革公司于1915年由北洋政府偿还债务后，改名清河陆军呢革厂，后于1916年开工，1917年又改称清河（陆军）织呢厂，1920年洋货卷土重来，1924年该厂停闭。日晖织呢商厂1919年复工，更名中国第一毛绒纺织厂，1928年停办。兰州织呢厂1920年复工，1923年又停闭。

1918年由日本东洋拓殖社等以中日合办名义在沈阳成立满蒙毛织股份公司，其生产能力[①]相当于当时华资4家大型粗纺厂总和的85%，是外资在我国经营的第一家大型粗纺厂。20世纪20年代开办的毛纺织厂还有1923年中美合资海京毛织厂、1925年倪克纺毛厂、1927年美资美古绅纺毛厂。1930年后，由于资本主义世界发生经济危机，华资粗纺厂再次复苏，有不少粗纺厂新开和复工，抗日战争前夕，我国毛纺织业的工厂类型主要有五种，第一种是精、粗纺全能联合厂，如上海章华、天津仁立、无锡协新、广东省立毛纺织厂、英商怡和纱厂毛纺部等；第二种是能正常开工的粗纺大厂，如日商满蒙毛织股份公司、上海公大四厂、上海振兴等，其余的老粗纺大厂时开时停，生产一直不正常；第三种是绒线厂，大都在上海，英商、日商具优势，配有精纺线锭和绒线染整设备；第四种是单织厂，大多配有木织机、铁木织机或由丝织机、被单织机改造的设备；第五种是驼绒厂，大都只配备驼绒针织机和整理机器。

（3）1937～1949年为抗日战争及战后接收时期。抗日战争爆发后，只有极少数工厂内迁，沦陷区的工厂要么被破坏，要么被侵占接管，1941年太平洋战争爆发前，上海和天津等地的租界内毛纺织业有畸形发展。抗日战争时期在大后方只建设了几个小厂，战后国民政府接收了日本在华的绝大多数毛纺织厂，并成为中国纺织建设公司的组成部分，战后人民生活水平普遍较低，以高档为主的毛纺织品销路大大下降，直到中华人民共和国成立后，毛纺织业生产才逐步恢复。战时大后方内迁和兴建的工厂主要有重庆军呢厂、中国毛纺织厂、兰州西北毛纺厂、西南毛纺织厂、兰州军呢厂、兰州毛织厂等。截至1945年战后，后方共有毛纺织厂24家，计有纺锭7895枚，织机1129台。战后国民政府接收日本毛纺厂，改为公营厂，东北地区由苏联军队接管，上海7家日本毛纺织厂连同1家中日合资厂于1946年改组为中国纺织建设公司各毛纺厂。民营毛纺厂也陆续恢复生产。但好景不长，洋货再度倾销，再加上通货膨胀，毛纺织业面临新的困境，只有少数能开工，苟延残喘，大多停工。

5.6.2　历史重要性

由于近代毛纺织厂数量众多，工业遗存数量也较多，且很多工厂历经了停办、改组、转卖、兼并等，历史发展错综复杂，因此在从历史与社会文化价值角度进行梳理时，重点梳理近代整个毛纺织业发展历程中，在行业范畴里规模和影响都较大的工厂企业，它们或

[①]　拥有粗纺细纱锭7200枚，毛织机160台。

具有行业开创与"第一"，历史年代久远，或工厂规模较大技术较先进，或与重要的历史要素（人物、事件、社团机构或成就等）相关，或对当地社会发展有重要影响，或对某一团体有重要的归属感或情感联系，对公众有重要的教育和展示意义，在此重点梳理华资毛纺织厂（表5-6-1）。

历史与社会文化价值突出的近代毛纺织厂梳理　　　　　表5-6-1

名称	开办时间	地点	意义	特点
甘肃织呢局	1876年	甘肃	近代中国第一家毛纺织厂	有毛纺、毛织设备，1880年开工，1908年改称兰州织呢厂，抗日战争时期改称兰州军呢厂
清河制呢厂	1907年	北京	近代早期毛纺织厂之一	向英国订购机器，1909年开工，北洋政府收为官办后改称清河陆军军呢厂，抗日战争胜利后改称华北被服总厂一分厂
章华毛纺织厂	1909年	上海	上海第一家毛纺织厂	拥有纺锭、毛织机及染整全套设备。原是日晖织呢商厂，1909年开工，1919年更名为中国第一毛绒纺织厂，1929年改称章华毛纺织厂
沈阳毛织厂	1918年	沈阳	外资在我国经营的第一家大型粗纺厂，生产能力相当可观	原满蒙毛织股份公司，1918年成立，设备购自英美和日本
天津仁立毛呢纺织厂	1919年	天津	是集纺、织、染全能型工厂，产能与规模较大	公司有北京、上海分公司，包括北京地毯厂、天津仁立地毯厂、天津毛纺织厂等企业
中国纺织建设公司上海第一、二、三、四毛纺厂	1923年	上海	拥有纺部、织部、染部，有全套的洗毛、粗纺和染整设备，产能大，生产能力可观	上海第一毛纺厂，原公大三厂绢纺工，创建于1923年；上海第二毛纺织厂，原明和纺织厂，创建于1928年；上海第三毛纺织厂，原元益纺织厂，创建于1931年；上海第四毛纺厂，原上海纺织公司第六工厂，创建于1933年
东亚毛呢纺织股份有限公司	1932年	济南	拥有纺毛、织布、染整全套设备，产能较大，其产品羝羊牌享有盛名	原德昌毛线厂，创办于第一次世界大战后
无锡协新毛纺织厂	1935年	无锡	近代首家粗精呢绒全能工厂	向英国和德国购置毛纺、毛织以及染整设备
上海裕民毛纺厂	1935年	上海	有毛纺、织布与染整等全套机器，产品质量高，产能较大	向英国购置机器设备，今上海第七毛纺厂前身
重庆军呢厂	1936年	重庆	有毛纺、织布与染整等全套机器，产能较大	原武昌制呢分厂，抗日战争时期清河溥利呢革公司向英国订购的梳纺设备改运武昌，并添置了织染设备，成立武昌制呢分厂，后又迁至重庆
重庆毛纺织厂	1940年	重庆	有毛纺、织布与染整等全套机器，较有规模	原中国毛纺织厂，将上海章华毛纺织厂的设备迁至重庆，定名中国毛纺织厂，兴盛时员工曾近900人，较有规模
民治纺织染股份有限公司	1941年	重庆	有毛纺、织造与染整设备，产能较大	向英国购置设备，有毛纺、织造与染整设备

5.6.3 工业设备与技术

近代毛纺织的完整工艺流程如图5-6-1所示，包括毛纺工艺、毛织工艺和毛织物染整工艺。

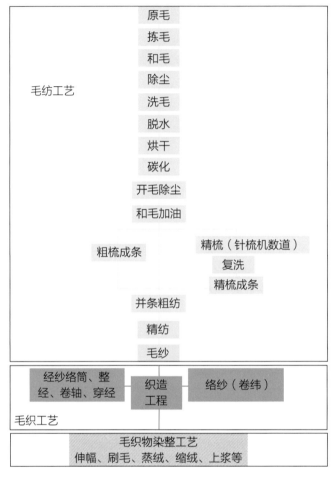

图5-6-1 近代毛纺织工艺简图

1）毛纺工艺

毛纺就是将毛纤维加工为纱线的纺纱工艺过程。近代毛纺工艺有两种，一种为纺毛纱工艺（也称粗梳毛纺），一种为梳毛纱工艺（也称精梳毛纺）。纺毛纱织物的表面绒毛较多，缩绒性大，触感比较柔软，光泽少。梳毛纱织物的表面绒毛少，表面较光洁，缩绒性小且富有弹性，还具有强力好、光泽多等特点。近代的纺毛纱工艺流程几乎和现代一样，把干净的毛松展、梳理成条后直接粗纺纺纱，梳毛纱工艺在梳理成条后，还要继续经过多道精梳工序才可粗纺纺纱。

（1）纺毛纱工艺（Woollen Spinning）

《工务辑要》中的纺毛纱工艺为：原毛—拣毛—和毛—除尘—洗毛（洗练）—脱水—烘干—碳化—开毛除尘—和毛加油—粗梳成条—并条粗纺—精纺—络纱—打包。

①纺毛准备工程

拣毛、和毛：原毛要经过挑拣，根据织物需要将长短、粗细、颜色等不同的原毛混合。

除尘：除去羊毛中的砂、尘等杂物，并使羊毛纤维分开，以便于洗毛工作。

洗毛（洗练）：将羊毛中的油脂、汗垢、草籽及尚未除尽的泥沙洗掉。

脱水：脱甩掉从洗练机送出羊毛的多余水分。

烘干：羊毛自洗练机或脱水机送出后，送入烘干机，去掉羊毛的多余水分。

碳化：利用化学制剂（多用硫酸溶液浸泡羊毛）与植物起化学反应，使羊毛中所有草刺、各种植物纤维与酸液发生化学作用，破坏羊毛中所含草刺，使草刺等成为易碎的炭质，而毛织品不受其损害，再经清水或中和溶液后送入烘干机中烘干，烘干后羊毛再经压轧，草刺即被轧碎，后面再经开毛机时，草刺炭灰即可去除，与羊毛分离。

②开毛与梳毛工程

开毛除尘：将黏连成块的羊毛弹松，同时进一步去除羊毛中的草刺、砂尘等杂物，经洗过、碳化、烘干后的羊毛送入开毛机。

和毛加油：按预定比例使各种羊毛均匀混合，同时为了减少羊毛在梳理时的损伤，加以油剂，可起到润滑作用。

粗梳成条：继续梳开开毛时未展开之毛，同时可混合不同长度、粗细、收缩性的毛，制成毛条或毛球，以备粗纺及精纺之用，近代常采用钢丝梳毛机。

③粗纺与精纺工程

粗纺：由毛条变成粗纱，其切面或厚度减少，长度增加，因此需要用牵伸并条、粗纺，其作用与棉纺并条粗纺的意义相同。

精纺：继续前道粗纺或粗梳成条未完成的工作，用牵伸将粗纱再度变细至所需要的程度，并加以捻度，使毛纱有适当的强韧性。近代纺毛纱精纺常采用粗梳毛纺走锭精纺机与环锭精纺机。

精纺后的细纱可用于摇纱与打包，与棉纺意义相同。

（2）梳毛纱工艺（Worsted Spining）

精梳毛纺于1850年前后开始发展，近代有两种精梳机：法式精梳机（直型精梳机）和英式精梳机（圆型精梳机），法式适用于细毛，英式适用于粗长的羊毛。精梳毛纱表面光洁、富有弹性、强度较好。

《工务辑要》中的梳毛纱工艺为：[原毛—拣毛—和毛—除尘—洗毛（洗练）—脱水—烘干—碳化]—开毛除尘—和毛加油—粗梳成条—精梳（针梳机数道）—复洗—精梳成条—并条粗纺—精纺—摇纱—打包。前期工序与纺毛纱工艺大致相同，只不过在由粗梳机制成毛条后，须经历精梳数道、复洗、再一次精梳制成精梳毛条，然后再经并条粗纺、精纺等步骤纺成纱线。

针梳、精梳：毛条中的纤维大都呈弯钩状，用针梳机将纤维反复梳直，并梳去不符合要求的短纤维和残余杂草尘粒。

复洗：在梳毛纺中，因为第一次洗毛时纤维缠结，夹杂的脏污不易洗净，或者在梳羊毛时也可能会混入脏污，所以趁毛条经过针梳机后，纤维平直，用肥皂清水洗过，清除最后的杂物，羊毛色彩亦因此较佳。复洗后还需要再经过针梳机精梳、并合牵伸，制成符合标准单位重量的精梳毛条。

粗纺、精纺、摇纱与打包工艺与纺毛纱意义相同。只不过精梳毛纺的精梳机有环锭精纺机、走锭精纺机、帽锭精纺机与壳锭精纺机四种。

2）毛织工艺

丝、毛、麻的机织工艺、设备、技术情况与上述棉织情况近似，毛织多采用多臂织机与提花织机。毛织成布后就进入毛织物染整工序中。

（1）制织准备：与棉织大体相同。

①经纱准备：包括经纱络筒、整经、卷轴、穿经等。

②纬纱准备：包括络纱（卷纬）、浸湿定捻等。

（2）织造工程：经纱与纬纱交织，以成织物（图5-6-2）。

图5-6-2 织造工程程序

3）毛织物染整工艺

近代毛纺织业内部有染整部分，但并未形成独立的行业，羊毛织物染色大都采用绳状染色机，染料有盐基染料、直接染料和酸性染料等。毛织物自织机上织成后，表面粗糙坚硬，尚不适应毛织品的用途，须再经染整工序，使纤维发挥优美特性，并符合使用用途要求。

毛织物整理工序同棉织物一样，可按处理手法不同分为机械物理整理和药品化学整理两种。下面按照不同的工序分：

（1）准备工程：检查、修补、缝头等。

（2）清洁工程：烧毛、净洗、碳化、脱水、烘干、伸幅、剪毛、刷毛等。

（3）变质工程：缩绒、上浆、拉绒等。

（4）增光工程：蒸绒、压绒（呢）等。

烧毛、净洗（水洗）、脱水、伸幅（拉幅）等工序与棉印染的工序大体相同。缩绒是羊毛纤维的重要特性，羊毛在合适的条件下其纤维有密聚毡结的趋向，可利用这种特性改善和提高毛织物的质量和外观效果。

蒸绒、煮绒：普通毛织物经沸水煮时可塑性增强，形状易于变动，若在这时将毛织物冷却干燥，则可长久保持其原来的形状，利用这种特性处理毛织物可使其长久保持适宜形状。蒸绒工序可分为以下三种：①烫呢，多用于刚织成的毛织物，通常用于毛织物整理工程初期，尤以梳毛纱织物使用最多；②喷呢，用蒸汽喷射，目的是除去织物整理过程中产生的小皱痕，使布面平滑产生光泽，织物此后不再有收缩变形等弊端，多用于整理工程的后段；③煮呢，目的与"喷呢"相同，只是用煮沸代替蒸汽喷射，对织物所产生的效果略有差异。用蒸汽蒸绒时，织物常能保持干燥状态，而煮绒时，毛织物需浸湿，因此适宜长时间的高温处理，多用于经充分缩绒的上等毛织物。

起毛：从毛织物的经纬线中拉出绒毛以遮蔽织物表面，多用钢丝起毛机。

刷毛：刷毛若用在剪毛之前，则是为了将参差不齐的毛刷起以备剪毛；若用在剪毛之后，则是为了除去附着于织物上的毛屑，可使织物上的绒毛向着同一方向而产生顺目的光泽。

剪毛：剪去织物表面参差不齐的绒毛。

压绒：类似于棉织物的"轧光"，将织物通过滚筒之间，以得到所需光彩，通常使用压绒机。

毛织物经过上述整理程序，经检查合格后，便可折整或卷成适当形状以打包出售。

4）近代毛纺织机具

除尘机：近代所用除尘机有方形与锥形两种，方形多用于较佳的原料，锥形多用于粗长而多杂质的毛料，如马海毛、骆驼毛等。

精练机（洗练机）：其设备普通的有三只洗缸，最多的有六只洗缸，根据羊毛的洁净程度而定，洗缸中有肥皂和纯碱液，最末一缸为清水，用以除去羊毛中剩余的肥皂。

脱水机：毛经净洗之后，用机械方法除去残余水分以便进入下一工序，通常有离心脱水机（图5-6-3）和真空脱水机。

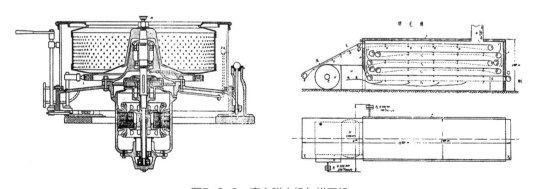

图5-6-3 离心脱水机与烘干机

烘干机：羊毛自精练机或脱水机送出后，送入烘干机（图5-6-3），去除水分。

开毛机（图5-6-4）：将黏连成块的羊毛弹松，进一步去除羊毛中的草灰、砂尘等杂物。

和毛机：按设计要求和预定比例，使各种羊毛均匀混合。

梳毛钢丝机（图5-6-4）：梳开开毛时未展之毛，制成粗梳毛条以备粗纺及精纺之用。

针梳机（图5-6-4）：将毛条中呈弯钩状的纤维梳直，并梳去不符合要求的短纤维和残余杂草、尘粒。

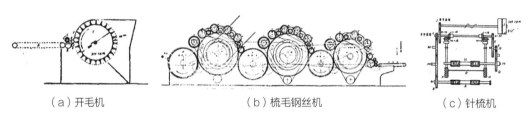

（a）开毛机　　　　　　　（b）梳毛钢丝机　　　　　（c）针梳机

图5-6-4　开毛机、梳毛钢丝机与针梳机的构造

此外，毛纺工艺中还有并条机、粗纺机、精纺机、摇纱机、打包机等，其与棉纺机具的意义相同。近代毛织工艺的设备与棉织情况也近似，有络纱机、卷纬机、整经机、浆纱机、穿经机等，只是毛织机多使用多臂织机、提花织机（图5-6-5）。

5）近代毛染整机具

近代毛织物染整工艺中的烧毛机也分为三种：煤气烧毛机、铜板烧毛机、电热烧毛机，与棉印染类似。毛织物水洗机也分为绳状洗呢机、平幅洗呢机两种。缩绒中所用机械有舂绒机与滚筒缩绒机，前者利用舂杵捣击臼槽中浸于缩绒剂的织物，缩绒时间较长，生产量小，因而毛织厂多使用滚筒缩绒机。蒸、煮呢工序使用蒸、煮呢机。起毛多用钢丝起毛机。刷毛使用刷毛机，使织物上的绒毛顺向同一方向。剪毛使用剪毛机，剪毛机上的剪毛辊筒为螺旋状转刀，可连续不断地剪毛。压绒工序使用压绒机，在轧光时将织物通过滚筒之间，以获得所需光彩，常用的有三种压绒机：硬板压绒机，这种机器因不能连续压绒，所以产量不理想；旋滚压绒机，使织物通过加热筒及热床之间，织物表面与之接触摩擦，产生光泽，其程度与所施压力及温度潮湿有关；电机压绒，其原理与旋滚压绒相同，但是用电来提供热，温度易于控制，织物光彩亦较柔和。后续成品的折整、打包使用折呢机和卷呢机（图5-6-6）等。

5.6.4　地域产业链、厂区或生产线的完整性

从科技价值角度分析，毛纺织厂的建（构）筑物保护可分为以下几个层次：

（a）头道粗纺机　　　　　　　　　　　　（b）二、三道粗纺机

（c）精纺机　　　　　　　　　　　　　　　（d）络纱机

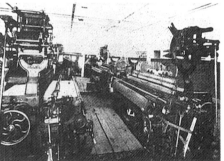

（e）整经机　　　　　　　　　　　　　　　（f）毛织机

图5-6-5　近代毛纺、毛织机具

（1）第一种是十分理想的情况，保护完整的毛纺织厂生产区域及附属生活用房，包括核心工艺的梳毛、纺纱与织布车间（拣毛、和毛、洗毛、烘干、开毛除尘、粗梳、精梳、并条粗纺、精纺、织布等的用房）、动力用房，辅助生产的仓储、机修、办公等建（构）筑物，附属的住宅、宿舍、学校、食堂、俱乐部等生活用房，此外由于纺纱需要大量用水，取水水塔、运河以及运输所用的铁路轨道与运河桥等沿线建（构）筑物也要注意保护。

（2）第二种情况是在无法完整保护时，要重点保护毛纺织业本身工业的完整性，包括核心工艺的梳毛、纺纱与织布车间（拣毛、和毛、洗毛、烘干、开毛除尘、粗梳、精梳、并条粗纺、精纺、织布等的用房）、动力用房，辅助生产的仓储、机修、办公等建（构）筑物。

（a）烧毛机 （b）缩呢机

（c）蒸呢机 （d）煮呢机

（e）烘干机 （f）刷呢机

（g）剪毛机 （h）卷呢机

图5-6-6 近代毛染整机具

（3）若上述两种情况在现实中依旧无法保留时，那么应保护毛纺织业中最核心、最重要的生产线——纺纱工艺与织布工艺的用房等。

下面以近代中纺公司上海第二毛纺织厂和上海第三毛纺织厂工业建筑群的完整性保护为例来说明。

1）中纺公司上海第二毛纺织厂

中纺公司上海第二毛纺织厂建筑与毛纺各功能分区图如图5-6-7所示。

中纺公司上海第二毛纺织厂核心的毛纺织工艺流程建筑分布图如图5-6-8所示。

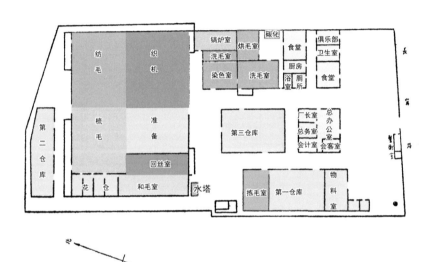

图5-6-7　中纺公司上海第二毛纺织厂建筑与毛纺各功能分区图

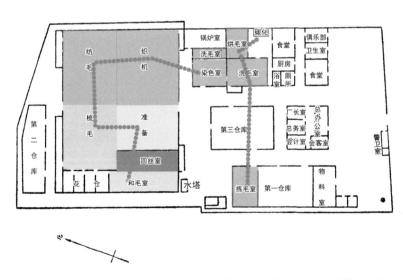

图5-6-8　中纺公司上海第二毛纺织厂核心的毛纺织工艺流程建筑分布图
（拣毛—洗毛—烘干—碳化—和毛加油—粗梳成条—并条粗纺—精纺—织布）

中纺公司上海第二毛纺织厂动力用房与辅助生产的仓库、办公、取水水塔，以及附属的食堂、卫生室与俱乐部等建筑如图5-6-9所示。

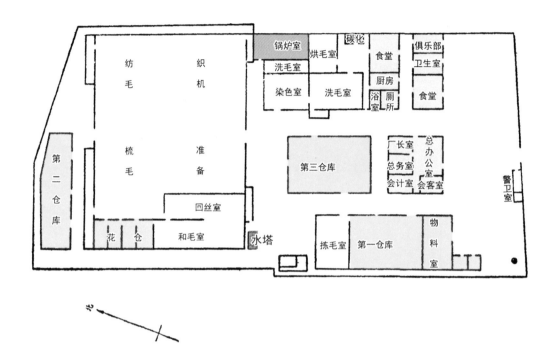

图5-6-9　中纺公司上海第二毛纺织厂动力用房与辅助生产的仓库、办公、取水水塔，
以及附属的食堂、卫生室与俱乐部等建筑

2）中纺公司上海第三毛纺织厂

中纺公司上海第三毛纺织厂建筑与毛纺各功能分区图如图5-6-10所示。

中纺公司上海第三毛纺织厂核心的毛纺织工艺流程建筑分布图如图5-6-11所示。

中纺公司上海第三毛纺织厂动力用房与辅助生产的仓库、办公、取水水塔等建（构）筑物如图5-6-12所示。

中纺公司上海第三毛纺织厂附属的食堂、厨房、卫生室、哺乳室、俱乐部、烧水理发间等建筑如图5-6-13所示。

图5-6-10 中纺公司上海第三毛纺织厂建筑与毛纺各功能分区图

图5-6-11 中纺公司上海第三毛纺织厂核心的毛纺织工艺流程建筑分布图
（拣毛—洗毛—烘干—碳化—和毛加油—粗梳成条—并条粗纺—精纺—织布）

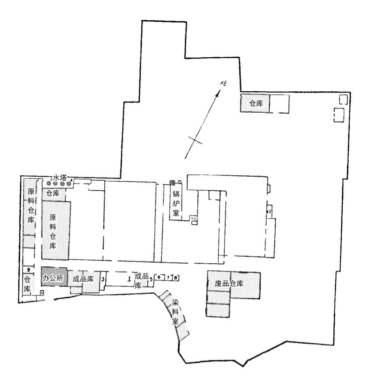

图5-6-12　中纺公司上海第三毛纺织厂动力用房与辅助生产的仓库、
办公、取水水塔等建（构）筑物

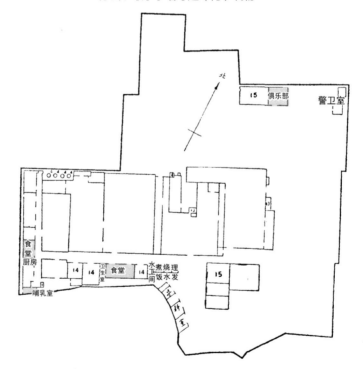

图5-6-13　中纺公司上海第三毛纺织厂附属的食堂、厨房、卫生室、
哺乳室、俱乐部、烧水理发间等建筑

5.7 丝绸业

5.7.1 年代

1）近代动力机器缫丝业的发展历程

近代动力机器缫丝业的发展大致经历了四个历史时期：

（1）1862～1929年为初创发展时期。近代最早开始创办动力机器缫丝厂的主要是外资，后来居上的民资缫丝厂则占据了近代缫丝业的主体地位。1862年英商怡和洋行开办了近代第一家机器缫丝厂，后外资又陆续开办了旗昌丝厂、怡和丝厂、公平丝厂等，1890年之后机器缫丝技术与鲜茧的烘贮方法得以改善，外资丝厂进一步扩张，又先后兴办了纶昌、乾康、信昌、瑞纶与德华缫丝厂等。近代的民资缫丝厂始于1872年兴办的继昌隆缫丝厂，由陈启沅在广东南海兴办，是中国近代第一家民资机器缫丝厂；1881年黄宗宪兴办的上海公和永缫丝厂是江南地区民资缫丝业的开端；1895年兴办的苏经丝厂是江苏机器缫丝业的开端；1912年朱光焘成立杭州纬成公司，1914年增设制丝部，成为最早引进小篅再缫座缫机的工厂。1924年从上海迁到无锡的永泰丝厂在国内首创了集中复摇，提高了生丝质量。

（2）1930～1936年为减产萧条时期。近代动力机器缫丝业在20世纪20～30年代达到了发展顶峰，1929年世界经济危机爆发后，整个缫丝业逐渐衰退，丝厂的销路锐减，大量停工，著名的纬成、虎林、天章等大公司也先后停业，中小型丝厂更是相继倒闭。1935年后国际市场生丝价格回升，使得江南的丝业略呈活跃，1935年无锡薛寿萱组织"兴业制丝股份公司"，成为集供、产、销为一体的大型联营组织。

（3）1937～1945年为战争统治时期。抗日战争爆发后日军侵占了上海、江苏、浙江和广东等丝绸主要产区。四川地区成为战时大后方的丝绸供应区。四川省第一家机器缫丝厂为1906年开办的重庆蜀眉丝厂，后又有神农、绥川、华兴等丝厂开办。该时期四川缫丝厂的设备比较落后，除了重庆磁器口第一丝厂有立缫机外，其他各丝厂均为再缫式座缫机。战时国民政府对蚕丝实行统购统销政策。在沦陷区，日本于1938年在上海成立了华中蚕丝股份有限公司，对未破坏的丝厂进行统治占用，该公司规模庞大[①]。抗日战争时期我国的缫丝业被破坏严重。

（4）1946～1949年为战后接收时期。战后缫丝业略有复苏和发展，但随着物价猛涨，社会动荡，缫丝业又陷入衰落，直到中华人民共和国成立后，缫丝业才开始了大发展。战后国民政府成立中国蚕丝公司，垄断丝绸业，规模较大[②]。

---

① 在上海设总办事处，在无锡设分公司，1941年增设南京、苏州、杭州3个分公司，在江浙蚕业发达的城镇嘉兴、海宁、湖州南浔等地设支公司，在镇江、丹阳、常州、南通、汉口、吴江等地设办事处。
② 总部设在上海，在杭州、嘉兴、广州、青岛、无锡设办事处。该公司有3个实验蚕桑场、4个蚕业指导总所、1个实验丝厂、2个绢纺厂、3个织绸厂，并在广东顺德、江苏镇江和苏州设有蚕桑研究所。

2）近代动力机器丝织业与丝绸印染的发展历程

（1）近代动力机器丝织业的发展历程

动力机器丝织业在近代出现较晚，约在辛亥革命之后才出现，发展规模也较小，在丝绸业中所占比重远不如机器缫丝业。近代丝织业首先引进手拉提花机，数年后才开始引进电力织机。

1912年左右各丝厂陆续开始引进提花机，早期绸厂大多采用日本式手拉提花机，该机器虽有铁制的提花龙头，但并不是电力驱动。1915年浙江振新绸厂首先使用电力织机，此后各丝厂相继仿效。1915年上海物华绸厂最早购进日本制造的电力织机。机器丝织业也主要集中在东南沿海地区，抗日战争前夕全国共有电力织机1万余台，绝大部分集中在江苏、浙江两省与上海市，仅上海市就有电力织机7200台，丝织厂450家[①]。抗日战争时期日本侵占了东南沿海丝织生产区，致使丝织业一落千丈。抗日战争胜利后，机器丝织业有所恢复，但直到中华人民共和国成立前也未能恢复到战前的最高水平。

（2）近代动力机器丝绸印染的发展历程

近代染整业中只有棉印染业形成了独立的行业，毛纺织及丝绢纺织业内部有染整部分。近代动力机器丝绸印染厂也是在1910年之后才开始出现，大都与丝织厂联合。手工染坊仍然是近代丝绸印染的主要加工形式，机器印染厂也主要分布在上海和杭州。1919年才开始有民资投入的丝绸印染厂，杭州纬成公司在上海与日商合资开办大昌精练染色整理厂，该厂也是近代规模较大者。杭州最早的丝绸练染厂是1919年开办的义大精练染厂。抗日战争爆发后上海有80%的印染厂遭到破坏，其中规模较大的中国和辛丰两印花厂都毁于战火，大昌精练染色整理厂也被迫停产。抗日战争胜利后，中小印染厂纷纷开张，但随着整个丝织业的衰落，丝绸印染业也走入困境。

5.7.2 历史重要性

由于近代丝绸厂数量较多，其遗留的工业遗迹数量也相对较多，因此在从历史与社会文化价值角度进行梳理时，重点梳理近代整个丝绸业发展历程中，在行业范畴里规模和影响都较大的工厂企业，它们或具有行业开创与"第一"，历史年代久远，或工厂规模较大技术较先进，或与重要的历史要素（人物、事件、社团机构或成就等）相关，或对当地社会发展有重要影响，或对某一团体有重要的归属感或情感联系，对公众有重要的教育和展示意义。不同于近代重工企业的数量有限，对于轻纺工业的总结不能如重工业那样全面，在此重点梳理华资轻纺企业（表5-7-1）。

---

① 《中国近代纺织史》编辑委员会. 中国近代纺织史（下卷）[M]. 北京: 中国纺织出版社，1997: 95.

名称	开办时间	地点	意义	特点
英商怡和洋行	1862年	上海	建立了近代中国第一家机器缫丝厂	蒸汽动力丝厂,引进意大利直缫座缫机,1866年因原料供应等原因停办
继昌隆缫丝厂	1872年	广东南海	近代中国第一家民族资本机器缫丝厂	最初所有缫丝设备均是仿法国式缫丝机(共捻式),但是不用蒸汽作动力,缫丝仍用足踏驱动,还未能说得上完全是机器缫丝,之后继昌隆改名"世昌纶",1892年世昌纶开始装置蒸汽动力驱动缫丝车,此为广东最早出现的蒸汽机缫丝厂
苏经丝厂	1895年	苏州	江苏地区第一家机器缫丝厂	有意大利大篾直缫式丝车
重庆丝厂	1909年	重庆	重庆机器缫丝的开端	原为恒源丝厂,经历了多次改组
福华丝厂	1912年	杭州	近代较有影响的大型丝绸公司	原为杭州纬成公司丝厂,设有多个分厂
永泰丝厂	1924年	无锡	在国内首创了集中复摇	由上海迁到无锡的永泰丝厂是当时江苏最重要的丝厂之一,1929年薛寿萱去日本考察,将永泰丝厂的全部意大利式直缫车改为日本式再缫座缫车,立缫机在江苏最早也出现于永泰丝厂,永泰丝厂还在国内首创了集中复摇,较好地解决了生丝物理指标及丝色的统一等问题,提高了生丝质量
中国蚕丝公司第二丝厂	1921年	浙江	近代较有影响的大型丝绸公司	原为升新丝厂,经历了多次改组、停办、转卖等,历史发展错综复杂,是近代规模较大者
中国丝业公司第一丝厂	1929年	嘉兴	近代较有影响的大型丝绸公司	原为禾兴丝厂,经历了多次改组、停办、转卖等,历史发展错综复杂,是近代规模较大者
中国丝业公司第三丝厂	1924年	硖石镇	近代较有影响的大型丝绸公司	原为双山丝厂,经历了多次改组、停办、转卖等,历史发展错综复杂,是近代规模较大者
达昌缫织厂	1911年	湖州	近代丝织企业规模较大者	集缫丝、丝织与练染于一体,产品享有盛名
中国蚕丝公司第一实验绸厂	1941年	上海	近代较有影响的大型丝绸公司	原为九福织染厂,产能大,产品种类多,远销南洋、印度等地
中国蚕丝公司第二实验绸厂	1921年	上海	近代较有影响的大型丝绸公司	原为东方厂,历经纬成上海绸厂、华中蚕丝织绸厂等,两家绸厂产能大,产品种类多,远销东欧等地
都锦生丝织厂	1922年	杭州	近代丝织企业规模较大者	其丝织风景产品曾在美国费城博览会斩获金质奖,后又织造五彩锦绣、仿制经纬起花丝织风景,产品供不应求
大诚绸厂	1938年	上海	近代丝织企业规模较大者	原为同成绸厂,产能大、质量优,在近代丝织企业中影响较大
大昌精练染色整理厂	1919年	上海	近代丝印染企业产能较大者	由杭州纬成公司与日商合办,后历经改组、停办等,善于精练丝绸,产品颇受好评,产能较大
大康印染绸厂	1946年	上海	近代丝印染企业产能较大者	产能大,印花能力强,产品远销国外

5.7.3 工业设备与技术

近代丝绸业包括了缫丝工艺、丝织工艺与丝绸印染工艺。

1）缫丝工艺

缫丝是以桑蚕茧为原料，抽出蚕丝制成生丝的工艺过程。根据生丝规格要求，将蚕茧的茧丝顺序离解、卷绕，并不断补充新的煮熟茧，缫成生丝。据蒋乃镛的《纺织染工程手册》[①]，缫丝工艺过程为：拣定茧子—剥除茧绒—煮茧索绪—整绪集绪—添绪调绪—摘绪—配合条分—包扎。

（1）拣定茧子：根据产品要求，将蚕茧按一定比例混合，同时去除不能缫丝的下等茧与次等茧，下等茧可以用作绢纺的原料。

（2）剥除茧绒：蚕茧的外围有一层松散的丝缕，常称为茧衣，茧衣的纤维细且脆弱，不能用于缫丝，需要剥去。

（3）煮茧索绪：将剥去茧衣的茧放入索绪锅内，利用水、热或化学助剂的作用煮茧，使索绪帚与茧层表面相互摩擦，索得绪丝。能索得绪丝的茧子称为有绪茧。

（4）整绪集绪：去掉有绪茧茧层表面杂乱的绪丝，理出正绪，这时的茧子称为正绪茧，将正绪茧放入缫丝汤中，减少茧丝间的胶着力，使茧丝能连续不断地依次离解，将绪丝合并，穿过集绪器，再相互拈绞成丝鞘。

（5）添绪调绪：有时茧丝缫完或中途断头时，为保持生丝规格和连续缫丝，需要添绪和接绪，不断补充新的正绪茧，缫成生丝。立缫机由人工添绪，自动缫由机械添绪，由接绪器完成接绪。

（6）摘绪：由丝鞘引出的丝，卷绕成一定的形式，卷绕时要进行干燥。

（7）配合条分与包扎：将缫丝时卷绕在小筊上的生丝重新卷绕成大筊丝片状或筒状生丝的过程称为复摇，再将大筊丝片摇成绞后打成包，便于运输和储藏。

近代人造丝的出现和利用（图5-7-1）为纺织原料开辟了新的途径，人造丝替代一部分蚕丝，又为丝织物提供了新的廉价、大宗原料，但近代人造丝制造处于萌芽状态，远不能满足需要，长期依赖进口。

2）丝织工艺

纺丝是指将缫成的生丝再纺成丝线的工艺过程，丝织工艺是组织经纬丝线纺成丝布的过程，纺丝和丝织工艺与棉纺纱和棉织布的意义大致相同。据蒋乃镛的《纺织染工程手册》[①]，纺丝工艺过程分为：

---

① 蒋乃镛. 纺织染工程手册[M]. 上海：中国文化事业社，1950：36-37.

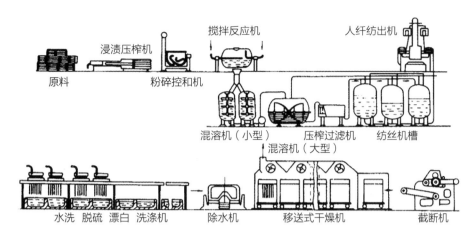

图5-7-1 粘胶人造丝制造示意图

（1）屑物弹解预备工程：①松丝；②拣丝；③洗丝。

（2）屑物弹解工程：①半练；②水洗及捣茧；③精练；④脱水干燥；⑤漂白；⑥碳化；⑦湿润。

（3）开丝及梳丝工程：①打茧；②开茧；③截丝；④梳丝。

（4）练条及粗纺工程：①排丝；②延展；③并条；④初纺；⑤练纺。

（5）精纺及打包工程：①精纺；②捻并；③烧毛除屑；④洗练；⑤摇绞；⑥打包。

丝织物织造工艺与棉布织造工艺相同，丝织时同样需要经过经纱准备与纬纱络纱等，然后送入织机织造。

3）丝绸印染工艺

近代丝绸印染工艺与棉印染工艺大致相同，包括丝织物练漂、丝织物染色、丝绸印花与丝织物整理。

丝织物在练漂时也需浸入盛有漂液的煮布锅内煮沸精练，一般蚕丝织物不需要漂白，柞蚕丝织物多用过氧化钠漂白。丝绸织物品种多，批量小，近代仍以手工染色为主，大都采用酸性染料、盐基染料和直接染料等，但染出的颜色坚牢度不好。

丝织物印花也包括直接印花、防染印花和拔染印花。近代的丝绸印花法由日本传入，丝织物最古老的印花为木刻印花，但因雕刻困难且印染时不易得到均匀的色泽而逐渐被淘汰。型纸印花法以纸版刻花（名为型纸）置于所印织物之上，将染料调和于糯米粉浆内，再用桃木薄片刮色浆于型纸上，可任意套数种颜色，持续流行了较长时间，也有用胶皮镂空版代替型纸进行印花的，由于此法工作简单，易得较好效果，故20世纪30年代国内丝绸印花大都采用。应用型纸印花法可对织物进行直接印花和防染印花，防染印花法是先在织物上用型纸刷以防印浆，干燥后平均涂底色浆，经蒸化再洗除防印浆进行后处理。采用喷印法在丝织物上印花曾风行一时，此法将酒精溶解的染料稀薄液藉高气压喷成雾状，喷印后仅需使织物干燥而不必再行处理，织物上所喷部分呈不明显轮廓，花纹别具一格。绷花印花为20世纪30年代后期兴起的，在印花法中占相当重要的地位，此法是改良的型纸印花法，此法所用的花版是以细丝织品代替型纸所用的纸版，故称绷纱。绷纱上除花纹部分外，其余均涂以不溶性胶质，将制好的绷纱置于固定长桌上施行印花。金属印花又称金银粉印花，所印的金属完全胶着在织物上，故不耐水洗与摩擦。金属印花法先将溶解的树胶或淀粉浆依型纸法印于织物上，在胶液未干时，通过金属粉喷散箱或用手撒于织物上，将织物一边提起，反面轻轻敲击，抖落多余的金属粉，送入辊筒轧过使金属粉胶着，干后刷去浮粉即成。碳化印花法适用于动物纤维和植物纤维交织织物，利用真丝和人造丝化学性质不同，将无花纹之丝绒以碳化法去除不需要的绒毛而剩出花纹部分。碳化印花法用浆一般由麦粉浆和酸性染料组成。

根据丝织物的用途与需要，其整理的方式较多，包括丝光、拉幅与上浆等（可详见棉印染业）。

4）近代丝绸业机具

（1）缫丝机具。①缫丝机：中国近代缫丝是从引进西方和日本的近代技术和设备开始的，在引进中也作了改良和创造，近代缫丝机发展的基本轨迹是从座缫机到立缫机，座缫机又是从"意大利式"的大箴直缫发展到"日本式"的小箴复摇式。②煮茧机：有失岛式、千叶式煮茧机等。③烘茧机：有今村式、共立式烘茧机等。

（2）丝织机具。丝、毛的机织设备和技术情况与上述棉织情况近似，只是丝织采用提花织机较多，毛织坯呢不作商品流通，直接在本厂转入染整车间，且产品组织较为复杂，采用多臂织机、提花织机较多。包括捻丝机、并丝机、摇纡机、络丝机、整经机、卷纬机、丝织机等。

5.7.4 地域产业链、厂区或生产线的完整性

从科技价值角度分析，丝绸厂的建（构）筑物保护可分为以下几个层次：

（1）第一种是十分理想的情况，保护完整的丝绸厂生产区域及附属生活用房，包括核心工艺的缫丝、纺丝、丝织、染整、动力车间，辅助生产的仓储、机修、办公等建（构）筑物，附属的住宅、宿舍、学校、食堂、俱乐部等生活用房，此外由于丝绸业需要大量用水，取水水塔、运河以及运输所用的铁路轨道与运河桥等沿线建（构）筑物也要注意保护。

（2）第二种情况是在无法完整保护时，要重点保护丝绸业本身工业的完整性，包括核心工艺的缫丝、纺丝、丝织、染整、动力车间，辅助生产的仓储、机修、办公等建（构）筑物。

（3）若上述两种情况在现实中依旧无法保留时，那么应保护丝绸业中最核心、最重要的

生产线——缫丝或纺丝、丝织与染整的用房等。

下面以近代上海第一绢丝厂工业建筑群的完整性保护为例来说明。

上海第一绢丝厂建筑分布与功能分区图如图5-7-2所示。

上海第一绢丝厂核心工艺的缫丝、纺丝、丝织与染整区如图5-7-3所示。

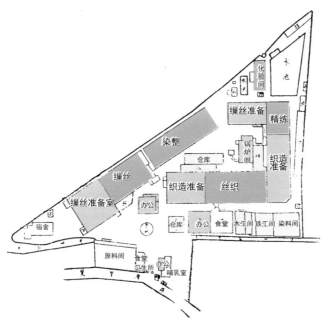

图5-7-2　上海第一绢丝厂建筑分布与功能分区图

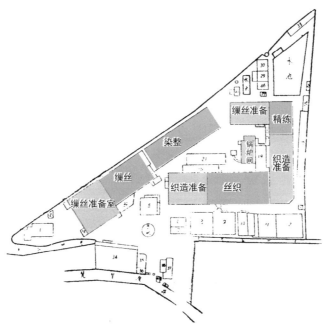

图5-7-3　上海第一绢丝厂核心工艺的缫丝、纺丝、丝织与染整区

5.8 麻纺织业

5.8.1 年代

近代麻纺织业的发展大致经历了两个历史时期：

（1）1897～1936年为初创发展时期。1897年张之洞筹建湖北制麻局，并向德商订购脱胶、纺纱、织机整套设备，聘用日本技师，分为第一和第二工厂。1906年投产，一厂有纺细麻机、麻织机，以纺织苎麻为主；二厂有椿布机、水喉机、宽织机、帆布织机、麻袋织机、麻布织机，以纺织黄麻为主。

在继湖北制麻局后的10多年里，先后有3家黄麻纺织厂出现：1905年创办的上海同利机器纺织麻袋有限公司、1905年创办的芜湖裕源织麻公司、1912年创办的天津万兴麻袋厂。此后直到1930年，山东济宁的裕丰、永丰、华昌、文元4家麻袋厂创办。1935年广东的梅菉麻包厂创办，引进英国的全套黄麻纺织设备。

1910年广东南海县曾创办过一个苎麻厂，不久工厂发生火灾被焚毁。1933～1935年陈济棠在广东创办实业公司，设广东纺织厂，有棉、丝、麻、毛四部，可纺苎麻纱和织麻布。

该时期日资创办的麻纺织厂有1916年创办的日商东亚制麻公司、1917年成立的大连满洲制麻公司、1922年创办的奉天制麻公司（辽宁第一个大麻袋厂）和1937年创办的辽阳纺麻公司等。除了日商外，英商怡和纱厂在1927年附设麻纺织部，也是规模较大的工厂之一，该厂通称新怡和麻袋厂，但其势力和影响远不及日商麻纺织厂。

（2）1937～1949年为战争萧条时期。抗日战争爆发后，大后方也建立了一些麻纺织厂，但多为手工操作，作为战时的补充，战后这些手工麻纺织厂逐渐衰落。战时大后方的机器麻纺织厂约有10家，包括宜昌麻袋厂、西南麻纺织厂股份有限公司和天元麻毛棉纺织厂等。日商在沦陷区建了几家大型的麻纺织厂或在棉纺织厂中增设麻纺织部，包括1939年创办的日满麻纺公司、1939年创办的康德再生纤维工业公司、1940年创办的康德纤维工业公司、1939年创办的钟渊工业公司、1940年创办的满洲麻袋公司等，并在上海纺织公司第一、第二纺织厂和天津工厂增设麻纺织部等。从日商在华开设麻纺织厂到抗日战争结束的近30年里，日资几乎独霸了中国麻纺织业，拥有近代中国大半的麻纺织厂。

抗日战争胜利后，我国的麻纺织业依然发展困难，战时曾有9家苎麻纺织厂，战后仅剩2家，1949年时黄麻纺织厂的织机只有七百余台。战后原日商麻纺织厂被接收，民营厂有几家相继建成，大部分是黄麻纺织厂。

5.8.2 历史重要性

近代开办的麻纺织厂较少，主要麻纺织厂见表5-8-1。

历史与社会文化价值突出的近代麻纺织厂 表5-8-1

名称	开办时间	地点	意义	特点
中国纺织建设公司上海第一制麻厂	1916年	上海	官办垄断企业，近代较有规模的麻纺织厂，产能较大	原东亚制麻厂，设备有麻纺、麻布织机及麻袋机等
中国纺织建设公司上海第二制麻厂	1906年	上海	官办垄断企业，近代较有规模的麻纺织厂	原裕晋纱厂、大纯纱厂，有麻纺、麻织机设备
中国纺织建设公司天津第四制麻厂	1909年	天津	官办垄断企业，近代较有规模的麻纺织厂	原上海纺织公司天津工厂麻纺织部，有麻纺、麻织机及帆布机等设备
大连麻纺织厂	1919年	大连	机械设备众多且先进，在近代麻纺织厂中的生产能力相当可观	原满洲制麻公司，从英国、日本、德国、美国等公司购进众多先进设备，产能大
辽阳麻纺织厂	1937年	辽阳	近代较有影响的麻纺织厂	有麻纺、麻织机等设备
无锡天元麻纺厂	1943年	无锡	机械设备先进，是近代较有影响的麻纺织厂	机械设备都为英国制造，为当时国内先进，并配有麻纺、麻织等设备

5.8.3 工业设备与技术

1）麻纺织工艺

麻纺织工艺为把麻纤维加工成纱线的各种纺纱工艺，近代以用于麻袋生产的黄麻为主，制作服装的苎麻布生产工艺尚未完善，亚麻布生产系统尚未引进。英国19世纪50年代有了比较完善的黄麻纺纱机器，20世纪后，黄麻纺纱设备开始向着大卷装的方向发展，20世纪40年代黄麻细纱机应用大牵伸机构后可取消粗纱机，用麻条直接纺成细纱，可缩短工序。

据蒋乃镛的《纺织染工程手册》[①]，近代麻纺织工艺包括：

（1）制线（即预备工程）步骤——大都设于农产地

生茎 → 浸水
乾茎 → 碎茎 } → 去茎 → 整理

---

① 蒋乃镛. 纺织染工程手册[M]. 上海：中国文化事业社，1950：32-33.

（2）纺麻纱步骤

麻—浸油—软麻—切麻机—打麻机—开麻机—麻卷机 ｛粗梳机 / 细梳机｝头道及

二道并条—粗纺 ｛湿润细纺—摇纱—干燥 / 干燥细纺—摇纱｝打包—单纱

（3）并线步骤

单纱—络纱 ｛湿捻—络纱—干燥 / 干捻—摇纱｝打包（双线）

（4）麻布织造步骤

沸煮或晒白—干燥 / 单纱｝络筒—整经—上浆—穿纱 纬纱 织布—分码—检查或括布
↓
打包等

原料经过拆包、选麻、分等级、抖除杂尘、均匀分把后，原麻需要先经过油浸，通过油浸给湿、软麻机压轧，使得纤维疏松、柔软、滑润，软麻机可分理麻头，并使油润，可得柔软而无尘的纤维。后续工程与棉纺织、毛纺织类同，也是经过开麻、梳麻（数道）、并条粗纺（数道）、精纺后成为麻纱。再经织布工程的络纱、整经、上浆、穿经后制造成为麻布。

2）近代麻纺织机具

近代麻纺织机器系列和工艺，还只处于机器的引进、推广阶段。包括软麻机、切麻机、打麻机、开麻机、麻卷机、梳麻机、粗纺机、精纺机、络纱机、整经机、上浆机、穿经机、麻布织机、打包机等，与棉纺织机具十分类似，不一一列举赘述。

5.8.4 地域产业链、厂区或生产线的完整性

从科技价值角度分析，麻纺织厂的建（构）筑物保护可分为以下几个层次：

（1）第一种是十分理想的情况，保护完整的麻纺织厂生产区域及附属生活用房，包括核心工艺的麻纺、麻织、动力车间，辅助生产的仓储、机修、办公等建（构）筑物，附属的住宅、宿舍、学校、食堂、俱乐部等生活用房，此外由于麻纺织厂需要大量用水，取水水塔、运河以及运输所用的铁路轨道与运河桥等沿线建（构）筑物也要注意保护。

（2）第二种情况是在无法完整保护时，要重点保护麻纺织业本身工业的完整性，包括

核心工艺的麻纺、麻织、动力车间，辅助生产的仓储、机修、办公等建（构）筑物。

（3）若上述两种情况在现实中依旧无法保留时，那么应保护麻纺织业中最核心、最重要的生产线——麻纺、麻织的用房等。

下面以近代中纺公司上海第二制麻厂工业建筑群的完整性保护为例来说明。

中纺公司上海第二制麻厂建筑分布与功能分区图如图5-8-1所示。

中纺公司上海第二制麻厂核心的染整用房及辅助生产的办公、仓储、机修用房如图5-8-2所示，其他用房如图5-8-3、图5-8-4所示。

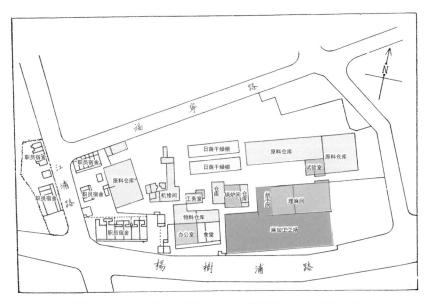

图5-8-1　中纺公司上海第二制麻厂建筑分布与功能分区图

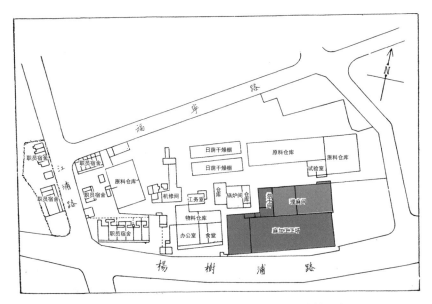

图5-8-2　中纺公司上海第二制麻厂核心的染整用房

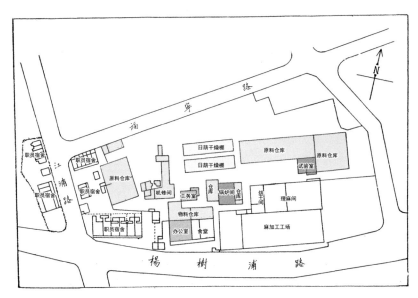

图5-8-3　中纺公司上海第二制麻厂动力系统与辅助生产的办公、仓储、机修用房

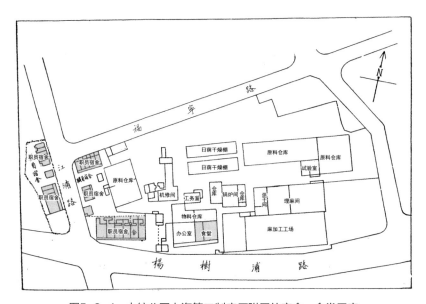

图5-8-4　中纺公司上海第二制麻厂附属的宿舍、食堂用房

5.9　水泥业

5.9.1　年代

近代水泥业的发展大致经历了五个历史时期:

（1）1906～1918年为初创时期。自启新洋灰公司创设到欧战结束视为我国水泥工业的初创时期，这段时期国人自办的水泥厂仅三家，包括启新洋灰公司、广东士敏土厂和湖北水泥厂，大部分市场仍为洋货所占。外商水泥厂主要有以下几家：①英商青洲洋灰公司，老厂设在澳门，有直窑5台，机器购自英国，日产水泥400桶。新厂设在九龙，有水泥机2台，旧机为直窑，新机有长80尺（1尺约合0.33米）的转窑4台，引擎及碾磨机均购自英国，1930年又扩充设备，安装转窑2台，每台长254尺，机器由英国制造，其技术上的发展对我国水泥业的影响甚大。②小野田水泥会社大连支社，小野田水泥会社是日本最大的水泥厂之一，于1908设支社于大连，水泥机为直窑。③山东水泥公司，设在青岛沧口，最初由德国人兴办，1914年后为日本人所有，机器为日本制造的旧式直窑。④浅野水泥会社台湾支社，浅野水泥会社为日本著名水泥厂之一，共有4处分厂，因台湾煤价便宜，故设有支社。

（2）1918～1931年为发展期。这一时期上海水泥公司、中国水泥公司、西村士敏土厂先后设立，为我国水泥业的生力军，促使洋货进口逐渐萎缩。但此期间军阀割据，内战频繁，交通阻滞，对整个国民经济的发展带来不少负面影响，从而也影响了水泥业的快速发展。

（3）1931～1937年为勃兴时期。"九一八"事变后，全国兴起抵制日货爱用国货的运动，使国产水泥大兴于市，且各厂在降低成本、提高质量、促进业务等方面全力以赴。1935年至1937年的三年，中国内建设事业猛进，各地营造工程蓬勃发展，国产水泥需用量大增，有西北、致敬、众志、江南、四川等厂应运而生。

（4）1937～1945年为抗战时期。抗战时期华中的中国、上海两厂，华北的启新、致敬，华南的西村士敏土厂等先后被侵占。战前在大后方从事水泥生产的仅有四川水泥厂，战时水泥所需非常紧迫，为应急需，先后在昆明、辰谿、贵阳、兰州等地建设了一批小型水泥厂（表5-9-1）。这些水泥厂中仅华中、广西两厂采用转窑烧制水泥，其他各厂均用直窑。华中水泥厂的机械是1938年将湖北大冶启新华厂拆迁改建的。广西水泥厂则在安装不久，即遭桂林失陷，四年心血毁于一旦。昆明水泥厂因地处后方军事重心，历年业务进展顺利，1942年与华中水泥厂合并改组为华新水泥公司。

战时后方新建的水泥厂　　　　　　　　　　　　　表5-9-1

厂名	地址	产量（公吨/年）
华中水泥厂	湖南辰谿	30000
广西水泥厂	广西桂林	15000
昆明水泥厂	云南昆明	7500
江西水泥厂	江西天河	5000
嘉华水泥厂	四川东山	7500

厂名	地址	产量（公吨/年）
贵州水泥公司	贵州贵阳	2500
陕西水泥厂	陕西西安	2500
甘肃水泥公司	甘肃兰州	1500
湖南水泥厂	湖南零陵	2500

（5）1945～1949年为战后接收时期。这个时期也是水泥业的厄运期，抗战胜利后，沦陷期的中国、上海、西北、西村各厂被国民政府接收，江南水泥厂另购新式机械，设法恢复，华新水泥公司除有辰谿、昆明两厂以外，又在湖北大冶新建规模宏大的新厂，其他后方各厂，如四川、贵州、嘉华等厂仍照旧维持生产。国民政府资源委员会接收日本人在华北、东北各地所经营的水泥厂，后另行组织华北水泥公司及辽宁水泥公司。台湾在日本人统治时期的三个水泥厂由国民政府资源委员会接管组成台湾水泥公司继续生产。但好景不长，抗战胜利后一年，国民党掀起内战，迫使交通中断，市场紧缩，物价暴涨，金融崩溃，内外交困使水泥业濒临绝境，直到中华人民共和国成立后水泥业才重焕新生。

5.9.2　历史重要性

近代较有规模的水泥公司有20家，所辖工厂25个，各厂分布及生产能力见表5-9-2，其中规模较大的有：中国水泥公司、江南水泥公司、台湾水泥公司、辽宁水泥公司、华北水泥厂、启新洋灰公司、华新水泥公司。

历史与社会文化价值突出的近代水泥厂

表5-9-2

地区	公司名称	所属工厂	生产能力（吨/年）	公司总生产能力（吨/年）	地区总生产能力（吨/年）
上海市	上海水泥公司 天祥实业公司 顺昌公司 大陆水泥公司 光华水泥厂	上海龙华厂 上海新闸桥厂 上海长宁路厂 上海梵皇渡厂 上海闸北厂	122400 111600 14400 8400 白水泥1300	122400 21600 14400 	168100
江苏省	中国水泥公司 江南水泥公司	江苏龙潭厂 江苏栖霞山厂	270000 270000	270000 270000	540000
台湾省	台湾水泥公司	台湾高雄厂 台湾苏澳厂 台湾竹东厂	280000 60000 20000	360000	360000

地区	公司名称	所属工厂	生产能力（吨/年）	公司总生产能力（吨/年）	地区总生产能力（吨/年）
辽宁省	辽宁水泥公司 华北水泥厂	辽宁本溪厂 辽宁小屯厂 辽宁锦西厂	280000 100000 216000	380000 396000	596000
冀鲁两省	启新洋灰公司 华北水泥公司 致敬洋灰公司	河北唐山厂 河北琉璃河厂 山东济南厂	300000 180000 3600	300000 见辽宁区 华北水泥公司总能	483600
湘鄂滇黔穗 四省 一市	华新水泥公司 贵州水泥公司 西村士敏土厂	湖北大冶厂 湖南辰谿厂 云南昆明厂 贵州贵阳厂 广州西村厂	360000 36000 10800 2600 79200	406800 2600 79200	488600
川渝省市	四川水泥公司 嘉华水泥公司	四川重庆厂 四川乐山厂	54000 9000	54000 9000	63000
晋甘两省	西北公司 甘肃水泥公司	山西太原厂 甘肃永登厂	90000 3000	90000 3000	93000

5.9.3　工业设备与技术

近代水泥业制造工艺经历了从直窑（立窑）到干法回转窑（旋窑），再到湿法回转窑（旋窑）的发展（图5-9-1）。以湿法回转窑水泥制造工艺为例，工艺包括生料制浆、熟料烧成、水泥磨粉三个环节（图5-9-2）。

石灰石、砂页岩、铜矿渣等原料先进入粗磨车间进行粗磨，制成生料浆，放置于生料储浆池中；生料浆与一定量煤粉混合进入回转窑进行干燥、煅烧与冷却，制成熟料，放置于熟料库中；将熟料混入一定比例石膏与干矿渣制成水泥，进入细磨车间进行多次细磨后成水泥粉，置于水泥库中，然后可进行装包与售卖。

图5-9-1　水泥工艺的发展

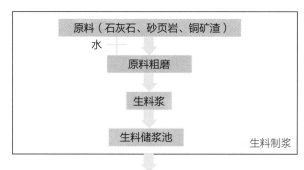

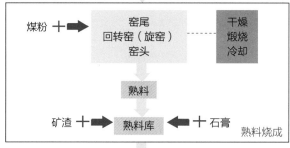

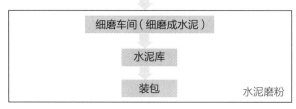

图5-9-2　湿法回转窑水泥制造工艺

5.9.4　地域产业链、厂区或生产线的完整性

从科技价值角度分析，水泥厂的建（构）筑物保护可分为以下几个层次：

（1）第一种是十分理想的情况，保护完整的水泥厂生产区域及附属生活用房，包括核心生产工艺（原料粗磨、生料储浆、旋窑设备、熟料库、水泥细磨、水泥库）的建（构）筑物与大型设备，辅助生产的仓储、机修、办公等建（构）筑物，附属的宿舍、食堂、俱乐部等生活用房等。

（2）第二种情况是在无法完整保护时，要重点保护核心生产工艺（原料粗磨、生料储浆、旋窑设备、熟料库、水泥细磨、水泥库）的建（构）筑物与大型设备，辅助生产的仓储、机修、办公等建（构）筑物。

（3）若上述两种情况在现实中依旧无法保留时，那么应保护水泥业中最核心、最重要的生产线——原料粗磨、生料储浆、旋窑设备、熟料库、水泥细磨、水泥库的建（构）筑物与大型设备等。

下面以近代川沙水泥厂工业建筑群的完整性保护为例来说明。

川沙水泥厂核心水泥生产线如图5-9-3所示。

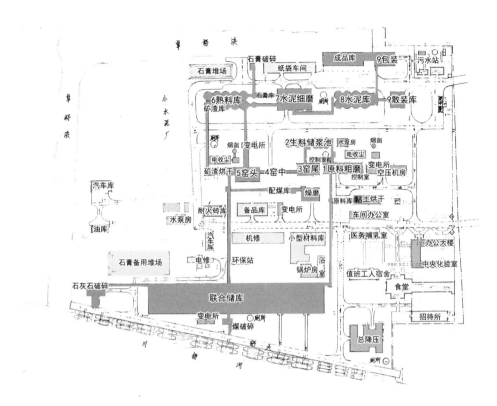

图5-9-3　川沙水泥厂核心水泥生产线

5.10　硫酸业

5.10.1　年代

近代硫酸业的发展大致经历了三个历史时期：

（1）19世纪70年代至1927年为初创时期。这段时期开设的工厂有：①江南制造局龙华分厂。这是中国近代最早的铅室法硫酸厂，1874年在该厂建成中国第一座铅室，成功地用铅室法生产出硫酸，并用以生产硝酸、研制硝水棉花（硝化棉），可谓我国化学工业之先导。②天津机器局。1874年徐建寅奉调天津机器局专事强水制造，建成淋硝厂（包括生产硝强水、磺强水、硝酸钾），磺强水（硫酸）实际于1876年投产。沪、津两地硫酸厂的建成，结束了中国不能生产，完全依靠国外进口硫酸的历史，为后来各火药厂建设硫酸厂奠定了基础。③江苏药水厂。19世纪60年代英商立德在上海创办立德洋行，后立德把其售给英商美查洋行，将此厂改名为美查酸厂（Major's Acid Work），该厂仅使用大玻璃瓶和瓦罐配制各种所需浓度的酸类，并不直接生产硫酸，1875年改名江苏药水厂，到1879年由于生产发展和市场的需要才决定建设硫酸生产装置，全套铅室设备购自德国，此为外商在我国开设的第一座硫酸厂，日产硫酸2吨，同时生产少量盐酸、硝酸。④其他各厂。1889年汉阳兵工厂成立，1909年生产硫酸，采用铅室法制硫酸。1904年四川总督锡良创办四川机器厂，内设白药厂，以硫磺为原料，用铅室法生产硫酸。河南省巩县兵工厂则是我国第一家引进接触法制硫酸的工厂，1918年即投入生产，抗日战争时迁往四川泸州。1926年沈阳兵工厂日产10吨的接触法硫酸装置投入生产，可生产发烟硫酸。

（2）1927～1937年为渐次发展时期。这段时期开设的工厂有：①梧州硫酸厂。1927年广西政府设立梧州硫酸厂，采用加重铅室法制硫酸，至1932年秋开工，1933年又采用电除尘设备，使产量、质量进一步提高。②广东硫酸苏打厂。1932年筹建广东硫酸苏打厂，采用接触法制酸，全部设备向美国化学建设公司订购，1933年开始投产。③得力三酸厂。我国民办酸厂之始，1929年创办。④上海开成造酸厂。1930年创办，采用铅室法制硫酸，有铅室三个，制造过程分烧磺、除尘、成酸、蒸浓四步。⑤利中硫酸厂。1933年开办，其装置的设计由南开大学应用化学研究所承办，所长张克忠教授主持，开创了我国自行设计硫酸厂的先河，1934年5月投产，日产浓硫酸2吨，成为当时华北最大的硫酸厂。⑥永利化学工业公司南京铵厂硫酸厂。这是民办的规模最大、最早采用接触法制硫酸的工厂，由范旭东创办，全套设备来自美国，以硫磺为原料，年产硫酸36000吨，1937年1月26日投入生产。这段时期尚兴建了一些小规模的硫酸厂，如西安集成三酸厂、成都资业化工厂、1935年设立的重庆广益化学工业社硫酸厂、中国造酸厂等。1933年国产硫酸约9000吨，使进口硫酸逐年减少。

（3）1937～1949年为抗战及战后恢复时期。正当我国硫酸业发展初具规模时，抗日战争爆发，我国硫酸业较集中的天津、上海、南京相继沦陷，致使数十年的建设毁于一旦。抗战期间为适应后方生产需要，陆续在内地建设了一些小型硫酸厂（表5-10-1）。1942年铅室法制硫酸在四川达到高峰，全省有硫酸厂8家，铅室12间，总容积960m³，年产硫酸约850吨。

抗战期间后方新办的硫酸厂　　　　　　　　　　　表5-10-1

省份	厂名	主要设备
四川	中国造酸公司	铅室2间，焚矿炉4座，浓缩炉1座
四川	蔡家场制酸合作社	铅室1间，焚矿炉1座，浓缩炉1座
四川	广益化学工厂	铅室2间，浓缩设备1套
四川	裕川化学工厂	铅室1间，焚矿炉1座，浓缩设备1套
四川	建业化学工厂	铅室1间，焚矿炉1座，浓缩设备1套
四川	沅记永源硫酸厂	铅室1间，焚矿炉1座，浓缩设备1套
贵州	大众硫酸厂	铅室1间，浓缩设备1套

省份	厂名	主要设备
贵州	新筑制酸厂	铅室1间，浓缩设备1套
云南	昆明造酸厂	铅室3间，浓缩设备1套
云南	大利造酸厂	铅室1间，浓缩设备1套
江西	江西硫酸厂	接触法，设备不详
陕西	集成三酸厂	铅室1间，焚矿炉1座，浓缩设备1套
浙江	浙江省化工厂	烧矿炉8座，硝石炉1座，除尘室1间，铅室2间，提浓室2间
湖北	湖北硫酸厂	铅室1间，浓缩设备1套
广西	梧州硫酸厂	新式铅室法设备全套，后被敌机轰炸而停产

日军侵占东北期间，为了解决其国内资源贫乏和侵略战争的需要，先后建立了六七个规模不小的硫酸厂，其中规模最大的为设在大连甘井子的满洲化学工业株式会社，1933年兴建，1935年投产，有拱墙式九塔法硫酸装置一套，由日本设计。在抚顺，日商电气化学厂建设了两套铅室法和一套接触法硫酸生产装置，鞍山钢铁公司和本溪钢铁公司也建设了塔式法硫酸生产装置，但规模都比大连的小很多。另外尚有1945年投产的"满洲燃料""满洲矿山"。抗日战争胜利后，东北地区的硫酸厂被接收。

1947年上海新建了一个接触法制硫酸的工厂，即新业硫酸厂，该厂由美国化学建设公司承造，设计比较先进，自动化程度较高，1948年6月建成投产，这个厂也是抗战胜利后到中华人民共和国成立前国内唯一新建的硫酸厂。1949年时全国总计有大小硫酸厂二三十家，但抗战胜利后这些厂中相当部分的硫酸生产没有得到恢复，1948年全国硫酸产量尚不足3万吨，1949年全国硫酸产量仅有4万吨。

5.10.2 历史重要性

近代较有规模的硫酸厂整理见表5-10-2。

历史与社会文化价值突出的近代硫酸厂 表5-10-2

厂名	厂址	创设年份	开工年份	流程	原料	日产量(吨)	年产量(吨)	经营	备注
江南制造局	上海	1874年前	1874年	铅室	—	0.7	—	公	—
天津机器局	天津	1874年	1876年	铅室	—	2	—	公	—

厂名	厂址	创设年份	开工年份	流程	原料	日产量（吨）	年产量（吨）	经营	备注
江苏药水厂	上海	—	1879年	铅室	硫磺	2	700	美商	美查兄弟回国后，改由祥茂洋行经营
汉阳兵工厂	汉阳	1901年	1909年	铅室	—	1.2	400	公	1910～1928年累计生产7000吨
巩县兵工厂	巩县	—	1918年	接触	硫磺	不详	不详	公	抗战时迁往四川泸州
四川机器局	四川	—	1919年	铅室	—	不详	不详	公	
沈阳兵工厂	沈阳	—	1926年	接触	硫磺	10	3000	公	生产发烟硫酸
梧州硫酸厂	梧州	1927年	1932年	铅室	黄铁矿	7～8	2200	公	后改名两广硫酸厂，1938年被日寇炸毁
开成造酸厂	上海	1930年	1932年	铅室	黄铁矿	10	3500	商	国产和进口的硫铁矿兼用
广东硫酸苏打厂	广州	1932年	1933年	接触	硫磺	20	7300	公	设备自美国进口，抗战时被劫往日本
利中硫酸厂	天津	1933年	1934年	铅室	黄铁矿	3	1000	商	南开大学应用化学研究所设计
山西火药厂	太原	—	1934年	接触	硫磺	6～7	2200	公	—
永利南京硫酸铔厂	浦口	1934年	1936年	接触	硫磺	120	3.6万	商	全套设计由美国C.C.CO公司订购
新业制酸厂	上海	1947年	1948年	接触	硫磺	10	3500	商	设备由美国化学建设公司制造，硫磺来自台湾

5.10.3　工业设备与技术

硫酸制造工艺，早期为铅室法制硫酸，后发展为接触法制硫酸。

1）铅室法

（1）二氧化硫制造

以硫磺、硫铁矿或硫化物炼矿炉中的废弃物为原料制造二氧化硫，硫磺或硫铁矿放入燃矿炉（图5-10-1）中燃烧，硫铁矿在放入炉中前须打碎，燃矿炉所出二氧化硫气体再被氧化成三氧化硫，溶于水中即得硫酸。铅室法以氮的氧化物为接触剂，在铅室中进行。若以氧化铁为接触剂，不用铅室，则是接触法。两者的接触剂不同。

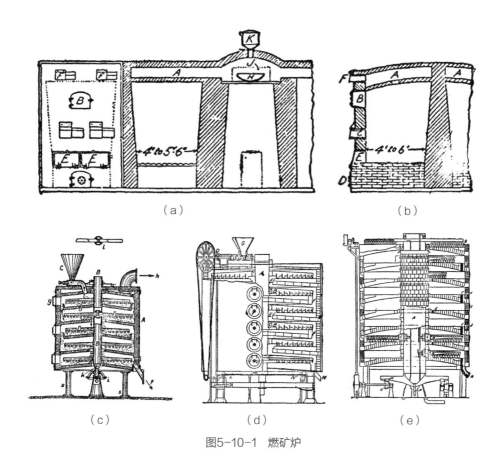

（a）　　　　　　　　　　　　　（b）

（c）　　　　　（d）　　　　　（e）

图5-10-1　燃矿炉

（2）铅室法制酸理论

　　燃矿炉所得二氧化硫气体利用氮的氧化物来氧化，原料为硝石，其原理为利用一氧化氮与空气中的氧气接触生成二氧化氮，二氧化氮与一氧化氮接触生成三氧化二氮，三氧化二氮再氧化二氧化硫，遇水生成硫酸，同时三氧化二氮也还原成一氧化氮，可以循环利用[公式（5-10-1）~公式（5-10-3）]。硫酸在铅室内凝缩为液体。铅室法需要各种气体混合完全，后期慢慢发展为塔式法（改革铅室法的一种）。

$$2NO+O_2 \longrightarrow 2NO_2 \qquad\qquad （5-10-1）$$

$$NO+NO_2 \longrightarrow N_2O_3 \qquad\qquad （5-10-2）$$

$$SO_2+N_2O_3+H_2O \longrightarrow H_2SO_4+2NO \qquad\qquad （5-10-3）$$

　　典型的铅室法的生产流程，是使高温的二氧化硫气体进入脱硝塔，与淋洒的含硝硫酸接触，由于酸温升高，含硝硫酸中的氮氧化物得以充分脱除，塔顶引出二氧化硫、氮氧化物、氧和水蒸气的混合气体，依次通过若干个铅室。在铅室中，二氧化硫充分氧化而成硫酸。最后通过两座串联的填料式吸硝塔，塔内淋洒经冷却的脱硝硫酸，以吸收氮氧化物，所得的含硝硫酸送往脱硝塔，以循环利用。由于部分氮氧化物会随废气和产品带出，需不断补充，早期是将硝石加入燃矿炉内使其受热分解，取得二氧化硫和氮氧化物的混合气体。后来是将氨氧化成氮的氧化物，再将后者引入第一个铅室，或将硝酸直接补加在含硝硫酸中，用以淋洒脱硝塔。在铅室中，二氧化硫的氧化与成酸反应大部分是在气相中进行的，因而不可避免地会形成大量的硫酸雾。这种气溶胶状态的细微颗粒需经较长时间才能凝聚成液滴，坠落至铅室底部。为此必须拥有很大的反应空间，才能保持较高的生产效率。再者，生产过程中释放的大量反应热也须经铅室表面及时散去。因此，铅室法工厂往往采用多个串联的铅室，耗铅量大。

塔式法是以填充塔为主要成酸设备（图5-10-2），其工艺原理与铅室法相同。由于塔内的填料提供了巨大的表面，使气体和液体得以充分接触，强化了扩散和吸收过程，导致二氧化硫的氧化和进一步的成酸反应绝大部分在液相（含硝硫酸）中迅速完成，所需的反应空间大大减少，与铅室法相比，用一两个不大的填充塔就足以取代为数较多、体积庞大的铅室，从而节约了铅材和投资。随着填充塔的壳体改为钢制，以及其他附属设施也改用钢甚至铸铁制作，其可靠性和经济效益不断得到提高。

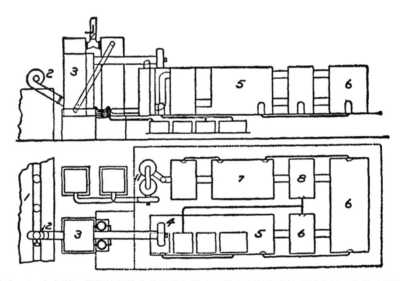

1—除尘室；2—入气管，燃得的气体自此管进入塔中，塔中充以多孔性耐酸物料，气体由塔的下部而上升，自塔顶以硫酸滴下；3—填充塔；4—风扇；5—第一铅室；6—第二铅室；7—第三铅室

图5-10-2 塔式装置

2）接触法

接触法制酸理论：二氧化硫和氧气在催化剂的表面接触时起反应转化成三氧化硫，进而制得硫酸，这种制备硫酸的方法称为接触法。接触法制硫酸可以分成三个阶段：造气、接触氧化、三氧化硫的吸收。一般的主要原料是硫铁矿，又称黄铁矿，主要成分为二硫化亚铁

（FeS$_2$），装置见图5-10-3，其化学反应原理为：

$$S+O_2 \longrightarrow SO_2 \qquad\qquad （5-10-4）$$

$$FeS_2+11/4\ O_2 \longrightarrow 1/2\ Fe_2O_3+2SO_2 \qquad\qquad （5-10-5）$$

$$4FeS_2+11O_2 \longrightarrow 2Fe_2O_3+8SO_2 \qquad\qquad （5-10-6）$$

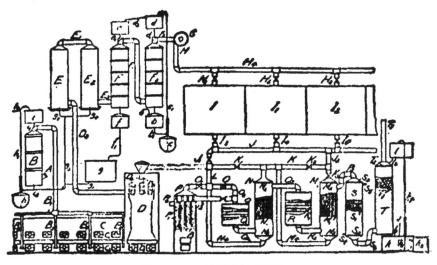

图5-10-3　接触法制酸装置

5.10.4　地域产业链、厂区或生产线的完整性

从科技价值角度分析，硫酸厂的建（构）筑物保护可分为以下三个层次：

（1）第一种是十分理想的情况，保护完整的硫酸厂生产区域及附属生活用房，包括核心生产工艺（铅室、接触塔）的建（构）筑物与大型设备，辅助生产的仓储、机修、办公等建（构）筑物，附属的宿舍、食堂、俱乐部等生活用房等。

（2）第二种情况是在无法完整保护时，要重点保护核心生产工艺（铅室、接触塔）的建（构）筑物与大型设备，辅助生产的仓储、机修、办公等建（构）筑物。

（3）若上述两种情况在现实中依旧无法保留时，那么应保护硫酸业中最核心、最重要的生产线——铅室制酸、接触制酸的建（构）筑物与大型设备等。

下面以近代梧州硫酸厂工业建筑群的完整性保护为例来说明。

梧州硫酸厂与功能分区如图5-10-4所示。

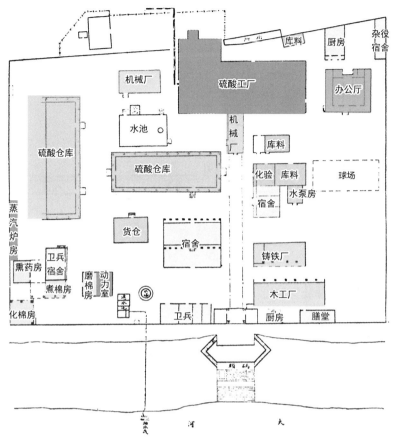

图5-10-4 梧州硫酸厂与功能分区图

　　工业遗产包含了众多的工业行业门类，各行业的发展历史、工业科技、工业流程都不同，而工业科技是工业遗产有别于其他文化遗产的特殊之处，也是工业遗产的核心价值所在，因此对工业遗产保护的研究一定要跳出"建筑圈"，工业遗产的保护绝不仅是工业建筑遗产的保护，而要深入到各行业工业科技的研究中，分行业进行探讨是必须和必要的。通过对英国工业遗产价值评价标准与体系的研究，让笔者与课题组受益匪浅，其对工业遗产价值评价的总体指导性标准类似于《中国工业遗产价值评价导则（试行）》中的标准，同时英国也深入到对每个行业历史发展、技术史大致发展、工业技术的研究，分行业说明不同工业遗产的历史情况与工业技术发展情况，这种分行业的体系也给笔者深入的启发，我们可以学习借鉴英国的经验与体系来研究中国自己的问题。

因此，笔者基于技术史与工业生产流程的研究，重点从科技价值与完整性的视角，选择了近代的钢铁冶炼业、船舶修造业、采煤业、棉纺织业、毛纺织业、丝绸业、麻纺织业、棉印染业、水泥业与硫酸业十个行业为研究对象，从历史发展梳理、工业科技研究与完整性实例分析等方面进行探讨，试图找到每个行业中，以工业技术为内在联系的核心物证载体作为保护的重中之重，梳理保护的主次与层次，包括核心的实物物证、辅助生产的相关配套物证及相关的工业产业链等。这些结论与成果可为工业遗产的评价与保护、保护规划的制定及遗存的再利用等提供理论支撑与参考。本研究或因跨专业的掣肘而有不深入之处，对工业技术的分析或有未精细之处，但这应该是工业遗产价值评价分行业分门类的一个开端，也希望有各行业的人士参与进来，形成系统的体系，后续也应该继续有"一五""二五""三线"建设时期的分析及其他行业门类的拓宽。

第6章

文化资本经济学评价案例研究
——以798艺术区为例的假设市场评估[①]

① 本章执笔者：陈佳敏、徐苏斌。

6.1 798艺术区概述

6.1.1 798艺术区的发展过程

798原是国营798电子工业老工厂的名称，位于北京市朝阳区酒仙桥大山子地区，始建于20世纪50年代，面积达六十多万平方米，由该工厂改造而成的艺术区依旧延续原工厂名称，或许还可依据它所在的地址命名为大山子艺术区。798工厂区过去包括706、707、718、751、797、798六个电子工业分厂区，自建厂到1964年期间这六个分厂区合称为"北京华北无线电器材联合厂"，简称为"718联合厂"；1964年之后六个分厂区独立经营，直到2001年，产业结构转移才使得除751厂之外的5个厂联合华融资产公司重组成七星华电集团，也使这片厂区得到统一的经营。

798电子厂原主要由德国主持设计建造，期间有苏联参与帮助，是当时备受全国瞩目的工业项目。厂区内包豪斯风格的建筑简练朴实，讲求功能。建设过程从1954年到1957年经历三年完成，建筑设计由近60位德国专家参与主持，因此厂区无处不彰显了鲜明的包豪斯理念。

1989年，国内经历了由计划经济向市场经济的转型过程，798各厂生产经营难以为继，只能靠出租闲置厂房获得盈利，这为798艺术区的诞生埋下了伏笔，798艺术区开始发展的标志可以被认为是1995年中央美术学院隋建国教授的雕塑车间的入驻。自进入21世纪起，北京本地甚至外地的艺术家纷至798厂，租用这里的闲置厂房并用艺术家的审美对原来的厂房进行适当改造和装修，使其满足艺术创作和展示的功能需求，也使得艺术家们崇尚的SOHO式艺术聚落和LOFT的生活方式在厂区内得以实现。

现在的"798艺术区"除了随处可见的艺术作品外，还发展了很多中高档餐馆和纪念商店，现已经成为北京集当代艺术展示和艺术创造于一体的文化新地标，是国内乃至国外名声大噪的现代艺术聚集区，同时也是远近闻名的旅游休闲场所。

同时，798艺术区在全国范围内起到了示范和号召作用，因为该艺术区是由艺术家自主聚集而成，后由北京政府政策认可该艺术区的合法性，从此国内各地出现百余个这种艺术家自发聚集、工厂再利用模式的创意产业园区。

表6-1-1记录了798从其前身718联合厂转变为艺术区直至现今的历史大事件。

798历史大事件

表6-1-1

时间	大事记
1957年	由苏联援助，德国设计建造的"北京华北无线电器材联合厂"即718联合厂落成，718联合厂高度综合性的无线电元器件生产能力是当时世界同类第一
1964年	4月，718联合厂被撤销联合制，成立了706厂、707厂、797厂、798厂及751厂
1995年	中央美术学院雕塑系租用798厂仓库制作大型雕塑《卢沟桥抗日群像》
1996年	北京市政府出台《关于加快北京文化发展的若干意见》，明确"要充分利用北京丰富的文化资源和人才资源，大力发展文化产业，使其成为北京的支柱产业之一，使北京成为全国重要的文化产业基地"
2000年	雕塑艺术家隋建国在706厂成立个人工作室；设计师林菁、出版人洪晃迁入；当代唐人艺术中心入驻
2001年	成立了七星集团；成立了季节画廊
2002年	苍鑫、黄锐、白宜洛、陈羚羊等艺术家在798艺术区成立工作室；4月，798艺术区落入了第一家外资画廊"日本东京画廊"；长征空间在798艺术区成立
2003年	时态空间成立并使用；由于规划冲突，七星集团叫停新的文化艺术类机构入驻；第一届双年展开幕；欧盟文教大臣正式来访798艺术区，并提出保护意见
2004年	举行"第一届北京大山子国际艺术节"；程昕东国际当代艺术空间落驻
2005年	意大利常青画廊入驻；山艺术——北京林正艺术空间成立；美国《时代》周刊将798艺术区评为全球最有文化标志性的22个城市艺术中心之一；《新闻周刊》将北京市列入年度12大世界城市，理由是798艺术区证明了北京作为世界之都的能力和未来潜力；政府通过《2004~2008北京市文化产业发展规划》，文化产业将成为北京的支柱产业之一
2006年	林大艺术中心北京分馆入驻；当代唐人艺术中心落成；北京行云座画廊成立；北京798映艺术中心成立；举办首届798创意文化节；北京798艺术区被列为全国首批十个文化创意产业集聚区之一，从此，798艺术区作为文化产业园区的文明代表步入了发展的正轨
2007年	艺术区成立了产业开发建设运营主体——798文化创意产业投资股份有限公司；"2007年北京798艺术节"召开；纪念718厂成立50周年庆典活动；尤伦斯当代艺术中心开馆；亚洲艺术中心入驻
2008年	纽约佩斯画廊北京分馆入驻；伊比利亚当代艺术中心入驻；北京金属库改造完成
2009年	偏锋新艺术空间成立；红门画廊撤出；12项展览中包括5项国际展览
2010年	北京798艺术区管理委员成立；北京卡索艺术中心入驻；第零空间入驻；富思画廊入驻；798剧场改造完成
2011年	林冠艺术基金会成立
2012年	白马梅朵艺术中心成立；ASIAN ART WORKS，INC入驻；世纪翰墨画廊撤出
2013年	芳草地画廊成立；上舍空间入驻；泉空间入驻；品画廊撤出；尤伦斯当代艺术中心与七星集团续约6年；星空画廊撤出；玉兰堂清退
2014年	创亿谷文创企业孵化器落户798艺术区；全年共开展18项展览活动
2015年	"北京798印象"当代艺术展在荷兰海牙隆重开幕；全年共开展20多项展览活动；"798艺蒞"启幕
2016年	由荷兰艺术家和设计师丹·罗斯加德设计的雾霾净化塔在园区调试；全年开展展览活动27项

6.1.2 798艺术区的文化学价值

798艺术区的一大特点是注重工业历史建筑的保护，并将其改造为园区的空间载体。多采取"老厂房+艺术机构"模式，即以工业历史建筑为基础形成创意文化艺术聚集区，原来废弃的厂房经艺术机构等的改建再利用成为文化创意的园地，并不改变产权关系和建筑结构。北京的718工厂（798工厂）是近代工业的代表，有不可动摇之重要地位，对其进行二次开发，不但能解决城市发展中的问题，为文化艺术产业提供园地，还能为区域经济发展注入新动力。

因此，从文化学角度分析798艺术区具有丰富的历史价值、艺术价值、科学价值、社会价值和文化价值。

1）历史价值

798艺术区来自中华人民共和国成立之初，见证了那个时期的工业历史发展历史：798艺术区具有20世纪50年代的时代气息，它的前身718联合厂是个根正苗红的社会主义军工厂，甚至在厂区的建筑上至今还保留着当年的红色标语和口号。艺术家自发聚居形成的艺术区，更能够给予北京一个城市的符号。

2）社会价值

798艺术区见证了自中华人民共和国成立时起至今的百姓生产劳作和艺术生活的情况，此地具有浓郁的社会归属感和认同感。近年，798艺术区与故宫、长城组成北京新景点，北京政府赋予其"优秀近代建筑"的称号。2006年、2007年、2008年连续三年被北京国际文化创意博览会评为"中国最具投资价值创意基地"称号。国际上，美国《时代》周刊和美国《新闻周刊》都曾对798艺术区有所嘉誉，同时北京作为798艺术区的发展地受到世界的看好，可见，798艺术区带动着北京经济的发展、提高着北京世界影响力。

3）科学价值

798艺术区的科学价值体现在建筑规划、生产机械、工艺流线等诸多方面（图6-1-1）。原718联合厂实用简洁、质量坚固的建筑，无处不体现着包豪斯学派的典型风格，例如大多向北的开窗，使光线均匀适合生产，节省资源又增加美感。

4）艺术价值

798艺术区内的厂房、机械等都拥有美感，园区内特别的工业生产构件和包豪斯建筑风格（图6-1-2）的美学特征是全球公认的文化价值的构成部分；加之798艺术区众多艺术机构的改造加建和特别的雕塑，给园区增添了艺术氛围。2007年，798艺术区建筑被北京市列为"优秀近现代建筑"；在威尼斯建筑展和北京双十年优秀建筑展上均出现了798艺术区建

图6-1-1　798艺术区生产构件　　　　图6-1-2　798艺术区包豪斯风格

筑的身影。这些荣誉都体现出其非凡的艺术价值。

5）文化价值

798艺术区对整个北京乃至全国人民、社会都有着至关重要的影响力。798艺术区既能使旅游者对工业遗产具有更好的了解和体验，同时，因为改造再利用凝结了创意和劳动，给工业遗产赋予了新的艺术文化价值，并与工业遗产自身的文化基因相互交错，呈现出丰富的文化价值，这也吸引了众多世界政要、影视明星、社会名流来参观。

6.1.3　798艺术区的业态和管理现状

1）798艺术区的业态

798艺术区目前是全亚洲较成熟、规模较大的艺术园区（图6-1-3），核心区域的占地面积超过30万平方米，建筑面积23万平方米，艺术区内有艺术展馆、画廊、艺术设计机构、餐咖、艺术商店等诸多机构。现已有超过500家机构入驻园区，其中专业画廊和美术馆超过200家，包括来自25个国家和地区的境外机构，著名的有尤伦斯当代艺术中心、佩斯北京等国际著名画廊，还有当代唐人艺术中心、长征空间等本土原创艺术空间，园区中浓郁的艺术氛围近几年每年都能吸引超过400万名的游客，来自海外的游客占到总数的30%～40%。

2）798艺术区的管理现状

798艺术区内大约九成的建筑归七星集团所有，该集团设置了七星物业管理这些厂房的出租与机构的相关事宜；2010年成立的798艺术区管理委员会是市政府与七星集团联合设置的，798艺术区一切对外的服务接待是该管委会的职责，同时园区的发展规划、运行统筹也是该管委会负责的事项。

图6-1-3 798艺术区现状图

6.2 实地访谈调查——798艺术区的游客感知印象调查

6.2.1 实地访谈

本研究的旅游者，是指由谢彦君界定的"利用其自由时间并以寻求愉悦为目的而在异地获得短暂的休闲体验的人"[①]。

中国目前正处于工业遗产旅游迅速崛起的阶段，对旅游者体验进行访谈，听取旅游者的反馈建议，有利于工业遗产保护再利用的策略抉择，只有充分听取他们的心声，才能与量化评估结果相结合进行分析，才能做到有的放矢。

调查问卷采用非结构化的方式，借鉴埃切特提出的三个开放式问题，经过适应性修改，第一个问题旨在于掌握游客心目中798艺术区的形象；第二个问题旨在掌握游客游览前后对798艺术区形象印象的变化；第三个问题旨在掌握游客对798艺术区形象产生正面印象和负面印象的原因。提示被访者以词汇的表述形式填写问卷，这种非结构且开放式的问答能够使我们获得被访者更为客观的描述词汇，对访问结果进行统计，探寻被访者对园区形象各种感知印象产生变化的原因。

园区形象感知调查研究，实际上属于认知心理学范畴，自20世纪70年代提出后逐渐被旅游学借鉴使用。旅游属享受消费类型，享受这种消费类型是由感官、体验、心情进行反馈的。所以消费者对于园区形象的感知是复杂交互的。

调查是为了了解游客对798艺术区的认可程度、体验感受和意见。本调查样本数量是19

---

① 谢彦君. 基础旅游学: 2版[M]. 北京: 中国旅游出版社, 2011: 104.

人，询问他们以下三个问题：①将798艺术区视作旅游目的地时，脑海中会浮现出最标志性的特点？②来798艺术区之前和之后，您对它的印象是？③您对798艺术区印象最好和最差的一面分别是？

6.2.2 访谈调查结果分析

本调查的非结构化方法采用的是开放答案提取法，访谈调查结果分析如下：

（1）在问及"将798艺术区视作旅游目的地时，脑海中会浮现出最标志性的特点？"问题时，对游客的回答进行归类后，较多的集中在时尚（22.5%）、文艺（43.4%）、画展（18.3%）、安静悠闲（12.6%）、品味艺术（5.3%）、改造（19.8%）、独特（6.9%）、张扬（10%）、随意（4.9%）方面。尽管798艺术区前身是工业遗产，但是工业遗产类特点并没有在游客脑海中呈现出鲜明的特点认知，可见，大家容易在脑海中构想出一个能悠闲地欣赏和体验别具一格的艺术和时尚之场所。

（2）在问及"来798艺术区之前和之后，您对它的印象是？"问题时，由于是开放式的问题，游客在回答问题时在词汇描述方面更加发散，根据词语的词性和描述对象的类型，统计结果如表6-2-1所示。

游客游玩前后对798艺术区印象描绘 表6-2-1

类别	印象描绘	
	之前	之后
环境类	旧厂房，包豪斯，美术馆，艺术商店，雕塑，艺术活动	旧厂房，商业化，作品少，酒吧，咖啡，美食，影院，汽车，雕塑，规模大，国际化，旅游产品单一
感情类	回味，复古，个性，潮流，时尚，文艺，优雅，创意，参与	创意，潮流，嘈杂，混乱，艺术，美味，娱乐，没参与
心情类	悠闲，惬意，惊喜	一般，疲惫，略失望

观察被访者旅游前后描述感知印象的词汇，可分析得出798艺术区内包豪斯风格的厂房、艺术氛围浓重的美术馆、充满创意的艺术商店和可参与体验的艺术活动是被访者游览前心目中对园区形象的感知，而游览之后虽能基本如愿地欣赏到包豪斯旧厂房及艺术作品和美术作品，但是缺少艺术的体验和参与活动会使游客有些许的失望，另外，在游览之后，超过半数的游客反映与艺术类机构相比，商业和餐饮机构显得过多。

（3）通过问卷中"您对798艺术区印象最好和最差的一面分别是？"问题的答案也可以间接分析出游客对于园区形象的满意程度，并能通过答案的词汇描述间接分析出造成这些好与坏印象的原因，表6-2-2分类总结了游客对798艺术区产生负面和正面印象感知的主要原因。

游客对798艺术区印象最好和最差的部分 表6-2-2

项目	印象最好的部分	印象最差的部分
描述词汇出现率排列前五位	文艺28.9%，再利用18.9%，创意20.5%，悠闲氛围11.2%，原貌保存好14.5%	餐饮过多且太贵10.5%，艺术气氛不够13.0%，公共设施欠佳15.1%，区域无主题11.8%，商业气氛浓29.4%
其他描述词汇	规范，整洁，免门票，国际化，热闹	嘈杂，混乱，小商贩的进入，缺乏参与性，交通不便利，引导标示不清

分析表6-2-2可知，由商业和餐饮类型过多导致的嘈杂混乱甚至要价过高是游客对798艺术区产生负面印象的主要原因，其次是艺术氛围不够且参与体验活动欠缺，导致游客游览过后留下遗憾，最后是不少游客认为艺术区的交通引导和公共服务设施均不完善，符合访谈中管理协会对艺术区现状的理解。

6.2.3 小结

向游客发放关于对798艺术区游览感知印象的问卷，旨在掌握游客对798艺术区的认可程度和体验感受。此问卷采取非结构式询问方式，被访者开放式答题，一定程度上避免了设计问卷的主观性对被访者的诱导作用。

对比被访问游客游览前内心的期盼和游览后的感知印象，对比印象好和印象差的内容，可以分析出大部分游客在游览完798艺术区后稍有落差，原因可能是浓郁的商业气氛、欠缺的艺术体验、园区规划混乱等方面。

进行游客印象感知调查是为了可以带着问题去评估798艺术区文化资本的经济价值，从消费者需求角度入手，再进行使用价值和非使用价值的对比分析，更能做到有的放矢。只有结合游客反馈和游客需求的经济价值评估，才能为艺术区的改进提供切实可靠的建议。

6.3 实证研究——798艺术区文化资本的使用价值

6.3.1 旅行成本法的技术路线

1）研究可行性

TCM适用于景区免门票费或者门票费很低，而且游客所需的使用价值有限度的情况。

本案例的研究对象798艺术区符合TCM[①]的使用条件。尽管798艺术区没有收取门票费，但是游客为了来艺术区游览需要花费一定的交通费、餐饮费、住宿费等且为了游览艺术区而消耗了赚钱的时间，间接地利用旅行费用和时间价值这两部分算出消费者剩余，再将三部分加总就可以估算出艺术区的使用价值。

2）评价方法的选择

798艺术区是全国范围内知名的旅游景点，游客可能来自全国各地区，根据前文介绍，本案例采用分区旅行成本法评估798艺术区文化资本的使用价值，因为将游客划分出发地区统计计算，这样的结果不受地域差异的影响且更科学。

6.3.2　调查问卷主要内容及设计思路

1）定义和划分出发地区

因为旅行时间价值、旅行费用和消费者剩余的计算都需要以出发区域为计算单位，本研究参照自然省来划分，并收集各出发小区的人口总数、平均收入等社会经济特征。故问卷设计了询问游客出发地的问题：

您现居住在_____省（自治区、直辖市）_____市_____县（区）。

（问卷中所有关于费用和时间的问题对课题至关重要，请您认真填写，十分感谢！）

2）旅行费用的估算

旅行费用包括调查中样本回答的：往返交通费、食宿费、参展费、购买艺术商品费和服务费等。

交通费是指游客从出发地到旅游目的地往返的交通费用以及在旅游目的地的各种交通费用的总和。如果是自驾而来，那么费用包括燃油费、停车费、折旧费及过路费，若是乘坐飞机、火车等公共交通工具则是车票费。因此，问卷设置了询问交通方式及交通费用的问题；问卷还设置了询问游客食宿费用及园区其他费用花费的问题，因为798艺术区中基本为散客，景区其他花费是指游客在游览过程产生的参观费、购买纪念品费用、摄影费用、服务费用等所有花费的总和。

---

① 旅行成本法（Travel Cost Method，简称TCM）的理论基础是新古典经济学，旅行成本法即以消费者剩余为工具对文化资源使用价值做出计算的方法。它的基本假设为：旅游者为了享受某种资源的资金耗费与时间成本，即为利用或者享受此资源所对应的隐性价格，由此出发来构建消费者需求模型，从而计算出消费者剩余，三者加总即可得到资源的使用经济价值。

TCM法最大贡献之处是旅游资源的消费者剩余的计算，所谓消费者剩余，实则为一种内心的感觉，游客从其自身需求出发，根据其所了解的服务或者产品信息，来主观评判服务或者商品的价值，这就是游客的支付意愿。游客会把此种支付意愿对比实际的价格，进而做出购买服务、产品的决定。因为在实际中游客所支付的资金和其支付意愿对应的额度未必等同，如此则会形成消费者剩余，并能够通过需求曲线下面积进行诠释说明。

3）旅行时间价值

游客在旅行的过程中牺牲了工作或其他创造价值的时间，计算798艺术区的使用价值如果忽略了这些耽误掉的时间价值，就会导致结果变小。依据国内外的研究，旅行的时间价值可借助于机会工资成本进行计算，国际上是收入的30%～50%，依据我国国情，一般使用收入的40%，因此798艺术区游客的时间机会成本采用每小时工资的40%来折算。依据公式：旅行时间价值=798艺术区旅行时间花费×40%×单位时间的机会工资成本[①]。各出发小区的平均收入由2016年年鉴查出。同样，问卷中设置问题询问被访问者旅行时间花费。

旅行时间包括以下三项：出发地到北京往返路途时间、北京到艺术区往返交通时间、艺术区停留时间。

为了方便答题和统计，问卷设计了北京游客和外地游客不同的题项，游客可根据自己的切实情况快速作答：

如果您是北京游客，请回答（1）（2）（3）项［外地游客请直接回答（4）～（9）项］

（1）您来798艺术区的交通方式及费用？（单程）

□地铁（　　元/人）　　　　□自驾车（　　元/人）

□打车（　　元/人）　　　　□公交汽车（　　元/人）

（2）您在来798艺术区的路上用了多长时间（单程)?

□1小时以内　　　□1～2小时　　　□2～3小时　　　□3小时以上

（3）您在798艺术区内的花费是多少？

（若多人出行请填总花费，注明人数　　人）

□餐饮（　　元）□其他费用（购买纪念品、参观门票等花费）（　　元）

（4）您来北京的交通方式及费用?（单程）

□火车（　　元/人）　　　　□飞机（　　元/人）

□长途汽车（　　元/人）　　□自驾车（　　元/人）

（5）从您居住地到北京来的路上用了多长时间（单程)?

□1～3小时　　□3～6小时　　□6～9小时　　□9～12小时　　□12小时以上

（6）您在北京旅游期间的住宿费合计是　　元/人。

（7）您在798艺术区内的花费是多少？

（若多人出行请填总花费，注明人数　　人）

□餐饮（　　元）□其他费用（购买纪念品、参观门票等花费）（　　元）

---

①　张红霞，苏勤. 基于TCM的旅游资源游憩价值评估——以世界文化遗产宏村为例[J]. 资源开发与市场，2011，27（1）：92.

（8）您在798艺术区游玩的时间？

□1～3小时　□3～6小时　□一天　□两天　□其他（　　　天）

（9）您本次出来旅游共计划花费多长时间？

□一天　□两天　□三天　□四天　□其他（　　　天）

设置问题（8）、（9）的意图为：来798艺术区的大部分外地游客都是多目的地的游览，所以不能把整个旅途中的交通费用都算入798艺术区的交通费用，要使用多目的地旅行交通费用剥离的方法。需要在计算交通费用时赋予798艺术区这个目的地一定的比重：比重值为在798艺术区游览的时间与在北京游览的全部时间之比。

6.3.3　评估步骤

（1）计算每一出发小区到798艺术区的旅游率。

参考公式：旅游率=某出发小区到798艺术区的年旅游人次/该出发小区年末的人口总数。

（2）建立回归模型，得出消费者剩余（图6-3-1）。

公式：

$$V_P = \int_0^{P_m} Y(x)\mathrm{d}x \qquad\qquad (6\text{-}3\text{-}1)$$

式中　V_P——消费者剩余；

P_m——增加费用最大值；

$Y(x)$——费用与旅游人次的函数关系。

从公式可以看出，消费者剩余直接受旅行费用和旅游人次的影响，而旅游人次可能受旅行费用、时间花费、社会经济因素等变量中某些因子的影响。旅游率是指出发小区旅游人次与该出发小区总人数的比率，出发小区总人数为常数项，故旅游人次与旅游率一致，为了计算方便，后文用旅游率进行回归分析。建立一个旅游出发地旅游率与其对应因变量之间的模型，进行相关分析。

在本案例中拟操作如下：首先，建立一个旅游出发地旅游率与该地的总人口数、旅行时间、收入水平、旅行费用等变量之间的回归模型，得到一个多元回归方程；其次，通过验证再建立旅游人次和旅行费用的函数关系式；最后，代入消费者剩余公式计算消费者剩余。

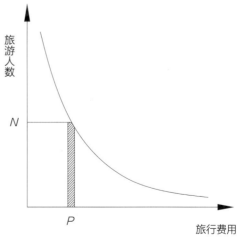

图6-3-1　消费者剩余曲线

（3）计算798艺术区文化资本使用价值。

根据公式：总使用价值=总消费支出+消费者剩余+旅行时间价值，算出798艺术区文化资本的使用价值。

以下就此公式做出说明：TCM法公式U=V=WTP=P+CS（U表示效用；V表示商品价值；P表示消费者所支出的实际价格；WTP表示消费者支付意愿；CS表示消费者剩余）是用福利经济学来解释消费者剩余，消费者剩余是消费者愿意支付价格和实际支付价格的差值，愿意支付代表了消费者对商品的需求，即为商品的价值。福利经济学中的商品是指市场中实际的商品，以使用价值为主，本案例研究对象798艺术区文化资本的使用价值是消费者剩余和消费者支出实际价格的总和，如前文所说，由于文化资本的非市场性使其没有市场价格，消费者对798艺术区文化资本的实际支出价格可以用旅行费用和时间成本来代替，故可以说公式"总使用价值=总消费支出+消费者剩余+旅行时间价值"是出于福利经济学的公式。

6.3.4　798艺术区文化资本使用价值估算

6.3.4.1　数据来源

本次调查于2017年4月中旬开始，到5月底结束，首次设计问卷后先做了80份预调查，包括网上问卷30份，798艺术区面访调查50份，依据预调查答题反馈和被调查者建议完善问卷内容，之后，分别利用五一旅游高峰和之后的一个普通工作日到艺术区正式做面对面调查，两次共发出正式问卷335份，共回收有效问卷303份，回收率为90.4%。

6.3.4.2　数据分析

1）样本社会经济学特征统计

根据正式调查结果对游客社会经济因素的答案进行整理，可总结出样本社会经济学特征统计，见表6-3-1。

样本社会经济学特征统计表

表6-3-1

项目	类别	绝对频数（人次）	相对频度（%）
性别	男	129	42.57
	女	174	57.43
年龄	18岁以下	9	2.92
	18~25岁	177	58.48

项目	类别	绝对频数（人次）	相对频度（%）
年龄	26～35岁	75	24.56
	36～45岁	22	7.26
	46～60岁	13	4.09
	60岁以上	7	2.69
职业	公务员或事业单位员工	44	14.53
	企业职员	78	25.74
	学生	126	41.58
	军人	—	—
	工人	2	0.66
	农民	—	—
	自由职业	20	6.60
	教师	6	1.98
	医生	2	0.66
	离退休人员	—	—
	其他	25	8.25
受教育程度	初中及以下	4	1.17
	高中/中专	18	5.85
	大专/本科	228	75.44
	研究生及以上	53	17.54
月收入	2000元以下	117	38.33
	2000～3000元	16	5.26
	3000～4000元	21	7.02
	4000～5000元	18	5.85
	5000～7000元	43	14.30
	7000～9000元	28	9.36
	9000～12000元	19	6.43
	12000～15000元	16	5.26
	15000元以上	25	8.19

统计303份有效问卷：从性别构成看，男性占42.57%，女性占57.43%；从年龄构成看，18岁以下占2.92%，18~25岁占58.48%，26~35岁占24.56%，36~45岁占7.26%，46~60岁占4.09%，60岁以上占2.69%，说明该样本年龄偏年轻；从职业分布看，公务员或事业单位员工占14.53%，企业职员占25.74%，学生占41.58%，工人占0.66%，自由职业占6.60%，教师占1.98%，医生占0.66%，其他占8.25%，说明该样本职业结构比较全面；从文化程度看，初中及以下占1.17%，高中/中专占5.85%，大专/本科占75.44%，研究生及以上占17.54%，说明该样本文化层次比较高；从月收入看，38.33%的被访者月收入在2000元以下，5.26%的被访者月收入在2000~3000元之间，而月收入为3000~4000元的占7.02%，4000~5000元的占5.85%，5000~7000元的占14.30%，7000~9000元的占9.36%，9000~12000元的占6.43%，12000~15000元的占5.26%，15000元以上的占8.19%，说明该样本的工资水平较低。

2）出游行为分析

（1）了解程度：由图6-3-2可知，在被调查的游客中，对798艺术区非常了解的占2%，比较了解的占27%，不太了解的占64%，完全不了解的占7%。可见，大部分游客是不太了解798艺术区的。

（2）满意程度：游客的满意度评价是旅游目的地质量管理的重要内容。由图6-3-3可知，在被调查的游客当中，非常满意的占7%，满意的占53%，一般满意的占31%，不太满意的占9%，没有非常不满意的。可见，大部分游客对798艺术区感觉一般。

（3）旅游动机：出游动机是旅游活动的起因。由图6-3-4可知，32%的游客是为了参观展览，6%的游客是为了会见朋友，8%的游客是出于调研学习目的，52%的游客是为了休闲娱乐，2%的游客是来参加集体活动。可见，大部分游客到798艺术区是为了休闲度假。

（4）客源地分析：由图6-3-5可知，来自北京本地的游客最多，占31.58%；其次是来自河北的游客，占12.28%；其次是来自黑龙江、河南的游客，分别占6.43%、5.35%；来自辽宁、广东、江苏的游客均占总样本人数的4.68%；接下来是来自天津和浙江的游客，都占

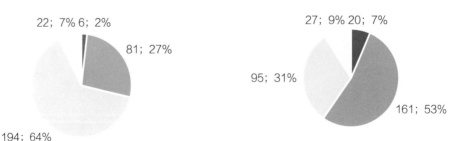

图6-3-2　被调查者对798艺术区了解程度　　　图6-3-3　被调查者对798艺术区满意程度

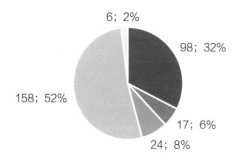

图6-3-4 被调查者的旅游动机

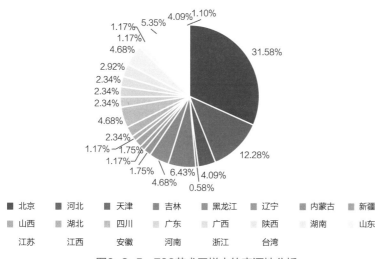

图6-3-5 798艺术区样本的客源地分析

4.09%；其余14个省的游客占总样本人数的比例均小于3%，这与798艺术区的客源结构基本相符。地处北京自然北京游客占比最高，除当地游客外，距离相对较近的河北、天津、河南、辽宁、黑龙江是潜在旅游市场，江苏、浙江、广东信息交通发达便利，游客比例较西南省份的多，艺术区还应加强在这些地区的宣传力度。

3）旅行费用

虽然目前国内对旅行费用的计算应该包括哪些内容仍然有争议，但是普遍做法是将路途和旅游景点发生的实际花费及时间机会成本包含在内的所有费用计算在内。按照国内普遍做法，因为798艺术区不收门票费，本地游客基本来此旅游半天或一天，当天往返，而异地的游客基本把798艺术区作为来北京游玩的景点之一，当天可能会串联其他景区，因此，本研究的游客至798艺术区旅行费用主要由三部分构成：①包括在798艺术区中的餐饮费、参展费、购买纪念品费用、服务费等在内的艺术区花费；②交通费用；③住宿费用。即得公式：游客的旅行费用=交通费用+住宿费用+艺术区花费（餐饮费+参展费+购买纪念品费用+服务费+其他费用）。下面分别计算这三部分费用，然后相加得到游客的旅行总费用。

（1）多目的地旅游

据调查显示，除了北京本地游客，798艺术区所有外地游客都不仅以798艺术区为旅游目的地，而是把它作为他们来北京旅游参观的多个景点之一。因此，在计算798艺术区国内游客旅行费用支出的时候，不能把游客整个旅途的交通费用、食宿费用和旅行时间价值的支出都作为游客来798艺术区的旅行费用支出，针对此类多目的地旅游的情况，要赋予这些费用一定的权重值，本案例采用游客在798艺术区停留时间占总旅行时间的比重来代替该权重值。因此调查问卷询问了游客总旅行时间和798艺术区旅行时间（表6-3-2）。

根据调查数据用中位值算出所有样本的总旅行时间均值和在798艺术区旅行时间的均值，由表6-3-2得知，在798艺术区游览时间为半天，在北京游览时间为三天，所以，其权重值为0.5/3=1/6。

样本总旅行时间和艺术区旅行时间频度分布 表6-3-2

总旅行时间	绝对频数（人次）	相对频度（%）	累计频度（%）	798艺术区旅行时间	绝对频数（人次）	相对频度（%）	累计频度（%）
一天	96	31.6	31.6	1～3小时	149	49.0	49.0
两天	42	14.1	45.7	3～6小时	106	35.0	84.0
三天	57	18.7	64.4	一天	41	13.4	97.4
四天	9	2.9	67.3	两天	2	0.8	98.2
五天	4	1.2	68.5	其他	5	1.8	100
六天	9	2.9	71.4	合计	303	100	—
七天	11	3.5	74.9				
七天以上	75	25.1	100				
合计	303	100	—				

（2）住宿费用

北京游客当天返回无需住宿，而外地游客把798艺术区作为来京旅游景点之一，除少量当天往返的邻近地区游客，基本都需要住宿。问卷询问了样本来北京人均每天的住宿费用，将其费用分成，乘以上文得出的权重值1/6。

首先，按照个位到十位四舍五入的原则将样本的住宿费用归纳后列出，并统计其相对应的绝对频数、相对频度和累计频度（表6-3-3）。可观察出住宿费用相差较大，最贵的为人均每天500元，最便宜的为人均每天70元，其中31.6%的游客当天往返没有产生住宿费用。同样，为了避免个人住宿费用出现极值影响平均值的准确性，所以对于被调查游客的住宿费用依旧采用累计频度中位值法，根据游客住宿费用频度分布表，最接近累计频度中位值50%的是54.9%，其对应住宿费用是100元，住宿费用支付率是68.4%，所以游客平均住宿费用=100×68.4%×1/6=11.4元。

游客住宿费用频度分布 表6-3-3

住宿费用（元/天）	绝对频数（人次）	相对频度（%）	累计频度（%）
0	96	31.6	31.6
70	7	2.3	33.9
80	7	2.3	36.2
100	57	18.7	54.9
120	17	5.2	60.1
130	14	4.7	64.8
140	4	1.3	66.1
150	28	9.4	75.5
170	7	2.3	77.8
200	14	4.7	82.5
250	19	6.4	88.9
270	7	2.3	91.2
300	21	7.0	98.2
500	5	1.8	100
合计	303	100	—

（3）交通费用

根据公式：交通费用=游客从出发地到景区的交通花费+游客在景区的交通花费+游客从景区返回出发地的交通花费。对于本研究中的外地游客指的是从出发地区到北京的往返交通费和北京内到798艺术区的往返交通费；对于北京游客是家到798艺术区的往返路程花费。如果开车来，交通费应考虑燃油费、过路费等，如果乘坐公共交通工具，则为车票购买费。且问卷里询问的交通费为往返总交通费用。

本研究以游客出发地的行政区域为划分原则对样本游客进行分类，因为相同行政区域人口数量、平均收入情况、距798艺术区的距离都一致，统计时科学方便。

因此，全国共分为22个出发小区，其中宁夏、海南、青海、甘肃、福建、香港、贵州等12个行政区域的各项费用为缺省值。

从外地来798艺术区的游客基本都是多目的地的游览，同样不能把整个旅途中的交通费用都算入798艺术区的交通费用，要使用多目的地旅行交通费用剥离的方法。首先要为交通费用赋予权重，该权重值同样是在798艺术区游览的时间与在北京游览的全部时间之比即1/6。

按照各出发小区关于交通费用的调查数据，分别用累计频度中位值的方法算出每个出发小区的交通费用，之后赋予权重值，具体数据见表6-3-4。

2016年北京798艺术区国内游客交通费用统计 表6-3-4

出发小区	比例（%）	交通费用（元）	权重交通费用（元）	出发小区	比例（%）	交通费用（元）	权重交通费用（元）
北京	31.58	28.00	28.00	广东	4.68	3260.00	543.33
河北	12.28	187.00	31.17	广西	2.34	950.00	158.33
天津	4.09	146.00	24.33	陕西	2.34	750.00	125.00
吉林	0.58	734.00	122.33	湖南	2.34	810.00	135.00
黑龙江	6.43	639.00	106.50	山东	2.92	625.00	104.17
辽宁	4.68	482.00	80.33	江苏	4.68	958.00	159.67
内蒙古	1.75	187.00	31.17	江西	1.17	860.00	143.33
新疆	1.17	1450.00	241.67	安徽	1.17	725.00	120.83
山西	1.75	394.00	65.67	河南	5.35	812.00	135.33
湖北	1.17	1266.00	211.00	浙江	4.09	1120.00	186.67
四川	2.34	1255.00	209.17	台湾	1.10	2920.00	486.67

（4）艺术区花费

艺术区花费为游客在艺术区内餐饮费、参展费、购买艺术商品费用、服务费等所有花费的总和。凭借调查结果，借助Excel统计工具把各花费金额和该金额所对应的绝对频数、相对频度（该金额人数占总样本人数的比例）和累计频度列出（表6-3-5）。需要解释的是，为了方便统计，把被访者的艺术区花费按四舍五入原则从个位进到十位。

游客在798艺术区内总花费的频度分布 表6-3-5

艺术区花费（元）	绝对频数（人次）	相对频度（%）	累计频度（%）
0	57	18.8	18.8
20	32	10.5	29.3
30	7	2.3	31.6
50	28	9.4	41.0
60	18	5.8	46.8
70	**12**	**4.1**	**50.9**
80	5	2.9	53.8
90	5	1.8	55.6
100	45	14.5	70.1
120	11	3.5	73.6
130	2	0.5	74.1
150	7	2.3	76.4
180	7	2.3	78.7
200	15	4.8	83.5
250	7	2.3	85.8
300	5	1.7	87.5
350	3	1.1	88.6
400	12	3.8	92.4
450	6	1.8	94.2
500	4	1.3	95.5
550	9	2.9	98.4
1000	4	1.1	99.5
1500	2	0.5	100
合计	303	100	—

　　艺术区花费相差较大，最贵的人均达到1500元，而没在艺术区花费的占18.8%，为了避免样本中个人的艺术区花费出现极值、相差过大的情况，国内外普遍弃用平均值而选用累计频度中位值来确定均值，因而，本研究也用艺术区花费的累计频度中位值来代表艺术区花费的均值，观察最接近累计频度中位值的是50.9%，其对应的艺术区花费是70元，有57人没有在艺术区支付任何费用，那么艺术区花费的支付率为81.2%，因此，可把艺术区花费估计为70×81.2%=56.84元。

（5）总旅行费用

首先，按照划分好的22个出发小区，分别将每个出发小区的权重交通费用、住宿费用、艺术区花费列出（表6-3-6），并根据公式"游客的旅行费用=交通费用+住宿费用+艺术区花费"算出每个出发小区的旅行费用；其次，调研期间，笔者走访了798艺术区管理协会，询问了2016年798艺术区总客流量，依据管理协会提供的数据，2016年798艺术区游客总数为480万人；再次，根据出发小区样本数占总样本数的比例得出理论上该出发小区2016年到798艺术区旅游总人次，再根据公式"某出发小区2016年到798艺术区总旅行花费=某出发小区2016年到798艺术区旅游总人次×人均旅行费用"算出每个出发小区2016年到798艺术区总旅行费用，把所有出发小区结果相加得到2016年798艺术区国内游客总旅行费用为105817.2万元，平均每人为175.56元，比较符合实际。

2016年北京798艺术区国内游客旅行费用统计　　　　　表6-3-6

出发小区	比例（%）	权重交通费用（元）	住宿费用（元）	艺术区花费（元）	旅行费用（元）	游客总数量（人）	总旅行费用（元）
北京	31.58	28.00	0.00	70.00	98.00	1515840	148552320
河北	12.28	31.17	62.50	70.00	163.67	589440	96471680
天津	4.09	24.33	62.50	70.00	156.83	196320	30789520
吉林	0.58	122.33	62.50	70.00	254.83	27840	7094560
黑龙江	6.43	106.50	62.50	70.00	239.00	308640	73764960
辽宁	4.68	80.33	62.50	70.00	212.83	224640	47810880
内蒙古	1.75	31.17	62.50	70.00	163.67	84000	13748000
新疆	1.17	241.67	62.50	70.00	374.17	56160	21013200
山西	1.75	65.67	62.50	70.00	198.17	84000	16646000
湖北	1.17	211.00	62.50	70.00	343.50	56160	19290960
四川	2.34	209.17	62.50	70.00	341.67	112320	38376000
广东	4.68	543.33	62.50	70.00	675.83	224640	151819200
广西	2.34	158.33	62.50	70.00	290.83	112320	32666400
陕西	2.34	125.00	62.50	70.00	257.50	112320	28922400
湖南	2.34	135.00	62.50	70.00	267.50	112320	30045600
山东	2.92	104.17	62.50	70.00	236.67	140160	33171200
江苏	4.68	159.67	62.50	70.00	292.17	224640	65632320

出发小区	比例（%）	权重交通费用（元）	住宿费用(元)	艺术区花费（元）	旅行费用（元）	游客总数量（人）	总旅行费用（元）
江西	1.17	143.33	62.50	70.00	275.83	56160	15490800
安徽	1.17	120.83	62.50	70.00	253.33	56160	14227200
河南	5.35	135.33	62.50	70.00	267.83	280800	75207600
浙江	4.09	186.67	62.50	70.00	319.17	196320	62658800
台湾	1.10	486.67	62.50	70.00	619.17	56160	34772400
合计	—	—	—	—	—	4827360	1058172000

4）旅行时间价值

旅行时间包括往返的交通时间和在798艺术区游玩的时间，这两项在调查问卷里分别询问出来。同样，对于外地游客来说，这是一个多目的地的旅行，询问游客的往返交通时间是指游客从出发地到北京往返路途上交通花费的时间，把这个时间进行分成，同样赋予798艺术区占所有旅行目的地的权重值为1/6，得出以下公式：游客的旅行时间=往返交通时间花费×权重+北京到798艺术区交通往返时间+艺术区游览停留时间。另外，各个出发小区的往返交通时间为该出发小区所有样本往返交通时间的平均值，即如此公式：某出发小区的旅行时间=∑某出发小区游客的旅行时间÷出发小区抽样人数。说明一点，从问卷结果发现798艺术区游览停留时间受地区影响不大，这样可依据全国样本的中位值得出为4.5小时。

如上文中的分析，在计算游客旅行时间价值时，按照我国的实际情况，采用40%计算机会工资成本。得到公式为：某出发小区的旅行时间价值=某出发小区的旅行时间（小时）×每小时收入×40%。具体步骤是将各出发小区人均年收入除以实际工作小时数，得到每小时收入，乘以总旅行时间折合的实际工作小时数（按照每天8小时来计算），再按40%折算。即按每年实际工作天数254天，每天工作8小时，每年实际工作小时数为2032小时。各计算结果如表6-3-7所示。

2016年798艺术区游客旅行时间价值 表6-3-7

出发小区	出发小区2016年平均收入（元）	游憩时间(小时)	往返交通时间（小时）	权重总旅行时间（小时）	人均每小时工资（元）	出发地人均旅行时间价值(元)	出发小区2016年至798旅行人次（人）	出发地总旅行时间价值（元）
北京	62630.00	4.50	2.50	7.00	30.82	86.30	1515840	130818782.36
河北	33616.00	4.50	8.40	5.90	16.54	39.04	589440	23013037.15
天津	36810.00	4.50	5.00	5.33	18.12	38.65	196320	7586917.80

出发小区	出发小区2016年平均收入（元）	游憩时间（小时）	往返交通时间（小时）	权重总旅行时间（小时）	人均每小时工资（元）	出发地人均旅行时间价值（元）	出发小区2016年至798旅行人次（人）	出发地总旅行时间价值（元）
吉林	24218.00	4.50	12.00	6.50	11.92	30.99	27840	862694.74
黑龙江	23608.00	4.50	10.68	6.28	11.62	29.18	308640	9007563.62
辽宁	49591.00	4.50	9.25	6.04	24.41	58.98	224640	13248997.09
内蒙古	24127.00	4.50	7.50	5.75	11.87	27.31	84000	2293964.76
新疆	49591.00	4.50	8.00	5.83	24.41	56.95	56160	3198033.78
山西	48969.00	4.50	6.80	5.63	24.10	54.30	84000	4561443.07
湖北	29386.00	4.50	10.00	6.17	14.46	35.67	56160	2003338.49
四川	50466.00	4.50	9.50	6.08	24.84	60.43	112320	6787875.69
广东	37684.00	4.50	30.17	9.53	18.55	70.68	224640	15878055.48
广西	26669.00	4.50	9.00	6.00	13.12	31.50	112320	3537947.34
陕西	28440.00	4.50	12.30	6.55	14.00	36.67	112320	4118739.02
湖南	31284.00	4.50	11.10	6.35	15.40	39.11	112320	4392273.60
山东	34012.00	4.50	6.70	5.62	16.74	37.61	140160	5270735.19
江苏	40152.00	4.50	15.80	7.13	19.76	56.38	224640	12665521.59
江西	25309.00	4.50	12.60	6.60	12.46	32.88	56160	1846640.30
安徽	24839.00	4.50	14.50	6.92	12.22	33.82	56160	1899303.38
河南	24391.00	4.50	20.00	7.83	12.00	37.61	280800	10561110.94
浙江	48145.00	4.50	11.00	6.33	23.69	60.02	196320	11783773.07
台湾	69619.00	4.50	9.00	6.00	34.26	82.23	56160	4617877.61
合计	—	—	—	—	—	—	—	279954626.07

各出发小区的人均收入由2016年全国普查资料查出，算得2016年798艺术区国内游客总时间价值为27995.46万元。

5）消费者剩余

消费者剩余的估算使用旅行成本法。当游客到北京798艺术区旅游时，他们愿意为游览艺术区而花费的费用减去他们来艺术区游览实际花费的费用即为798艺术区的消费者剩余，把游客在艺术区游览实际花费做"影子价格"，实际花费增多，游览人数减少，这体现了"供求规律"，如表6-3-6中所示本案例基本反映了这一规律。

计算消费者剩余需要两个步骤：

第一步：得出各出发小区的旅游率。

本研究的旅游率在旅游目的地随机抽样得到，依据抽样调查结果及回收的303份有效问卷，根据以下公式进行计算：

某出发小区到798艺术区的旅游人次=某出发小区游客抽样比例×798艺术区2016年总旅游人次；

某出发小区到798艺术区的旅游率=某出发小区到798艺术区的旅游人次/2016年末该小区的人口总数。

利用作者到798艺术区管理协会探访并获得的数据资料（园区2016年游客访问总量为4800000人），按上述公式分别算出各出发小区到798艺术区的旅游率，并列于表6-3-8。

各出发小区旅游人次抽样调查统计及旅游率　　　　　　　　表6-3-8

游客分区	出发小区人口（万人）	多目的地比重总旅行时间（小时）	出发地年平均收入（元）	总旅行费用（元/人）	出发地2016年到798艺术区旅游人次（万人）	出发地到798艺术区旅游率（‰）
北京	1961.200	7.00	52530.000	98.000	151.584	77.291
河北	7185.420	5.90	19725.000	163.670	58.944	8.203
天津	1293.820	5.33	34074.000	156.830	19.632	15.174
吉林	2746.220	6.50	19967.000	254.830	2.784	1.014
黑龙江	3831.220	6.28	19838.000	239.000	30.864	8.056
辽宁	4374.630	6.04	26040.000	212.830	22.464	5.135
内蒙古	2470.630	5.75	24127.000	163.670	8.400	3.400
新疆	2181.330	5.83	18355.000	374.170	5.616	2.575
山西	3571.210	5.63	19049.000	198.170	8.400	2.352
湖北	5723.770	6.17	21787.000	343.500	5.616	0.981
四川	8041.820	6.08	18808.000	341.670	11.232	1.397
广东	10430.030	9.53	30296.000	675.830	22.464	2.154
广西	4602.660	6.00	18305.000	290.830	11.232	2.440
陕西	3732.740	6.55	18874.000	257.500	11.232	3.009
湖南	6568.370	6.35	21115.000	267.500	11.232	1.710
山东	9579.310	5.62	24685.000	236.670	14.016	1.463
江苏	7865.990	7.13	32070.000	292.170	22.464	2.856

游客分区	出发小区人口（万人）	多目的地比重总旅行时间（小时）	出发地年平均收入（元）	总旅行费用（元/人）	出发地2016年到798艺术区旅游人次（万人）	出发地到798艺术区旅游率（‰）
江西	4456.740	6.60	20110.000	275.830	5.616	1.260
安徽	5950.100	6.92	19998.000	253.330	5.616	0.944
河南	9402.360	7.83	18443.000	267.830	28.080	2.986
浙江	5442.000	6.33	38529.000	319.170	19.632	3.607
台湾	2316.200	6.00	69619.000	619.170	5.616	2.425

第二步：建立回归模型。

$Y(x)$需通过回归的方式求得，详细过程如下：

（1）建立社会因素对游客人数的影响的多元回归关系式。

总消费者剩余的计算主要由旅行费用和旅游人数决定，而旅游人数会被游客某些社会经济因素所影响。本研究根据表6-3-8中的数据，将该表中出发地旅游率和该出发地的总人口数、旅行时间、收入水平、旅行费用等关系进行回归分析，先要构建回归模型，然后借助Stata软件分析出其相关性（表6-3-9）。

相关性分析结果　　　　　　　　　　　　　　　　　　　　表6-3-9

类别	回归方程	拟合优度（调整R^2）	显著水平P	检验值F
旅游率（y）与总人口数（x）	$y=-0.0112\ln x+0.2032$	0.1178	0.0653	3.80
旅游率（y）与旅行时间（x）	$y=0.0015x-0.0027$	−0.0428	0.7147	0.14
旅游率（y）与收入水平（x）	$y=0.0212\ln x-0.2079$	0.1957	0.0225	6.11
旅游率（y）与旅行费用（x）	$y=-0.0223\ln x+0.1309$	0.3165	0.0038	10.72

在此要对该分析为何借助半对数模型进行解释：

①一般情况下原始数据呈偏态分布，数据大量集中，表达的线性关系不明显。而人的心理感受是呈线性变化的，这也满足心理学的韦伯·费希纳（Weber Fechner）定律，而对数是线性的，方便于人的心理感知。

②研究的变量数量级不一致时，取对数可以消除这种数量级相差很大的情况。

③因为计量经济学的应用希望分布是正态的，至少应该是对称的，取对数能够修正数据的偏态情况，使其接近于正态，能够看清数据变化的本质。所以为了更便捷地进行统计推断，需要把数据取对数转换。

从表6-3-9中可以看出，所取的四个因素中，旅行时间与旅游率的拟合程度不大，所以剔除此项因素，其余总人口数、收入水平、旅行费用三个因素与旅游率显著相关，方程对于真实值的拟合程度都比较好，所以选取这三个因素分析它们对旅游率的影响，进而求得它们与旅游率的多元回归方程，如下：

$$y=0.0002\ln x_1+0.0234\ln x_2-0.0239\ln x_3-0.0998$$

（式中的x_1、x_2、x_3分别表示总人口数、收入水平和旅行费用）

（2）剔除数据异常出发小区，建立旅游人次与旅行费用的回归模型。

把每个出发小区的总人口数、收入水平、旅行费用代入到上述多元回归方程，算出各出发小区理论意义上的旅游率。这时会发现个别出发小区的旅游率计算结果为负值，则代表该出发小区取样时出现了异常因素，为了不影响总消费者剩余的结果需要将该出发小区剔除。使用有效出发小区的旅行费用及旅游人次数据组，再次借助Stata软件进行分析，建立旅游人次与旅行费用的回归模型关系式：

$$y=0.0010x^2-0.8850x+170.2248$$

式中　y——旅游人次（万人）；

　　　x——旅行费用（元）。

（3）代入消费者剩余需用积分函数求得结果。

根据旅游人次与旅行费用的回归模型关系式算出旅游人数最少的时候的最大旅行费用为283元，这样P_m=283元。并以北京到798艺术区往返2元为最小旅行费用，在此基础上，各小区随着旅行费用的增加，旅游人次减少。计算2016年798艺术区的消费者剩余：

$$V_P = \int_{2}^{283} (0.0010x^2 - 0.8850x + 170.2248)\mathrm{d}x = 19950.65万元$$

798艺术区文化资本的使用价值为总旅行费用、总时间价值和总消费者剩余之和，即使用价值=总旅行费用+总时间价值+总消费者剩余=105817.20 + 27995.46+19950.65=153763.31万元。

6.4　实证研究——798艺术区文化资本非使用价值评估

本节运用条件价值法（CVM）来评估798艺术区文化资本的非使用价值。

非使用价值是相对于使用价值而言的，使用价值顾名思义是文化资本为当代人当时提供了文化的商品和服务，是文化资本价值中可于现实使用的部分。文化资本指的是人们目前暂不使用，但是保留自己将来或后代使用的机会；或是指永远不会使用，但是该文化资本存在便有价值。因此非使用价值细分为以下三类：存在价值、遗产价值和选择价值。

存在价值是人们愿意为文化资本支付费用，但仅仅是为了使文化资本能永续存在而自己可能永远不会去享有它。随着人们遗产保护意识的提高，这种存在价值在文化资本经济价值中的地位越来越重要。遗产价值是指当代人为了子孙后代能够有机会享有该文化资本而愿意付出的费用。选择价值是指人们可能目前不会去享有该文化资本，但支付费用是为了保护该文化资本不受破坏，以便自己将来可能去享有它。

6.4.1　步骤与方法

1）创建假想市场

假想市场的构建是条件价值法能否成功的关键，只有被访者信任并能真正体会到方案的可实施性，才能对问卷做出真实意愿上的回答。另外，在问卷设置上一般要遵循以下原则：①问卷适宜开门见山；②设置问题应由易到难；③相关问题放到一起，注意问题的逻辑性；④被访者基本社会经济信息询问清楚。

2）调查方式的选择

根据现阶段对CVM的研究，国际和国内大致有如下几种调查方式：面访法、电话访问、邮件调查、网络调查。首先，因为面访法能更好地把控和传达给被访者有关假想市场的信息，因此获取的WTP值更可靠。其次，由于面访法具有成本高昂、耗时久、任务重的特点，常常导致样本难以达到可观的数量，不过，相对其他方法面访问卷的高质量和低误差，也可以在一定程度上弥补样本数量的不足。

由于本书所研究的是工业遗产文化资本价值评估，且调查对象主要为艺术区游客，因此面访的形式更为可行。

3）WTP值的诱导技术

CVM能否成功获取最大支付意愿值或最小赔偿意愿值依赖于问卷的诱导技术。目前共有四种诱导技术：投标博弈法、支付卡法、开放式提问法和二分选择法。

投标博弈法：确定WTP值的过程需要不断地变化标值让被访者选择。

支付卡法：让被访者从一系列标值中选择最高的支付意愿值。

开放式提问法：被访者可以自由填写意愿支付值，且不受任何提示和区间的限制。

二分选择法：被访者只需对一个事先预定范围内的价格回答"是"或"不是，这个价格体现出被访者的最大支付意愿。

4）分析统计结果

需要对问卷结果进行统计计算的有：有效问卷比例；被访者社会经济情况；支付意愿比

例及支付意愿值；确定人口基数；计算总的非使用价值；被访者社会经济因素与WTP值的相关性分析。

5）可能的偏差和避免方式

（1）信息偏差：向被访者说明假想市场情况时，提供的信息太少或错误，从而导致所给的支付意愿不能代表真实的支付意愿。问卷应精练而准确，循序渐进，即从被访者对798艺术区的熟悉和满意程度到是否有支付意愿，被访者对评估对象越熟知，其支付意愿的偏差越小，故本案选取798艺术区的游客为访问对象。

（2）策略性偏差：被访者认为其他人会同样为此支付所以自己免于支付称为搭便车心理，而以为自己的支付额度会影响支付对象的改善，于是过度提高支付值便是过度承诺行为。因为被访者搭便车或过度承诺导致给出的意愿支付值偏离真实的意愿支付值。调查除了以经济学为基础，还应综合心理学、社会学等以求降低误差。

（3）支付卡出价起点或高或低都会对支付者的真实支付意愿产生影响，可通过参考预调查结果来制定支付意愿起始值。

（4）目标人群范围的界定对计算结果产生重要影响，需要进行被访者的社会经济特征对WTP影响分析。

6.4.2　798艺术区文化资本非使用价值评估

本研究采用面对面的调查方法，调查地点设于798艺术区内，调查对象确定为来798艺术区旅游的国内游客。问卷涉及两部分内容，即样本游客的社会经济特征和样本游客为了维持798艺术区永续存在的支付意愿以及愿意支付的WTP值，在调查游客的支付意愿值时用支付卡式的引导方式。

调查的第一步为前期准备，通过大量文献研究、资料分析，拟订调查计划并初步设计调查问卷；调查的第二步为预调查，通过80份预调查反馈，修改问卷，完善调查方式，最终做出正式问卷；调查的第三步为正式调查，为了使取得的结果更具代表性，本次调查分别利用五一旅游高峰和之后的一个普通工作日到798艺术区做面对面的调查，两次共发出正式问卷335份，共收回有效问卷303份，有效率为90.4%。

6.4.3　问卷设计

第一部分是798艺术区的介绍，据了解，超过一半的游客其实不太了解798艺术区，这部分就798艺术区的前身历史、形成过程、社会影响等方面做了介绍。

第二部分是核心估值问题，由于本案例使用CVM评估非使用价值，而非使用价值包括存在价值、选择价值和遗产价值，从社会角度出发是798艺术区存在即有价值，从消费者出发就是自己或后代将来到798艺术区游览的权利。这里假设798艺术区没有群众的资金维护和支持就会遭到破坏，那么，存在价值、选择价值和遗产价值均遭到破坏，因此询问样本"愿不愿意支付一定费用保护798艺术区的永远存在?"当被访者选择愿意时，请继续在以下列出的"5"～"500以上"的22个支付选项中勾选愿意支付的金额（单位：元）："□5 □10 □15 □20 □25 □30 □35 □40 □45 □50 □60 □70 □80 □90 □100 □120 □150 □200 □300 □400 □500 □500以上 □其他"。

本研究采用支付卡式的询问方式，由上文介绍总结出现有四种诱导技术的优缺点，见表6-4-1。

WTP诱导技术对比 表6-4-1

诱导技术	优点	缺点	适宜的调查方法
投标博弈法	提供相对真实的市场环境	起始标值会影响最终的WTP值，耗费被访者精力	面访，电话访问
支付卡法	便于估算出最大意愿支付值	受起始值影响而产生偏差	面访，邮件调查，网络调查
开放式提问法	被访者自由回答	结果可能会偏向最大值，会出现策略性偏差	面访，邮件调查，网络调查，电话访问
二分选择法	被访者只需回答"是"或"否"，策略性偏差减到最小	不代表被访者真正的支付意愿，受到起始标值的影响，需要大量的样	面访，邮件调查，网络调查

综合表6-4-1所列优缺点，对于本研究采取的诱导技术是支付卡法，它也是最普遍被国内外使用的方法，因为其不需要特别大量的样本，且能以较小的策略性偏差获得被访者的最大意愿支付值。

若被访者选择"不愿意"，引导他们选出原因。

第三部分需要被访者根据自身的切实情况选出年龄、职业、收入等六项特征和被访者对798艺术区的了解程度、整体印象、来园目的以及到访频率等所属项。

6.4.4 数据统计

1）总样本社会经济特征构成与分析

（1）性别

男129人，占42.57%；女174人，占57.43%。

（2）年龄

18岁以下9人，占2.92%；18～25岁177人，占58.48%；26～35岁75人，占24.56%；36～45

岁22人，占7.26%；46～60岁13人，占4.09%；60岁以上7人，占2.69%。总样本年龄偏年轻，多数游客应该是来感受艺术时尚氛围的。

（3）职业

公务员或事业单位员工44人，占14.53%；企业职员78人，占25.74%；学生126人，占41.58%；工人2人，占0.66%；自由职业20人，占6.60%；教师6人，占1.98%；医生2人，占0.66%；其他25人，占8.25%。说明样本职业结构比较全面。

（4）受教育程度

初中及以下4人，占1.17%；高中或中专18人，占5.85%；大专或本科228人，占75.44%；研究生及以上53人，占17.54%。表明样本文化层次比较高，可以观之多数游客是被艺术区的艺术文化内容吸引而来。

（5）月收入

2000元以下117人，占38.33%；2000～3000元16人，占5.26%；3000～4000元21人，占7.02%；4000～5000元18人，占5.85%；5000～7000元43人，占14.30%；7000～9000元28人，占9.36%；9000～12000元19人，占6.43%；12000～15000元16人，占5.26%；15000元以上25人，占8.19%。该样本群体的工资水平较低。

（6）对798艺术区的了解程度

对798艺术区非常了解的有6人，占1.85%；比较了解的有81人，占26.85%；不太了解的有194人，占63.89%；完全不了解的有22人，占7.41%。

（7）对798艺术区的整体印象

对798艺术区非常满意的有20人，占6.48%；满意的有161人，占53.19%；一般满意的有95人，占31.33%；太满意的有27人，占9.00%；没有非常不满意的游客。

（8）来798艺术区的目的

抽样游客中来798艺术区参观展览的有98人，占32.41%；会见朋友的有17人，占5.56%；调研学习的有24人，占7.81%；休闲娱乐的有158人，占52.25%；参加集体活动的有6人，占1.97%。

（9）支付形式

倾向于直接以现金形式捐献到工业遗产保护管理机构的有67人，占22.12%；倾向于直接以现金形式捐献到798艺术区相关管理机构的有50人，占16.50%；愿意以纳税形式上交给政府支配的有35人，占11.55%；愿意以作为798艺术区门票的方式支付的有151人，占49.83%。

2）支付意愿率和WTP值的统计

（1）支付意愿率

根据有效问卷显示，愿意支付费用以保证798艺术区永远存在且不受到破坏的有204人，占样本数的67.33%。

（2）WTP值的确定

算数平均值法和累计频度中位值法是常用的计算WTP的方法，调查时抽样样本中位值优于平均值是考虑到抽样人口的意愿支付值会出现差异大的情况，极值会使平均值产生偏差，而中位值能代表将近半数样本的选择，这是出于尊重游客偏好的角度的考虑。但不同出游地的游客的意愿支付值还受其收入、距艺术区距离以及地区开放程度的影响，中位值和算数平均值均没有把客源地差异考虑进去，可能会导致误差。考虑到这些因素，本研究采取算术平均值、累计频度中位值、概率分布及区域分层四种方法计算平均WTP值。

样本WTP频度分布　　　　　　　　　　　　表6-4-2

WTP支付卡	绝对频数（人次）	相对频度（%）	调整的频度（%）	累计频度（%）
5	7	2.34	3.48	3.48
10	14	4.68	6.96	10.44
15	5	1.75	2.60	13.04
20	18	5.85	8.70	21.74
25	4	1.18	1.75	23.49
30	5	1.75	2.61	26.10
35	0	0	0.00	26.10
40	2	0.58	0.86	26.96
45	2	0.58	0.86	27.82
50	27	8.77	13.04	40.86
60	0	0	0.00	40.86
70	0	0	0.00	40.86
80	0	0	0.00	40.86
90	0	0	0.00	40.86
100	**64**	**21.05**	**31.30**	**72.16**
120	2	0.58	0.87	73.03
150	5	1.75	2.60	75.63
200	23	7.6	11.30	86.93
300	4	1.18	1.75	88.68
400	4	1.18	1.76	90.44
500	11	3.51	5.22	95.66
>500	9	2.92	4.34	100.00

WTP支付卡	绝对频数（人次）	相对频度（%）	调整的频度（%）	累计频度（%）
拒绝支付	99	32.75	—	—
合计	303	100	100	—

①算数平均值法：

根据问卷调查统计，得到WTP的均值为134.59元。

②累计频度中位值法：

国内外普遍采用累计频度中位值法计算WTP均值，以使其结果不受极值的影响，本研究根据表6-4-2得出，累计频度40.86%和72.16%最接近累计频度中位值50%，其对应的WTP值分别是90元和100元，可把累计频度中位值50%所对应的WTP值估算为92.92元，该值代表境内总样本人均WTP值。

③概率分布法：

根据公式$E = (\mathrm{WTP}) = \sum_{i=1}^{n} P_i B_i$（$P_i$为选择各WTP值人数的分布概率；$B_i$为各WTP值），本案例的$E$（WTP）为90.62元。

④区域分层法：

根据公式$\overline{\mathrm{WIP}} = \sum_{i=1}^{m} \overline{\mathrm{WIP}}_i W_i$（$m$为层数，$\overline{\mathrm{WIP}}$为每层的平均值，$W$为总层数），本案例的分层依据是游客的出发小区，如上文也就是行政区域标准划分，经计算全国WTP均值为98.67元。

3）人口基数的选择与798艺术区文化资本非使用价值的估算

根据798艺术区文化资本的非使用价值计算公式：

$$NV = WTP \times Population \times Proportion$$

式中　Population——人口基数；

Proportion——有支付意愿的人口的比重。

统计303份样本的支付意愿个数，有204人愿意支付一定的费用保护798艺术区永存且不受破坏，占有效总样本的67.33%，因此，Proportion支付率为67.33%。

由以上公式可以看出，人口基数的选择会直接影响非使用价值的结果。通过文献学习到薛达元于1997年在以长白山为例进行非使用价值研究时选取了四种不同工作性质的人群作为人口基数，分别为国有经济单位、城镇、城乡职工和城乡从业人员；郭剑英（2003）对敦煌非使用价值估算时采用全国从业人员、全国旅游人数、居住在城镇的人员、敦煌旅游人数四个人口基数；范娟娟（2004）评估甘肃省旅游价值时采用的人口基数是甘肃省城镇人口加上景区旅游人数再减去甘肃省内到景区的旅游人数。

参考以上研究实例并结合本案例798艺术区游客来源、位置所在及游览量等特点，选用以下三种人口基数计算非使用价值：

（1）人口基数为全国范围内798艺术区所能辐射到的总人口数，且必须有经济能力，因此使用2016年末全国就业总人口数77603万人，因此，798艺术区文化资本非使用价值分别为：

算数平均值法：134.59 × 77603 × 67.33%=7032340.95万元；

累计频度中位值法：92.92 × 77603 × 67.33%=4855079.28万元；

概率分布法：90.62 × 77603 × 67.33%=4734904.05万元；

区域分层法：98.67 × 77603 × 67.33%= 5155517.36万元。

（2）考虑到本地游客自我荣誉和归属感，北京人民更愿意支付费用来保护798艺术区永续存在，将北京总人数2170.5万人作为人口基数，因此，798艺术区文化资本非使用价值分别为：

算数平均值法：134.59 × 2170.5 × 67.33%=196689.51万元；

累计频度中位值法：92.92 × 2170.5 × 67.33%=135793.07万元；

概率分布法：90.62 × 2170.5 × 67.33%=132431.86万元；

区域分层法：98.67 × 2170.5 × 67.33%=144196.11万元。

（3）首先，前往798艺术区旅游的游客总数才是真正的支付意愿的实施者，并且，本研究旨在将TCM评估得出的使用价值和CVM评估得出的非使用价值进行比较，以求CVM与TCM估算的结果具有可比性和公平性，故与之人数基数上保持一致，因此，同样选取2016年798艺术区客流总量480万人为人口基数来计算798艺术区文化资本非使用价值：

算数平均值法：134.59 × 480 × 67.33%=43497.33万元；

累计频度中位值法：92.92 × 480 × 67.33%=30030.26万元；

概率分布法：90.62 × 480 × 67.33%=29286.93万元；

区域分层法：98.67 × 480 × 67.33%= 31888.57万元。

由上文分析可知，区域分层法得到的结果更具科学性和准确性，故本研究采用该方法算出的结果，根据不同人口基数测算出798艺术区文化资本的非使用价值在31888.57万～5155517.36万元之间，可见798艺术区文化资本的非使用价值会因为人口基数的变化而变化，因此在选择人口基数时要综合考虑评估资源的影响力、研究策略的需求等。本案例798艺术区是全国知名的工业文化创意产业园区，作为最客观全面的评估结果在此应选择全国2016年末就业总人口数为人口基数，故非使用价值为5155517.36万元。

4）对保护动机的统计

798艺术区文化资本的非使用价值在CVM调查表中按照存在价值、遗产价值和选择价值要求填表人做了划分。204份愿意支付的调查统计结果表明，对798艺术区保护的使命感和责任感的占41.6%；将798艺术区使用权利遗传给继承人的占30.6%；为自己将来的使用保留一份选择的愿望的占27.8%。按照比例对非使用价值进行划分，得到结果分别为：2144695.22万元、1577588.31万元和1433233.83万元。如表6-4-3所示。

798艺术区文化资本的非使用价值 表6-4-3

价值类型	支付动机比例（%）	价值量（万元）
存在价值	41.6	2144695.22
遗产价值	30.6	1577588.31
选择价值	27.8	1433233.83
合计	100.0	515517.36

5）统计不愿意支付的原因

不愿意支付的样本数量为99份，总结各种原因及比率可得：因为经济情况无能力支付的占15.0%；认为保护798艺术区的资金应由政府负担而不愿支付的占36.7%；认为798艺术区没有存在的必要，对其保护不感兴趣的只占9.9%；住地距离798艺术区较远，难以享受其资源，故认为此地保护与自己没有关系的占36.7%；被访者个人及其后代都不会去享用798艺术区的资源的占1.7%。

6.4.5 样本社会经济特征与支付意愿的相关分析

利用Logistic进行回归分析，可建立如下Logistic回归公式：

$$\text{Logit}(P) = \beta_0 + \beta_1 \text{gender} + \beta_2 \text{age} + \beta_3 \text{edu} + \beta_4 \text{pro} + \beta_5 \text{income} + \beta_6 \text{fam} + \beta_7 \text{impre} + \varepsilon$$

式中　　β_0——常数项；

β_i（i=1…7）——回归中各变量的系数；

gender——被访者的性别；

age——被访者的年龄；

edu——被访者的受教育程度；

pro——被访者的职业；

income——被访者的月收入；

fam——被访者对景区的了解程度；

impre——被访者对景区的整体印象；

ε——回归模型中的误差项。

Logistic回归分析结果如表6-4-4所示。

项目		估计	标准误差	Wald	df	显著性	95% 置信区间	
							下限	上限
阈值	[WTP支付卡 = 0]	14.754	0.879	281.599	1	0.000	13.031	16.478
	[WTP支付卡 = 1]	16.634	0.875	360.984	1	0.000	14.918	18.350
	[WTP支付卡 = 2]	18.425	0.882	436.594	1	0.000	16.697	20.154
	[WTP支付卡 = 3]	19.925	0.900	490.378	1	0.000	18.161	21.688
	[WTP支付卡 = 4]	20.217	0.906	497.414	1	0.000	18.440	21.993
	[WTP支付卡 = 5]	21.959	0.997	485.562	1	0.000	20.006	23.912
位置	[性别=1]	0.442	0.415	1.132	1	0.287	−0.372	1.256
	[性别=2]	0[a]	.	.	0	.	.	.
	[年龄=1]	−6.288	1.313	22.925	1	0.000	−8.863	−3.714
	[年龄=2]	−3.548	1.026	11.961	1	0.001	−5.559	−1.537
	[年龄=3]	−1.860	0.875	4.517	1	0.034	−3.576	−0.145
	[年龄=4]	−1.860	0.875	4.517	1	0.034	−3.576	−0.145
	[年龄=5]	0[a]	.	.	0	.	.	.
	[职业−1]	−3.845	1.090	12.439	1	0.000	−5.981	−1.708
	[职业=2]	−2.917	0.968	9.088	1	0.003	−4.814	−1.021
	[职业=3]	−3.304	0.892	13.725	1	0.000	−5.052	−1.556
	[职业=4]	−0.429	1.586	0.073	1	0.787	−3.537	2.679
	[职业=5]	2.926	1.191	6.040	1	0.014	0.593	5.260
	[职业=6]	3.917	1.801	4.733	1	0.030	0.388	7.446
	[职业=7]	1.909	1.338	2.036	1	0.154	−0.713	4.532
	[职业=8]	0[a]	.	.	0	.	.	.
	[受教育程度=1]	2.462	0.986	6.238	1	0.013	0.530	4.394
	[受教育程度=2]	1.097	0.562	3.810	1	0.051	−0.005	2.198
	[受教育程度=3]	0[a]	.	.	0	.	.	.
	[月收入=1]	−3.576	0.943	14.372	1	0.000	−5.425	−1.727
	[月收入=2]	−2.279	1.012	5.068	1	0.024	−4.264	−0.295
	[月收入=3]	−3.346	1.032	10.517	1	0.001	−5.368	−1.324
	[月收入=4]	−0.820	0.918	0.799	1	0.372	−2.618	0.978
	[月收入=5]	−0.632	0.905	0.488	1	0.485	−2.405	1.141
	[月收入=6]	0.031	0.851	0.001	1	0.971	−1.636	1.699
	[月收入=7]	−0.415	0.777	0.285	1	0.594	−1.938	1.108
	[月收入=8]	−4.761	1.341	12.607	1	0.000	−7.389	−2.133
	[月收入=9]	0[a]	.	.	0	.	.	.
	[了解程度=1]	9.453	1.566	36.438	1	0.000	6.384	12.523
	[了解程度=2]	5.562	0.922	36.384	1	0.000	3.755	7.370
	[了解程度=3]	3.764	0.825	20.830	1	0.000	2.148	5.381
	[了解程度=4]	0[a]	.	.	0	.	.	.
	[整体印象=1]	20.079	0.759	700.295	1	0.000	18.592	21.567
	[整体印象=2]	19.758	0.464	1811.566	1	0.000	18.848	20.667
	[整体印象=3]	16.469	0.000	.	1	.	16.469	16.469
	[整体印象=4]	0[a]	.	.	0	.	.	.

联接函数：Logit

a. 因为该参数为冗余的，所以将其置为零从表中可以看出，所有变量均可进入模型。回归结果显示，在10%的显著性水平下，性别、年龄、受教育程度、职业、月收入、对景区的了解程度和对景区的整体印象都会或多或少影响被访者为了景区能够永续存在而愿意支付的金额，且本回归模型拟合情况较好。对于模型整体的拟合情况，由模型拟合信息表和拟合度表及伪R方表可以看出，首先，模型拟合信息表显示方程整体显著性检验的卡方统计量为244.510，相伴概率接近于0，因此小于0.05的显著性水平，表明方程整体是显著的；其次，从拟合度表的Pearson卡方值和相伴概率也可以看出这一点，说明方程整体上是显著成立的；最后，通过伪R方表可以看出，Cox和Snell对应的伪R方为0.554，Nagelkerke对应的伪R方为0.578，McFadden对应的伪R方为0.254，对于横截面回归而言，伪R方度量了模型的拟合优度，一般R方在横截面回归情况下在0.3左右表明方程拟合优度很好，因此本研究回归模型拟合情况较好。

从各变量对因变量的影响因素来看，主要得出以下几点结论：（1）相较于女性而言，男性为了景区能够永续存在而愿意支付的金额高于女性，但是这种效应并不十分显著。年龄越低的被访者，其支付意愿越低，而年龄越高的被访者，其支付意愿越高，说明老年人对景区能永续存在支付的意愿高于年轻人，老年人更愿意为保持景区的永续存在而支付费用，年龄对被访者支付意愿的影响是显著的。（2）对于被访者的职业而言，相比较其他职业，教师的支付意愿最高，其次是自由职业者，再次是医生，其他职业诸如公务员或事业单位员工、学生、工人等职业对支付意愿产生负向影响，即这些职业的被访者支付意愿较低。相比较而言研究生、大学生和高中生的支付意愿均较高，表明受教育程度高低会影响支付意愿的高低。从工资水平来看，被访者的工资水平对其支付意愿的影响呈现出倒U形，中间收入的个体（主要是月收入在7000～9000元的被访者）支付意愿最高，收入最高的个体和收入最低的个体支付意愿最低。（3）从被访者对景区的了解程度和对景区的整体印象进行分析可以看出，对景区了解程度越深，整体印象越满意的被访者，为了景区能够永续存在而愿意支付的金额也越高，说明加深对景区的了解程度和改善被访者对景区的整体印象可以提升个体的支付意愿。

6.4.6　本案例中CVM法的有效性和可靠性验证

1）有效性

内容有效性、收敛有效性、理论有效性三个方面是用来判断得到结果与真实结果的差异的考量层面。

（1）内容有效性：本调查问卷的设计和内容与研究工作相适宜程度较高，问卷内容经过预调查修改整合，使问题尽可能地避免主观性；同时，发放问卷的同学经过培训，使被访者完全知晓意图后作答，保证结果有效。

（2）收敛有效性：指的是不同方法结果的差异。本研究将CVM与TCM结果作比较，由于这种检验本身存在一些问题，即CVM的结果受人口基数影响，选择全国、全市、全艺术区游客作为人口基数结果相差巨大，本研究取以上三项人口基数求出价值区间，与TCM结果进行比较，可见本研究基本具备收敛有效性。

（3）理论有效性：需要使所算出的意愿支付值符合经济学理论。例如，物品的需求量会因为该物品价格的升高而降低；WTP值会因为工资的上涨而增大。所以有效性是探究什么能影响意愿支付值，如前文中把WTP值与被调查者社会经济情况、对艺术区的了解感受等做了Logistics回归分析，通过检查回归方程以及系数的显著性确定了其与理论基本一致。

2）可靠性

可靠性是指调查结果的稳定性和可重现性，稳定性是指在一个固定样本范围内在几个时间点上用相同的调查方式进行调查；可重现性是指调查对象相同且调查方法也相同，但时间上选择不同的时间点。所以，提高可靠性要控制住两方面：样本数量和统计技术的科学，本研究尽可能用两种方法以求提高调查的可靠性，并尽量调查多的样本；采用科学手段处理极端回答。使用重复实验的方法分别在五一节假日和一星期之后的工作日对798艺术区进行评估，结果发现没有统计差异，表明CVM得出的结果可靠。

至于对同一样本不同时间的调查，本研究还没有得以实现，因为隔多长时间才能保证被访者不受前次调查的干扰还未知，而且个人家庭的变化也会对调查结果造成影响，这也是以后需要完善和研究的问题。

6.5 基于价值观的798艺术区保护与再利用策略研究

6.5.1 经济价值评估结论

1）798艺术区文化资本的使用价值和非使用价值

本研究在前文指出，使用价值是指可以为当代人提供的游憩使用价值，包括直接使用价值和间接使用价值，也就是说，798艺术区文化资本的使用价值是当代人在进行游憩休闲、艺术参观、文化教育等活动时所产生的经济效益。而工业文化创意产业园区的非使用价值是指未被当代人直接使用、可供自己将来或者子孙后代受益的价值，包括存在价值、选择价值和遗产价值，那么798艺术区文化资本的非使用价值即尚未被开发利用的价值，也可以认为其非使用价值是其后续开发的价值基础。

2）798艺术区文化资本的经济价值具有积极作用

本研究在大量掌握国内外相关研究进展之后，充分尊重工业遗产改造艺术园区的特征，以其文化资本价值为研究主题，尽管798艺术区经济价值包括物质资本、人力资本、自然资本和文化资本的价值，但是前三种资本的价值研究已经成熟，在本案例中无需讨论；另外，文化资本在工业遗产中有至关重要的突出地位，必须特别研究，因此，本研究分别使用TCM和CVM对798艺术区文化资本的使用价值和非使用价值都进行了评估。且得出以下结论：使用价值为153763.31万元，非使用价值选用全国就业总人口计算为5155517.36万元。从研究结果来看，798艺术区具有较大的经济价值。

798艺术区文化资本的价值受多重因素影响，就使用价值而言，通过线性方程计算结果得出，旅行花费、出发地总人口、月收入与旅游率呈显著相关性。通过恢复艺术区艺术氛围，使游客有可能参与到艺术中，提高公众体验程度，重视游客的感受和需求，更充分地发扬798艺术区的价值。而非使用价值大小不是定值，它会随着评估时间、人口基数的变化而变化。

3）798艺术区文化资本的使用价值和非使用价值对比建议

本研究为了观察798艺术区的发展是否有可持续性，需要对比使用价值和非使用价值，为有效克服CVM评估过程中产生的偏差，使两种方法具有可比性和公平性，因此需要使两种方法在相同的指定时间且人口基数保持一致；另外，非使用价值是未来游客或其子孙后代来798艺术区旅游才实现的价值，换句话说，前往798艺术区旅游的游客总数才是真正的支付意愿的实施者，因此，这里选择2016年798艺术区客流总量480万人，依据用区域分层法得出的较科学的WTP均值，得出非使用价值为31888.57万元。经对比发现，798艺术区文化资本的使用价值远大于其非使用价值，相关管理者对798艺术区统筹意识不够，非使用价值有较大的开发潜力。从可持续发展的角度分析，在工业遗产再利用过程中应更加注意保护并弘扬其工业文化，同时回归艺术区文化艺术特色的本质，才有助于艺术区发展的可持续。

4）TCM与CVM产生误差和差异的原因分析

本研究分别利用旅行成本法（TCM）和条件价值法（CVM）计算了798艺术区文化资本的使用价值和非使用价值。TCM属于揭示偏好的间接经济评估法，该方法只能用于评估798艺术区文化资本的使用价值，无法评估其非使用价值；而CVM属于陈述偏好法，评估的结果能直接体现798艺术区的经济价值，该方法不仅能评估798艺术区文化资本的使用价值还能评估其包括选择价值、遗产价值和存在价值在内的非使用价值。两项结果有差距，除了能得出园区运行和管理方面的失误以外，下面对可能造成使用价值和非使用价值结果误差的一些因素做简单的分析：

（1）支付起点差异

TCM是一种旅行后评估的方法，在游客参观活动中或者进行完毕方可进行评价，游客参考自身旅游行为回答问卷问题；而CVM不需要游客的实际旅游行为作为答问支撑，但本研究为了调查的可操作性所选取的样本也为798艺术区旅行者，但是游客是否有到798艺术区旅游会影响其支付意愿，支付意愿值也会受到作用，用CVM法评估使用价值适宜抽取未到过景区的样本，而本研究采用CVM法评估798艺术区文化资本的非使用价值，选择艺术区的游客为调查样本，因为当被访者被问及愿意为园区的永续存在而支付多少金额时，他们的抉择会受到游览感受的影响，能够缩小与现实情况的误差。

（2）样本误差的存在

这次研究的所有结果都是根据抽取样本的所答问卷经过整理统计而得出，由于资金和时间的限制本调查的样本个数有限加之总体样本和抽取问卷调查样本都存在误差，所以该研究结果只能说明一种大致趋势，不能做数据使用。另外，本调查的样本中没有外国人，可能会致使评估结果偏低。

（3）游客心里因素

TCM产生的旅行费用金额可视为被访者的实际消费金额，被访也是游客在真实参观行为中支付过费用，花费了时间，但是也得到了商品或服务，两者在被访者心里较为平衡。而CVM的支付金额是为了使798艺术区永续存在的目的下，被访者会出现一些觉得其他人会分担支付金额或是政府能够承担一部分支付金额的意识，而降低个人支付金额。

（4）CVM样品人口的处理

总体样本人口数的选择会对总的意愿支付值也就是798艺术区文化资本的非使用价值产生明显的影响，本研究虽然分别采取了全国人口、北京人口、艺术区年游客总数作为人口基数，但是人口基数的选择和798艺术区资源的服务范围、承载力、影响力以及规模等级有关系，本案例是为了与TCM评估出的使用价值做对比分析，因而人口基数的选择是个有待深入研究的问题。

评估方法有待推广和完善：旅行费用法和意愿支付法是国内外学者用于评估资源经济价值的两种方法，然而，这两种方法拓展到文化资本领域仍处于起步阶段，因此未来还需深入研究和完善。

6.5.2 工业遗产产业园区的发展策略

1）工业文化创意产业园区旅游

工业文化创意产业园区是一类特殊的旅游资源，源自于艺术家自发地聚集，并使艺术价值不断扩大，结合原有工业遗存文化氛围，不断完善园区基础设施使其吸引游客渐渐成为新型旅游地。近年来，国家提倡和支持的政策使创意产业园区飞速壮大，吸引大批游客于此参观游憩，从此创意产业园区成为大热的旅游新地。值得注意的是，我们的旅游发展应尊重两方面：首先是工业遗产的历史文化，其次是艺术家创造的艺术氛围。旅游发展中还要快速完善旅游基础设施，才能最大化地释放艺术区经济价值。

2）798艺术区现存问题

通过查阅资料和实地探访发现798艺术区存在一些问题，可能是造成游客印象一般，并且一定程度上阻碍愿意支付值的原因。

（1）商业喧宾夺主

798艺术区商业发展喧宾夺主。现在798艺术区每年都要接待大量公关推广和一些车类宣传活动，导致艺术区也出现浓厚的商业气氛，也导致基金的飙升，各种微薄利润的艺术机构为了持续生存必须拓展经营范围，所以，机构内也渐渐增现出一些咖啡小食或是纪念商品等只为了实现一定的创收。不过，在艺术机构实现创收的过程中还应注意艺术主业与商业副业的比重，艺术区在举行一些推广宣传活动的时候不破坏原本的文化创意功能和气氛是格外要注意的。798艺术区的经营主线：首先是消费者需求，其次是艺术品及服务的生产，再次是艺术机构的展销，最后是被消费者消费，如何尊重园区内这条主线才是各个运营主体和园区管理者首先应关注的问题。同时，伴随着798艺术区的知名度增加，更多的商业涌入艺术区，改变了原先单纯的艺术环境和文化氛围。

（2）公共基础设施不健全

艺术家们最初因为低廉的租金将工作室安置于此，并造成了艺术聚集效应，因为艺术家的行为属于自发，并不是由园区规划所致，所以导致其一是园区内公共基础设施不健全：798艺术区方圆60多万平方米，徒步走完整个景区需要两个多小时，南北方向从酒仙桥北路到将台路，东西方向从酒仙桥路到京包铁路，内有九条主要的车行道，不仅园区内停车收费，而且园区内没有专门运送游客的观光车、咨询服务台等，甚至连卫生间设施数量都远远不够标准，这些基础设施的缺乏致使游客没有足够的体力支撑或是充足的时间来完成整个游览参观，因此位处内部的场所和机构有很大概率不被光顾。其二是旅游产品：现有旅游产品以艺术品参观为主，比较枯燥，游客如果能在艺术区充分体验到艺术创作过程，参与到艺术品的制作生产，一定会大量聚集人气。中国不乏如此的先例，比如说青岛1919，原先定位为青岛的"798"，前期短暂繁华过后由于园区地理位置远离市中心且没有成系统的园区管理机构，游客缺乏艺术体验，种种原因导致游客大量流失，园区日趋衰落。

（3）租金上涨过快

798艺术区源于艺术家独到的眼光与努力，798艺术区出现始初，是因为园区内租金低廉才招致艺术家纷纷于此成立工作室或艺术相关机构，艺术具有聚集效应，能吸引更多艺术机构聚集于此，成为国内外规模宏达的艺术聚集区。一方面园区知名度的提升导致了租金的快速上涨，另一方面由于园区内艺术产品和服务没有形成合理的产业化，七星集团唯一能从园区中获得收益的便是租金，致使短短十年时间房租就翻了20余倍。艺术机构不得不因难以负担租金成本而被迫搬离园区，而善于盈利的商业却趁机大量入驻，这也是园区文化艺术氛围难以维系的原因之一。20世纪六七十年代，美国纽约开始大规模改造苏荷艺术区，后由于其艺术区地位的飙升导致租金大幅度增长，商业过度繁华，最终园区艺术氛围的主线断裂，背离了当初的发展定位和意图。国内的众多创意产业园区也不乏面对这样的威胁："汉阳造"文化创意产业园区，也是初期自发形成到后期政府适度介入，现阶段可能出现一定社会关注度、园区产业结构、租金等问题；杭州A8艺术公社和唐尚433文化创意中心亦是如此。

3）对798艺术区发展策略的建议

（1）加大园区宣传力度

问卷调查结果显示，当问及"您对798艺术区的了解程度"时，对798艺术区非常了解的有6人，占1.85%；比较了解的有81人，占26.85%；不太了解的有194人，占63.89%；完全不了解的有22人，占7.41%。可见798艺术区的知名度还不是很高，所以，艺术区管委会应该遵循和发扬798艺术区的工业遗产特色，明确艺术区发展定位，指导艺术区内机构多开办一些符合艺术区身份的艺术活动，增加新闻源，有效提高园区的宣传力度。组织一些参观活动，让人们在参观中加深对艺术区的了解和认识。

（2）重视非使用价值，完善评估体系

中华人民共和国成立及改革开放以来由于工业发展的需要使得我国目前多数大城市为工业城市，或者是有鲜明的工业特色，把工业遗产作为旅游资源发展能在很大程度上凸显城市工业文化的特色。由评估结果可知，798艺术区不仅具有较高的使用价值，还具有一定的非使用价值，过去人们往往忽视了它非使用价值的存在，因此造成了艺术区商业比重过度致使艺术氛围减淡，过度开发也在一定程度上破坏了园区工业历史性。制定一套科学全面的评估体系，有助于促进该艺术区内艺术文化的繁荣，也是艺术区持续发展的推助力。

通过对798艺术区旅游资源价值的评价，我们应看到它所具有的巨大潜力，因此为改善798艺术区的旅游现状，提高798艺术区的旅游品质，有关部门应对798艺术区的文化保护和文化开发给予一定的重视，限制商业入驻的比重，提供更多文化机构入驻的优惠政策，同时加强交通引导和基础服务设施的建设。从而保证798艺术区旅游资源得到合理永续的利用。

（3）提升文化产品市场影响力

现如今的文化产品和服务消费趋势蒸蒸日上，按照消费者的需求生产和提供商品是奏效的，用商品吸引消费者从而激发市场需求又是另一种方式。798艺术区的工业历史文化使它具备了稀缺性，加之再利用后的文化产品，活跃市场。培养管理团队的专业性，推促艺术区文化产品和服务的供给，以文化产品作为宣传提升艺术区的知名度，回归798艺术区文化艺术形象的本质。

文化产业的发展不同于其他产业是因为其自身的形成规律和塑造方法比较特殊，工业文化产业园区不同于其他文化园区是因为工业历史情感，如果文化产业园区的主导者、经营者对文化的理解有偏差，对工业遗产历史文化有忽略，仅仅按照普通实业经营模式操作，势必会造成错误。工业文化产业园区要避免成为艺术家和艺术元素的简单拼凑，而是需要一批有文化底蕴的能依据工业厂区遗存的经典符号、深厚的历史情感来选择艺术机构、艺术家和艺术品的决策者，由他们做出的宏观规划和价值定位一定能满足消费群体的特殊性，塑造出尊重历史回归文化的园区。

保护798艺术区的核心吸引力——艺术区主要业态应为与艺术相关机构，商业餐饮应为辅助业态。现在应限制798艺术区内商业及餐饮机构的规模和数量，维持园区原有的艺术影响力。

（4）艺术企业孵化的资助

北京大学文化产业研究院副院长陈少峰建议："文化创意产业园必须具备两个门槛：一是文化创意产业园内的文化产业收入必须占到一半以上；二是投资密度和收益密度要细化[①]。"

首先，艺术区应开展孵化功能，以支持的政策、援助的资金、优质的信息、技术的培训等服务帮助于年轻艺术创意企业，让它们更不受限地发扬自己的创意，并在艺术区落地生根、发展壮大。另外，798艺术区应支持以下行业发展：文化演出、出版发行物和版权贸易、影视制作和交易、动漫与网络游戏研发制作和交易、广告会展、古玩及艺术品交易、设计创意、文化旅游等文化创意行业。其中具有发展前景和向导意义的、自主创新的、拥有自主知识产权的创意项目是支持的重点。

（5）培养引进艺术管理人才

由于艺术区七星物业和艺术区管理协会都属于后期介入的角色，在艺术家初期集聚时并没有参与，而后期也体现出了管理漏洞，并没有从长远意义上来规划艺术区的发展。因此，艺术区应该培育更多的管理人才，以便在各个方面规划艺术区，保护工业历史不遭破坏，这些管理人才应该做到以下来帮助艺术区：①明确工业遗产的保留、保护、改造等级，在再利用中不破坏工业历史，更好地发扬工业文化；②帮助艺术区实现自然完整的"艺术生态"，引进并筛选艺术机构，按等级分类，进行适应性管理；③帮助艺术工作者顺利进入市场，将作品转化为资本；④规划一些公众艺术文化体验活动，让游客参与其中，感受艺术氛围；⑤完善艺术区作为旅游功能的基本设施，让游客轻松参观，尽情体验。

🎯 本章总结

　　目前国内外对改造后工业遗产的研究长期以来集中在再生形态的分类、保护与再利用方法分析、遗产吸引力与客源地分析、遗产文化学价值分析等领域内。从经济学的角度研究改造后的工业遗产往往只考虑市场价值，忽略了工业遗产的文化资本所含有的非市场属性。本研究分析改造为旅游业态为主的工业遗产的文化资本经济价值的评价的适应方法，此课题可以说是涉及文化经济学和旅游经济学。

---

① 青岛1919：为何盛极而衰？[N]. 中国文化报，2013-08-03（005）.

理论研究

（1）我国大量的工业遗产资源撰写了一部国家工业发展史。工业遗产型旅游资源的价值评估尚未有成熟方法，但是工业遗产符合环境资源属性，可借用环境资源评估的方法，也使工业遗产旅游资源经济价值首次拥有被评估的可能。

（2）继社会学家皮埃尔·布迪厄提出文化资本的概念，到戴维·思罗斯比将文化资本引入经济学界，并证明文化资本具有经济价值。本研究借鉴在旅游资源经济学和环境资源经济学领域应用最广、比较流行且相对成熟的TCM和CVM作为评估方法，国内外还没有评估文化遗产的成熟实际案例，本研究选择工业遗产文化资本为对象，针对工业遗产的特性和游客的情况对两种方法做了实用性改进：如TCM的多目的地权重法、CVM的WTP值和人口基数选取等，把戴维·思罗斯比的理论赋予实际经验。

（3）依据戴维·思罗斯比总结的文化资本经济价值体系——总价值包含使用价值、非使用价值以及外溢性[①]，由于其中的外溢性十分复杂，不可计算，因此本书不做研究。从游客角度来看，使用价值是以切身完成了旅行参观活动为基础，虽然没有门票费，但是为了参观花费了路费、餐饮费、参展费等真实货币，除此以外还花费了时间，由此可得消费者剩余进而算出使用价值；非使用价值包括存在价值、选择价值和遗产价值，要构建一个即将失去这些价值的假想市场，询问样本的最大愿意支付值，进而得到非使用价值。

本研究的主要结论

本章通过对798艺术区文化资本的经济价值研究，得出以下结论：

（1）通过资料调查得出，大多数工业创意产业园区都是由艺术家自发聚集，并产生艺术聚集效应，而逐步发展起来的，发展的同时带来另一样副产品就是房租的陡升，迫使很多文化艺术机构迁离艺术区，也使更多的商业趁机涌入，结果只能使原本的艺术文化氛围遭到破坏。为了深入分析，本章提出借助文化资本经济价值评估的结果来佐证艺术区确实面临着艺术文化被商业吞噬的危险，建议相关管理者需要重整业态，平衡商业和艺术机构的比重。

（2）从游客样本来看，游客的客源市场广阔，除部分西部偏远地区外均具有覆

---

① 戴维·思罗斯比. 文化政策经济学[M]. 易昕，译. 大连：东北财经大学出版社，2013：88-184.

盖。游客的满意程度一般，从侧面反映出艺术区对游客吸引力强大却体验印象不佳。近距离以自驾和火车为主，稍远地区火车、飞机是主要交通方式。游客群体偏年轻，文化层次较高，可以观之多数游客是被艺术区的艺术文化内容吸引而来。

（3）在众多工业文化创意产业园区中，选择798艺术区进行研究，是考虑其作为改造后工业遗产的典型案例具有一定的示范意义，通过对798艺术区管理协会的面访、798艺术区游客感知印象的调查和访问，对访谈所得做了描述性统计，得出这两类利益相关者对798艺术区的积极和消极印象，并在此基础上利用旅行成本法（TCM）评估了798艺术区的使用价值为153763.31万元，利用条件价值法（CVM）评估了艺术区的非使用价值，取798艺术区年游客总量为人口基数的结果为31888.57万元，而取全国工作人口为基数的结果为5155517.36万元。认为应该将重心放在保护工业历史文化、塑造新的艺术文化、削弱商业的发展势态等方面，798艺术区应明确艺术特点，才有利于文化资本的持续。

（4）从整体评估结果来看，与北京其他文化遗产景点相比，结果偏低主要是受游客支付意愿偏低、重游率低、客流量较小等因素的影响，且有近30%的外籍游客没有纳入其中也会造成些许影响。如何提高公众对工业遗产旅游资源的保护和再利用热情，还应从艺术区自身考虑，突出历史、发扬特点，多思考如何吸引公众参与其中，才是对工业遗产保护再利用的有效措施。

（5）本研究运用的文化资本经济评估方法具有较大的推广性和借鉴意义，可用于所有与798艺术区相似的用于旅游用途的、经改造再利用后的、有工业遗产历史文化意义的文化创意产业园区的经济价值评估。

研究不足与展望

1）市场调查的缺陷

笔者是利用五一节假日时对798艺术区进行调研的，此时798艺术区正处于其旅游业的旺季，游客数量较淡季时有较大的差异。且假期期间，游客总量中学生群体所占比例可能较平时偏大，该群体因基本不具备经济收入的独特情况，使其在支付意愿等方面具有一定的特殊性，从而造成了样本差异性偏大，影响了评估的精度。不过，笔者在节假日之后不久的一个工作日内，又去现场做了100份调查，以求样本的准确性。但由于时间限制，缺少对淡季、平季、旺季三个季节的调查及结果对比处理的环节，未能将误差的可能性降到最低。

2）模型的完美性与实际操作性的差距

本研究在评估支付意愿价值时，以798艺术区的游客为调查对象，并采用支付卡法的引导方式，这使得游客填写的支付意愿值能够保证其具有相对的准确性。不过，与去过798艺术区的游客相比，没有去过798艺术区的人肯定在支付意愿上有所不同，并且在所愿支付的金额上也会存在一定差异。本研究用CVM评估非使用价值，认为去过798艺术区的游客有对艺术区的印象更便于答题，故以去过798艺术区游客的支付意愿为代表，可能会与现实情况存在一定的误差。所以，在今后的研究中，需要调查没有去过798艺术区的游客的支付意愿，比较异同，尽可能更加准确地得到该艺术区文化资本非使用价值的评估结果。同时，考虑到798艺术区的发展是一个动态的过程，其经济价值也受市场影响而波动，因此在对其经济价值进行评估时亦需要考虑时间的变动。

3）样本误差的存在

本研究是以调查问卷得到的数据为基础，运用统计学方法计算得到的结果，因为问卷样本与总体样本之间不可避免地存在着误差，因此，本研究得到的结果只能反映一种趋势。此外，798艺术区是国内外知名的旅游景点，吸引了不少外国游客，本调查由于人力问题未把外国游客纳入到调查样本中，可能会使评估结果偏低。

附录1　遗产的价值分类发展时间表

（天津大学中国文化遗产保护国际研究中心重大课题组王若然整理）

时间	遗产的价值分类	来源
1902年	年代价值、历史价值、艺术价值、使用价值、崭新价值、纪念价值体系（Age, Historical, Commemorative, Use, Newness）	意大利艺术史学者里格尔（Alois Riegl）（艺术史角度，最早提出古迹价值体系）
	Alois Riegl. The modern cult of monuments its character and its origin. 1903. The age value of a monument reveals itself at first glance in the monuments' outmoded appearance. The historical value of a monument is based on the very specific yet individual stage the monument represents in the development of human creation in a particular field.	
1963年	历史纪念价值（包括科技、情感、年代、象征价值）、艺术价值、使用价值（Historic and commemorative values, Artistic values, Use values）	德国艺术史学者沃尔特（Frodl Walter）
	Frodl Walter. 'Denkmalbegriffe und Denkmalwerte', Festschrift Wolf Schubert. Kunst des Mittelalter in .fachsen, Weimar, 1967. "analysis of monument values assessment: frequently applied in decision making strategies. It involoves determining three main groups of monument vales: historical, artistic, and use.	
1979年	审美价值、历史价值、科学价值、社会价值，社会价值包括精神价值、正义价值、国民价值、其他文化价值［Aesthetic, Historic, Scientific, Social（including spiritual, political, national, other cultural）］	《巴拉宪章》（Burra Charter）国际古迹遗址理事会（ICOMOS）澳大利亚国家委员会
	Definitions: Article1: Cultural significance means aesthetic, historic, scientific or social value for past, present or future generations.	
1984年	经济价值、审美价值、联想象征价值、信息价值（Economic, Aesthetic, Associative-symbolic, Informational）	华盛顿州立大学考古学教授威廉姆（William D. Lipe）
	William D. Lipe. "Value and Meaning in Cultural Resources." In Approaches to the Archaeological Heritage: A Comparative Study of World Cultural Resource Management Systems. Cambridge: Cambridge University Press, 1984: 1-11. "In the section that follows, discussion is organized around types of resource value0 associative/symbolic, informational, aesthetic and economic."	
1988年	美学的、历史的、科学的、社会的（精神的、政治的、国民的、文化的）	《巴拉宪章指导方针：重大之文化意义》（Guidelines to the Burra Charter: Cultural Significance: 2.0 The concept of cultural significance）
	Although there are a variety of adjectives used in definitions of cultural significance in Australia, the adjectives "aesthetic", "historic", "scientific" and "social", given alphabetically in the Burra Charter, can encompass all other values. Aesthetic value includes aspects of sensory perception for which criteria can and should be stated. Such criteria may include consideration of the form, scale, colour, texture and material of the fabric; the smells and sounds associated with the place and its use. Historic value encompasses the history of aesthetics, science and society, and therefore to a large extent underlies all of the terms set out in this section. The scientific or research value of a place will depend on the importance of the data involved, on its rarity, quality or representativeness, and on the degree to which the place may contribute further substantial information. Social value embraces the qualities for which a place has become a focus of spiritual, political, national or other cultural sentiment to a majority or minority group.	
1993年	文化价值：文化认同的价值、艺术与技术价值、稀有性价值； 社会和经济价值：经济价值、功能价值、教育价值、社会价值、政治价值	英国和芬兰建筑遗产保护学者伯纳德·费尔登（Bernard Feilden）和尤嘎·尤基莱托（Jukka Jokilehto）
	Bernard Feilden and Jukka Jokilehto. Management Guidelines for World Cultural Heritage Sites, Rome: ICCROM, 1993.	

时间	遗产的价值分类	来源
1997年	财政价值、选择价值、存在价值、遗赠价值、声望价值、教育价值（Monetary, Option, Existence, Bequest, Prestige, Educational）	瑞士经济学家布鲁诺·弗赖（Bruno S. Frey）
	Bruno S. Frey. "Evaluating Cultural Property: The Economic Approach". Journal of Cultural Economics, 1997（6）: 231-246.	
1997年	内在价值：自身的纪念意义、历史价值、美学价值、艺术情绪价值； 外在价值：城市规划价值、科学修复价值、功能价值	俄罗斯修复科学院院长普鲁金（O. N. Prutsin）
	郭苏琳. 战争类建筑遗产的警示性价值与保护研究. 哈尔滨：哈尔滨工业大学，2013. "普鲁金体系。普鲁金在《建筑与历史环境》一书中认为建筑遗产本身具有两大基本价值，即内在的价值和外在的价值。而后，他从六个方面阐述了建筑遗产的基本价值属性，分别为历史的价值、城市规划的价值、建筑美学的价值、艺术情绪的价值、科学修复的价值以及功能的价值。"	
1997年	文化价值、教育和学术价值、经济价值、资源价值、娱乐价值、审美价值（Cultural, Educational and academic, Economic, Resource, Recreational, Aesthetic）	英国遗产（English Heritage）
	The Getty Conservation Institute, Los Angeles, Randall Mason, Assessing Values in Conservation Planning: Methodological Issues and Choices "English Heritage's criteria which suggests cultural, educational and academic, economic, resource, recreational and aesthetic".	
2002年	社会文化价值（Socialcultural values）: 历史、文化/象征、社会、精神/宗教、审美（historical, cultural/symbolic, social, spiritual/religious, aesthetic） 经济价值（Economic values）: 使用（市场）价值、非使用价值（包括存在价值、选择价值、遗产价值）（use/market, nonuse values: existence, option, bequest）	宾夕法尼亚大学历史建筑保护工程系系主任Randall F. Mason 教授《保护规划中的价值评估：方法问题与选择》（Assessing Values in Conservation Planning: Methodological Issues and Choices）
	The Getty Conservation Institute, Los Angeles , Assessing the Values of Cultural Heritage，Research Report: "Sociocultural values are at the traditional core of conservation—values attached to an object, building, or place because it holds meaning for people or social groups due to its age, beauty, artistry, or association with a significant person or event or（otherwise）contributes to processes of cultural affiliation. Economic valuing is one of the most powerful ways in which society identifies, assesses, and decides on the relative value of things."	
2000年	历史价值、艺术价值、科学价值	《中国文物古迹保护准则》
	第一章 总则，第3条：文物古迹的价值包括历史价值、艺术价值和科学价值	
2001年	审美价值、精神价值、社会价值、历史价值、象征价值、真实性价值、经济价值（Aesthetic, Spiritual, Social, Historical, Symbolic, Authenticity, Cconomic）	澳大利亚经济学家戴维·思罗斯比（David Throsby）
	David Throsby. Economics and Culture. Cambridge University Press, 2001. "Without being exhaustive, it can be suggested that the cultural value of, say, an art object could be disaggregated into several components, including its aesthetic, spiritual, social, historical, symbolic and authenticity value." "Cultural capital gives rise to both cultural and economic value."	

时间	遗产的价值分类	来源
2003年	情感价值、文化价值、使用价值	英国建筑遗产保护学者伯纳德·费尔登
	Stephen Bond, Derek Worthing, Managing Built Heirtage: The Role of Cultural Vallues and Significance. Wiley-Blackwell, 2016. Jin Konghui. The content and theoretical significance of the Principles for the Conservation of Heritage Sites in China. 2004. "The British expert Sir Bernard Feilden（1982:6）summed up the values of cultural heritage as emotional value, which includes curiosity, identity, continuity, spirituality and symbolism: cultural value, which includes documentation, history, archaeology, aesthetics, architecture, ecology, and science, and use value, which includes functional purposes, such as economic benefit, and sociological and political purposes."	
2006年	历史价值、文化价值、艺术价值、科学价值	《文化资产执行手册》
	台湾相关规定：所称文化资产，指具有历史、文化、艺术、科学等价值，并经指定或登录之下列资产	
2010年	经济价值：使用价值、非使用价值（存在价值、选择价值、遗产价值）、有益的外溢因素； 文化价值：审美价值、精神价值、社会价值、历史价值、形象价值、真实性价值、地点价值	戴维·思罗斯比（David Throsby. The Economics of Cultural Policy[M]. Cambridge University Press, 2010. 中译版为《文化政策经济学》，东北财经大学出版社，2013年出版）
	文化资本的具体特点体现或产生两种类型的价值——经济价值和文化价值。 经济价值：即通过直接消费"使用"，并通过"非使用"的间接措施（存在价值，选择价值，遗产价值），或将遗产作为有益的外溢因素（beneficial externality）。	
2011年	内在价值（历史、科技）； 可利用价值（社会、环境、经济）	刘凤凌，褚冬竹. 三线建设时期重庆工业遗产价值评估体系与方法初探[J]. 工业建筑，2011, 41（11）.
	历史文化价值：主要考虑时间、事件、人物以及历史信息真实性价值。首先要考虑在此期间发生的具有重大历史意义的事件或者与伟大历史人物的联系。 科学技术价值：从建筑工艺、技术成就以及建筑物目前保留状况确定。 建筑自身可利用性：首先，考虑建筑整体结构和质量可靠性、完整性等因素进行评估。通过检验遗存本身的结构状况和承载力，确定将来的功能置换适应范围。比如地基、柱、梁架结构、屋面以及立面的状况。其次，就建筑再利用的功能适应性进行评估。比如规模、层高和基础设施配套情况等。 社会价值：通过对遗产所在区域环境、经济等方面进行调查，以最终产生的社会效益和经济效益的大小来决定。比如区位价值评价（按遗产所处城镇位置，分为城市中心区、城市边缘、城市近郊、镇中心区、偏远农村），交通及其道路状况评价等。 环境及景观价值：主要从景观、环境设施、公共空间等入手对历史环境形态的特色、完整性等进行评估。 再利用成本与收益对比性经济价值：比较今后在再利用以后一定时期内可能产生的社会效益和经济效益总价值，以获得综合效益的遗存再利用	

附录1　遗产的价值分类发展时间表

时间	遗产的价值分类	来源
2012年	质料因和形式因：构成事物固有价值，有形的、静态的、物质的（Intrinsic value, tangible/material value）； 动力因和目的因：构成事物使用价值，无形的、动态的、非物质的（Value in use, intangible/immaterial value） Sergio Barile and Marialuisa Saviano. From the Management of Cultural Heritage to the Governance of the Cultural Heritage System: In adopting this general scheme to interpret the value of cultural goods, the possibility exists to distinguish between value linked to the material cause and the formal cause, which can be traced to a presumed "intrinsic" value of the goods, obtained from the material of which they are made and of the form in which they are modelled（artistic and aesthetic aspect）and a value linked to the final cause, their effective potential, which can be traced to a value in use of the goods. To be fully expressed, the latter approach implies interaction with a separate entity that recognises the goods' value as such. Consequently, there is a shift towards interaction, i.e., to a dynamic process view. This sense of evolving from a material view of cultural goods（reductionist, static, objective）to an 'immaterial' view（systemic, dynamic, subjective）leads to a shift in focus from the presumed intrinsic value to the effective value in use from which emerges the significance of cultural value.	意大利罗马大学教授塞尔吉·巴里莱（Sergio Barile）和萨勒诺大学教授萨维亚诺（Marialuisa Saviano）合著的论文《从文化遗产管理到文化遗产政策系统》中，引用亚里士多德的四因说（Four Causes by Aristotle）
2014年	历史价值、艺术价值、科学价值、社会价值、文化价值 总则，第3条： 文物古迹的价值包括历史价值、艺术价值、科学价值以及社会价值和文化价值。 社会价值包含了记忆、情感、教育等内容，文化价值包含了文化多样性、文化传统的延续及非物质文化遗产要素等相关内容。文化景观、文化线路、遗产运河等文物古迹还可能涉及相关自然要素的价值。 阐释： 历史价值是指文物古迹作为历史见证的价值； 艺术价值是指文物古迹作为人类艺术创作、审美趣味、特定时代的典型风格的实物见证的价值； 科学价值是指文物古迹作为人类的创造性和科学技术成果本身或创造过程的实物见证的价值； 社会价值是指文物古迹在知识的记录和传播、文化精神的传承、社会凝聚力的产生等方面所具有的社会效益和价值。 文化价值则主要指以下三个方面的价值。 （1）文物古迹因其体现民族文化、地区文化、宗教文化的多样性特征所具有的价值； （2）文物古迹的自然、景观、环境等要素因被赋予了文化内涵所具有的价值； （3）与文物古迹相关的非物质文化遗产所具有的价值	《中国文物古迹保护准则（修订版）》
2016年	建议增加经济价值（包括使用价值、非使用价值） 要定量评估文化遗产的经济价值，首先要将文化遗产的经济价值进行定性分类。结合前文对文化遗产经济价值的认知（直接与间接），我们可以得知，文化遗产经济价值可分为使用价值（市场价值）和非使用价值（非市场价值）。 （1）使用价值（市场价值） （2）非使用价值（非市场价值） ①存在价值 ②选择价值 ③遗产价值	韩霄，贡小雷，徐凌玉. 浅议文化遗产价值评估中的经济价值问题[J]. 建筑与文化，2016（1）.

附录2 《中国工业遗产价值评价导则（试行）》

（天津大学中国文化遗产保护国际研究中心重大课题组执笔）

中国工业遗产价值评价导则
（试行）
Designation Listing Selection Guide for Chinese Industrial Heritage
（trial version）

中国文物学会工业遗产委员会
中国建筑学会工业建筑遗产学术委员会
中国历史文化名城委员会工业遗产学部
2014年6月

第一部分
引言及历史综述

1 历史综述

对中国工业的发展而言，1840年和1949年无疑是两个巨大转折点——尽管之前有研究认为具体时间点的设定尚可商榷[1]。如果认同这种惯例上的划分法，中国工业发展大致可以分为三个主要历史年代：（1）1840年鸦片战争之前，涵盖古代早期工业、手工业遗存。作为中国工业的原始初级阶段，家庭工业和手工业占绝对优势，只有为数不多的工场手工业和封建官府手工业。（2）1840~1949年，中国进入近代工业时期。鸦片战争后的上百年时间，中国工业发展出现重大转折和刺激性突变。这一时期的中国工业发展，内容丰富而特点多变，根据不同历史阶段的特点仍可作进一步的细分[2]。不可否认，这一阶段的变化与影响，重要而深远。（3）1949年中华人民共和国成立后，中国工业进入了一个新阶段，开始了大规模发展的时期。

2 1840年之前

鸦片战争前的中国社会经济结构，占支配地位的是封建小农经济，与其密切结合的是家庭工业和个体手工业。家庭工业和个体手工业主要是以家庭、个体为单位进行的简单生产，表现为设备简单、工具自备、技术落后（完全原始的手工技术）和生产效率低下，生产地点依托家宅，虽普遍存在于旧时中国社会，遗存却几近绝迹。

占一定比例却为数不多的是工场手工业，工场手工业拥有一定数量资本，虽仍是手工操作，却已实行了分工基础上的协作。丝纺织业是工场手工业的主要行业，以苏杭一带为主。除纺织业外，云南炼铜业、四川井盐业、广东冶铁业、景德镇陶瓷业和陕西汉中造纸业也出现了规模较大的手工工场，这些古代工场遗址具有较少的数量遗存，部分已收入至全国重点文物保护单位名录。总体来说鸦片战争前中国的工场手工业只是零星地散布在个别的生产部门和个别商品经济较发达的地区，在整个中国社会经济中显得很微弱，但是工场手工业毕竟

---

[1] 有些文章及著作论述近代工业产生时间均以1862年起，如：陈真，姚洛. 中国近代工业史资料（第1、2、3、4辑）[M]. 北京：生活·读书·新知·三联书店，1957-1961.

[2] 如许衍灼、日本人安源美左雄将1920年之前中国的工业分为4期或5期：官督商办时期（1862~1894年）、外人兴业时期（1895~1903年）、国人兴业（1904~1911年）和自觉发展时期（1912~1920年）。

是工业脱离农业而分立的一大进步。19世纪下半叶在洋务派官僚最早创办中国近代机器工业以后，这些手工工场中的一部分经过发展，成为中国最早一批民族资本主义的近代工业。

官府手工业一直存在于中国数千年封建社会的手工业经济中，直到鸦片战争前，清政府直接经营的手工作坊和手工工场仍然不少。其生产部门大致可以分为织造工业、陶瓷工业、制钱铸造工业、军火制造工业和造船工业，其中规模较大的手工工场有：京内织染局，江宁、苏州、杭州的织造局，宝泉局和宝源局，一些宫内手工工场，景德镇御窑厂，沿江沿海的十多处"船厂"以及各地制造军器、火药的"军械所""火药局"等。这些官府手工工场不论从工匠人数、技术水平、设备及经费等方面，在当时整个工业中都是很优越的，在中国封建经济中占据着重要地位。

小结：1840年之前的工业遗存主要以考古遗址的形式存在，包括古代水利工程遗存，如都江堰、灵渠、郑国渠首遗址等；古代窑址遗存，如湖田古瓷窑址、上林湖越窑遗址、长沙铜官窑遗址等；古代矿冶遗存，如铜绿山古铜矿遗址、大工山—凤凰山铜矿遗址、大井古铜矿遗址等；古代造船、建筑遗存，如秦代造船遗址、南越国宫署遗址及南越文王墓、龙江船厂遗址、京师仓遗址等；古代酿酒遗存，如刘伶醉烧锅遗址、李渡烧酒作坊遗址等；古代盐业遗存，如丰台盐业遗址群、杨家盐业遗址群、双王城盐业遗址群等[1]。此外作为日常交通的古代桥梁更是遍布全国各地，占据了相当数量的遗存名单，成为考察研究中国古代桥梁技术发展的珍贵例证。相比之下，实体建筑遗存甚少，主要仍以中国传统营建样式为主，西方建筑技术虽有零星传入，影响却相对有限。

3　1840～1949年

与英国等资本主义国家不同，中国的近代工业是由洋务派从西方输入机器和技术创办起来的，直接动因并不是社会内部自身生产技术革新而导致的，故而其技术发展的特点经常是突变式、外来刺激式的，与当时社会属性息息相关。该时期中国近代工业发展，虽然各地略有不同，但是分期上却大体一致，以初始期、发展期、兴盛期、式微期（停滞期）[2]大略可以概括。

---

[1]　截至2013年5月，国务院公布的七批全国重点文物保护单位名单，与工业遗产相关的内容有329项，其中近现代83项，古代246项，绝大多数为古代工业遗存。

[2]　季宏，徐苏斌，青木信夫. 天津近代工业发展概略及工业遗存分类[J]. 北京规划建设，2011（1）：26-31. 对天津近代工业分期为：初始期（1866～1903年）、发展期（1903～1915年）、兴盛期（1915～1937年）、日军占领时期。
朱永春，陈杰. 福州近代工业建筑概略[J]. 建筑学报，2011（S1）：72-75. 对福州近代工业建筑分期：初始期（1860～1874年）、发展期（1874～1894年）、兴盛期（1895～1937年）、凋零期（1938～1948年）。
徐姝丽. 略论早期中国近代工业发展及特点[J]. 前沿，2013（12）：153-154. 对中国近代工业分期：产生（1861～1895年）、发展（1895～1911年）、高潮（1911～1919年）。

近代中国的半殖民地半封建社会性质决定中国近代工业发展也终沿着两条脉络进行，一条是近代外资在华的工业发展，另一条则是中国本土自主型工业的发展。

3.1 中国近代工业的产生（1840～1894年）

这一时期，外国资本对华进行经济侵略和非法经营近代工业，中国自主型近代工业经历了起初的官办军工业直至官督商办工业的转变。

3.1.1 近代外资在华工业的发展

鸦片战争失利后中国工业发展发生重大转折，外国资本主义开始对华进行经济侵略。中日甲午战争以前外资主要以商品倾销和原料掠夺为主，至甲午战争之后外资取得了在华的设厂制造权，其对中国的经济侵略从以商品输出为主转到以资本输出为主。

从鸦片战争结束不久到中日甲午战争以前（1840～1894年），外国资本在华设立的工厂至少已有100多家，其中英商约63家，美商约7家，俄、德、法商约33家，其总投资估计达2800万元。这些工厂可大致分为四种类型：（1）为发展它们在中国的航运业而兴办的轮船厂和船舶修造厂。1845年柯拜船坞的建立，标志着中国第一家外资企业、第一家工业企业、第一家船厂的诞生，也标志着中国工人阶级的诞生[①]。19世纪70年代以后，中国对外贸易中心从广州逐渐转移到上海，外国船舶工业厂商注意力东移，在很短的时间内在上海开办了十几家船厂。这段时间直到1872年清政府轮船招商局成立以前，外资船舶公司独霸中国的远洋和内河航运。（2）为掠夺中国原料和土特产而经营的加工工厂，如砖茶厂、制糖厂等。19世纪60年代初，俄商在汉口附近产茶地区设立了砖茶厂，最初还只是用手工制造，十年后便在汉口陆续建立起用蒸汽机的砖茶厂。机器制造比手工制造大大降低成本并节省了时间和劳动力，同时也使得原本易碎的砖茶在运输过程中更为结实，减少了运输损失，冲击了当时中国的手工砖茶业。（3）在各租借区里经营的公用事业，如电灯厂、自来水厂、煤气厂等。这类企业主要在上海，如1881年成立的上海自来水公司是19世纪上海规模最大的公用事业，兴盛时供水面积包括外国"租界"的全部，直到上海县城城边。（4）为赚取利润而经营的一些轻工业，如制茶、火柴、肥皂、纸烟、铁器等。这一时期外国资本在华经营的工业企业中，大部分亦集中在上海，有的已具备相当大的规模，在中国有较大影响的有江苏药水厂、点石斋石印局等。此外还有其他一些行业，如在中国领土上修建的第一条营业铁路淞沪铁（1876～1877年），由英商怡和洋行修筑，全长14.5千米，轨距762毫米，以便把海运至吴淞的货物经铁路运至上海。

---

① 该说法据张代春、汪敬虞的文章为1843年，香港出现第一个外国船坞。

3.1.2　洋务派最早创办了近代中国自主型工业

清政府洋务派先于民族资本开创了中国近代自主型工业，洋务派打着"自强""求富"的旗帜，积极创办近代机器工业，建设新式海军海防。1862年至1894年，共创办近代军工、矿冶、运输等企业40多个。同当时外资在华企业和民族企业相比，洋务派兴办的近代机器工业资金雄厚、规模较大、雇佣工人多、成绩显著。1862年，徐寿、华蘅芳在安庆军械所内试造轮船，以手工方式造出中国第一艘机动轮船。在洋务派创办的40多个企业中，规模和影响较大的有11个，即江南机器制造总局（1865年）、金陵制造局（1865年）、天津机器局（1866年）、福州船政局（1866年）、轮船招商局（1872年）、开平煤矿（1878年）、漠河金矿（1888年）、汉阳铁厂（1890年）、上海机器织布局（1878年）、湖北织布官局（1892年）和天津电报局（1880年）。以江南机器制造总局（沪局）和福州船政局（闽局）的成立为中国近代船舶工业的标志，中国工业化的先驱沪局曾利用船厂设备，制造出中国第一台机床。为满足自身对钢材的需要，沪局又于1890年从英国购买了炼钢设备，办起了炼钢厂，1891年冶炼出中国第一炉钢水。1918年闽局附设飞机工程处，建成中国第一个飞机制造厂，并开设了中国第一所飞潜学校，培养飞机和潜艇专业的技术人才。江南机器制造总局翻译馆是向国内系统传播西方科学技术历时最久、出书最多的译书机构，不仅是当时中国最大的传播西学的窗口，而且对中国近代科学体系构架的诞生在一定程度上起到了奠基作用，并对这一构架的最终形成起到了催化剂的作用。1880年天津机器局在设备十分简陋的情况下，创制了中国第一艘潜水艇——水下机船；福州船政局于1889年建造了中国第一艘钢壳巡洋舰"平远"号。

3.1.3　民族资本主义工业的产生

19世纪70年代，在洋务派创办近代机器工业10年之后，中国民族资本主义近代工业才开始产生。洋务派创办近代工业，对民办工业的产生起到了疏塞引流的作用，中国原有工场手工业资本主义生产关系的发展，是民族资本主义工业产生的基础。民族资本经营的近代工业，最初一般都出现在手工业发达的地区和部门，如中国第一家民族资本主义机器工业——继昌隆缫丝厂（1872年），其址就在广东的南海县；中国第一家机器轧花厂——通久源轧花厂，更是直接从手工工场发展起来的[①]；许多小规模的近代煤矿，也都是在原有手工工场的基础上，增加一点机器设备而发展成的，如山东峄县煤矿。

从1872年继昌隆缫丝厂的出现至1894年甲午战争发生为止，民族资本共创办了大小企业150个左右。从这一时期企业经营的方向看，民资工业主要是轻工业和小规模的采矿业，在100多个企业中，80%以上是轻工业企业，其中缫丝厂就有60余家，占全部民资企业的三分之一还多，其他如纺织工业、新式印刷业和火柴制造业也占有较大的比重；民资工业的重工

---

① 工厂和手工业的区别较难界定，按当时的工厂法，使用机器生产且雇工在30人以上的才可称之为工厂。

业主要是一些小型的采矿业，这些小型采矿业包括小煤矿和小金属矿，总共不到20个，它们也大多经营不善。这一时期的民资本主义企业大部分资金少、规模小，虽然极力采用近代技术和机器生产，但和当时的西方资本主义国家相比，仍然是很落后的。

小结：这一时期的工业遗存以洋务派创办的工业为代表，主要以博物馆、展览馆或遗址公园的形式保护。这一时期重要的工业遗存如1865年江南机器制造总局总办公楼、飞机库、海军司令部、翻译馆、红楼等历史建筑，为中国上海世博园区D片区的保留建筑；金陵制造局厂房遗迹现隶属于晨光集团，位于南京1865创意园内；1880年在天津创建的北洋水师大沽船坞，已建立大沽船坞遗址纪念馆，作为重要的民族教育和爱国主义教育基地；1867年创办的天津机器局，是清末北方兴办的第一座军工产业，是中国第一个以蒸汽为动力，用机器生产黑火药的工厂；1878年，由李鸿章委派买办、唐廷枢创办的开滦煤矿，是中国近代最早完全采用西法，聘用西方人，使用西式机器设备进行开采的煤矿之一，是中国近代办得最好的和影响力最大的煤矿；由唐廷枢和李鸿章两人决策，直至光绪六年建成的唐胥铁路等。

彼时正值东西方文化遭遇碰撞的激烈时期，这个时期新型的建筑技术诸如大跨度、钢结构、多层砖木结构开始随着工业建筑的引入而得以实验、推广，随之而来的影响即民族建材工业的兴起，这种大规模的影响始于各开放口岸城市，并随着中国开放程度的深入由沿海向内陆的大河流域和铁路沿线地区等推进。这些工业遗存为研究中国近代工业的发展、近代新型营建技术的发展提供了不可多得的佐证，不可否认是中国工业遗产最珍贵的早期实物资料。

3.2　中国近代工业的发展（1895～1917年）

这一时期中国由于甲午战争失败进一步开放，社会加速转型，不论是工业还是建筑技术本身均有加速式发展。

3.2.1　外国在华投资的激增

甲午战争后（1895～1917年），外国在华工业迅速增加。19世纪末期，各资本主义国家相继取得了在中国的设厂制造权、铁路修筑权、矿山开采权等一系列经济特权，中国很快成了外国资本激烈竞争的场所，这一时期即所谓的"外人兴业时期"。据统计，甲午战争前的50余年里（1840～1894年），外资在华10万元以上的企业约23家，甲午战争后在不足20年里（1895～1913年），外资在华设立的工厂就激增为136家。甲午战争后外资在华的经济投资包括铁路投资、矿山开采投资、轮船航运业、纺织工业、造船和机器工业、公用事业、食品、烟草和其他工业等。（1）在铁路投资方面，外资对中国铁路的投资曾形成过两次高潮，第一次是1895～1899年，外资所夺路权不下1.4万千米；第二次是在1911～1914年北洋军阀政府时期，所夺路权达1.8万千米。旧中国的铁路，除少数矿区和省市专用的小铁路外，几乎所有铁路都受到外国资本不同程度的控制。1905年，京张铁路的建成标志着中国铁路建设史上自主设计建造干线铁路历史的开始。（2）在纺织业方面，外资创设了不少工厂，如1896年在上海建立的4家外国纱厂（即英国的怡和纱厂、老公茂纱厂以及美国的鸿源纱厂和德国的瑞纪纱厂）；日本在1902年和1906年收买的华商兴泰纱厂和上海大纯纱厂（其与兴泰合并，改称上海纺织第二厂），1908年和1911年设立的九成纱厂和内外棉纱厂等。除直接经营外，外资还对中国的棉纺工厂进行投资，如湖北织布局、汉口第一纱厂、上海崇信纱厂、崇明大生纱厂等有英国的资本；南通大生纱厂、上海申新纱厂、天津华新纱厂、济南鲁丰纱厂、天津浴元纱厂、天津浴大纱厂、上海华丰纱厂、上海大中华纱厂有日本的投资。（3）在造船和机器工业方面，这个时期较大的企业有1900年英商的耶松船厂（1936年该船厂又与1900年设立的英国瑞镕船厂合并成立英联船厂，成为上海最大的船厂）。（4）其他工业。这个时期外资创办的规模较大的企业有：1902年成立的上海法商电力公司；1903年成立的先属法资、后为英资的北京电灯公司；1904年设立的比商天津电车公司和英商汉口电灯公司；1905年设立的上海英商电车公司；1909年英商建立的中国肥皂公司。特别值得提出的是，外资在华的几个大垄断组织：英美烟公司（1902年）、怡和洋行（1832年）和南满洲铁道株式会社（1906年）也是在这个时期获得巨大发展的。

3.2.2 官办工业的继续发展

1895～1911年，清政府的官办工业（包括军事工业和民用工业）已远不能与洋务派创办的近代工业相比，且已经出现将原有军用工业改为民用工业的情况，如江南船政局于1905年将船坞和机器部门改为商厂。即便如此，清政府的官办工业仍在继续发展着。在军事工业方面，洋务派创办的十几个军事工厂，如江南机器制造总局、金陵制造局、天津机器局、福州船政局等，在这个时期都继续存在着，有的还有所扩充，技术上也有一定的进步。1902年福州船政局建成中国第一艘鱼雷快舰"建威"号；1914年福州船政局飞机制造工程处创制成中国第一架水上飞机"甲型1号"。

新成立的军事工厂有：新疆机器厂（1895年）、江西子弹厂（1895年）、山西制造局（1898年）、河南机器局（1899年）、湖南枪厂（1903年）、北洋机器局（1904年）等。在民用企业方面，比甲午战争前也有所发展。1895年至1913年，资本在1万元以上的官办、官督商办和官商合办的工矿企业共有86个。这一时期有代表性的公司有：汉冶萍煤铁厂矿有限公司（由汉阳铁厂、大冶铁矿和萍乡煤矿在1908年合并注册的一个联合公司）；张之洞在武昌创办的湖北织布官局（1889年）、湖北纺纱官局（1894年）、湖北缫丝局（1895年）和湖北制麻局（1898年）；上海华盛纺织总厂（洋务派创办的上海机器织布局被大火焚毁之后，1894年另设上海华盛纺织总厂）。

3.2.3 民办工业的初步发展

甲午战争后，清政府在面临政治危机、经济危机和军事外交危机的情况下，不得已陆续采取了一系列"振兴工艺"的措施，这在一定程度上促进了中国近代民资工业的发展，使中国的民资工业在辛亥革命以前就得到了一些初步发展。1895～1910年，民族资本主义工业在纺织、面粉、火柴、发电、自来水、卷烟、榨油、造纸等部门均有所触及，有的部门发展甚至比较快。在采矿、冶金和机械等工业部门，民族资本也已涉及，这一时期在民族资本的纺织工业中，资本在1万元以上的企业至少已有140余家，主要有纺织厂、缫丝厂、呢绒麻织厂等，投资于面粉、碾米等工业部门的民族资本企业也有40余家。这些企业如张謇创办的大生纱厂，周学熙创办的唐山耀华玻璃厂、启新洋灰公司。

小结：该时期外国兴建的铁路如中东铁路等，包括沿线的建筑群，作为一类特殊的工业遗产被保留下来。其他民办资本如大生纱厂留存的历史建筑、设施仍基本保持着原有的历史面貌和格局，门类较全，主要文物建筑有钟楼、公事厅、专家楼、清花间厂房、南通纺织专门学校旧址、唐闸实业小学教学楼，启新洋灰公司等也有一定的遗存。从这些工业遗存亦可以看出，在很短的时期内，诸如砖墙钢骨混凝土体系、砖墙钢筋混凝土体系建筑等技艺迅速在大中城市推开，中国传统建筑技术也发生了明显的变化，中国的建筑事业在此期间获得了迅速的成长。

3.3　中国近代工业的兴盛（1918～1936年）

3.3.1　北京国民政府时期官僚资本工业的衰落和南京国民政府时期官僚资本的膨胀

1911年辛亥革命后，中国历史上第一次出现了资产阶级民主共和国，几千年的封建制度从此结束。但其后不久，政权就落入了北洋军阀袁世凯的手中，直到1927年，都是北洋政府统治时期，期间军阀混战、政局动荡，官办资本工业也出现了严重的衰退状况。原有的一些官僚资本创办的企业，在此期间衰落到难以维持，濒于垮台：如江南机器制造总局在1925年就因军阀混战而封闭，1926年进行改组，只能"专为修械炼钢"；广州机器局在1920年直接被炸毁；汉冶萍公司由于连年亏损，于1919年拆毁两座日出百吨的化铁炉，1922年日出250吨的化铁炉停炼，大冶铁矿1924年刚刚建立的新化铁炉停炼。

北洋政府时期的官办工业无论从创办工厂的数目、规模、资本额，还是从其在中国近代工业中的比重等方面，都不能与清政府时期的官办工业和南京国民政府时期的官办工业相比。北洋政府时期创办的稍具规模的厂矿不过10个左右，其经营状况也较差，包括：陕西制革厂、湖南第一纺织厂、湖南兵工厂、安徽水东煤矿、馒头山煤矿、河北斋堂煤矿、湖北象鼻山官矿、河南巩县兵工厂、山东中兴煤矿等。也有极个别工厂因为和军阀关系密切，从而获利丰富，办得比较成功，如河南巩县兵工厂和山东中兴煤矿。

从1927年南京国民政府上台后官办资本发展迅速，在工业资本中的比重上升，重工业也发展较快，如机器、化学、冶炼、动力、材料、交通器材、医药等方面，南京政府加强了国家资本在工矿业中的力量。据统计，1933年机械、金属品、电气用具、船舶、交通用具和化工等行业净产值达到了15800万元，化学工业中的酸碱工业、燃料工业以及酒精工业等也逐渐建立起来。这一时期南京政府一方面将北洋政府时期的官办企业几乎全部占据，另一方面又利用各种名义对民族资本工业进行直接的抢夺和吞并。抗战结束以后，蒋介石四大家族的官僚资本加剧膨胀，更占到全国资本总数的80%左右。

3.3.2　中国近代民办工业的发展

北京国民政府和南京国民政府时期是民族资本工业快速发展的时期，尤其是第一次世界大战期间更是民族资本工业发展的"黄金时代"，这一时期无论从工厂数量、规模等都有较大的增长。第一次世界大战期间民族资本在各工业部门的增长情况如下：（1）纺织工业。1896年至1913年的18年中，仅有16家纺织工厂设立，而1914年至1922年的9年中，中国民族资本主义创设的纱厂共有49家、织布厂5家。大战前纱厂的设立主要集中在上海、苏州、杭州、无锡一带，大战时期原来是纺织工厂空白点的北方也出现了一批纱厂，如天津继续新设了华新纱厂、裕元纱厂、北洋商业第一纱厂、裕大纱厂等，成为北方棉纺织业的一个中心，其他如青岛等地也新设了纱厂。这一时期上海的纱厂则发展更快，仍然是中国纺织业的集中地。（2）面粉工业。第一次世界大战时期，仅次于纺织工业而得到发展的是面粉工业。从1896年到1913年，18年中共设立面粉厂57家，而从1914年到1922年，9年中成立了108家。大战前以哈尔滨最集中，战后除以哈尔滨为中心的面粉工厂继续得到发展外，长江流域的面粉业也以上海为中心纷纷成立。其中1902年荣德生和荣宗敬创办了茂新面粉厂，1913年又在上海成立了福新面粉厂，以后又陆续设立了8座面粉分厂。（3）其他轻工业如针织业、榨油业、搪瓷业、缫丝业、造纸业、火柴业、毛织业、食品业、卷烟业等也在大战期间活跃起来，并获得进一步的发展。以卷烟业为例，大战前1913年上海只有两家民族资本的卷烟厂，大战开始后1915年新设两家卷烟厂，1916年又新设卷烟厂3家，到1918年共有卷烟厂9家，其中规模最大的是简照南创办的南洋兄弟烟草公司（1906年成立，到1931年在香港有制造工厂3所，上海有工厂5所，汉口也新设了制造厂）。（4）采矿、冶金和机械等工业。第一次世界大战前注册的民办重要煤矿有13家，在第一次世界大战期间，民族资本的机械采煤量逐年增加，钢铁和其他金属冶炼业也增长较快。民族资本主义工矿业发展的同时也促进了电力业、运输业和金融业的较快发展。第一次世界大战以后，帝国主义对华经济侵略（特别是商品输出）再次加强，使空前发展的中国民族资本主义工业受到一些挫折，在1923年左右，民资工业增长出现了一个小的停滞期，但之后工业增长又保持了较高的速度，直至抗日战争全面爆发。

小结：这一时期的民资工业遗存仍以博物馆、展览馆等形式保护，工业遗存的数量也较多，其中重要的工业遗产如：1917年创办的永利制碱股份有限公司，其打破了苏尔维法制碱的垄断，是我国第一条苏尔维法制碱生产线，具有开创性价值；1914年在盐务专家景韬白的支持下于1915年始建的久大精盐公司，是中国第一家用近代工艺制作精盐的工厂，结束了中国人民食用粗盐的历史；1922年范旭东在久大精盐公司试验室的基础上创立了黄海化学工业研究社，是我国近代第一家私营科研机构；1906年唐山启新洋灰公司引进了当时国际上最先进的水泥生产设备，生产出高质量的产品，开创了中国水泥工业的先河。

3.4 中国近代工业的式微（1937～1949年）

3.4.1 1937～1945年抗战期间

抗日战争8年间，中国的工业生产力，除了东三省以外，几乎是普遍的衰退。整个战争期间，中国分成了几大块，分别是东北伪满洲国、华北沦陷区、华中沦陷区和大后方。东北伪满洲国，由于日本的扶持，如实行所谓的"重点主义原则"的五年开发计划，对工业的发展起到了相当的作用。华北沦陷区和战前比较没有提高，呈现停滞不前的趋势。华中沦陷区的工业，以上海、武汉等几个大城市为代表，呈现出"两头小，中间大"的局面，也就是1937年8月上海战争爆发以后的一段时期和1941年12月太平洋战争爆发后的整个战争时期，生产呈下降的局面，而中间一段时期，则呈上升的局面。就大后方而言，抗战前各省的近代工业数量颇少，以四川为例，1933年仅有33家，抗战期间迁川工厂即达144家，战争结束之时，整个大后方工厂已达6000多家。期间，官僚资本工业恶性膨胀，得益于国民党的战时工业政策，重工业比重明显增大，工业发展偏向军事化，工业投资规模呈细小化趋势。战时大后方工业发展空前，却具有短暂性，仅从抗战开始到1940年间一度发展，自1942年起，逐步走向衰弱。

3.4.2 1945～1948年内战期间

抗战结束初期，国民政府接收敌伪工业、使内迁工厂复员，采取了多种措施使工业生产逐步恢复并在局部取得发展。但这种趋势犹如昙花一现，内战开始，几个大工业区如东北和华北在战争的直接影响下，工厂不但没有生产，而且资本设备也多趋于毁坏。至于中部各省，生产情形也非常黯淡。华中的工业中心武汉三镇，1948年底全体4677家工厂中停工的有1520家，近三分之一。未停工的也多不能全年开工。

小结：抗战期间的中国近代工业，尽管如前所言基本处于停滞状态，但其对于中国近代工业发展的影响亦不可忽视。抗战时期以重庆为中心的西南后方冶金工业的建立，在我国近代工业发展史上有着重要的历史地位，对抗日战争作出了重要的贡献。它是近代旧中国唯一的依靠自己的技术和资源在内地建立的冶金工业。这一时期，无论在对四川矿产的调查勘测方面，还是在钢铁冶炼、轧制，有色金属冶炼，耐火材料的研制代用等方面均有明显成果。这些成果都出于中国人之手，大多数为国内首创，不少产品各项技术指标还达到和超过了当时的国际先进水平。如工程技术人员设计建造的新式小型炼铁炉、炼钢平炉，中、小型轧钢机，贝塞麦炉低温氧化去磷法，废热式炼焦炉，坩埚炼制合金钢，纯铁冶炼及电解铜、锌生产技术，均属这一时期的主要技术成果，在我国近代冶金工业史上留下了光辉的一页。这些工业企业管理有了较大的进步，局部地改变了我国的工业布局，促进了西南地区近代工业的发展，形成了我国第一代冶金技术队伍。

这一时期的工业遗产以重庆为重要代表。抗战时期，重庆工业门类齐全，有中国"32业之家"的美誉，主要工业行业有兵器、钢铁、机器、化工等。兵器业处于中心地位，至今仍保存有十余处抗战时期的大型老厂，例如长安厂（原第21兵工厂）、重钢厂（原第29兵工厂）、嘉陵厂（原第25兵工厂）、特钢厂（原第24兵工厂）、望江厂（原第50兵工厂）等，保存着许多抗战时期的老厂房、老设备、档案及图纸等实物遗产。

4 1949年之后

1949年中华人民共和国成立后，中国经济进入了一个新的阶段，结束了一百年来屈辱混战的历史，开始了宝贵的和平建设时期。旧中国工业基础薄弱，为了实现工业化，使中国富强起来，国家制定了以156项工程为核心的"一五"及"二五"建设时期和以三线建设为重点的"三五"及"四五"建设时期。1978年改革开放后，社会主义市场经济体制取代了高度集中的计划经济体制，中国工业发展更上一个台阶，中国工业发展进入了蓬勃多元的时期。

1949年之后的工业遗产，其重点是以苏联援建的"156"项工程为主要内容。"156"项工程实际施工的150项分布在煤炭、电力、石油、钢铁、有色金属、化工、机械、医药、轻工、航空、电子、兵器、航天、船舶等14个行业。实施的工程项目包括44个军事工业企业和106个民用工业企业。其中军事工业包括航空工业12个、电子工业10个、兵器工业16个、航天工业2个、船舶工业4个；民用工业包括钢铁工业7个、有色金属工业13个、化学工业7个、机械工业24个、能源工业52个、煤炭工业和电力工业各25个、石油工业2个、轻工业和医药工业3个。

"156"项工程重要的企业包括：（1）煤炭工业。有峰峰矿务局、潞安矿务局、阜新矿务局、抚顺矿务局、通化矿务局、鹤岗矿务局、焦作矿务局、王石凹煤矿等。（2）电力工业。有太原第一热电厂、三门峡水利枢纽管理局、佳木斯发电厂、富拉尔基发电总厂、丰满发电厂、包头第一热电厂、包头第二热电厂、阜新发电厂、大连发电总厂、抚顺发电厂、重庆发电厂、青山热电厂、洛阳热电厂、郑州热电厂、灞桥热电厂（西安第二发电厂）、户县热电厂（西安第三发电厂）、西固热电厂、乌鲁木齐电站等。（3）钢铁工业。有鞍山钢铁（集团）公司、包头钢铁公司、本溪钢铁公司、武汉钢铁（集团）公司、吉林铁合金厂等。（4）有色金属工业。有会泽铅锌矿、东川矿务局、白银有色金属公司、抚顺铝厂、株洲硬质合金厂等。（5）机械工业。有第一汽车制造厂、沈阳机床股份有限公司、沈阳电缆厂、沈阳凿岩机械股份有限公司、西安电力机械制造公司、西安高压开关厂、西安高压电瓷厂、西安电力电容器厂、西安绝缘材料厂、西安电力整流器厂、西安电工铸造厂、兰州石油化工机器厂、哈尔滨锅炉厂、武汉重型机床厂、哈尔滨汽轮机厂、哈尔滨量具刃具厂等。（6）石油化学工业。有吉林化工区、兰州炼油厂、抚顺石油化工公司等。（7）轻工业。有佳木斯造纸厂等。（8）航空工业。有沈阳飞机工业（集团）有限公司、沈阳黎明航空发动机集团公司等。（9）电子工业。有北京东方电子集团股份有限公司、北京兆维电子（集团）有限责任公司等。（10）航天工业。有首都航天机械公司、沈阳航天新光集团有限公司（沈阳111厂）等。

小结：该时期是中国工业技术飞速发展的时期。1956年，中国第一个生产载重汽车的工厂——长春第一汽车制造厂生产出第一辆汽车；中国第一个飞机制造厂试制成功第一架喷气式飞机；中国第一个制造机床的工厂——沈阳第一机床厂建成投产。1957年，武汉长江大桥建成，连接了长江南北的交通。

该时期工业遗存的代表有：大庆第一口油井、铁人一口井井址（能源）；第一个核武器研制基地旧址、红山核武器试爆指挥中心旧址（科技）；红旗渠（水利）；武汉长江大桥（交通）；长春第一汽车制造厂（汽车）等。这些遗存是新中国工业在艰难的环境中克服困难、自力更生的最好证明。

第二部分
工业遗产价值评价指标

1 年代

【解释】

根据《下塔吉尔宪章》，"从18世纪下半叶工业革命开始直到今天都是需要特别关注的历史时期，同时也会研究前工业阶段和主要工业阶段的渊源"。对于中国工业遗产而言，大致可以分为三个主要的历史时期：（1）1840年以前，涵盖古代的手工业和早期工业遗存；（2）1840～1949年，中国近代机器工业萌芽和发展时期；（3）1949年至今，中国工业化进程全面发展的时期。

同手段（如手工业或者机器工业）、同类型（如棉纺织业）工业遗产的年代越早，越倾向于提升遗产的价值，同时如果遗产所跨越的时代较多，也可作为评判其历史价值的依据。

【举例】

例如一些古代的工业遗存，如都江堰、长沙铜官窑遗址、大工山—凤凰山铜矿遗址、秦代造船遗址等因其年代较早，其遗产价值中的历史价值极高，因而需要受到重点保护。再如近代的工业遗存，如京师自来水股份有限公司（北京市自来水集团），1908年请奏筹建，1910年开始供水，虽然其建造年代较近，但该遗址经历了晚清、北洋、日伪统治和国民政府等历史时代，至1949年北京和平解放才得以迅速发展，该遗存跨越的时代较多，因而需要受到重点保护。

2 历史重要性

【解释】

指工业遗产与某种历史要素的相关性，如历史人物、历史事件、重要社团或机构等，工业遗产能够反映或证实上述要素的历史状况。同时，这些历史要素具有一定的重要性。

【举例】

例如北洋水师大沽船坞工业遗存（图1），北洋水师大沽船坞由李鸿章于1880年奏请建造，是中国北方最早的近代船坞，它是洋务运动遗留下来的典型工业遗存，该遗存与重要的历史事件及历史人物有重要的相关度，因而需受到重点保护。

图1　北洋水师大沽船坞

3　工业设备与技术

【解释】

指工业遗产的生产设备和构筑物、工艺流程、生产方式、工业景观等所具有的科技价值和工业美学价值。

其中科技价值指工业遗产在该行业发展中所处的地位，是否具有革新性或重要性。如工业遗产率先使用某种设备，或使用了某类重要的生产工艺流程、技术或工厂系统等；此外，与该行业重要人物，如著名技师、工程师等，或重要科学研究机构组织等相关，亦能提升遗产的价值。

工业设备、构筑物、工业景观同时可能具有独特的工业美学价值，可以从产业风貌、规划设计、空间布局、体量造型、材料质感、色彩搭配、细部节点等角度评价视觉美学，也可进一步包括与工业遗产地及其功能相关的气味、声音等其他视觉以外的感官品质。

【举例】

例如天津永利碱厂工业遗存，其前身是天津永利制碱股份有限公司，1917年由"中国民族化学工业之父"范旭东创建，是中国近代创建最早的制碱厂，开创了我国第一条苏尔维法制碱生产线，打破了国外的技术垄断。1939年以侯德榜为首的永利碱厂技术人员，经数年研究创建了新的纯碱制造技术并命名为"侯氏碱法"，1949年后由侯德榜提议改名为"联合制碱法"，至今仍是世界上最先进的制碱方法。该工业遗存的生产工艺具有重要的科技价值，在该行业中具有革新性，并且与著名技师相关，因而需要受到重点保护。

4 建筑设计与建造技术

【解释】

工业遗产中的建筑设计、建筑材料使用、建筑结构和建造工艺本身，也可能具有重要的科技价值和美学价值。如早期的防火技术、金属框架、特殊的材料使用等，有助于提升工业遗产的科技价值。

同时，一些工业建（构）筑物具有特定的建筑美学价值，如是著名建筑师的作品或代表了某一近代建筑流派，因此体现了近代建筑艺术风格的发展，有助于提升工业建筑的建筑美学价值；同时，亦可从产业风貌、规划设计、空间布局、体量造型、材料质感、色彩搭配、细部节点等角度评价工业建筑本身的视觉美学品质。

【举例】

例如塘沽南站工业遗存（图2），其建筑平面呈一字形展开，三角形山花如放大的老虎窗将整个立面均分成几个部分，在墙的转角或者窗户的两侧用隅石加以装饰，这类建筑在工业革命后曾一度遍布英国，具有英式建筑特征。该工业遗存因具有特定的建筑美学价值，代表了某一近代建筑流派，因而需要受到重点保护。

图2　天津塘沽南站

北京718联合厂（又称北京华北无线电器材联合厂）是"一五"期间由民主德国援建的重点项目，建立于1957年，该厂早期的工业建筑完整保留至今，其主要厂房具有弧线形的锯齿形天窗，呈典型的包豪斯风格，建筑工艺在当时的亚洲首屈一指，现为北京市优秀近现代建筑。该工业遗存的建造工艺本身，具有重要的科技价值，因而需要受到重点保护。

南京下关火车站工业遗存位于南京下关龙江路8号，1908年建成通车，后又两度重修，目前保留的建筑是1947年由杨廷宝先生进行的扩建设计，已被列入南京近代优秀建筑。该工业遗存是著名建筑师的代表作品，因而需要受到重点保护。

5　文化与情感认同、精神激励

【解释】

指工业遗产与某种地方性、地域性、民族性或企业本身的认同、归属感、情感联系、集体记忆等相关，或与其他某种精神或信仰相关。

一些大型工业企业在中国近代史中占有重要地位，尤其是近代中国人自主创办的民族工业，往往承载着强烈的民族认同和地域归属感。同时，近代工业企业（包括外国企业）所树立的企业文化，如科学的管理模式、经营理念和团体精神等，存在于企业职工、地方居民的集体记忆之中，成为当地居民和社区的情感归属。

【举例】

例如石景山炼钢厂（首钢集团）工业遗存（图3），前身是北洋政府于1919年组建的龙烟铁矿股份有限公司，中华人民共和国成立后首钢发展迅速，于1958年建起我国第一座侧吹转炉，结束了首钢有铁无钢的历史；1964年建成了我国第一座30吨氧气顶吹转炉，揭开了我国炼钢生产新的一页；1978年钢产量达到179万吨，成为全国十大钢铁企业之一。中华人民共和国成立以来首钢相继进行了一系列建设和技术改造，2号高炉综合采用37项国内外先进技术，在我国最早采用高炉喷吹煤技术，成为我国第一座现代化高炉。1994年首钢钢产量达到824万吨，列当年全国第一位。该工业遗存记载了新中国国人艰苦创业、发愤图强的历史，承载了强烈的民族认同和地域归属感，因而需要受到重点保护。

图3　北京石景山炼钢厂
（首钢集团）

6　推动地方社会发展

【解释】

指工业遗产在当代城市发展中对于地方居民社会所发挥的作用，如历史教育、文化旅游等，以及与居民生活的相关度，如就业、工作、居住、教育、医疗等。

【举例】

例如开滦煤矿工业遗存（图4），开滦煤矿始建于1878年，是洋务运动中兴办的最为成功的企业之一，它在中国百年工业史上具有里程碑意义，堪称中国近代工业的活化石。因开滦煤矿的发展而兴起了两座城市——唐山因煤兴市、秦皇岛因煤建港。开滦煤矿的发展带动了唐山水陆交通的发展，使唐山逐步形成了完整的交通体系，先进的工业与发达的交通刺激唐山商品经济的迅猛发展，吸引大量人员的集聚，使唐山从一座小村庄发展为一座近代化城镇；因为冬季运煤需寻找一处卸船地点，而秦皇岛是一处不冻港，因而开始筹建秦皇岛码头，开滦煤矿在此建设了自己的经理处、相关工厂及职工住宅、文化活动设施等，煤炭大量在此集散，吸引大批人群来此谋生发展，从而带动了腹地资源的发展，刺激了商品经济的发展，各种生活设施的完善使秦皇岛由过去的一座小渔村慢慢发展为一座港口城市。开滦煤矿的发展极大地推动了当地社会的发展，该工业遗产需受到重点保护。

图4　唐山开滦煤矿

7　重建、修复及保存状况

【解释】

工业遗产保存状况越好，其价值会相对得到提升，当遗产的劣化和残损达到某种程度时，会影响其所传递信息的真实性，进而影响到遗产价值的高低。对工业遗产的改造应具有可逆性，并且其影响应保持在最小限度内。通常，改建和重建的程度越高，越会对遗产的真实性造成影响，但是对于工业建构筑物，部分的重建和修复常常与其生产流程相关，其改变有可能与某个技术变革相关，因而本身就具有要加以保护的价值，需要谨慎加以评判。

【举例】

例如钱塘江大桥工业遗存（图5），最初于1934～1937年修建于浙江省杭州市，是我国

图5 杭州钱塘江大桥

自行设计建造的第一座双层铁路、公路两用简支桁梁桥，它横贯钱塘江南北，是连接沪杭甬、浙赣铁路的交通要道，但由于战争原因，大桥在建成几个月后便自行炸毁，抗战胜利后于1947年进行修复，1953年正式通车。2000年又对大桥进行了维修加固，这次维修加固工程是该大桥建成通车63年以来维修最彻底的一次，包括更换主桥公路桥的所有桥面板；重新安装排水系统和伸缩缝；对钢桁梁、钢拱及支座进行调整处理；桥墩裂缝修补及压浆封闭；桥墩局部冲刷抛石加固等。该工业遗存虽经过重建和修复，但其改变本身与技术变革相关，因而本身就具有要加以保护的价值。

8 地域产业链、厂区或生产线的完整性

【解释】

工业生产不是孤立的生产过程，而是各类生产部门之间互为原料、相互交叉，因此工业遗产应把更大区域的产业链纳入工业遗产价值评价的考虑范围，如原材料的运输、生产和加工、储存、分发等；同时，工业生产在历史上还可能形成一系列类似产业组成的地域集群，也应被考察。以上这种地域产业链、产业集群的完整性能够赋予遗产群整体及其中单件遗产以群体价值，即一处遗产单独看价值可能不一定很高，但能够与地域的产业群相关，则其自身的价值有可能获得极大提升；如果能够保护完整的遗产群体，那么其以群体面貌呈现的价值也将获得极大提升。

生产线是体现工业生产逻辑关联性基本单元的概念，遵循工业生产逻辑性是体现其价值的要点。工业厂区是个地理范围的概念，但是由于生产线往往包含在厂区中，也因为厂区可以包括从生产到职工福利设施等一系列功能组群，因此以生产线和厂区表现完整性。完整性是工业遗产价值评价的重要方面。在考虑完整性时需要详细考察体现完整生产流程的工业建（构）筑物、机器设备、基础设施、储运交通设施等，同时还应考察企业的相关配套设施，如住宅、学校、医院、职工俱乐部等福利设施，它们也是反映工业遗产价值的一部分。包含上述一系列生产线或生产及其相关活动的厂址，比那些仅存一部分生产流程的厂址更加具有重要性；而在一个相对不完整的厂址上，孤立存在的建（构）筑物价值会受到重要影响，除非其自身具有足够的重要性。另外，随着交通的发达有可能出现跨地区的生产线形式，在界

定完整性时应该优先考虑工业遗产的内在逻辑关联。

【举例】

例如汉冶萍工业遗产（图6）。汉冶萍公司的前身是由张之洞于1890年创建的汉阳铁厂，其最初的目的是为芦汉铁路供应钢轨。1894年汉阳铁厂建成投产，大冶铁矿同时得到开发。1896年盛宣怀接手汉阳铁厂，同时开发萍乡煤矿。1897年铁厂开始向京汉铁路供应钢轨。为筹集资金，盛宣怀于1908年决定将扩建改造后的汉阳铁厂、大冶铁矿、萍乡煤矿合并成立汉冶萍煤铁股份有限公司，成为当时远东最大的钢铁联合企业。近代的汉冶萍公司跨越了煤矿、铁矿开采和钢铁冶炼等重要行业，在空间上涉及武汉、大冶和萍乡，以及上海、重庆等地，其对19世纪末至20世纪的汉、冶、萍等地从空间景观到生活生产模式等层面均产生了显著影响，是反映近代工业化进程及其影响的典型代表。汉冶萍形成了原材料的开采、运输、生产、储存和分发等地域产业链和产业地域集群，其赋予了遗产以群体价值，其中每一处单独的工业遗产价值因其整个产业链的群体价值而获得极大提升。

关于生产线，1917年范旭东创建了永利碱厂（图7），开创了我国第一条苏尔维法制碱生产线，1926年生产出了纯碱，范旭东将其定为"红三角"牌。打破了国外的技术垄断。此后该产品分别在美国费城举办的万国博览会和比利时工商博览会上获了金奖。因此具有重要价值。另外，关于厂区附属设施1915年始建的久大精盐公司包含了从生产到职工福利设施等一系列功能组群，包括：主要生产车间，如搅拌池、碳酸镁沉淀室与干燥车间；衍生生产车间，如碳酸镁仓库与碳酸镁干燥室；辅助用房，如水池、库房与办公等；此外还包括图书馆（即从事科研的黄海化学研究社）、宿舍、医院、浴室等服务用房。这些都应该视为判断完整性的依据。

图6　汉冶萍公司

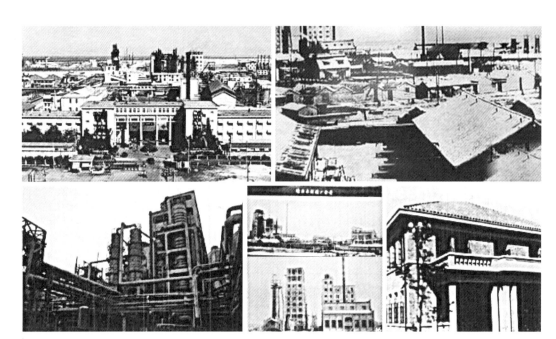

图7　天津永利碱厂

9　代表性和稀缺性

【解释】

代表性指一处遗产能够覆盖和代表广泛类型的遗产，在与同类型的遗产相比较时其具有更高的价值和重要性，尤其是对于比较常见的遗址类型或构筑物，代表性是评判其价值高低的重要原则。同时还应考虑各种类型的均衡性，代表性应能够覆盖不同时期、不同类型、不同地域的工业遗产，尤其是在全国范围内影响广泛的产业类型，其代表性遗产会具备更高的价值。

同时，如某项遗产是该类型遗产的罕见或唯一的实例，则其具有更高的价值，有必要在区域或国家范围内对该类型的所有遗产加以比较和遴选。通常，既稀缺又具有代表性的遗产具有更高的价值。

【举例】

例如中东铁路工业遗存（图8），中东铁路是19世纪末20世纪初中国境内修筑的最长铁路，见证了中国20世纪早期工业化、近代化、城市化的社会经济发展历程。中东铁路跨越多个省份、多样化的自然地理区域，涉及多个遗产类型、多种文化要素，是一个规模庞大、体系复杂的线性工业遗产系统，遗产的完整性和系统性在全国具有代表性和唯一性，因而需要受到重点保护。

图8　中东铁路

10　脆弱性

【解释】

作为一项辅助性的价值评价标准，是指某些遗产特别容易受到改变或损坏，如一些结构形式特殊或复杂的建（构）筑物，其价值极有可能因疏忽对待而严重降低，因而特别需要受到谨慎精心的保护，从而提升其值得受到保护的价值。

【举例】

例如北洋水师大沽船坞位于天津市滨海新区中心商务区中，中心商务区的交通干道中央大道穿过遗址，原来的方案要开挖基坑然后回填，这样将破坏所有的船坞遗址，包括各个时期的有代表性的混凝土坞、木坞、泥坞。经过多方努力中央大道改道建设了，但是也可以认识到遗产的脆弱性，特别是泥土材料的遗产更加脆弱，一旦被破坏将大大有损其价值。

11　文献记录状况

【解释】

《下塔吉尔宪章》在工业遗产的维护和保护中指出："鼓励对存档记录、公司档案、建筑物规划及工业产品的试验样本进行保存。"如果一个工业遗产有着良好的文献记录，包括遗产同时代的历史文献（如历史地图、照片或记录档案）或当代文献（如考古调查发掘等），都可能提高该遗产的价值。

例如青岛啤酒厂早期建筑工业遗产，主要是指始建于1903年保存至今的办公楼、宿舍楼和糖化大楼，它们共同构成了啤酒博物馆的主要馆舍。建筑由德国汉堡阿尔托纳区施密特公司施工兴建。现已将啤酒厂办公楼和宿舍楼置换为功能相近的百年历史文化陈列区，该区以丰富翔实的历史图片或文字史料展现了青岛啤酒悠久的历史、所获荣誉、青岛国际啤酒节以及国内外知名人士参观访问的盛况。原本用作啤酒生产的糖化大楼则相应置换为生产工艺陈列区，该区展示的是青岛啤酒厂的老建筑物、老设备及车间环境与生产场景。该工业遗产有着良好的文献记录，提高了该遗产的价值。

12　潜在价值

【解释】

《下塔吉尔宪章》中指出："要能够保护好机器设备、地下基础、固定构筑物、建筑综合体和复合体以及产业景观。对废弃的工业区，在考虑其生态价值的同时也要重视其潜在的历史研究价值。"

潜在价值是指遗产含有一些潜在历史信息，具备未来可能获得提升或拓展的价值。如某些遗产由于时代久远、埋藏于地下，只能使用考古调查技术才能发现其潜在的信息和价值。或一些近代由于技术保密而未能留下很多档案的遗产，未来可通过对其产品、生产过程中产生的废渣以及场地中的遗留物的深入分析，得出一些未知的信息。如果能够证明一处工业遗产具有这类潜力，则能够提升遗产的价值。

【举例】

例如北洋水师大沽船坞的"乙"坞、"丙"坞、"丁"坞、"戊"坞、"己"坞和蚊钉船坞都被埋藏于地下，等进一步的考古挖掘研究之后，或许可以发现潜在的信息如早期的船坞建筑技术等内容，从而提高大沽船坞的价值。

图表来源

编号	名称	资料来源
图2-4-3	汉堡全新地标建筑易北爱乐音乐厅	张宇. 汉堡易北爱乐音乐厅[J]. 城市建筑, 2017（8）：56-67.
图2-4-4	汉堡全新地标建筑易北爱乐音乐厅改造之前	https://wx.abbao.cn/a/969-3e57f4e296ad1af6.html
图2-4-5	南非的开普敦谷仓与历史照片	httpwww.gooood.hkzeitz-mocaa-by-heatherwick-studio.htm；httpbaijiahao.baidu.comsid=1575357397731561&wfr=spider&for=pc
图2-4-6	南非的开普敦谷仓中庭部分不仅展示了谷仓的构造和材料的原有历史信息，而且变为富有创意的新设计	httpwww.gooood.hkzeitz-mocaa-by-heatherwick-studio.htm
图2-4-7	砖瓦厂改造前后的一层餐饮	崔愷本土设计研究中心，2016年，郭海鞍提供
图2-4-8	砖瓦厂改造前后的二层屋顶采光	崔愷本土设计研究中心，2016年，郭海鞍提供
图2-4-9	钢楼梯直通二层古砖窑文化馆	崔愷本土设计研究中心，2016年，郭海鞍提供
图3-1-3	地质储量划分	企业提供
图3-2-1	1959年棉三工厂生产区周围是住宅区	李治根据1959年地图整理绘制
图3-2-2	棉三现状	课题组张晶玫绘制
图3-2-4	调研区域及楼栋编号	课题组郝博绘制
图3-2-10	棉三工业遗产社区未来的规划	课题组张晶玫根据天津市规划绘制
图3-3-1	"东亚第一高楼"永利碱厂	塘沽文物局提供
图3-3-2	永利碱厂生产线与遗产的完整性	课题组闫觅绘制
图4-4-1	1867年创办的天津机器局	明信片
图4-4-5	1914年天津永利碱厂董事合影	天津碱厂. 天津碱厂九十年发展历程掠影[M]. 天津：天津碱厂宣传部, 2008：48.
图4-4-7	开滦煤矿遗产群	课题组郝帅绘制
图4-4-8	久大精盐工厂平面图	根据闫为公先生提供的久大西厂图绘制
图5-1-1	基隆煤矿遗址	吴淑君拍摄
图5-1-11	手工洗煤与跳汰法洗煤	В. И. 赫汪. 水介质跳汰选煤[M]. 北京：煤炭工业出版社, 1958：5-11.
图5-2-3	鞍山钢铁厂炼焦、炼铁、炼钢与钢铁加工形成一系列联串作业	资源委员会鞍山钢铁有限公司. 资源委员会鞍山钢铁有限公司概况[Z]. 鞍山：亚光印刷所, 1947：23.
图5-2-4	近代高炉和热风炉剖面	行政院新闻局. 钢铁[Z]. 南京：行政院新闻局, 1947：76-77.

编号	名称	资料来源
图5-2-6	酸性贝塞麦炉剖面、酸性转炉、碱性转炉	行政院新闻局. 钢铁[Z]. 南京：行政院新闻局，1947：78.
图5-2-7	平炉剖面与汉阳铁厂30吨马丁平炉	行政院新闻局. 钢铁[Z]. 南京：行政院新闻局，1947：79；方一兵. 汉冶萍公司与中国近代钢铁技术移植[M]. 北京：科学出版社，2011.
图5-2-9	弧光式电炉剖面	行政院新闻局. 钢铁[Z]. 南京：行政院新闻局，1947：81.
图5-3-3	构件在船台或船坞装配；大型装配车间	刘子明，杨运鸿，顾延盛，等. 大连造船厂史1898-1998[M]. 大连：大连造船厂史编委会，1998.
图5-3-4	平行流水分段之侧向供应生产程序图	В. К. Дормидонгов. 造船工艺学（上册）[M]. 潘介人，杨代盛，何友声，译. 北京：机械工业出版社，1956：30.
图5-3-6	江南造船厂船台起重机	江南造船厂史编写组. 江南造船厂史1865-1949[M]. 上海：上海人民出版社，1975.
图5-3-9	船舶从造船坞里出坞简图	В. К. Дормидонгов. 造船工艺学（下册）[M]. 潘介人，杨代盛，何友声，译. 北京：机械工业出版社，1956：307.
图5-3-10	纵向船台与横向船台下水	В. К. Дормидонгов. 造船工艺学（下册）[M]. 潘介人，杨代盛，何友声，译. 北京：机械工业出版社，1956：313-315.
图5-4-3	近代轧花机的种类与构造	朱升芹. 纺织[Z]. 上海：商务印书馆，1933：36-38.
图5-4-4	近代松花机的种类与构造	成希文. 纺纱学[Z]. 上海：商务印书馆，1938：16-19.
图5-4-5	近代和花机与开棉机的种类与构造	成希文. 纺纱学[Z]. 上海：商务印书馆，1938：27-43.
图5-4-6	间断式清棉与单程式清棉	《中国近代纺织史》编辑委员会. 中国近代纺织史（上卷）[M]. 北京：中国纺织出版社，1997.
图5-4-7	近代梳棉机的种类与构造	成希文. 纺纱学[Z]. 上海：商务印书馆，1938：92-134.
图5-4-8	近代并条机与粗纺机的构造	成希文. 纺纱学[Z]. 上海：商务印书馆，1938：140-189.
图5-4-9	近代精纺机的种类与构造	朱升芹. 纺织[Z]. 上海：商务印书馆，1933：113-131.
图5-4-10	近代络纱机	朱升芹. 纺织[Z]. 上海：商务印书馆，1933：169-177.
图5-4-11	近代整经机、浆纱机、穿经机	朱升芹. 纺织[Z]. 上海：商务印书馆，1933：179-202.
图5-4-12	近代织机	朱升芹. 纺织[Z]. 上海：商务印书馆，1933：209-229.
图5-4-13	近代刷布机、括布机、折布机	朱升芹. 纺织[Z]. 上海：商务印书馆，1933：239-243.
图5-5-2	近代烧毛机与水洗机	朱升芹. 纺织[Z]. 上海：商务印书馆，1933：267-269.
图5-5-3	棉布精练车间的高压煮布锅与染色车间的卷染机	中国纺织建设公司工务处. 工务辑要[Z]. 中国纺织建设公司工务处，1949：25-26.
图5-5-4	近代印花机器	中国纺织建设公司工务处. 工务辑要[Z]. 中国纺织建设公司工务处，1949：26-29.
图5-5-5	近代整理机器	朱升芹. 纺织[Z]. 上海：商务印书馆，1933：271-277.
图5-6-2	织造工程程序	中国纺织建设公司工务处. 工务辑要[Z]. 中国纺织建设公司工务处，1949：129.

编号	名称	资料来源
图5-6-3	离心脱水机与烘干机	中国纺织建设公司工务处. 工务辑要[Z]. 中国纺织建设公司工务处, 1949. 244-289.
图5-6-4	开毛机、梳毛钢丝机与针梳机的构造	中国纺织建设公司工务处. 工务辑要[Z]. 中国纺织建设公司工务处, 1949：246-261.
图5-6-5	近代毛纺、毛织机具	中国纺织建设公司工务处. 工务辑要[Z]. 中国纺织建设公司工务处, 1949：19-20.
图5-6-6	近代毛染整机具	中国纺织建设公司工务处. 工务辑要[Z]. 中国纺织建设公司工务处, 1949：20-21.
图5-7-1	粘胶人造丝制造示意图	《中国近代纺织史》编辑委员会. 中国近代纺织史（上卷）[M]. 北京：中国纺织出版社, 1997.
图5-10-1	燃矿炉	高铦. 酸[Z]. 上海：商务印书馆, 1935：31-34.
图5-10-2	塔式装置	高铦. 酸[Z]. 上海：商务印书馆, 1935：42.
图5-10-3	接触法制酸装置	高铦. 酸[Z]. 上海：商务印书馆, 1935：67.
表3-1-1	各煤层容重表	企业提供
表3-2-2	各建筑的产权	富民路街道办事处
表3-3-1	滨海新区工业遗产名录	天津大学中国文化遗产保护国际研究中心调研整理
表3-3-2	保护区中的工业遗产分类	根据天津市规划局《天津市工业遗产管理办法》（2012年）和天津市规划局与天津市城市规划设计研究院编制《工业遗产保护与利用规划》（2013年）改绘
表4-5-1	开滦煤矿最具代表性的设备	中国近代煤矿史编写组. 中国近代煤矿史[M]. 北京：煤炭工业出版社, 1990；开滦煤矿志. 第二卷[A]；开滦煤矿档案2450[A]. 总矿师年报, 1913-1914：97；开滦煤矿档案2451[A]. 总矿师年报. 开滦煤矿档案馆藏, 1914-1915：124, 125；开滦煤矿档案2452[A]. 总矿师年报. 开滦煤矿档案馆藏, 1915-1916：88；开滦煤矿档案2464[A]. 总矿师年报. 开滦煤矿档案馆藏, 1921-1922：59；开滦煤矿档案2471[A]. 总矿师年报. 开滦煤矿档案馆藏, 1925-1926：96.
表5-9-1	战时后方新建的水泥厂	陈歆文. 中国近代化学工业史（1860-1949）[M]. 北京：化学工业出版社, 2006：175.
表5-9-2	历史与社会文化价值突出的近代水泥厂	陈歆文. 中国近代化学工业史（1860-1949）[M]. 北京：化学工业出版社, 2006：177.
表5-10-1	抗战期间后方新办的硫酸厂	陈歆文. 中国近代化学工业史（1860-1949）[M]. 北京：化学工业出版社, 2006：47.

注：其他未标明出处的，为作者自绘、自制或自摄。

参考文献

期刊文章

[1] 陈正书. 近代上海外资工业的起源及早期发展[J]. 上海社会科学院学术季刊, 1998（1）: 161-168.

[2] 张代春. 西学东渐与近代广州船舶工业的兴起[J]. 咸宁学院学报, 2008（2）: 50-52.

[3] 徐姝丽. 略论早期中国近代工业发展及特点[J]. 前沿, 2013（12）: 151-152.

[4] 房海滨. 抗战时期大后方工业发展的若干特点[J]. 吉林财贸学院学报, 1991（6）: 61-64.

[5] 汪敬虞. 抗日战争时期华北沦陷区工业综述[J]. 中国经济史研究, 2009（1）: 3-26.

[6] 汪敬虞. 中国工业生产力变动初探（1933-1946）[J]. 中国经济史研究, 2004（1）: 3-17.

[7] 赵万民, 李和平, 张毅. 重庆市工业遗产的构成和特征[J]. 建筑学报, 2010（12）: 7-12.

[8] 许东风, 李先逵. 重庆工业遗产价值特征及保护策略[J]. 城乡规划（城市地理学术版）, 2012（2）: 34-40.

[9] 刘伯英. 中国工业建筑遗产研究综述[J]. 新建筑, 2012（2）: 6-11.

[10] 刘伯英, 李匡. 北京工业建筑遗产现状与特点研究[J]. 北京规划建设, 2011（1）: 20-27.

[11] 刘伯英, 李匡. 北京工业遗产评价办法初探[J]. 建筑学报, 2008（12）: 15-18.

[12] 刘伯英, 李匡. 北京工业建筑遗产保护与再利用体系研究[J]. 建筑学报, 2010（12）: 1-6.

[13] 张毅杉, 夏健. 城市工业遗产的价值评价方法[J]. 苏州科技学院学报（工程技术版）, 2008, 21（1）: 41-44.

[14] 林崇熙. 工业遗产的核心价值与特殊利基[J]. 城市建筑, 2012（3）: 31-33.

[15] 季宏, 徐苏斌, 闫觅. 从天津碱厂保护到工业遗产价值认知[J]. 建筑创作, 2012（12）: 212-217.

[16] 季宏, 王琼. "活态遗产"的保护与更新探索——以福建马尾船政工业遗产为例[J]. 中国园林, 2013（7）: 35-40.

[17] 季宏, 徐苏斌, 青木信夫. 工业遗产"整体保护"探索——以北洋水师大沽船坞保护规划为例[J]. 建筑学报, 2012（S2）: 39-43.

[18] 季宏, 徐苏斌, 青木信夫. 工业遗产的历史研究与价值评估尝试——以北洋水师大沽船坞为例[J]. 建筑学报, 2011（S2）: 86-91.

[19] 季宏, 徐苏斌, 青木信夫. 工业遗产科技价值认定与分类初探——以天津近代工业遗产为例[J]. 新建筑, 2012（2）: 30-35.

[20] 徐苏斌. 工业遗产的价值及其保护[J]. 新建筑, 2016（3）: 1.

[21] 青木信夫, 徐苏斌, 张蕾, 等. 英国工业遗产的评价认定标准[J]. 工业建筑, 2014（9）: 33-36.

[22] 寇怀云，陈捷. 法国工业遗产保护实践分析与借鉴[J]. 北京规划建设，2009（6）：131-134.

[23] 寇怀云，章思初. 工业遗产的核心价值及其保护思路研究[J]. 东南文化，2010（5）：26-31.

[24] 汤昭，冰河，王坤. 工业遗产鉴定标准及层级保护初探——以湖北工业遗产为例[J]. 中外建筑，2010（1）：53-55.

[25] 王坤，汤昭，胡玉玲. 黄石工业遗产现状调查及保护研究[J]. 中外建筑，2010（9）：83-86.

[26] 姜振寰. 东北老工业基地改造中的工业遗产保护与利用问题[J]. 哈尔滨工业大学学报（社会科学版），2009（3）：62-67.

[27] 姜振寰，郑世先，陈朴. 中东铁路的缘起与沿革[J]. 哈尔滨工业大学学报（社会科学版），2011（1）：1-15.

[28] 姜振寰. 工业遗产的价值与研究方法论[J]. 工程研究-跨学科视野中的工程，2009（4）：54-61.

[29] 邢怀滨，冉鸿燕，张德军. 工业遗产的价值与保护初探[J]. 东北大学学报（社会科学版），2007（1）：16-19.

[30] 郭冲辰，邢怀滨，陈凡. 知识经济时代传统产业的衰落与振兴——兼论辽宁老工业基地改造的机遇与挑战[J]. 科学学与科学技术管理，1999（8）：3-5.

[31] 李向北，伍福军. 多角度审视工业建筑遗产的价值[J]. 科技资讯，2008（4）：73-74.

[32] 郝珺，孙朝阳. 工业遗产地的多重价值及保护[J]. 工业建筑，2008（12）：33-36.

[33] 陈烨，宋雁. 哈尔滨传统工业城市的更新与复兴策略[J]. 城市规划，2004，28（4）：81-83.

[34] 戴鞍钢，阎建宁. 中国近代工业地理分布、变化及其影响[J]. 中国历史地理论丛，2000（1）：139-161，250-251.

[35] 方一兵，潜伟. 汉阳铁厂与中国早期铁路建设——兼论中国钢铁工业化早期的若干特征[J]. 中国科技史杂志，2005，26（4）：312-322.

[36] 荆世杰. 近代中国矿业发展述论[J]. 石家庄经济学院学报，2006（4）：65-71.

[37] 李辉，周武忠. 我国工业遗产地保护与利用研究述评[J]. 东南大学学报（哲学社会科学版），2005（S1）：212-216.

[38] 马俊亚. 近代江南地区资本集团的中观调控功能[J]. 浙江师范大学学报（社会科学版），1996（3）：50-54.

[39] 王建国，蒋楠. 后工业时代中国产业类历史建筑遗产保护性再利用[J]. 建筑学报，2006（8）：8-11.

[40] 俞孔坚，庞伟. 理解设计：中山岐江公园工业旧址再利用[J]. 建筑学报，2002（8）：47-52.

[41] 李和平，郑圣峰，张毅. 重庆工业遗产的价值评价与保护利用梯度研究[J]. 建筑学，2012（1）：24-29.

[42] 赵万民，李和平，张毅. 重庆市工业遗产的构成与特征[J]. 建筑学报，2010（12）：7-12.

[43] 田燕. 武汉工业遗产整体保护与可持续利用研究[J]. 中国园林，2013（9）：90-95.

[44] 田燕，张力文，侯亚琴. 工业遗产再生效应动态评估研究——以"汉阳造"广告创意产业园为例[J]. 新建筑，2016（3）：14-18.

[45] 翁林敏，王波. 后工业时代无锡工业遗产的保护与更新[J]. 建筑师，2008（6）：102-106.

[46] 张松，陈鹏. 上海工业建筑遗产保护与创意园区发展——基于虹口区的调查、分析及其思考[J].

建筑学报，2010（12）：18-22.

[47]　伍江，王林. 上海城市历史文化遗产保护制度概述[J]. 时代建筑，2006（2）：26-29.

[48]　樊胜军，李慧民，王红印. 旧工业建筑再生利用项目可持续后评价研究[J]. 工业建筑，2008
（S1）：83-86.

[49]　王双阳. 浅析文化产业园的绩效评估体系[J]. 企业改革与管理，2014（12）：152.

[50]　王家庭，张容. 基于三阶段DEA模型的中国31省市文化产业效率研究[J]. 中国软科学，2009
（9）：75-82.

[51]　肖卫国，刘杰. 文化产业资源配置绩效评价研究——以中部地区为例[J]. 当代经济研究，2014
（3）：61-66.

[52]　MACLAREN F T. 加拿大遗产保护的实践以及有关机构[J]. 国外城市规划，2001（8）：17-21.

[53]　赵勇，张捷，李娜，等. 历史文化村镇保护评价体系及方法研究——以中国首批历史文化名镇
（村）为例[J]. 地理科学，2006，26（4）：497-505.

[54]　赵勇，张捷，卢松，等. 历史文化村镇评价指标体系的再研究——以第二批中国历史文化名镇
（名村）为例[J]. 建筑学报，2008（3）：64-69.

[55]　邵甬，付娟娟. 以价值为基础的历史文化村镇综合评价研究[J]. 城市规划，2012，36（2）：
82-88.

[56]　李娜. 历史文化名城保护及综合评价的AHP模型[J]. 基建优化，2001，22（1）：46-50.

[57]　常晓舟，石培基. 西北历史文化名城持续发展之比较研究——以西北4座绿洲型国家级历史文
化名城为例[J]. 城市规划，2003，27（12）：60-65.

[58]　梁雪春，达庆利，朱光亚. 我国城乡历史地段综合价值的模糊综合评判[J]. 东南大学学报（哲
学社会科学版），2002，4（2）：44-46.

[59]　朱光亚，方遒，雷晓鸿. 建筑遗产评估的一次探索[J]. 新建筑，1998（2）：22-24.

[60]　查群. 建筑遗产可利用性评估[J]. 建筑学报，2000（11）：48-51.

[61]　尹占群，钱兆悦. 苏州建筑遗产评估体系课题研究[J]. 东南文化，2008（3）：85-90.

[62]　胡斌，陈蔚. 木结构建筑遗产价值综合评价方法研究[J]. 新建筑，2010（6）：68-71.

[63]　张健，隋倩婧，吕元，等. 工业遗产建筑评价体系研究及应用[J]. 低温建筑技术，2010（11）：
12-14.

[64]　何德华. 钢城鞍山[J]. 科学大众，1946（2）.

[65]　黄逸平. 旧中国的钢铁工业[J]. 学术月刊，1981（4）：9-14.

[66]　The UK Department for Culure，Media and Sport. Scheduled Monuments：Identifying，protecting，
conserving and investigating nationally important archaeological sites under the Ancient Monuments
and Archaeological Areas Act 1979[EB/OL]. [2013-11-02]. http://www.english-heritage.org.uk/
caring/listing/criteria-for-protection/.

[67]　English Heritage. Designation Scheduling Selection Guide: Industrial Sites[EB/OL]. [2013-11-02].
http://www.english-heritage.org.uk/publications/1680327/.

[68]　The UK Department for Culure，Media and Sport. Principles of Selection for Listing Buildings:

General principles applied by the Secretary of State when deciding whether a building is of special architectural or historic interest and should be added to the list of buildings compiled under the Planning（Listed Buildings and Conservation Areas）Act 1990[EB/OL]. [2013-11-02]. http://www. english-heritage.org.uk/caring/listing/criteria-for-protection/.

[69]　English Heritage. Designation Listing Selection Guide: Industrial Structures[EB/OL]. [2013-11-02]. http://www.english-heritage.org.uk/publications/dlsg-industrial/.

[70]　English Heritage. Conservation Principles: Policies and Guidance for the Sustainable Management of the Historic Environment[EB/OL]. [2013-11-02]. http://www.english-heritage.org.uk/professional/ advice/conservation-principles/ConservationPrinciples/.

[71]　Introductions to Heritage Assets[EB/OL]. [2013-11-02]. http://www.english-heritage.org.uk/caring/ listing/criteria-for-protection/scheduling-selection-guides/IHAs/.

[72]　CIRIACY-WANTRUP S V. Capital returns from soil conservation practices[J]. Journal of Farm Economics，1947（29）:1181-1196.

[73]　WILLIAM H, ALFONSO P, CLARA INES PARDO MARTINEZ. Development and Urban Sustainability: An Analysis of Efficiency Using Data Envelopment Analysis[J]. Sustainability，2016，8（2）:148.

[74]　Parks Canada. Cultural Resource Management Policy[EB/OL]. [2015-04-05]. http://www.pc.gc.ca/ eng/docs/pc/poli/grc-crm/index.aspx.

[75]　National Park Service. Management Policies 2006: The Guide to Managing the National Park System[EB/OL]. [2015-04-05]. http://www.nps.gov/policy/mp/policies.html#_Toc157232755.

[76]　Historic Sites and Monuments Board of Canada. Criteria，General Guidelines & Specific Guidelines for evaluating subjects of potential national historic significance[EB/OL]. [2015-04-05]. http://www. pc.gc.ca/eng/clmhc-hsmbc/res/doc.aspx.

[77]　Parks Canada. Parks Canada Guidelines for the Management of Archaeological Resources[EB/OL]. [2015-04-05]. http://www.pc.gc.ca/eng/docs/pc/guide/gra-mar/index.aspx.

[78]　AHLHEIMA M, BUCHHOLZB W. WTP or WTA-Is that the Question? Reflections on the Difference between "Willingness to Pay" and "Willingness to Accept" [J]. University of Regensburg，Germany.

[79]　季宏，徐苏斌，青木信夫. 天津近代工业发展概略及工业遗存分类[J]. 北京规划建设，2011（1）: 26-31.

[80]　青木信夫，徐苏斌. 天津以及周边近代化遗产的思考[J]. 建筑创作，2007（6）: 142-146.

[81]　徐苏斌. 建立濒危遗产紧急指定制度[J]. 瞭望，2012（42）: 62-63.

[82]　张成渝. 国内外世界遗产原真性与完整性研究综述[J]. 东南文化，2010（4）: 30-37.

[83]　戴湘毅，阙维民. 世界遗产视野下的矿业遗产研究[J]. 地理科学，2012（1）: 31-38.

[84]　李子春. 唐山近代工业遗产调查[J]. 文物春秋，2010（6）: 59-65，78.

[85]　吕舟. 城市工业遗产保护价值观察——以江南造船厂与798厂为例[J]. 中国文化遗产，2007（4）: 56-60.

专（译）著

[1]　龚书铎. 中国通史参考资料（近代部分）[M]. 北京：中华书局，1980.

[2]　胡绳. 帝国主义与中国政治[M]. 北京：人民出版社，1978.

[3]　费正清. 剑桥中国晚清史（1800～1911年）[M]. 中国社科院历史研究所编译室，译. 北京：中国社会科学出版社，1985.

[4]　祝慈寿. 中国现代工业史[M]. 重庆：重庆出版社，1990.

[5]　刘国良. 中国工业史·近代卷[M]. 南京：江苏科学技术出版社，1992.

[6]　孙毓棠，汪敬虞. 中国近代工业史资料[M]. 北京：科学出版社，1957.

[7]　陈真，姚洛. 中国近代工业史资料（第1、2、3、4辑）[M]. 北京：生活·读书·新知 三联书店，1957～1961.

[8]　彭泽益. 中国近代手工业史料1840～1949（四卷本）[M]. 北京：生活·读书·新知 三联书店，1957.

[9]　李海清. 中国建筑现代转型[M]. 南京：东南大学出版社，2004.

[10]　范西成，陆保珍. 中国近代工业发展史[M]. 西安：陕西人民出版社，1991.

[11]　董志凯，吴江. 新中国工业的奠基石[M]. 广州：广东经济出版社，2004.

[12]　王尔敏. 清季兵工业的兴起[M]. 桂林：广西人民出版社，2009.

[13]　吕思勉. 1840～1949中国近代史[M]. 北京：金城出版社，2013.

[14]　戴逸. 中国近代史稿[M]. 北京：中国人民大学出版社，2008.

[15]　刘大年. 中国近代史诸问题[M]. 北京：人民出版社，1965.

[16]　蔡尚思. 中国工业史话[M]. 黄山：黄山书社，1997.

[17]　苑书义. 中国近代史新编[M]. 北京：人民出版社，2007.

[18]　张国辉. 洋务运动与中国近代企业[M]. 北京：中国社会科学出版社，1979.

[19]　上海市文物管理委员会. 上海工业遗产新探[M]. 上海：上海交通大学出版社，2009.

[20]　林志宏. 世界文化遗产与城市[M]. 上海：同济大学出版社，2012.

[21]　联合国教科文组织世界遗产中心，国际古迹遗址理事会，国际文物保护与修复研究中心，等. 国际文化遗产保护文件选编[M]. 北京：文物出版社，2007.

[22]　阮仪三，王景慧，王林. 历史文化名城保护理论与规划[M]. 上海：同济大学出版社，1999.

[23]　刘红婴. 世界遗产精神[M]. 北京：华夏出版社，2006.

[24]　戴维·思罗斯比. 经济学与文化[M]. 王志标，译. 北京：中国人民大学出版社，2011.

[25]　张艳华. 在文化价值和经济价值之间：上海城市建筑遗产（CBH）保护与再利用[M]. 北京：中国电力出版社，2007.

[26]　顾江. 文化遗产经济学[M]. 南京：南京大学出版社，2009.

[27]　杜栋，庞庆华，吴炎. 现代综合评价方法与案例精选[M]. 北京：清华大学出版社，2008.

[28]　邱均平，文庭孝. 评价学：理论·方法·实践[M]. 北京：科学出版社，2010.

[29]　戴维·思罗斯比. 文化政策经济学[M]. 易昕，译. 大连：东北财经大学出版社，2013.

[30] 西村幸夫. 都市保全计画——整合历史?文化?自然的城镇建设[M]. 东京：东京大学出版社，2004.

[31] 普鲁金. 建筑与历史环境[M]. 韩林飞，译. 北京：社会科学文献出版社，2011.

[32] 方一兵. 中日近代钢铁技术史比较研究：1868-1933[M]. 济南：山东教育出版社，2013.

[33] 方一兵. 汉冶萍公司与中国近代钢铁技术移植[M]. 北京：科学出版社，2011.

[34] 王志毅. 中国近代造船史[M]. 北京：海洋出版社，1986.

[35] RIX M. Industrial Archaeology[M]. The Historical Association，Paperback edition，1967.

[36] PEARCE D W. Economic Values and the Natural World[M]. London：Earthscan Publications Ltd，1993.

[37] 罗树伟. 近代天津城市史[M]. 北京：中国科学社会出版社，1993.

[38] 岳宏. 工业遗产保护初探：从世界到天津[M]. 天津：天津人民出版社，2009.

[39] 刘伯英，冯钟平. 城市工业用地更新与工业遗产保护[M]. 北京：中国建筑工业出版社，2009.

[40] 王建国. 后工业时代产业建筑遗产保护更新[M]. 北京：中国建筑工业出版社，2008.

[41] 来新夏. 天津近代史[M]. 天津：南开大学出版社，1987.

[42] 天津市人民政府. 天津市城市总体规划（2005-2020年）. 2012.

[43] 天津市滨海新区人民政府. 天津滨海新区城市总体规划（2009-2020年）. 2012.

[44] 天津市滨海新区人民政府. 天津滨海新区公共服务设施规划（2008-2020年）. 2011.

[45] BOURDIEU P. Distinction: A Social Critique of the Judgement of Taste[M]. Cambridge: Harvard University Press，1987.

[46] THROSBY D. Economics and Culture[M]. Cambridge: Cambridge University Press，2000.

[47] THROSBY D. The Economics of Cultural Policy[M]. Cambridge: Cambridge University Press，2010.

[48] 冯云琴. 工业化与城市化——唐山城市近代化进程研究[M]. 天津：天津古籍出版社，2010.

[49] 东北物资调节委员会研究组. 钢铁[M]. 北平：京华印书局，1948.

[50] 本钢一铁厂保护开发工作领导小组办公室. 本钢一铁厂保护工作资料选编[M]. 本溪：本溪市政府印刷厂，2009.

[51] 解学诗，张克良. 鞍钢史（1909-1948）[M]. 北京：冶金工业出版社，1984.

[52] 吴熙敬. 中国近现代技术史（上卷）[M]. 北京：科学出版社，2000.

[53] 吴熙敬. 中国近现代技术史（下卷）[M]. 北京：科学出版社，2000.

[54] 席龙飞. 中国造船史[M]. 武汉：湖北教育出版社，2000.

[55] 梁建民，敖大生，毛军，等. 广州黄埔造船厂简史1851-2001[M]. 广州：广州黄埔造船厂简史编委会，2001.

[56] 王树春，周承伊，池再生，等. 上海船舶工业志[M]. 上海：上海社会科学院出版社，1999.

[57] 沈荔，吴金义，陆泳棠，等. 江南造船厂志1865-1995[M]. 上海：上海人民出版社，1999.

[58] 刘子明，杨运鸿，顾延盛，等. 大连造船厂史1898-1998[M]. 大连：大连造船厂史编委会，1998.

[59] 沈传经. 福州船政局[M]. 成都：四川人民出版社，1987.

[60] 江南造船厂史编写组. 江南造船厂史1865-1949[M]. 上海：上海人民出版社，1975.

[61] 中国近代煤矿史编写组. 中国近代煤矿史[M]. 北京：煤炭工业出版社，1990.

[62] 孟进，土冠清，李学义，等. 中国煤炭志辽宁卷[M]. 北京：煤炭工业出版社，1996.

[63] 沈玉成，唐时清，康景林，等. 本溪城市史[M]. 北京：社会科学文献出版社，1995.

[64] 焦作矿务局史志编纂委员会. 焦作煤矿志1898-1985[M]. 郑州：河南人民出版社，1989.

[65] 山东坊子近代建筑与工业遗产建筑文化考察组等. 山东坊子近代建筑与工业遗产[M]. 天津：天津大学出版社，2008.

[66] 蔡景春，乔建勋. 邯郸市工会志[M]. 安徽：黄山书社，1991.

[67] 《中国近代纺织史》编辑委员会. 中国近代纺织史（上卷）[M]. 北京：中国纺织出版社，1997.

[68] 《中国近代纺织史》编辑委员会. 中国近代纺织史（下卷）[M]. 北京：中国纺织出版社，1997.

[69] 金志焕. 中国纺织建设公司研究（1945-1950）[M]. 上海：复旦大学出版社，2006.

[70] 王菊. 近代上海棉纺业的最后辉煌（1945-1949）[M]. 上海：上海社会科学院出版社，2004.

[71] 王晶. 工业遗产保护更新研究：新型文化遗产资源的整体创造[M]. 北京：文物出版社，2014.

[72] 陈耀华. 中国自然文化遗产的价值体系及其保护利用[M]. 北京：北京大学出版社，2014.

[73] 骆高远. 寻访我国"国保"级工业文化遗产[M]. 杭州：浙江工商大学出版社，2013.

[74] 宋颖. 上海工业遗产的保护与再利用研究[M]. 上海：复旦大学出版社，2014.

[75] 薛顺生，娄承浩. 老上海工业旧址遗迹[M]. 上海：同济大学出版社，2004.

[76] 中国机械工程学会. 中国机械史（图志卷）（技术卷）[M]. 北京：中国科学技术出版社，2014.

[77] 邵甬. 法国建筑·城市·景观遗产保护与价值重现[M]. 上海：同济大学出版社，2010.

[78] 左琰. 德国柏林工业建筑遗产的保护与再生[M]. 南京：东南大学出版社，2007.

[79] 王红军. 美国建筑遗产保护历程研究：对四个主题性事件及其背景的分析[M]. 南京：东南大学出版社，2009.

[80] 朱晓明. 当代英国建筑遗产保护[M]. 上海：同济大学出版社，2007.

[81] 李红梅. 天津河西老工厂：天津河西工业遗产[M]. 北京：线装书局，2014.

学位论文

[1] 许东风. 重庆工业遗产保护利用与城市振兴[D]. 重庆：重庆大学，2012.

[2] 黄琪. 上海近代工业建筑保护和再利用[D]. 上海：同济大学，2007.

[3] 陈晨. 天津滨海新区近代工业遗产保护与再利用研究[D]. 天津：天津大学，2012.

[4] 季宏. 天津近代自主型工业遗产研究[D]. 天津：天津大学，2012.

[5] 王晋. 无锡工业遗产保护初探[D]. 上海：上海社会科学院，2010.

[6] 董一平. 机械时代的历史空间价值——工业建筑遗产理论及其语境研究[D]. 上海：同济大学，2013.

[7] 樊胜军. 旧工业建筑（群）再生利用项目后评价体系的应用研究[D]. 西安：西安建筑科技大学，2008.

[8] 田卫. 旧工业建筑（群）再生利用决策系统研究[D]. 西安：西安建筑科技大学，2013.

[9]　苟玲玲. 旧工业建筑（群）再生性评价研究[D]. 西安：西安建筑科技大学，2014.

[10]　李婧. 旧工业建筑再利用价值评价因子体系研究[D]. 成都：西南交通大学，2011.

[11]　王铮. 工业遗产再生效应的系统研究[D]. 武汉：武汉理工大学，2013.

[12]　侯艳红. 文化产业投入绩效评价研究[D]. 天津：天津工业大学，2008.

[13]　王高峰. 美国工业遗产保护体系的建立与发展及对中国的启示[D]. 合肥：中国科学技术大学，2012.

[14]　吴美萍. 文化遗产的价值评估研究[D]. 南京：东南大学，2006.

[15]　黄明玉. 文化遗产的价值评估及记录建档[D]. 上海：复旦大学，2009.

[16]　张艳玲. 历史文化村镇评价体系研究[D]. 广州：华南理工大学，2011.

[17]　黄晓燕. 历史地段综合价值评价初探[D]. 成都：西南交通大学，2006.

[18]　蒋楠. 近现代建筑遗产保护与适应性再利用综合评价理论、方法与实证研究[D]. 南京：东南大学，2012.

[19]　刘翔. 文化遗产的价值及其评估体系——以工业遗产为例[D]. 吉林：吉林大学，2009.

[20]　刘凤凌. 三线建设时期工业遗产廊道的价值评估研究——以长江沿岸重庆段船舶工业为例[D]. 重庆：重庆大学，2012.

[21]　金姗姗. 工业建筑遗产保护与再利用评估体系研究[D]. 长沙：长沙理工大学，2012.

[22]　李海涛. 近代中国钢铁工业发展研究（1840-1927）[D]. 苏州：苏州大学，2010.

[23]　郝帅. 从技术史角度探讨开滦煤矿的工业遗产价值[D]. 天津：天津大学，2013.

[24]　田燕. 文化线路视野下的汉冶萍工业遗产研究[D]. 武汉：武汉理工大学，2009.

[25]　寇怀云. 工业遗产技术价值保护研究[D]. 上海：复旦大学，2007.

[26]　张凯. 历史文化视域下的武汉重工业遗产研究（1890-1960）[D]. 武汉：华中师范大学，2013.

[27]　苏夏. 美国历史环境"事前保护"理念与实践探析[D]. 天津：天津大学，2014.

[28]　张雨奇. 工业遗产保护性再利用的价值重现方式初探[D]. 天津：天津大学，2015.

[29]　刘涛. 西安纺织城工业遗产价值与保护发展规划研究[D]. 西安：西安建筑科技大学，2010.

[30]　张毅杉. 基于整体观的城市工业遗产保护与再利用研究[D]. 苏州：苏州科技学院，2008.

[31]　刘茂伟. 抗战大后方民营工业变迁研究——以渝鑫钢铁厂为例（1937-1945年）[D]. 重庆：西南大学，2014.

[32]　赵勇. 抗战时期重庆钢铁产业的曲折发展研究[D]. 北京：北京工商大学，2010.

[33]　王军. 工业遗产价值的保护与延续[D]. 青岛：青岛理工大学，2015.

[34]　赵怡丽. AHP下的青岛工业遗产价值评估与保护更新协调性策略研究[D]. 青岛：青岛理工大学，2015.

[35]　王雪. 城市工业遗产研究[D]. 大连：辽宁师范大学，2009.

[36]　夏洪洲. 关于城市工业遗产的真实性保护研究[D]. 苏州：苏州科技学院，2009.

[37]　白莹. 西安市工业遗产保护利用探索——以大华纱厂为例[D]. 西安：西北大学，2010.

[38]　林雁. 青岛纺织工业遗产的保护与再利用——青岛国棉六厂工业遗产建筑保护与再利用的策略研究[D]. 青岛：青岛理工大学，2010.

[39] 李敏. 潍坊市坊子区工业遗产的调查与保护研究[D]. 青岛：青岛理工大学，2010.

[40] 徐权森. 广西松脂业的工业遗产价值研究——以梧州松脂厂为例[D]. 南宁：广西民族大学，2011.

[41] 朱强. 京杭大运河江南段工业遗产廊道构建[D]. 北京：北京大学，2007.

[42] 刘洋. 小三线工业遗产价值评价体系研究——以鲁中南地区为例[D]. 济南：山东建筑大学，2012.

[43] 闫觅. 以天津为中心的旧直隶工业遗产群研究[D]. 天津：天津大学，2015.

[44] 刘瀚熙. 三线建设工业遗产的价值评估与保护再利用可行性研究——以原川东和黔北地区部分迁离单位旧址为例[D]. 武汉：华中科技大学，2012.

会议论文

[1] 邓春太，卢长瑜，童本勤，等. 工业遗产保护名录制定研究——以南京为例[C]//转型与重构——2011中国城市规划年会论文集，2011.

[2] 齐奕，丁甲宇. 工业遗产评价体系研究——以武汉市现代工业遗产为例[C]//中国城市规划学会. 生态文明视角下的城乡规划——2008中国城市规划年会论文集. 大连：大连出版社，2008.

[3] Getty Conservation Institute, Los Angeles. Assessing the Values of Cultural Heritage Research Report[C]. The J. Paul Getty Trust, 2002.

[4] MARTIN P E. Industrial Archaeology[C]//DOUET J. In Industrial Heritage Re-tooled. The TICCIH Guide to Industrial Heritage Conservation. TICCIH, 2012.

[5] SYKORA M, HOLICKY M, MARKOVA J. Advanced Assessment of Industrial Heritage Buildings for Sustainable Cities' Development[C]. Proceedings of the 20th CIB World Building Congress - Intelligent Built Environment for Life. Tampere University of Technology, Tampere, Finland, 2016.

[6] CHIAM C C, ALIAS R, KHALID A R, et al. Contingent Valuation Method: Valuing Cultural Heritage[C]. Singapore Economic Review Conference（SERC），2011.

[7] Economics: Challenges for Heritage Conservation and Sustainable Development in the 21st Century [C]//Conference Proceedings of Heritage Economics: Challenges for heritage conservation andsustainable development in the 21st Century. Canberra: Australian Heritage Commission, Australia, 2001.

[8] 徐苏斌，青木信夫. 关于工业遗产的完整性思考[C]//2012年中国第三届工业建筑遗产学术研讨会论文集，2012.

其他

[1] 国际古迹遗址理事会中国国家委员会. 中国文物古迹保护准则[S]. 北京：文物出版社，2015.

[2] FALSER M. Global Strategy Studies, Industrial Heritage Analysis- World Heritage List and Tentative List[R]. UNESCO World Heritage CenterAsia-Pacific Region, 2001.

[3] Measuring the value of culture: a report to the Department for Culture Media and Sport[R]. Dr. Dave

O'Brien, AHRC/ESRC Placement Fellow. Arts & Humanities Research Council, department for Culture, Media and Sport, UK, 2010.

[4] PEARCE D, OZDEMIROGLU E. Economic Valuation with Stated Preference Techniques Summary Guide[R]. Queen's Printer and Controller of Her Majesty's Stationery Office, London, 2002.

[5] TRUST J P G. Values and Heritage Conservation Research Report[R]. Los Angeles: The Getty Conservation Institute, 2000.

[6] TRUST J P G. Assessing the Values of Cultural Heritage Research Report[R]. Los Angeles: The Getty Conservation Institute, 2002.

[7] HOLDEN J. Capturing Cultural Value[R]. London: DEMOS, 2004.

[8] HOLDEN J. Cultural Value and Crisis of Legitimacy[R]. London: DEMOS, 2006.

[9] HEWISON R. Not a Side Show: Leadership and Cultural Value[R]. London: DEMOS, 2006.

[10] The Allen Consulting Group.Valuing the Priceless: The Value of Historic Heritage in Australia, Research Report 2[R]. November 2005 Prepared for the Heritage Chairs and Officials of Australia and New Zealand, The Allen Consulting Group Pty Ltd, 2005.

[11] L Pricewaterhousecoopers. The Costs and Benefits of World Heritage Site Status in the UK Full Report[R]. PricewaterhouseCoopers LLP（PwC）, 2007.

[12] 中国日报网. http://www.chinadaily.com.cn/hqcj/zxqxb/2013-11-14/content_10583470.html.

[13] 无锡规划网. http://gh.wuxi.gov.cn/wxly/lswx/wbdw/2537704.shtml.

[14] 武汉市新洲区国土资源和规划局网站. http://www.xzgt.gov.cn/show.asp?Id=48496&cid=73.

[15] 总矿师年报[A]. 开滦煤矿档案馆藏，1912-1936.